**代数幾何入門**
新装版

# 代数幾何入門

新装版

上野健爾

岩波書店

# まえがき

　本書は代数幾何学の入門書のための入門書である．代数幾何学は式で定義された図形の幾何学であり，Descartes, Fermat による座標幾何学の導入と共に誕生した．18, 19 世紀，幾何学的直観に頼って座標幾何学の問題を解いているうちに数学者達はさまざまなパラドックスに直面し，理論を厳密に展開する必要に迫られた．そして今世紀前半，イタリア学派の代数幾何学を厳密に再構成する必要から Zariski が，また整数論への応用の必要性から Weil が，代数幾何学の厳密な基礎づけを展開し，現代的な代数幾何学が誕生した．その後の代数幾何学の進展にはめざましいものがある．特に，Grothendieck によるスキームの理論は代数幾何学の代数的取り扱いを極限まで押し進め，代数幾何学の発展に大きく寄与した．

　代数幾何学は長い間数学固有の理論であり応用はないと考えられてきたが，思いもかけず，自然科学や工学の種々の分野との関係が今日では見出されている．Weil に始まる有限体上の代数幾何学の符号理論への応用が Goppa によって見出され，一方，理論物理学の方ではソリトン理論と代数曲線の理論，弦理論と代数曲線のモジュライ理論との密接な関係が見出されている．さらに楕円曲線は素数の判定法で大切な役割を果たしている．これは理論的要請から高度に発達してきた現代数学がさまざまの分野に応用が可能になるまで成熟したことの証左でもあろう．

　ところで，代数幾何学をいざ勉強しようとすると難しいという話を聞くことが多い．入門書に目を通すと，いきなりイデアルが登場したり，層とそのコホモロジーが論じられ，一体何が取り扱われているのか分からなくなってしまうことに原因があると思われる．代数幾何学を本格的に展開するためには種々の準備がどうしても必要になる．それは素朴な直観に頼ってさまざまなパラドックスに直面し，その反省から厳密な理論構成を余儀なくされた代

数幾何学特有の事情もあるが，一方では，代数幾何学では貪欲なまでに数学の多くの分野から道具を借りてきて理論を展開してきたことにもよる．

　本書ではできる限り少ない準備のもとで代数幾何学を展開することを試みた．特に第1章では歴史的観点から代数幾何学の入門を試みた．そこに出てくる概念の多くは第2章でもう一度最初から定義し直すこととした．読者に，代数幾何学に対するイメージを最初からある程度持ってもらうことによって，なぜこのような議論が必要となるかという疑問に答えるとともに，理論の持つ意味が理解しやすくなると考えたからである．第2章に比して第3章，第4章は駆け足になったが，定理を証明することよりは，定理の持つ意味を例によって説明すること，またそれから導かれる結果を述べることを中心にした．代数幾何学を種々の側面から味わってもらうとともに，さらに進んだ代数幾何学関係の本を読まれるときに役立つことを期待する．さらに，付録として代数幾何学で必要となる可換環と体の理論について初歩的事項を述べた．この付録は可換環と体の入門として役立つことを意図し，抽象的な思考に慣れてもらうための準備となるよう特にていねいに述べた．また，本書では定理，補題や例を後で引用することが多いので，読者の便をはかり巻末に対応するページの対照表を付した．大いに活用していただきたい．

　本書の特徴はあえて繰り返しを行った点にある．読者は同じ対象が形を変え，視点を変えて何度も登場するのに気づかれよう．また，具体例をできるだけ多く述べることにした．具体例をみずからつくって抽象的な記述を確かめ，自分のものとすることは数学の本を読む上ではどうしても必要なことである．従来のわが国の数学の本ではできるだけ繰り返しは避け，読者がみずから行間を読んでこうした作業を行うことが期待されていた．しかしながら，筆者の大学での経験では，こうした行間を読むことや，具体例をみずからつくることの大切さが理解できない若者が多くなっているように見受けられる．これは，現今の中学や高校における教育が「みずから考えることの大切さ」を教えることを放棄してしまって，「受験」のための効率を主に追求していることに深く関係しているように思われる．

　本書では多くの例をいろいろの角度から見ることを試みた．その際，具体

的に計算する必要が生じる場合が多い．座右に紙と鉛筆を用意して常に計算をみずから行い結果を確認することをお勧めする．「幾何学に王道なし」とは古代ギリシア人の言葉であるが，数学を理解する早道は，みずから計算し，みずから納得するまで考えることにある．本書の記述が冗長であり，繰り返しが多いと感じられるようになったら，本書は卒業である．そのときは本格的な代数幾何学の入門書をひもとかれることをお勧めする．

　本書は岩波講座『応用数学』のための原稿が基になっている．原稿執筆の依頼を受け，紙数の制限を考えず，数学の予備知識もあまり仮定せずに，代数幾何学について述べてみたいことをまとめてみた．講座の方では紙数の都合で原稿の半分近くを割愛せざるを得なかったが，岩波書店編集部宮内久男氏の勧めにより当初の原稿がこうした形で日の目を見ることとなった．本書の執筆，出版にあたってお世話になった岩波書店編集部の宮内久男，濱門麻美子，吉田宇一の各氏に感謝の意を表したい．また本書の校正の際，計算ミス，誤記の指摘，表記の改善について数多くの貴重な助言を本書の製作スタッフの方々からいただいた．本書の出版を裏側で支えてくれた製作スタッフの方々に心から感謝する．

　　1994 年 師走

上 野 健 爾

# 目 次

まえがき

1 代数幾何学への招待 …………………………… 1

　§1.1 幾何学の誕生 …………………………… 2
　　(a) Euclid 幾何学　2
　　(b) Apollonius の円錐曲線論　2

　§1.2 座標幾何学 …………………………… 4
　　(a) 座標幾何学の誕生　4
　　(b) Euclid 幾何学とアフィン幾何学　7

　§1.3 射影幾何学 …………………………… 13
　　(a) 射影幾何学の誕生　13
　　(b) 射影平面　18

　§1.4 複素数の導入 …………………………… 28
　　(a) 複素数の登場　28
　　(b) 複素平面曲線　33

　§1.5 代数幾何学の誕生 …………………………… 42
　　(a) 平面曲線と交点理論　42
　　(b) 双対曲線と Plücker の公式　53
　　(c) 代数幾何学の進展　61

　演習問題 …………………………… 64

2 射影空間と射影多様体 …………………………… 67

　§2.1 射影直線 …………………………… 68
　　(a) Riemann 球面と射影直線　68

(b)　射影変換　*73*
  (c)　関数体　*77*

§2.2　射影平面と平面曲線 …………………… *80*
  (a)　射影平面　*80*
  (b)　双対原理と射影変換　*84*
  (c)　射影平面の関数体　*89*
  (d)　平面曲線　*90*
  (e)　有理写像と代数的射　*95*

§2.3　平面曲線 ……………………………… *102*
  (a)　接線と特異点　*102*
  (b)　平面曲線の交点理論　*118*
  (c)　平面曲線の関数体　*123*

§2.4　射影多様体 …………………………… *127*
  (a)　射影空間　*127*
  (b)　射影的集合と射影多様体　*130*
  (c)　射影的集合と斉次イデアル　*136*
  (d)　射影多様体の次元と関数体　*142*
  (e)　特異点，非特異点と接超平面　*149*
  (f)　射影空間の積　*155*

§2.5　特異点の解消 ………………………… *163*
  (a)　射影平面のブローアップ　*164*
  (b)　平面曲線の特異点の解消　*169*
  (c)　曲面の特異点解消　*179*

演習問題 ……………………………………… *183*

# 3　代数曲線 …………………………………… *189*

§3.1　Riemann–Roch の定理 …………… *190*
  (a)　因子　*190*
  (b)　微分型式と代数曲線の種数　*198*

(c)　Riemann–Roch の定理　　*203*

　§3.2　代数曲線の幾何学 ………………………… *207*

　　(a)　Hurwitz の公式　　*207*

　　(b)　射影空間への埋め込み　　*212*

　§3.3　楕円曲線 …………………………………… *218*

　　(a)　種数 1 の曲線　　*218*

　　(b)　楕円曲線の群構造　　*226*

　§3.4　代数曲線の合同ゼータ関数 ……………… *233*

　演習問題 …………………………………………… *247*

# 4　代数曲線の解析的理論 ………………………… *251*

　§4.1　閉 Riemann 面 …………………………… *252*

　§4.2　周期行列 …………………………………… *266*

　§4.3　Jacobi 多様体 ……………………………… *277*

　演習問題 …………………………………………… *287*

# 付　録　可換環と体 ………………………………… *289*

　§A.1　整数と合同式 ……………………………… *290*

　§A.2　多項式環 $Q[x]$ …………………………… *298*

　§A.3　可換環と体 ………………………………… *307*

　§A.4　有限体 ……………………………………… *322*

　§A.5　局所化と局所環 …………………………… *328*

　参考書

　索　引

# 1 代数幾何学への招待

■ ■ ■

　代数幾何学は，座標幾何学の誕生と共に誕生したと言うことができる．式で定義された図形の研究が代数幾何学の主要目的であるが，代数幾何学が数学の一分野として定着するのには長い歳月を必要とした．これは，図形の研究が，直観的には明らかであることが多く，直観に多くを頼り過ぎたことと，直観を離れて理論を厳密に展開するのに必要な数学の発達を待つ必要があったからである．直観に頼った数学は時として奇妙な背理を導くことがある．種々のこうした経験を積んで今日の代数幾何学が成立した．直観に頼らずに厳密に理論を展開する今日の代数幾何学は時として難解であると言われる．それは理論の展開のみに追われて，背後にある幾何学的直観を忘れて代数幾何学を見ることに起因している．

　この章では，代数幾何学誕生の歴史を駆け足で眺めてみることにする．Euclid幾何学から射影幾何学を経て代数幾何学がおぼろげに現われてくるさまを追体験していただければ幸いである．この章に登場する代数曲線の理論は，次章以下でさまざまの角度から展開される．この章では必要な計算を略したところもあるが，もし計算を自分で埋めることができなくても，この章に関する限り，先に読み進められることをお勧めする．

## §1.1　幾何学の誕生

### (a)　Euclid 幾何学

　幾何学は種々の古代文明で発展したが，今日の数学の基本をなす形で，完成された姿をもって登場したのは古代ギリシアにおいてであった．他の古代文明では，測量などの必要性から，実用の学として幾何学が発展したのに対して，古代ギリシアにおいては，幾何学それ自身が純粋に知的研究の対象として発展した．その裏には，Pythagoras 学派による，宗教的側面をも含んだ形での数の幾何学的取扱い，古代ギリシア哲学との交流などがあることをあげることができよう．

　紀元前 300 年頃には『原論』が完成し，Euclid 幾何学が完成された形で出現した．著者とされる Euclid が実在の人物であるかは不明であるが，『原論』には多くの数学者の手が加わっていることは確かである．『原論』には，幾何学のみならず，比例論や数の幾何学的取扱いなども含まれているが，その中心は幾何学の部分であると考えられてきた．そこでは少数の公理から出発して，直線，三角形，円などの図形の性質を体系的に調べる手法が使われており，長い間学問の体系的記述の模範と考えられてきた．

　Euclid の幾何学の体系が，完全なものでないことは 20 世紀初頭 Hilbert 達によって明らかにされたが，それにしても，紀元前 3, 4 世紀に，自然の背後にある幾何学の一端を取り出し，その性質を論理的に展開していく手法が完成していたことは驚異である．『原論』によって，数学がそれ自身独立した学問として確立したと言ってもよいであろう．

### (b)　Apollonius の円錐曲線論

　『原論』で扱われた幾何学，いわゆる Euclid 幾何学は直線と円に関する幾何学，言い換えれば定規とコンパスを使って描ける図形に関する幾何学である．これだけに対象を限定しても，興味深い幾何学を展開することができる．しかしながら，幾何学的対象としては，これだけでは不十分であることは，

古代ギリシアにおいても十分認識されており，種々の曲線が研究されたが，これらの曲線を記述する方法が限られていた．特に代数学が古代ギリシアでは未発達であり，代数学の問題も幾何学を使って解かれていた．

Euclid 自身が『原論』以外に「円錐曲線論」も著したという言い伝えが残っているが，紀元前 200 年頃に活躍した Apollonius によって著された『円錐曲線論』の一部が今日まで残っている．そこでは，円錐の切り口として，楕円，双曲線，放物線が導入され，その性質が詳細に調べられている (図 1.1)．

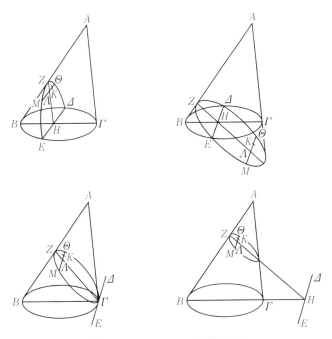

図 1.1　Apollonius の円錐曲線

## §1.2 座標幾何学

### (a) 座標幾何学の誕生

　座標幾何学は Fermat（フェルマ，1601–65）と Descartes（デカルト，1596–1650）によって独立に導入された．Fermat の理論は 1629 年には確立していたが，発表されたのは Fermat の死後 1679 年であった．Descartes は『方法序説』の付録として，1637 年に『幾何学』を発表し，座標幾何学を提唱した．Descartes は直交座標 (cartesian coordinates) を使ったが，Fermat は一般の斜交座標を考えるなど，Descartes より進んだ面を持っていた．

　Fermat, Descartes による座標幾何学の導入が可能になったのは，アラビア数学の輸入によって，中世ヨーロッパで代数学が発達し，代数記号を自由に使うことが可能になったことによるところが大きい．Descartes は座標幾何学によって，Euclid 幾何学の問題を代数の問題に帰着させて，統一的に解くことができる点を強調している．しかしながら，座標幾何学の導入は，それのみならず，代数的に記述できる幾何学的対象が確立し，代数幾何学が産声をあげたことを意味する．事実，Descartes 自身が円錐曲線は平面 2 次曲線であること，2 次曲線と直線とは本質的に同一の幾何学的対象と考えられることを述べている．この Descartes の視点は重要であるので，ここで少し詳しく述べておこう．簡単のため，単位円 $C: x^2+y^2=1$ と直線 $l: x=1$ との関係を見ておこう（図 1.2）．

　単位円上の点 $P=(-1,0)$ と $Q=(x_0,y_0)$ とを結ぶ直線 $\overline{PQ}$ と直線 $l$ との交点を $R=(1,y_1)$ とおく．すると単位円 $C$ の $P$ 以外の点と直線 $l$ 上の点とが，きれいに 1 対 1 に対応していることが分かる．さらに点 $Q$ が単位円の上半分の部分で点 $P$ に近づくと，対応する $l$ 上の点 $R$ は，どんどん直線の上の方向へ逃げていってしまう．$Q$ が下半円の部分で $P$ に近づくと，点 $R$ は直線 $l$ の下の方へ逃げていってしまう．

　以上の考察を式を使って調べておこう．直線 $\overline{PQ}$ を

$$(1.1) \qquad y = t(x+1)$$

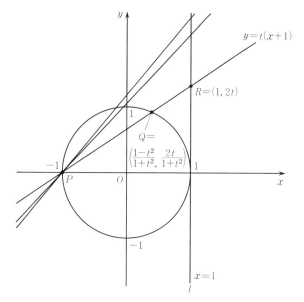

図 1.2 単位円と直線との対応

とパラメータ $t$ を使って表示しよう．すると点 $Q, R$ は

(1.2) $\quad\begin{cases} Q = \left( \dfrac{1-t^2}{1+t^2}, \dfrac{2t}{1+t^2} \right) \\ R = (1, 2t) \end{cases}$

と表示できる．この表示は，あとで重要になる．表示 (1.2) からただちに分かるように，直線 $l$ 上の点 $R = (1, s)$ に対して，直線 $\overline{PR}$ と単位円 $C$ との $P$ 以外の交点 $Q$ は

$$Q = \left( \frac{1-(s/2)^2}{1+(s/2)^2}, \frac{s}{1+(s/2)^2} \right)$$

で与えられる．逆に単位円 $C$ 上の $P$ 以外の点 $Q = (x_0, y_0)$ に対して，直線 $\overline{PQ}$ と直線 $l$ との交点 $R$ は

$$R = \left( 1, \frac{2y_0}{x_0+1} \right)$$

で与えられる．このように点 $Q$ と点 $R$ との対応が，それぞれの座標の有理式で与えられる点が大切である．すなわち，$C-\{P\}$ と $l$ との座標の間には，関係式(1.2)によって表わすことのできる対応があり，その具体的な 1 対 1 の対応は

$$
\begin{array}{ccc}
l & \longrightarrow & C-\{P\} \\
\cup & & \cup \\
(1,s) & \longmapsto & \left(\dfrac{1-(s/2)^2}{1+(s/2)^2}, \dfrac{s}{1+(s/2)^2}\right) \\
C-\{P\} & \longrightarrow & l \\
\cup & & \cup \\
(x_0, y_0) & \longmapsto & \left(1, \dfrac{2y_0}{x_0+1}\right)
\end{array}
$$

で与えられる．除外された点 $P$ はどのように考えたらよいであろうか．直線 $\overline{PQ}$ は $Q$ が $P$ に近づくとき，点 $P$ での円 $C$ の接線 $m: x=-1$ に近づくと考えられる．これは(1.1)の表示で $t \to \pm\infty$ の極限をとることと対応する．（ただし式(1.1)を $\dfrac{1}{t}y = x+1$ と書き直して考える．）$t \to \pm\infty$ のとき

$$\lim_{t \to \pm\infty}\left(\dfrac{1-t^2}{1+t^2}, \dfrac{2t}{1+t^2}\right) = (-1, 0)$$

すなわち $Q \to P$ であるが，

$$\lim_{t \to \pm\infty}(1, 2t) = (1, \pm\infty)$$

となって，$R$ は直線 $l$ 上を上方($t \to \infty$ のとき)か下方($t \to -\infty$ のとき)へ逃げていって，1 点に近づかない．これは接線 $m$ と直線 $l$ とが平行であることからも明らかであろう．しかしながら，直線 $l$ の無限の彼方に点(無限遠点)を考えて，直線 $l$ を上方または下方へ無限の彼方まで行くと，この無限遠点に到達すると考えることもできよう．すると直線 $l$ にこの無限遠点をつけ加えたものは単位円 $C$ と同一視できることになる．実際に，このようなことが射影幾何学で可能であることを次節で述べる．同様の対応は一般の円，さらには楕円に対しても構成できる．

では，双曲線や放物線に関してはどうであろうか．図 1.3 に結果を示す．

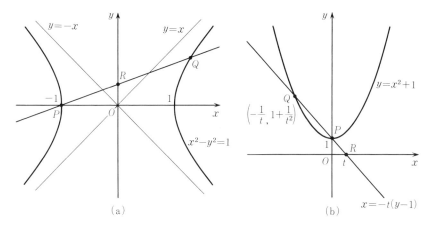

**図1.3** 双曲線，放物線と直線との対応：(a) 直角双曲線 $C$ 上の点 $P = (-1, 0)$ と他の点 $Q$ を結ぶ直線 $\overline{PQ}$ と $y$ 軸との交点を $R$ とする．$\overline{PQ}$ を $y = t(x+1)$ と記すと $Q = ((1+t^2)/(1-t^2),\ 2t/(1-t^2))$，$R = (0, t)$ なる関係がある．ただし $t = \pm 1$ のとき点 $Q$ は存在しない．(b) 放物線 $C$ 上の点 $P = (0, 1)$ と他の点 $Q$ を結ぶ直線と $x$ 軸との交点を $R$ とする．$\overline{PQ}$ を $x = -t(y-1)$ と記すと $Q = (-1/t, 1+1/t^2)$，$R = (t, 0)$ なる関係がある．$t = 0$ のとき点 $Q$ は存在しない．

詳細は読者にゆだねよう．図1.3によれば直角双曲線 $C: x^2 - y^2 = 1$ に対しては $C - \{P\}$ と $y$ 軸から点 $(0, \pm 1)$ を除いたものが1対1に対応し，放物線 $C: y = x^2 + 1$ に対しては $C - \{P\}$ と $x$ 軸から原点を除いたものが1対1に対応していることが分かる．なぜ，直線から2点もしくは1点を除く必要があるのか，射影幾何学の観点から明快に説明できることを後に述べるが，どう考えたらよいのか，上の単位円の例をもとに，読者もみずから考えてみられることを勧めたい．

### (b) Euclid 幾何学とアフィン幾何学

直交座標が導入され，図形を式で表わすことができるようになると，Euclid 幾何学の本質を明確に捉えることが可能になる．Euclid 幾何学においては**合同** (congruence) の概念が重要である．平面上の二つの図形が合同であるか否かは，一方の図形を他方の図形に重ね合わすことができるか否かということ

である．この重ね合わすという操作を省察すると，次の三つの操作を使っていることが分かる．(1)平面上を図形を回転せずに自由に移動させる操作(平行移動)．これは座標を使えば

$$(x, y) \longmapsto (x+a,\ y+b)$$

と表示できる．(2)ある点を中心とする回転操作．たとえば原点を中心に反時計まわりに角 $\theta$ だけ回転する操作は直交座標 $(x, y)$ を使えば

$$(x, y) \longmapsto ((\cos\theta)x - (\sin\theta)y,\ (\sin\theta)x + (\cos\theta)y)$$

と表示できる．(3)ある直線 $l$ に関する折り返しの操作．たとえば $y$ 軸に関する折り返しであれば

$$(x, y) \longmapsto (-x, y)$$

と表示できる．これらの操作を何度か繰り返して，重ね合わせの操作が行なわれることになるが，座標を使うと重ね合わせの操作は

$$(1.3) \qquad f : (x, y) \longmapsto (a_{11}x + a_{12}y + b,\ a_{21}x + a_{22}y + c)$$

と表示できることが知られている．ただし

$$A = \begin{pmatrix} a_{11} & a_{12} \\ a_{21} & a_{22} \end{pmatrix}$$

とおくと，

$$(1.4) \qquad {}^t\! A A = I_2, \quad I_2 = \begin{pmatrix} 1 & 0 \\ 0 & 1 \end{pmatrix}$$

なる関係がなければならない．このような操作を**合同変換**(congruent transformation)あるいは **Euclid 変換**という．$O(2) = \{A \mid A\ \text{は}\ 2\times 2\ \text{行列},\ {}^t\! A A = I_2\}$ とおいて $O(2)$ を 2 次の**直交群**(orthogonal group)，$O(2)$ の元を**直交行列**と呼ぶ．

合同変換 $f$ に対して，$3\times 3$ 行列

$$X = \begin{pmatrix} 1 & 0 & 0 \\ b & a_{11} & a_{12} \\ c & a_{21} & a_{22} \end{pmatrix}$$

を対応させる．このとき，$f$ を $f_X$ と書こう．さて，行列

$$Y = \begin{pmatrix} 1 & 0 & 0 \\ b' & a'_{11} & a'_{12} \\ c' & a'_{21} & a'_{22} \end{pmatrix}, \quad A' = \begin{pmatrix} a'_{11} & a'_{12} \\ a'_{21} & a'_{22} \end{pmatrix}$$

に対応する合同変換を $f_Y$ と記すと，この二つの合同変換 $f_X, f_Y$ の合成，すなわち合同変換 $f_X$ を行なって次に合同変換 $f_Y$ を行なったもの $f_Y \circ f_X$ は，行列 $YX$ に対応する合同変換 $f_{YX}$ であることが分かる．また行列 $YX$ は

$$YX = \begin{pmatrix} 1 & 0 & 0 \\ b'' & a''_{11} & a''_{12} \\ c'' & a''_{21} & a''_{22} \end{pmatrix}, \quad A'' = \begin{pmatrix} a''_{11} & a''_{12} \\ a''_{21} & a''_{22} \end{pmatrix} = A'A \in O(2)$$

の形をしていることも直接確かめることができる．このことより，合同変換の全体 $E(2)$（合同変換群，または Euclid 運動群）は，次の形の行列の全体

$$\mathcal{E}(2) = \left\{ \begin{pmatrix} 1 & 0 & 0 \\ b & a_{11} & a_{12} \\ c & a_{21} & a_{22} \end{pmatrix} \middle| \begin{pmatrix} a_{11} & a_{12} \\ a_{21} & a_{22} \end{pmatrix} \in O(2),\ b, c \in \boldsymbol{R} \right\}$$

と同一視することができることが分かる（正確には，群として同型）．$\mathcal{E}(2)$ の元

$$X = \begin{pmatrix} 1 & 0 & 0 \\ b & a_{11} & a_{12} \\ c & a_{21} & a_{22} \end{pmatrix}$$

には，合同変換

$$f_X : (x, y) \longmapsto (a_{11}x + a_{12}y + b,\ a_{21}x + a_{22}y + c)$$

が対応する．

さて，合同変換は，直線は直線へ，円は円へうつすのみならず，角度および長さを変えない．このことを念頭におくと，Euclid 幾何学は，合同変換で互いにうつり合う図形に共通な性質を研究する幾何学ということができる．

では合同変換(1.3)の条件(1.4)を緩めた変換

(1.5) $\quad g : (x, y) \longmapsto (a_{11}x + a_{12}y + b,\ a_{21}x + a_{22}y + c)$

$$A = \begin{pmatrix} a_{11} & a_{12} \\ a_{21} & a_{22} \end{pmatrix}, \quad \det A \neq 0$$

には，何か意味のある幾何学が対応するのであろうか．$A$ は一般には直交行列ではないので，もはや角度も長さも一般には保たれない．例えば面積は $|\det A|$ 倍だけ変わることを示すことができる(演習問題 1.1)．一方，$g$ によって直線は直線にうつされるが，円は円にはうつされず，一般に楕円になってしまう．また楕円は楕円に(円は楕円の一種と考える)，双曲線は双曲線に，放物線は放物線にうつされる．このことを確かめてみよう．

平行移動の部分は，今の考察には本質的ではないので，変換 $g$ は
$$g : (x,y) \longmapsto (a_{11}x+a_{12}y,\ a_{21}x+a_{22}y)$$
$$A = \begin{pmatrix} a_{11} & a_{12} \\ a_{21} & a_{22} \end{pmatrix}, \quad \det A \neq 0$$
の形をしていると仮定してよい．行列表示を使えば
$$g\left(\begin{pmatrix} x \\ y \end{pmatrix}\right) = A \begin{pmatrix} x \\ y \end{pmatrix}$$
と書ける．まず式

(1.6) $$\qquad m: \alpha x + \beta y + \gamma = 0$$

で定義される直線 $m$ を考えよう．これを行列表示で

(1.6′) $$\qquad (\alpha, \beta) \begin{pmatrix} x \\ y \end{pmatrix} = -\gamma$$

と表わそう．この直線 $m$ 上の点 $(x_0, y_0)$ に対して $g((x_0, y_0)) = (x_0', y_0')$ とおくと
$$\begin{pmatrix} x_0' \\ y_0' \end{pmatrix} = A \begin{pmatrix} x_0 \\ y_0 \end{pmatrix}.$$
そこで，この式を逆に解いて
$$\begin{pmatrix} x_0 \\ y_0 \end{pmatrix} = A^{-1} \begin{pmatrix} x_0' \\ y_0' \end{pmatrix}$$
を得る．一方，直線の式 (1.6′) より
$$-\gamma = (\alpha, \beta) \begin{pmatrix} x_0 \\ y_0 \end{pmatrix} = (\alpha, \beta)\, A^{-1} \begin{pmatrix} x_0' \\ y_0' \end{pmatrix}$$
となる．そこで

$$(\alpha', \beta') = (\alpha, \beta) A^{-1}$$

とおくと，直線 $m$ 上の点は変換 $g$ によって，直線

(1.7) $\qquad\qquad m' : \alpha'x + \beta'y + \gamma = 0$

上の点にうつされることが分かる．また $g$ によって直線 $m$ は直線 $m'$ にうつされることも上の議論から容易に分かる．さらに大切なことは，平行な2直線は平行な2直線にうつされることである．これは(1.6)に平行な直線は $\alpha x + \beta y + \delta = 0$, $\delta \neq \gamma$ で与えられ，変換 $g$ によって，(1.7)より $\alpha'x + \beta'y + \delta = 0$ にうつされることより明らかであろう．

次に2次曲線

(1.8) $\qquad Q : q(x, y) = ax^2 + 2bxy + cy^2 + dx + ey + f = 0$

を考えよう．このときも上と同様の考察によって

$$\begin{pmatrix} x \\ y \end{pmatrix} = A^{-1} \begin{pmatrix} X \\ Y \end{pmatrix} = \begin{pmatrix} b_{11}X + b_{12}Y \\ b_{21}X + b_{22}Y \end{pmatrix}$$

とおいて，

$$\begin{aligned} \widetilde{q}(X, Y) &= q(b_{11}X + b_{12}Y,\ b_{21}X + b_{22}Y) \\ &= \widetilde{a}X^2 + 2\widetilde{b}XY + \widetilde{c}Y^2 + \widetilde{d}X + \widetilde{e}Y + \widetilde{f} \end{aligned}$$

とおき，新しい2次曲線を

$$\widetilde{Q} : \widetilde{q}(x, y) = 0$$

で定めると，$Q$ は変換 $g$ によって $\widetilde{Q}$ にうつることが分かる．このとき $q(x, y)$ と $\widetilde{q}(x, y)$ の2次の項の係数の間には

(1.9) $\qquad\qquad \begin{pmatrix} \widetilde{a} & \widetilde{b} \\ \widetilde{b} & \widetilde{c} \end{pmatrix} = {}^t A^{-1} \begin{pmatrix} a & b \\ b & c \end{pmatrix} A^{-1}$

の関係があることが簡単な計算から分かる．

ところで，2次曲線 $Q$ に関しては

(i) 対称行列 $\begin{pmatrix} a & b \\ b & c \end{pmatrix}$ の固有値が共に正または負のとき，$Q$ は楕円

(ii) 対称行列 $\begin{pmatrix} a & b \\ b & c \end{pmatrix}$ の固有値の一方が正で他方が負のとき，$Q$ は双曲線

(iii) 対称行列 $\begin{pmatrix} a & b \\ b & c \end{pmatrix}$ の固有値の一方は0で他方は0でないとき，$Q$ は

放物線

であることが知られている．この対称行列に関する性質(i), (ii), (iii)は対称行列の変換(1.9)によって変わらない．したがって変換$g$によって楕円は楕円に，双曲線は双曲線に，放物線は放物線にうつされることが分かった．

　変換(1.5)を**アフィン変換**(affine transformation)と呼ぶ．アフィン変換の全体$\mathcal{A}(2)$を**アフィン変換群**と呼ぶ．$\mathcal{A}(2)$は

$$\mathcal{A}(2) = \left\{ \begin{pmatrix} 1 & 0 & 0 \\ b & & A \\ c & & \end{pmatrix} \middle| \det A \neq 0,\ b, c \in \boldsymbol{R} \right\}$$

と同一視できることが分かる．$\mathcal{A}(2)$の元

$$X = \begin{pmatrix} 1 & 0 & 0 \\ b & a_{11} & a_{12} \\ c & a_{21} & a_{22} \end{pmatrix}$$

に対して，対応するアフィン変換

$$(x, y) \longmapsto (a_{11}x + a_{12}y + b,\ a_{21}x + a_{22}y + c)$$

を$f_X$と書くことにすると，合同変換のときと同様に，変換の合成には行列の積が対応する．アフィン変換群は合同変換群を含んでいる．

　アフィン変換$g$は長さや角度を保たないので，$g$によってうつされた図形の形は変わっているが，直線であることや，2直線が平行であること，楕円であること，双曲線であること，放物線であることなどの性質は保たれる．さらに一般に，$n$次曲線($n$次多項式$f(x,y)$から定まる曲線$f(x,y)=0$)はアフィン変換によって$n$次曲線にうつされることも分かる．一方，アフィン変換は合同変換よりもっと一般的な変換であることは，勝手に与えられた楕円，双曲線，放物線は適当なアフィン変換によって，それぞれ単位円：$x^2+y^2=1$，直角双曲線：$x^2-y^2=1$，放物線：$y=x^2$にうつされることからも分かる(演習問題1.2)．

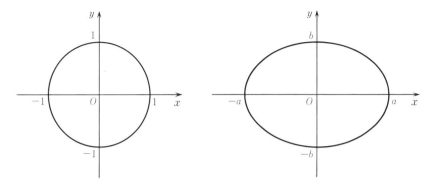

図 1.4 アフィン変換 (1): $(x, y) \mapsto (ax, by)$ によって単位円 $x^2+y^2=1$ は楕円 $x^2/a^2+y^2/b^2=1$ にうつされる．

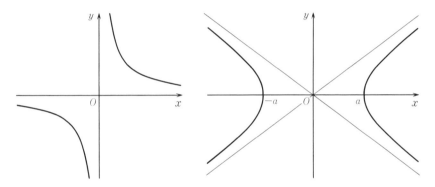

図 1.5 アフィン変換 (2): $(x, y) \mapsto (a(x+y)/2,\ b(x-y)/2)$ によって直角双曲線 $xy=1$ は双曲線 $x^2/a^2-y^2/b^2=1$ にうつされる．

## §1.3 射影幾何学

### (a) 射影幾何学の誕生

射影幾何学は透視図の作成など，主として工学上の必要性から Desargues (デザルグ，1591–1661) によって導入され Monge (モンジュ，1746–1818)，Poncelet (ポンスレ，1788–1867) によって幾何学として大成した．

射影幾何学の基本的なアイディアは明快である．空間内に二つの平面 $H, H'$

を考えよう．$H, H'$ の外にある点 $P$ に光源があるとして，さらに $H$ は透明であるとしよう．すると平面 $H$ 上の点 $Q$ には $H'$ 上の点 $Q'$ が対応する．(正確には，直線 $\overline{PQ}$ と $H'$ との交点を $Q'$ として，対応 $Q \mapsto Q'$ をつくる．) これによって平面 $H$ から平面 $H'$ への "写像" $\pi_P$ が定まる(図 1.6)．平面 $H$ 上の図

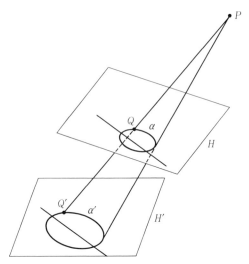

**図 1.6** 射影：2 平面 $H, H'$ の外にある点 $P$ から光をあてて $H$ 上にある図形 $\alpha$ の $H'$ における像を $\alpha'$ とすると，$\alpha'$ は $\alpha$ に射影変換を施して得られた像になる．

形 $\alpha$ は平面 $H'$ 上の図形 $\alpha'$ にうつされる．$\alpha$ が直線であれば，$\alpha'$ も直線であることはすぐに分かる．"写像" $\pi_P$ は平面 $H$ と $H'$ とが平行であれば，確かに写像である ($H$ 上のどの点 $Q$ に対しても $Q'$ が定まる)．このときは $\pi_P$ によって楕円，双曲線，放物線はそれぞれ楕円，双曲線，放物線にうつされることが分かる．しかし，平面 $H$ と $H'$ とが平行でないときは事情が根本的に変わってくる (図 1.7)．平面 $H$ 上の点 $Q$ で，直線 $\overline{PQ}$ が平面 $H'$ と平行になるものの全体は直線 $h$ をなす．$h$ 上の点 $Q$ に対しては $Q'$ は決めることができない．すなわち，$\pi_P$ は $H-h$ から $H'$ への写像である．また平面 $H'$ 上の点 $Q'$ で直線 $\overline{PQ'}$ が平面 $H$ と平行になるもの全体は直線 $h'$ をなすが，$h'$ 上の点

§1.3 射影幾何学 —— 15

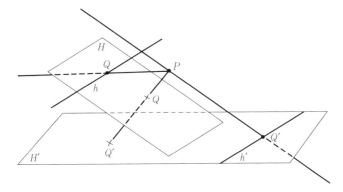

**図 1.7** 平面 $H$ 上の直線 $h$ と $H$ の外にある点 $P$ との張る平面が平面 $H'$ と平行であれば，$h$ 上の点 $Q$ に対して $Q'$ は存在しない．

$Q'$ は $H$ 上の点の射影としては得られない．よって "写像" $\pi_P$ は $H-h$ から $H'-h'$ への上への 1 対 1 写像であることが分かる．

　この "写像" $\pi_P$ は大変面白い性質を持っている．$H$ 上の楕円が直線 $h$ と交わらなければ $\pi_P$ による像も楕円である．もしこの楕円が直線 $h$ と 2 点 $Q_1, Q_2$ で交われば，この 2 点は平面 $H'$ 上にはうつらずに，楕円の $H'$ 上での像は双曲線になってしまう (図 1.8(a))．また楕円が直線 $h$ に接するときは，$\pi_P$ による像は放物線になってしまう (図 1.8(b))．

　逆に平面 $H'$ 上に楕円 $C'$ を考えてみよう．この楕円 $C'$ が直線 $h'$ と交わらないときは，$C'$ は $H$ 上の楕円 $C$ の $\pi_P$ による像になっている．しかし $C'$ が $h'$ と 2 点 $Q'_1, Q'_2$ で交わるときは $Q'_1, Q'_2$ に対応する平面 $H$ 上の点はなく，$C'-\{Q'_1, Q'_2\}$ は $H$ 上の双曲線の像であることが分かる．また $C'$ が $h'$ と 1 点 $Q'$ で接しているときは，$C'-\{Q'\}$ は $H$ 上の放物線の像である．

　このように，射影 $\pi_P$ によって，楕円，双曲線，放物線は互いにうつりあう場合が起こる．しかし除外される点が出てきて，統一的に取り扱うのに不便である．そこで想像をたくましくして，平面にはさらに無限遠点をつけ加えることができるとしてみよう．すなわち平面 $H$ 上にある直線 $h$ 上の各点 $Q$ に対して $Q'$ を仮想的に無限遠点として $H'$ につけ加える．したがって $H'$ の

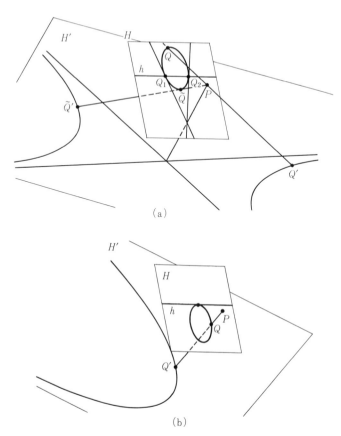

**図 1.8** (a) 平面 $H$ 上の楕円が直線 $h$ と 2 点 $Q_1, Q_2$ で交われば $\pi_P$ による楕円の像は双曲線になる．$Q_1, Q_2$ での楕円の接線の像は双曲線の漸近線になる．(b) 平面 $H$ 上の楕円が直線 $h$ に接すれば，$\pi_P$ による楕円の像は放物線になる．

無限遠に直線 $h$ に対応する点の全体がつけ加わる．実はこれだけでは不十分である．$h$ 上の点 $Q$ を無限の彼方にとばしていったときのうつる先をもう一つつけ加える必要がある．こうして直線とさらにもう一つの無限遠点をつけ加えた全体 $l'_\infty$ を $H'$ につけ加える．$l'_\infty$ は直線に無限遠点をつけ加えたにもかかわらず無限遠直線と呼ばれる．平面 $H$ にも無限遠直線 $l_\infty$ をつけ加えよう．これは $H'$ の直線 $h'$ 上の点は平面 $H$ の無限遠直線 $l_\infty$ 上の点の像であると考えることを意味する．ただし，$h'$ 上の点 $Q'$ が無限の彼方にいった先の"点"に対応する無限遠点もつけ加えて $l_\infty$ とするわけである．すると"写像" $\pi_P$ は $H \cup l_\infty$ から $H' \cup l'_\infty$ への上への1対1写像であることが分かる．

$H \cup l_\infty$ の意味を考えてみよう．$h'$ 上の点 $Q'$ で交わる $H'$ の2直線 $l'_1, l'_2$ を考えると，これは $H$ の平行な直線 $l_1, l_2$ の像であることが分かる．$Q'$ に対応する $H$ の点はないが，つけ加えた $l_\infty$ 上に点 $Q$ があると考えられる．すると，平行な直線は $H$ の無限の彼方にある $l_\infty$ 上の1点で交わっていると考えられる．$l_1$ と平行な直線はすべて同一の点 $Q \in l_\infty$ で交わる．このことから，無限遠直線 $l_\infty$ の各点は平面 $H$ 上の直線の傾きに対応していると考えることができる．直線 $h$ の外に1点 $O$ をとろう．$H$ の直線 $l$ に対して $O$ を通り $l$ に平行な直線 $\tilde{l}$ がただ一つ定まる．$\tilde{l}$ が $h$ と平行でないとき，$h$ との交点を $R$ とすると，$\tilde{l}$ の傾きに対応する点 $R_\infty$ は，$\tilde{l}$ と $l_\infty$ との交点と考えることができる．$\tilde{l}$ が $h$ と平行なときは，$H$ では $\tilde{l}$ は $h$ と交わらないが，$l_\infty$ 上では1点 $S_\infty$ で交わると考える．これがもう1点無限遠点をつけ加えた理由である．$h$ と平行な直線 $m$ はすべて無限遠点 $S_\infty$ で交わっている（図1.9）．

$H \cup l_\infty$ を**射影平面**(projective plane) と呼び，しばしば $\boldsymbol{P}^2(\boldsymbol{R})$ と記す．射影平面では，もはや，通常の意味での平行な直線は存在せず，2直線は必ず1点で交わってしまう．また通常の意味での直線と違って，射影平面上の直線は閉じている．すなわち，通常の直線に無限遠点がつけ加わっているので，直線上を正の向きに進んでも，負の向きに進んでも最後は同じ無限遠点に到達してしまう．少々，奇妙な感じがするが，射影平面では楕円，双曲線，放物線の違いがなくなってしまう．（図1.10を参照のこと．次項で詳しく論じる．）そして，"写像" $\pi_P$ は射影平面 $H \cup l_\infty$ から射影平面 $H' \cup l'_\infty$ への写像と

考えると，除外すべき点もなくなり，自然な写像であることが分かる．この写像は次項で述べる射影変換の特別な場合である．

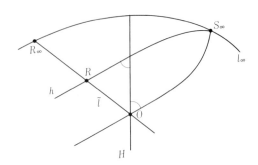

図 1.9　射影平面の無限遠直線

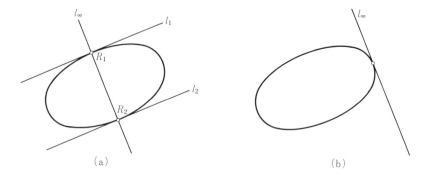

図 1.10　無限遠直線の近くで見た双曲線と放物線：(a) 双曲線は無限遠直線と 2 点 $R_1, R_2$ で交わる．$R_1, R_2$ は双曲線の漸近線 $l_1, l_2$ の方向に対応する $l_\infty$ の点である．漸近線 $l_i$ は点 $R_i$ での双曲線の接線である．(b) 放物線は無限遠直線に接している．

### (b)　射影平面

射影幾何学は Euclid 幾何学同様に公理から出発して理論を展開することができる．しかし，ここでは射影幾何学の座標幾何学的取扱いを考察することにしよう．歴史的な理論の発展は無視して，ここでは天下り的に射影

空間の座標である**斉次座標**(homogeneous coordinates)を定義しよう．座標 $(x_0, x_1, x_2)$ の比のみを問題にして $(x_0 : x_1 : x_2)$ と記し，射影平面の斉次座標という．比のみを問題にするので，$(x_0, x_1, x_2) = (0, 0, 0)$ となる場合は除外する．通常の平面の直交座標 $(x, y)$ との関係は

$$(1.10) \qquad x = \frac{x_1}{x_0}, \quad y = \frac{x_2}{x_0}$$

で与えられる．座標 $(x, y)$ を非斉次座標ということがある．もちろん，これは $x_0 \neq 0$ のところでしか意味をなさない．通常の直線の式

$$(1.11) \qquad \alpha x + \beta y + \gamma = 0$$

を考えてみよう．(1.10)を使って斉次座標で書きかえてみると，分母を払うことによって

$$(1.12) \qquad \alpha x_1 + \beta x_2 + \gamma x_0 = 0$$

を得る．この形にすると，$x_0 = 0$ の場合も考えることができて，(1.12)の解として

$$(0 : \beta : -\alpha)$$

を得る．(比だけを問題にしていることに注意．) この解は，(1.10)の表示が使えない無限遠の点を表示していると考えることができ，しかも直線(1.11)の傾きだけで決まってしまっていて，$\gamma$にはよらない．すなわち，平行な2直線

$$\alpha x + \beta y + \gamma = 0$$
$$\alpha x + \beta y + \delta = 0$$

は(1.12)の形に直すと

$$\alpha x_1 + \beta y_2 + \gamma x_0 = 0$$
$$\alpha x_1 + \beta y_2 + \delta x_0 = 0$$

となるが，この2直線は共に点 $(0 : \beta : -\alpha)$ を通る．すなわち平行な直線が無限遠点 $(0 : \beta : -\alpha)$ で交わる．

以上の考察をもとにして射影平面 $\boldsymbol{P}^2(\boldsymbol{R})$ を次のように定義しよう．

**定義 1.1** 実数の三つ組 $(a_0, a_1, a_2)$，ただし $(a_0, a_1, a_2) \neq (0, 0, 0)$ の比 $(a_0 : a_1 : a_2)$ を考え，これらの比の全体を $\boldsymbol{P}^2(\boldsymbol{R})$ と記し，射影平面とよぶ．$(a_0 : a_1 : a_2)$ を射影平面 $\boldsymbol{P}^2(\boldsymbol{R})$ の点という． □

$\lambda$ を $0$ でない実数とすると $(a_0, a_1, a_2)$ と $(\lambda a_0, \lambda a_1, \lambda a_2)$ とは $\boldsymbol{P}^2(\boldsymbol{R})$ の同一の点を表わしていることに注意する．すなわち

$$(a_0 : a_1 : a_2) = (\lambda a_0 : \lambda a_1 : \lambda a_2), \quad \lambda \neq 0.$$

特に $a_0 \neq 0$ であれば

$$(a_0 : a_1 : a_2) = \left(1 : \frac{a_1}{a_0} : \frac{a_2}{a_0}\right)$$

である．

$$U_0 = \{(a_0 : a_1 : a_2) \in \boldsymbol{P}^2(\boldsymbol{R}) \mid a_0 \neq 0\}$$

とおくと，$U_0$ から $(x, y)$ 平面 $H$ への写像 $\varphi_0$ を

$$\begin{array}{ccc} \varphi_0 : & U_0 & \longrightarrow & H \\ & \cup\!\!\!\cup & & \cup\!\!\!\cup \\ & (a_0 : a_1 : a_2) & \longmapsto & \left(\dfrac{a_1}{a_0}, \dfrac{a_2}{a_0}\right) \end{array}$$

と定めることができる．逆に $(x, y)$ 平面 $H$ から $U_0$ への写像 $\psi_0$ を

$$\begin{array}{ccc} \psi_0 : & H & \longrightarrow & U_0 \\ & \cup\!\!\!\cup & & \cup\!\!\!\cup \\ & (x_0, y_0) & \longmapsto & (1 : x_0 : y_0) \end{array}$$

と定めると，$\varphi_0$ と $\psi_0$ は互いに逆の写像となることが分かる．このことより，$U_0$ と $(x, y)$ 平面 $H$ とを同一視する．これが (1.10) の意味である．

$$l_\infty = \boldsymbol{P}^2(\boldsymbol{R}) - U_0 = \{(a_0 : a_1 : a_2) \in \boldsymbol{P}^2(\boldsymbol{R}) \mid a_0 = 0\}$$

とおく．$l_\infty$ は斉次座標を使えば

$$x_0 = 0$$

で定義されるので，無限遠直線と呼ぶ．$l_\infty$ 上の点 $R = (0 : a : b)$ は $H$ の直線

$$bx - ay + c = 0$$

の無限の彼方にある点，すなわち，この直線と平行なすべての直線が交わる

点であると考えられることは上に述べた．

　Euclid 幾何学が合同変換に関して，アフィン幾何学はアフィン変換に関して不変な性質を論じる幾何学であったのに対して，射影幾何学は射影変換に関して不変な性質を論じる幾何学である．§1.3(a) の射影 $\pi_P$ を $\boldsymbol{P}^2(\boldsymbol{R}) = H \cup l_\infty$ から $\boldsymbol{P}^2(\boldsymbol{R}) = H' \cup l'_\infty$ への写像と考えたものは射影変換の一種であり，一般の射影変換は，射影の中心 $P$ を種々に変えてできる射影を合成して作ることができる．斉次座標を使うと，射影変換は

$$(1.13) \quad g : (x_0 : x_1 : x_2) \longmapsto \left( \sum_{j=0}^{2} a_{0j} x_j : \sum_{j=0}^{2} a_{1j} x_j : \sum_{j=0}^{2} a_{2j} x_j \right)$$

$$A = \begin{pmatrix} a_{00} & a_{01} & a_{02} \\ a_{10} & a_{11} & a_{12} \\ a_{20} & a_{21} & a_{22} \end{pmatrix}, \quad \det A \neq 0$$

と書き表わすことができる．行列表示を使うと

$$(1.14) \quad \begin{pmatrix} x_0 \\ x_1 \\ x_2 \end{pmatrix} \longmapsto A \begin{pmatrix} x_0 \\ x_1 \\ x_2 \end{pmatrix}$$

と書ける．$3 \times 3$ 正則行列 $A$ によって (1.14) で定まる射影変換を $g_A$ と記す．0 でない実数 $\rho$ に対して

$$g_A = g_{\rho A}$$

であることに注意しよう．斉次座標では比のみが問題になるからである．特に

$$(1.15) \quad B = \begin{pmatrix} 1 & 0 & 0 \\ b_{10} & b_{11} & b_{12} \\ b_{20} & b_{21} & b_{22} \end{pmatrix}, \quad \det B \neq 0$$

なる行列に対応する射影変換 $g_B$ は (1.10) の非斉次座標を使って

$$(1.16) \quad g_B : (x, y) \longmapsto (b_{11} x + b_{12} y + b_{10},\ b_{21} x + b_{22} y + b_{20})$$

と表示することができる．これは，$\det B \neq 0$ より

$$\begin{vmatrix} b_{11} & b_{12} \\ b_{21} & b_{22} \end{vmatrix} \neq 0$$

でありアフィン変換にほかならない．$g_B$ は無限遠直線 $l_\infty : x_0 = 0$ を動かさない．逆に無限遠直線を動かさない射影変換は (1.14) より

$$A = \begin{pmatrix} a_{00} & 0 & 0 \\ a_{10} & a_{11} & a_{12} \\ a_{20} & a_{21} & a_{22} \end{pmatrix}$$

の形の行列に対応する．$\det A \neq 0$ であるので $a_{00} \neq 0$ である．射影変換として $g_A = g_{a_{00}^{-1}A}$ であり，$a_{00}^{-1}A$ は (1.15) の形をしている．このことから，無限遠直線 $l_\infty$ を動かさない射影変換は，通常の平面 $H = \boldsymbol{P}^2(\boldsymbol{R}) - l_\infty$ に制限して考えればアフィン変換にほかならないことが分かる．逆にアフィン変換 (1.16) に対して，$l_\infty$ を動かさない射影変換 (1.15) が対応することは上の議論から明らかであろう．

前項で射影幾何学の観点からは，楕円，双曲線，放物線といった区別がなくなってしまうことを述べたが，座標を使って再度確認しておこう．まず双曲線

$$\frac{x^2}{a^2} - \frac{y^2}{b^2} = 1$$

を調べてみよう．(1.10) の関係式を使って斉次座標で書き直すと

(1.17) $$x_0^2 - \frac{x_1^2}{a^2} + \frac{x_2^2}{b^2} = 0$$

となる．そこで，射影変換

$$g : \begin{pmatrix} x_0 \\ x_1 \\ x_2 \end{pmatrix} \longmapsto \begin{pmatrix} 0 & 1 & 0 \\ 1 & 0 & 0 \\ 0 & 0 & 1 \end{pmatrix} \begin{pmatrix} x_0 \\ x_1 \\ x_2 \end{pmatrix} = \begin{pmatrix} x_1 \\ x_0 \\ x_2 \end{pmatrix}$$

を施してみよう．上の式は

$$x_1^2 - \frac{x_0^2}{a^2} + \frac{x_2^2}{b^2} = 0$$

に変わる．ここで再び (1.10) を使って $(x, y)$ 座標の式にもどすと，

$$x^2 + \frac{y^2}{b^2} = \frac{1}{a^2}$$

となって楕円になっている．あるいは，直接，無限遠直線 $l_\infty$ のまわりで双曲線の様子を見ることもできる．$l_\infty$ は $x_0 = 0$ で定義されていたので，$l_\infty$ 上の点では $x_1 \neq 0$ または $x_2 \neq 0$ が成り立つ．そこで $x_1 \neq 0$ のところで考え，新たに座標 $(u, v)$ を

$$(1.18) \qquad u = \frac{x_0}{x_1}, \quad v = \frac{x_2}{x_1}$$

によって導入する．この座標では，無限遠直線 $l_\infty$ は

$$u = 0$$

で定義される．すなわち，座標 $(u, v)$ は無限遠直線を中心とする座標になっている．この座標を使って (1.17) を書き直すと

$$u^2 + \frac{v^2}{b^2} = \frac{1}{a^2}$$

となって，確かに楕円の形をしており（図 1.11），図 1.10 の表示と一致している．では $x_2 \neq 0$ の部分を中心にして，座標

$$(1.19) \qquad w = \frac{x_0}{x_2}, \quad z = \frac{x_1}{x_2}$$

で考えたらどうであろうか．このとき，無限遠直線 $l_\infty$ は

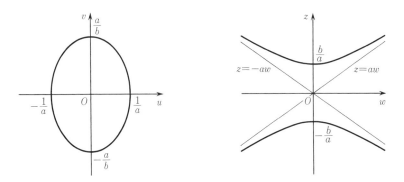

**図 1.11** $u$ 軸は $(w, z)$ 座標では無限の彼方にあり見ることはできない．$(u, v) = (\pm 1/a, 0)$ は $(w, z)$ 平面では漸近線 $z = \pm aw$ 上の無限遠点に対応する．

$$w = 0$$

で定義されており，式(1.17)は

$$\frac{z^2}{a^2} - w^2 = \frac{1}{b^2}$$

となり，双曲線の形をしている．無限遠直線 $l_\infty$ とこの双曲線とは 2 点 $(w,z) = (0, \pm a/b)$ で交わっている．座標 $(u,v)$ と $(w,z)$ によって，一見違った図形が出てくるのは，なぜであろうか．これは座標の定義式(1.18)，(1.19)を見ると明らかになる．この両者の間には

$$w = \frac{u}{v}, \quad z = \frac{1}{v}$$

なる関係があり，$u$ 軸：$v=0$ は $(w,z)$ 座標では無限の彼方へいってしまって見ることができない．逆に $w$ 軸：$z=0$ は $(u,v)$ 座標では無限の彼方にあり見ることができない．$w$ 軸はわれわれの曲線とは交わっていないので $(u,v)$ 平面では楕円が現われるが，$u$ 軸は楕円と交わっており，この交点が $(w,z)$ 平面では無限の彼方にとんでいってしまって，双曲線が現われるわけである．

　以上のように射影幾何学的観点からは，楕円，双曲線，放物線は本来は同じもので，有限の平面で見るために，区別が出てきたということになる．射影幾何学ではすべての直線が交わり，楕円，双曲線，放物線といった区別がなくなるために，場合分けの必要性がなくなり，議論が簡明になることが多い．

　射影平面 $\boldsymbol{P}^2(\boldsymbol{R})$ でのもっと一般の曲線を考えよう．$m$ 次多項式の零点

$$F(x_0, x_1, x_2) = 0$$

を考えたいわけだが，斉次座標 $(x_0 : x_1 : x_2)$ は比のみが問題になるので，$F(a_0, a_1, a_2) = 0$ であれば，任意の実数 $\lambda \neq 0$ に対して $F(\lambda a_0, \lambda a_1, \lambda a_2) = 0$ が成り立たねばならない．したがって射影平面の代数曲線

(1.20) $\qquad C : F(x_0, x_1, x_2) = 0$

を定義するためには，$F(x_0, x_1, x_2)$ は斉次多項式，すなわち

(1.21) $\qquad F(\lambda x_0, \lambda x_1, \lambda x_2) = \lambda^m F(x_0, x_1, x_2)$

を満足すると仮定しておく必要がある．この条件は

(1.22) $$F(x_0, x_1, x_2) = \sum_{i_0+i_1+i_2=m} a_{i_0 i_1 i_2} x_0^{i_0} x_1^{i_1} x_2^{i_2}$$

と書き換えることができ，(1.21)の右辺の$\lambda$の指数$m$は$F(x_0, x_1, x_2)$の次数にほかならないことが分かる．$m$次斉次多項式$F(x_0, x_1, x_2)$によって定義された曲線$C$を$m$次平面曲線または平面$m$次曲線と呼ぶ．楕円，双曲線，放物線は射影平面上で考えると2次平面曲線である．

通常の平面$H$上に$m$次多項式$f(x, y)$によって定められた曲線
$$E : f(x, y) = 0$$
が与えられたとき，(1.10)を使って，曲線$E$を射影平面の$m$次平面曲線
$$\widetilde{E} : F(x_0, x_1, x_2) = 0$$
に自然に延長することができる．$m$次斉次多項式$F(x_0, x_1, x_2)$は

(1.23) $$F(x_0, x_1, x_2) = x_0^m f\left(\frac{x_1}{x_0}, \frac{x_2}{x_0}\right)$$

で与えられる．これは2次曲線の場合にはすでに見たところである．

さて射影変換によって，平面曲線は平面曲線にうつされるが，そのとき平面曲線の次数が不変であることは簡単に示すことができる．さらに接線の概念も射影変換で保たれることが分かる．射影平面では，接線の式は簡明な形をとる．$m$次斉次多項式$F(x_0, x_1, x_2)$で定義された$m$次平面曲線
$$C : F(x_0, x_1, x_2) = 0$$
上の1点$(a_0 : a_1 : a_2)$での接線は

(1.24) $$\sum_{i=0}^{2} \frac{\partial F}{\partial x_i}(a_0, a_1, a_2) x_i = 0$$

で与えられる．これは，通常のEuclid平面での接線の式を関係(1.10), (1.23)を使って斉次座標に書き直したものにほかならないことを示しておこう．簡単のため，$a_0 \neq 0$と仮定して

(1.25) $$a = \frac{a_1}{a_0}, \quad b = \frac{a_2}{a_0}$$
$$f(x, y) = \frac{1}{x_0^m} F(x_0, x_1, x_2)$$

とおく．曲線
$$f(x, y) = 0$$
の点 $(a, b)$ での接線の式は

(1.26) $$\frac{\partial f}{\partial x}(a,b)(x-a) + \frac{\partial f}{\partial y}(a,b)(y-b) = 0$$

である．(1.10), (1.23) より

$$\frac{\partial F}{\partial x_0} = m x_0^{m-1} f\left(\frac{x_1}{x_0}, \frac{x_2}{x_0}\right) - x_1 x_0^{m-2} \frac{\partial f}{\partial x}\left(\frac{x_1}{x_0}, \frac{x_2}{x_0}\right)$$
$$\quad - x_2 x_0^{m-2} \frac{\partial f}{\partial y}\left(\frac{x_1}{x_0}, \frac{x_2}{x_0}\right)$$
$$\frac{\partial F}{\partial x_1} = x_0^{m-1} \frac{\partial f}{\partial x}\left(\frac{x_1}{x_0}, \frac{x_2}{x_0}\right)$$
$$\frac{\partial F}{\partial x_2} = x_0^{m-1} \frac{\partial f}{\partial y}\left(\frac{x_1}{x_0}, \frac{x_2}{x_0}\right)$$

を得，したがって

$$\frac{\partial F}{\partial x_0}(1, a, b) = -a \frac{\partial f}{\partial x}(a, b) - b \frac{\partial f}{\partial y}(a, b)$$
$$\frac{\partial F}{\partial x_1}(1, a, b) = \frac{\partial f}{\partial x}(a, b)$$
$$\frac{\partial F}{\partial x_2}(1, a, b) = \frac{\partial f}{\partial y}(a, b)$$

を得る．この関係式を (1.26) に代入すると

$$\frac{\partial F}{\partial x_0}(1, a, b) + \frac{\partial F}{\partial x_1}(1, a, b)\frac{x_1}{x_0} + \frac{\partial F}{\partial x_2}(1, a, b)\frac{x_2}{x_0} = 0$$

を得る．したがって，$x_0$ を両辺にかけることによって (1.24) を得る．($\frac{\partial F}{\partial x_i}$ は $m-1$ 次斉次式であり，$\frac{\partial F}{\partial x_i}(a_0, a_1, a_2) = a_0^{m-1} \frac{\partial F}{\partial x_i}(1, a, b)$ が成り立つことに注意.)

$m$ 次斉次式 $F(x_0, x_1, x_2)$ に関しては Euler の恒等式

(1.27) $$\sum_{i=0}^{2} x_i \frac{\partial F}{\partial x_i}(x_0, x_1, x_2) = m F(x_0, x_1, x_2)$$

が成立することを注意しておこう(演習問題 1.3)．特に

(1.28) $$\frac{\partial F}{\partial x_i}(a_0, a_1, a_2) = 0, \quad i = 0, 1, 2$$

が成立すれば，(1.27)より $(a_0, a_1, a_2)$ は曲線 $C$ 上の点であることが分かる．このような点では接線が定義できない．(1.28)が成立する点を平面曲線 $C$ の**特異点**(singular point)という．特異点については§2.5で詳しく述べることにする．

双曲線
$$\frac{x^2}{a^2} - \frac{y^2}{b^2} = 1$$

の漸近線 $y = \pm\dfrac{b}{a}x$ が，無限遠点における接線であることを確かめておこう．双曲線は斉次座標では

$$x_0^2 - \frac{x_1^2}{a^2} + \frac{x_2^2}{b^2} = 0$$

で与えられ，この双曲線上の無限遠点は $(0:a:b)$, $(0:-a:b)$ であった．点 $(0:a:b)$ における接線は(1.24)より

$$-\frac{1}{a}x_1 + \frac{1}{b}x_2 = 0$$

であり，点 $(0:-a:b)$ の接線は

$$\frac{1}{a}x_1 + \frac{1}{b}x_2 = 0$$

である．(1.10)より，これらの直線は，それぞれ $y = \dfrac{b}{a}x$, $y = -\dfrac{b}{a}x$ にほかならない．このようにして，双曲線の漸近線は，無限遠点における接線を，通常の平面で眺めたものであることが分かる．一般に平面曲線の漸近線は，無限遠点での接線であることが分かる．ただし，無限遠点が曲線の特異点になる場合には，接線の概念を拡張しておく必要がある．この点については§2.5で述べる．

ついでに放物線
$$y = ax^2$$

の無限遠点での接線について調べておこう．この放物線は，斉次座標では
$$x_0 x_2 - a x_1^2 = 0$$
と書け，この曲線上の無限遠点は $(0:0:1)$ である．この点での接線の式は (1.24) より
$$x_0 = 0$$
である．これは無限遠直線 $l_\infty$ の式にほかならない．すなわち，放物線は無限遠直線を接線として持っている．この放物線上の点は，無限遠点以外は $(1:\alpha:a\alpha^2)$ と書くことができ，$\alpha \neq 0$ のとき
$$(1:\alpha:a\alpha^2) = \left(\frac{1}{a\alpha^2} : \frac{1}{a\alpha} : 1\right)$$
であるので，$\alpha \to \pm\infty$ のとき，これらの点は無限遠点 $(0:0:1)$ へ近づくことが分かる．一方，点 $(1:\alpha:a\alpha^2)$ での接線は
$$a\alpha^2 x_0 - 2a\alpha x_1 + x_2 = 0$$
で与えられる．この式は
$$x_0 - \frac{2}{\alpha} x_1 + \frac{1}{a\alpha^2} x_2 = 0$$
と書きかえることができ，$\alpha \to \pm\infty$ では
$$x_0 = 0$$
に近づくと考えられる．このように見れば，無限遠直線 $l_\infty$ が放物線の接線の極限として，無限遠点での放物線の接線と考えることが自然であることが分かる．

## §1.4　複素数の導入

### (a)　複素数の登場

円錐曲線は平面 2 次曲線であること，射影幾何学で考えれば，楕円，双曲線，放物線の区別がなくなり，平面 2 次曲線として統一的に見ることができることを述べた．しかしながら，これまでの考察では不十分な点がある．前節までは，その点については意識的にふれるのを避けてきたが，たとえば，

"平面 2 次曲線"

(1.29) $$x_0^2 + x_1^2 + x_2^2 = 0$$

は意味をなさない．この式は実数の範囲では $(0,0,0)$ しか解を持たないので，射影平面 $\boldsymbol{P}^2(\boldsymbol{R})$ 上の図形を定義しない．また，たとえば "平面 2 次曲線"

(1.30) $$(x_1 - ax_0)^2 + (x_2 - bx_0)^2 = 0$$

を考えると，この式の解はすべて $(x_0, x_1, x_2) = (\alpha, a\alpha, b\alpha)$ と書けるので，射影平面 $\boldsymbol{P}^2(\boldsymbol{R})$ 上では式 (1.30) は 1 点 $(1:a:b)$ を定めるにすぎない．この 1 点を "平面 2 次曲線" と呼ぶのは奇妙である．

このような不都合は，射影幾何学で考えるまでもなく，Euclid 幾何学を座標幾何学的に取り扱うところでも出てくる．式

$$x^2 + y^2 = 1$$

は単位円を定めるが，式

$$x^2 + y^2 = 0$$

は原点だけからなり，このようなものは曲線とはみなさないのが，通常の考え方である．このような "不都合" は直線

$$y = ax + b$$

と円

$$x^2 + y^2 = 1$$

との交点を求める際にも生じる．これは $y = ax + b$ を $x^2 + y^2 = 1$ へ代入してできる 2 次方程式

$$x^2 + (ax + b)^2 = 1$$

が，実数の範囲内では，必ずしも解を持たないことに帰因する．解を持つための $(a, b)$ に関する条件を求めるのは，実用上の問題で重要になることではあるが，一方では，直線が円と交わったり，交わらなかったりと場合分けが必要になって，議論は複雑になる．

このような "不都合" を避ける唯一の道は，実数の範囲で考えるのではなく，**複素数**まで数を拡げて考えることである．代数学の基本定理によれば，複素数を係数とする多項式

$$a_0 x^n + a_1 x^{n-1} + \cdots + a_n = 0$$

は，複素数の範囲で必ず解を持つ．このことによって，上の直線と円とは必ず交わることになる．あるいは式
$$x^2+y^2=0$$
も，解 $(x,y)=(\alpha,\pm i\alpha)$ を持つことになり，しかも $\alpha$ は複素数を自由に動くことができる．すなわち
$$x^2+y^2=(x+iy)(x-iy)=0$$
であるので，2本の直線 $x\pm iy=0$ を表わすと考えることができる．式(1.29)，(1.30)も複素数まで考えれば，無数の解を持ち，何らかの図形と考えることもできそうである．さらに(1.29)で変数変換
$$y_0=ix_0, \quad y_1=x_1, \quad y_2=x_2$$
を行なうと，式
$$-y_0^2+y_1^2+y_2^2=0$$
を得る．これは，非斉次座標で考えると，$X=y_1/y_0, Y=y_2/y_0$ とおいて，
$$X^2+Y^2=1$$
と単位円の式となる．このように考えれば，式(1.29)で定義される平面2次曲線と，単位円とは，本質的には同じであると考えられる．

しかしながら，数学では長い間，複素数の導入がためらわれた．それは"2乗して負になる数"を数として考えることが，直観的にためらわれたことによる．虚数(imaginary number)という言葉に，そのことが端的にあらわされている．現実の世界が，実数で記述されると考えられる以上，複素数で記述される世界は虚の部分を含んでいると考えることもできる．しかし，射影幾何学においても，この虚の世界を考えないと不十分であることが次第に認識されるにいたった．

複素数にまで数の概念を拡張して図形を考えることにすると，素朴な直観は捨て去る必要がある．平面 $H$ の座標 $(x,y)$ を，$x,y$ ともに複素数までとるとすれば，$x=s+it, y=u+iv, s,t,u,v\in \boldsymbol{R}$ と書けるので，複素数の対 $(x,y)$ は実数の四つ組 $(s,t,u,v)$ と同一視でき，通常の意味では4次元の空間になる．また直線

(1.31) $$y=ax+b$$

は $x$ に任意の複素数を与えると $y$ の値が定まるので，自由度は $x$ が複素数を自由に動きまわれるだけあり，通常の意味では 2 次元の図形と考えるべきであろう．しかし一方では，(1.31) の定める図形は直線と考えたい．そこで平面 $H$ の複素次元は 2，式 (1.31) の定める図形 $l$ は直線と呼び，その複素次元は 1 であるという．複素数を自由に動きまわれる自由度が $H$ では 2，$l$ では 1 であるので，この定義は自然なものである．通常の意味での次元は実次元と呼んで，以下区別することにする．

射影平面ももちろん複素数の範囲まで拡張して考えることができる．これを $\boldsymbol{P}^2(\boldsymbol{C})$ と記して複素射影平面と呼ぶ．今までの射影平面 $\boldsymbol{P}^2(\boldsymbol{R})$ は実射影平面と呼ぶ．複素射影平面 $\boldsymbol{P}^2(\boldsymbol{C})$ は，複素数の三つ組 $(a_0, a_1, a_2) \neq (0, 0, 0)$ の比のみを考えたもので，実射影平面 $\boldsymbol{P}^2(\boldsymbol{R})$ と考え方は同じである．複素射影平面の斉次座標 $(x_0 : x_1 : x_2)$ は各 $x_i$ が複素数を動くことを除けば今までと同じであり，非斉次座標 $(x, y)$, $x = x_1/x_0$, $y = x_2/x_0$ も複素数を動くことを除けば今までと同じである．複素射影平面上の平面曲線については次項で述べることにして，ここでは射影直線について調べておこう．簡単のため，式
$$x_2 = 0$$
で定義される直線 $L$ を考えてみよう．これは非斉次座標を使えば
$$y = 0$$
であり，平面 $H$ では $x$ 軸を表わしている．複素射影平面上で考えれば，さらに無限遠点 $(0:1:0)$ がつけ加わる．したがって
$$L = \boldsymbol{C} \cup \{\infty\}$$
と考えられる．ここで点 $(0:1:0)$ を $\infty$ と記した．これは実は複素関数論でおなじみの Riemann 球面と考えることができることが，次のようにして分かる．式 $x_2 = 0$ で定義される直線 $L$ は点 $(a_0 : a_1 : 0)$ の全体である．したがって $a_0 \neq 0$ のときは
$$(a_0 : a_1 : 0) = \left(1 : \frac{a_1}{a_0} : 0\right)$$
であり，

$$\begin{array}{ccc} \varphi: L-\{(0:1:0)\} & \longrightarrow & \boldsymbol{C} \\ \cup & & \cup \\ (a_0:a_1:0) & \longmapsto & \dfrac{a_1}{a_0} \end{array}$$

は全単射(上への1対1写像)であり，これによって $L-\{(0:1:0)\}$ と $\boldsymbol{C}$ とを同一視する．一方 $z\in\boldsymbol{C}$, $z\neq 0$ に対して

(1.32) $$\varphi^{-1}(z)=(1:z:0)=\left(\dfrac{1}{z}:1:0\right)$$

であり，$|z|\to+\infty$ のときこの点は $(0:1:0)$ に近づく．

同様にして

$$\begin{array}{ccc} \psi: L-\{(1:0:0)\} & \longrightarrow & \boldsymbol{C} \\ \cup & & \cup \\ (a_0:a_1:0) & \longmapsto & \dfrac{a_0}{a_1} \end{array}$$

は全単射であり，$w\in\boldsymbol{C}$ に対して
$$\psi^{-1}(w)=(w:1:0)$$
が成り立つ．また $w\neq 0$ のとき

(1.32′) $$(w:1:0)=\left(1:\dfrac{1}{w}:0\right)$$

である．
$$L=(L-\{(1:0:0)\})\cup(L-\{(0:1:0)\})$$
であるので，(1.32), (1.32′) より $L$ は2枚の $\boldsymbol{C}$ を関係
$$z=\dfrac{1}{w}$$

ではり合わせたものと考えることができる．かくして $L$ は Riemann 球面と同じものと考えることができる．（詳しくは §2.1 を参照のこと.）一般の射影直線は次項で述べるように射影変換によって直線 $L$ にうつすことができるので，Riemann 球面と同一視できることが分かる．

### (b) 複素平面曲線

複素射影平面 $\boldsymbol{P}^2(\boldsymbol{C})$ で考えると，平面曲線の理論は見通しのよいものになる．複素数係数の $m$ 次斉次多項式 $F(x_0, x_1, x_2)$ の零点，すなわち
$$F(x_0, x_1, x_2) = 0$$
として定義される $\boldsymbol{P}^2(\boldsymbol{C})$ の図形 $C$ を **$m$ 次複素平面曲線**(complex plane curve of degree $m$)，あるいは単に $m$ 次平面曲線と呼ぶ．また $C$ のことを，しばしば $V(F)$ と記して，定義方程式をはっきりさせることがある．$F(x_0, x_1, x_2)$ が既約多項式のとき $C = V(F)$ を **既約平面曲線**(irreducible plane curve)，$F(x_0, x_1, x_2)$ が可約な多項式のときは，**可約平面曲線**(reducible plane curve) と呼ぶ．$F(x_0, x_1, x_2)$ が可約なとき
$$F(x_0, x_1, x_2) = G(x_0, x_1, x_2) H(x_0, x_1, x_2)$$
と因数分解すると
$$V(F) = V(G) \cup V(H)$$
と書けることは明らかであろう．また
$$F(x_0, x_1, x_2) = G(x_0, x_1, x_2)^m$$
であれば，
$$V(F) = V(G)$$
である．したがって，以下では $F(x_0, x_1, x_2)$ が既約なときを主として考える．

複素射影平面 $\boldsymbol{P}^2(\boldsymbol{C})$ の射影変換は (1.13) と同様に

(1.33) $\qquad g : (x_0 : x_1 : x_2) \longmapsto \left( \sum_{j=0}^{2} a_{0j} x_j : \sum_{j=0}^{2} a_{1j} x_j : \sum_{j=0}^{2} a_{2j} x_j \right)$

$$A = \begin{pmatrix} a_{00} & a_{01} & a_{02} \\ a_{10} & a_{11} & a_{12} \\ a_{20} & a_{21} & a_{22} \end{pmatrix}, \quad \det A \neq 0$$

と書ける．行列 $A$ が複素行列になっている点だけが違っている．これは，(1.14) と同様に

$$(1.34) \quad g: \begin{pmatrix} x_0 \\ x_1 \\ x_2 \end{pmatrix} \longmapsto A \begin{pmatrix} x_0 \\ x_1 \\ x_2 \end{pmatrix}$$

と表示するのが便利である．以前と同様，正則行列 $A$ で定まる射影変換 (1.34) を $g_A$ と記す．$\rho$ が 0 でない複素数であれば

$$g_A = g_{\rho A}$$

である．さて $m$ 次平面曲線 $V(F)$ の，射影変換 $g_A$ による像 $g_A(V(F))$ を調べてみよう．

$$F(a_0, a_1, a_2) = 0$$

に対して

$$\begin{pmatrix} b_0 \\ b_1 \\ b_2 \end{pmatrix} = A \begin{pmatrix} a_0 \\ a_1 \\ a_2 \end{pmatrix}$$

とおくと，$(b_0 : b_1 : b_2) \in g_A(V(F))$ である．そこで

$$\begin{pmatrix} y_0 \\ y_1 \\ y_2 \end{pmatrix} = A^{-1} \begin{pmatrix} x_0 \\ x_1 \\ x_2 \end{pmatrix}, \quad A^{-1} = \begin{pmatrix} b_{00} & b_{01} & b_{02} \\ b_{10} & b_{11} & b_{12} \\ b_{20} & b_{21} & b_{22} \end{pmatrix}$$

とおいて，

$$(1.35) \quad G(x_0, x_1, x_2) = F(y_0, y_1, y_2) = F\left(\sum_{j=0}^{2} b_{0j} x_j, \sum_{j=0}^{2} b_{1j} x_j, \sum_{j=0}^{2} b_{2j} x_j\right)$$

とおくと，

$$G(b_0, b_1, b_2) = F(a_0, a_1, a_2)$$

が成り立つ．このことより，

$$(1.36) \quad g_A(V(F)) = V(G)$$

であることが分かる．(1.35) より明らかなように，$F(x_0, x_1, x_2)$ が $m$ 次斉次多項式であれば $G(x_0, x_1, x_2)$ も $m$ 次斉次多項式であり，$F(x_0, x_1, x_2)$ が既約（可約）であれば $G(x_0, x_1, x_2)$ も既約（可約）であることが分かる．射影変換に関して不変な性質を調べるのが射影幾何学の目的である．平面曲線の次数は射影変換で不変である．1 次の平面曲線は通常直線と呼ばれる．射影平面で

考えていることを強調するために射影直線と呼ぶこともある．直線
$$l: a_0x_0 + a_1x_1 + a_2x_2 = 0, \quad (a_0, a_1, a_2) \neq (0,0,0)$$
が与えられれば，行列
$$A = \begin{pmatrix} a_0 & a_1 & a_2 \\ a_{10} & a_{11} & a_{12} \\ a_{20} & a_{21} & a_{22} \end{pmatrix}$$
に対して，$\det A \neq 0$ が成り立つように，$a_{10}, a_{11}, a_{12}, a_{20}, a_{21}, a_{22}$ を常に選ぶことができ，(1.35), (1.36) より $g_A(l)$ は
$$x_0 = 0$$
で定義される直線，すなわち無限遠直線 $l_\infty$ にほかならないことが分かる．このようにして，任意の直線は射影変換によって無限遠直線にうつすことができることが分かる．このことから，2本の直線 $l_1, l_2$ は射影変換によって互いにうつり合うことが分かる．

次に2次平面曲線

(1.37) $$Q: \sum_{i,j=0}^{2} q_{ij} x_i x_j = 0$$

を考えよう．行列表示を使えば，2次平面曲線は

$$(x_0, x_1, x_2) C \begin{pmatrix} x_0 \\ x_1 \\ x_2 \end{pmatrix} = 0, \quad C = (q_{ij})$$

と書くことができる．$C$ は対称行列にとることができる．射影変換 $g_A$ による像 $g_A(C)$ は，(1.35) より

(1.38) $$(x_0, x_1, x_2) C' \begin{pmatrix} x_0 \\ x_1 \\ x_2 \end{pmatrix} = 0, \quad C' = {}^t A^{-1} C A^{-1}$$

で定義される2次平面曲線である．$A$ を適当にとることによって，$C'$ は次のいずれかの形にすることができる．

(1.39)
$$Q_1 = \begin{pmatrix} 1 & 0 & 0 \\ 0 & 0 & 0 \\ 0 & 0 & 0 \end{pmatrix}, \quad Q_2 = \begin{pmatrix} -1 & 0 & 0 \\ 0 & 1 & 0 \\ 0 & 0 & 0 \end{pmatrix}, \quad Q_3 = \begin{pmatrix} -1 & 0 & 0 \\ 0 & 1 & 0 \\ 0 & 0 & 1 \end{pmatrix}.$$

対応する2次平面曲線はそれぞれ

(1.40)
$$\begin{cases} x_0^2 = 0 \\ -x_0^2 + x_1^2 = 0 \\ -x_0^2 + x_1^2 + x_2^2 = 0 \end{cases}$$

の形になる．最初の式で定義される2次曲線は無限遠直線 $l_\infty$ を2重に考えたものにほかならない．2番目の式で定義される2次曲線は2本の直線

$$x_0 \pm x_1 = 0$$

の和である．3番目の式で定義された2次曲線は既約であり，非斉次座標で表わせば

$$x^2 + y^2 = 1$$

となり，単位円を複素数の範囲で考えたものである．楕円，双曲線，放物線は複素数の範囲で考えても既約な2次平面曲線であり，複素数の範囲まで拡張して考えると，これらの2次曲線はすべて単位円に射影変換でうつすことができることが分かった．(1.40)の2番目，3番目の式は，射影変換で

$$x_0^2 + x_1^2 = 0$$
$$x_0^2 + x_1^2 + x_2^2 = 0$$

とうつすことも可能であり，また(1.40)の3番目の式は射影変換で

$$-x_0^2 + x_1 x_2 = 0$$

とうつすことも可能であり，これを非斉次座標で表わせば直角双曲線

$$xy = 1$$

となる．

以上のように，複素数まで拡張して考えると，既約な2次曲線は射影変換で互いにうつりあって，射影幾何学的に考察するためには，単位円あるいは直角双曲線でと，問題に応じて図形を選んで議論することが可能である．

さて §1.2(a) で考察した単位円と直線の対応 (図 1.2) を今一度復習しておこう．すべて複素射影平面 $\boldsymbol{P}^2(\boldsymbol{C})$ で考える．単位円 $C$ は
$$-x_0^2 + x_1^2 + x_2^2 = 0$$
で表わされる．直線 $l$
$$-x_0 + x_1 = 0$$
は，円 $C$ に点 $(1:1:0)$ で接している．一方 $C$ 上の点 $P = (1:-1:0)$ を通る直線は

(1.41) $$u_1(x_0 + x_1) - u_0 x_2 = 0$$

で与えられる．式 (1.41) で定義される直線は比 $u_0 : u_1$ が同一であれば同じ直線を表わす．この直線を $l_{(u_0:u_1)}$ と記そう．$l_{(u_0:u_1)}$ と直線 $l$ との交点 $R$ を求めるために，連立方程式

$$\begin{cases} u_1(x_0 + x_1) - u_0 x_2 = 0 \\ -x_0 + x_1 = 0 \end{cases}$$

を解いて

(1.42) $$R = (u_0 : u_0 : 2u_1)$$

を得る．また $l_{(u_0:u_1)}$ と単位円 $C$ との $P$ 以外の交点を $Q$ とすると，連立方程式

$$\begin{cases} -x_0^2 + x_1^2 + x_2^2 = 0 \\ u_1(x_0 + x_1) - u_0 x_2 = 0 \end{cases}$$

を解いて

(1.43) $$Q = (u_0^2 + u_1^2 : u_0^2 - u_1^2 : 2u_0 u_1)$$

を得る．$t = u_1/u_0$ とおき，非斉次座標を使うと (1.2) と同一の結果を得る．さらに $u_0 = 0$ のとき
$$l_{(0:u_1)} : \; x_0 + x_1 = 0$$
は単位円 $C$ の点 $P = (1:-1:0)$ での接線であり，このとき $R = (0:0:1)$, $Q = (1:-1:0) = P$ となり，§1.2(a) で行なった $t \to \pm\infty$ のときの考察を自然に解釈できることになる．このようにして，単位円上の点 $Q$ と直線 $l$ 上の点 $R$

とが(1.42), (1.43)の関係で 1 対 1 に対応することが分かる．点 $P$ には $l$ 上の無限遠点 $(0:0:-1)$ が対応する．さらに，単位円 $C$，直線 $l$，複素数の対 $(u_0, u_1) \neq (0,0)$ の比 $u_0 : u_1$ 全体の三者が，$C$ 上の点 $(u_0^2+u_1^2 : u_0^2-u_1^2 : 2u_0u_1)$，$l$ 上の点 $(u_0 : u_0 : 2u_1)$，比 $u_0 : u_1$ をそれぞれ対応させることによって，1 対 1 に対応することが上で分かった．そこで複素数の対 $(u_0, u_1) \neq (0,0)$ の比 $u_0 : u_1$ の全体を $\boldsymbol{P}^1(\boldsymbol{C})$ とおき，複素射影直線と呼ぶことにする．比 $u_0 : u_1$ に対応する $\boldsymbol{P}^1(\boldsymbol{C})$ の点を $(u_0 : u_1)$ と記す．$\boldsymbol{P}^1(\boldsymbol{C})$ は直線(1.41)の傾きの全体に対応することを注意しておく．複素射影直線 $\boldsymbol{P}^1(\boldsymbol{C})$ と単位円 $C$ との関係を詳しく調べる前に，$\boldsymbol{P}^1(\boldsymbol{C})$ について少し考察しておこう．$u_0 \neq 0$ のとき $(u_0 : u_1) = (1 : u_1/u_0)$ であるので，写像

$$\varphi : \boldsymbol{P}^1(\boldsymbol{C}) - \{(0:1)\} \longrightarrow \boldsymbol{C}$$
$$\cup\!\!\!| \qquad\qquad\qquad \cup\!\!\!|$$
$$(u_0 : u_1) \longmapsto \frac{u_1}{u_0}$$

と写像

$$\psi : \boldsymbol{C} \longrightarrow \boldsymbol{P}^1(\boldsymbol{C}) - \{(0:1)\}$$
$$\cup\!\!\!| \qquad\qquad \cup\!\!\!|$$
$$z \longmapsto (1 : z)$$

とは互いに逆写像になっており，これらの写像によって $\boldsymbol{P}^1(\boldsymbol{C}) - \{(0:1)\}$ と複素平面 $\boldsymbol{C}$ とを同一視することにしよう．さらに $z \neq 0$ のとき

$$(1 : z) = \left(\frac{1}{z} : 1\right)$$

であるので，

$$\lim_{|z| \to \infty} (1 : z) = \lim_{|z| \to \infty} \left(\frac{1}{z} : 1\right) = (0 : 1)$$

と考えることができ，これは 1 変数複素関数論で登場する Riemann 球面の無限遠点 $\infty$ と考えることができる．すなわち

$$\boldsymbol{P}^1(\boldsymbol{C}) = \boldsymbol{C} \cup \{(0:1)\} = \boldsymbol{C} \cup \{\infty\}$$

と考えられ，複素射影直線 $\boldsymbol{P}^1(\boldsymbol{C})$ は Riemann 球面であるとみなせる．

以上の準備のもとに $\boldsymbol{P}^1(\boldsymbol{C})$ と直線 $l$，単位円 $C$ との対応を (1.42), (1.43) に従って調べてみよう．写像

$$\begin{array}{ccc} \boldsymbol{P}^1(\boldsymbol{C}) & \longrightarrow & l \\ \cup & & \cup \\ (u_0 : u_1) & \longmapsto & (u_0 : u_0 : 2u_1) \end{array}$$

によって，$\boldsymbol{P}^1(\boldsymbol{C})$ と $l$ とが 1 対 1 に対応することが分かる．このことから，直線 $l$ は $\boldsymbol{P}^1(\boldsymbol{C})$ と同一視できること，したがって，射影変換によって任意の直線は $\boldsymbol{P}^1(\boldsymbol{C})$，したがって Riemann 球面と同一視できることが分かった．

次に (1.43) に従って，写像

(1.44)
$$\begin{array}{cccc} \widetilde{\varphi}: & \boldsymbol{P}^1(\boldsymbol{C}) & \longrightarrow & C \\ & \cup & & \cup \\ & (u_0 : u_1) & \longmapsto & (u_0^2 + u_1^2 : u_0^2 - u_1^2 : 2u_0 u_1) \end{array}$$

を考える．これが写像としてきちんと定義されていることは，
$$(u_0 : u_1) = (\lambda u_0 : \lambda u_1), \quad \lambda \in \boldsymbol{C} - \{0\}$$
であるが，このとき
$$\begin{aligned} & ((\lambda u_0)^2 + (\lambda u_1)^2 : (\lambda u_0)^2 - (\lambda u_1)^2 : 2\lambda^2 u_0 u_1) \\ &= (\lambda^2 (u_0^2 + u_1^2) : \lambda^2 (u_0^2 - u_1^2) : 2\lambda^2 u_0 u_1) \\ &= (u_0^2 + u_1^2 : u_0^2 - u_1^2 : 2u_0 u_1) \end{aligned}$$
が成り立つことから分かる．この写像が全単射，すなわち上への 1 対 1 写像であることは，$C$ 上の点 $Q$ と $l$ 上の点 $R$ との幾何学的対応によって明らかであるが，(1.44) だけから導いてみよう．まず，$\boldsymbol{P}^1(\boldsymbol{C})$ の点 $(u_0 : u_1)$, $(u_0' : u_1')$ に対して
$$\widetilde{\varphi}((u_0 : u_1)) = \widetilde{\varphi}((u_0' : u_1'))$$
が成り立ったとしよう．言い換えれば
$$(u_0^2 + u_1^2 : u_0^2 - u_1^2 : 2u_0 u_1) = (u_0'^2 + u_1'^2 : u_0'^2 - u_1'^2 : 2u_0' u_1')$$
が成り立つ．もし $u_0 u_1 \neq 0$ であれば

$$\frac{u_0^2+u_1^2}{u_0 u_1} = \frac{u_0'^2+u_1'^2}{u_0' u_1'}$$

$$\frac{u_0^2-u_1^2}{u_0 u_1} = \frac{u_0'^2-u_1'^2}{u_0' u_1'}$$

が成り立ち，これより

$$\frac{u_1}{u_0} = \frac{u_1'}{u_0'}$$

が成り立ち，

$$(u_0:u_1) = (u_0':u_1')$$

であることが分かる．もし $u_0=0$ であれば

$$\widetilde{\varphi}((0:1)) = (1:-1:0)$$

であるので，$u_0' u_1' = 0$ かつ

$$u_0'^2 + u_1'^2 = -(u_0'^2 - u_1'^2)$$

が成り立ち，これより $u_0'=0$ を得る．すなわち $(u_0':u_1')=(0:1)$ である．$(u_0:u_1)=(1:0)$ のときも，同様の議論によって $(u_0':u_1')=(1:0)$ を得る．これによって $\widetilde{\varphi}$ は 1 対 1 の写像であることが分かる．

次に点 $(a_0:a_1:a_2) \in C$ が与えられたとき，$\widetilde{\varphi}((u_0:u_1)) = (a_0:a_1:a_2)$ が成り立つ点 $(u_0:u_1) \in \boldsymbol{P}^1(\boldsymbol{C})$ が存在することを示そう．$(a_0:a_1:a_2) \in C$ であるので

(1.45) $$-a_0^2 + a_1^2 + a_2^2 = 0$$

が成り立っている．もし $a_2=0$ であれば $a_1^2 = a_0^2$ より，$(a_0:a_1:a_2)=(1:\pm 1:0)$ であり

$$\widetilde{\varphi}((1:0)) = (1:1:0)$$

$$\widetilde{\varphi}((0:1)) = (1:-1:0)$$

が成り立つ．そこで $a_2 \neq 0$ と仮定しよう．このとき

(1.46) $$\frac{a_1-a_0}{a_2} \cdot \frac{a_1+a_0}{a_2} = 1$$

が成り立っている．この関係式より

$$a_1 \pm a_0 \neq 0$$

を得る．写像(1.44)を参考にして，点 $(1:(a_0-a_1)/a_2) \in \boldsymbol{P}^1(\boldsymbol{C})$ を考えよう．

$(\widetilde{\varphi}((u_0:u_1))=(a_0:a_1:a_2)$ であれば $u_1/u_0=(a_0-a_1)/a_2$ である．) (1.45) を使って

$$\widetilde{\varphi}\left(\left(1:\frac{a_0-a_1}{a_2}\right)\right)$$
$$=\left(\frac{a_2^2+(a_0-a_1)^2}{a_2^2}:\frac{a_2^2-(a_0-a_1)^2}{a_2^2}:\frac{2(a_0-a_1)}{a_2}\right)$$
$$=(a_2^2+(a_0-a_1)^2:a_2^2-(a_0-a_1)^2:2a_2(a_0-a_1))$$
$$=(2(a_0^2-a_0a_1):2(a_0a_1-a_1^2):2a_2(a_0-a_1))$$
$$=(a_0:a_1:a_2)$$

を得，点 $(a_0:a_1:a_2)$ は確かに $\widetilde{\varphi}$ の像になっている．

かくして，写像 $\widetilde{\varphi}$ によって，$\boldsymbol{P}^1(\boldsymbol{C})$ と 2 次曲線 $C$ とを同一視してよいことが分かった．また上の議論から，写像 $\widetilde{\varphi}$ の逆は，

(1.47)
$$\begin{array}{ccccc}\psi_+: & C & \longrightarrow & \boldsymbol{P}^1(\boldsymbol{C}) \\ & \cup\!\shortmid & & \cup\!\shortmid & \\ & (a_0:a_1:a_2) & \longmapsto & (a_2:a_0-a_1)\end{array}$$

で与えられる．ただし，$a_2=0$, $a_0-a_1=0$ となる $C$ の点 $(1:1:0)$ では $\psi_+$ は定義できない．しかし $a_2\neq 0$ であれば，(1.46) より

$$(a_2:a_0-a_1)=\left(1:\frac{a_0-a_1}{a_2}\right)=\left(1:\frac{a_2}{a_0+a_1}\right)$$
$$=(a_0+a_1:a_2)$$

となる．そこで

(1.48)
$$\begin{array}{ccccc}\psi_-: & C & \longrightarrow & \boldsymbol{P}^1(\boldsymbol{C}) \\ & \cup\!\shortmid & & \cup\!\shortmid & \\ & (a_0:a_1:a_2) & \longmapsto & (a_0+a_1:a_2)\end{array}$$

とおくと，今度は点 $(1:-1:0)$ で写像は定義できない．一方，上の考察より $\psi_+$ と $\psi_-$ は $C-\{(1:1:0),(1:-1:0)\}$ 上では一致する．そこで，$\psi_+$ と $\psi_-$ とによって，写像

$$\widetilde{\psi} : C \longrightarrow \boldsymbol{P}^1(\boldsymbol{C})$$

が定義されると考える．このとき $\widetilde{\varphi}$ と $\widetilde{\psi}$ は互いに逆写像になることが確かめられる．$\widetilde{\varphi}, \widetilde{\psi}$ はともに座標の斉次多項式を使って表示できる．このような写像を**代数的射**(algebraic morphism)と呼ぶ．代数幾何学は，上への1対1の代数的射で不変な幾何学的性質を考察する幾何学である．したがって，代数幾何学の立場からは，直線（これは1次平面曲線にほかならない）と既約な2次平面曲線とはともに射影直線 $\boldsymbol{P}^1(\boldsymbol{C})$ と考えることができる．これが，Descartes が『幾何学』の中で述べたことの正確な定式化である．

## §1.5 代数幾何学の誕生

### (a) 平面曲線と交点理論

前節で述べたように，平面2次曲線と直線とを同一の幾何学的対象と考えることは，射影幾何学を超えて，代数幾何学の立場に立つことになる．しかしながら，歴史的には，平面曲線の交点理論を作ることが代数幾何学誕生の原動力となった．複素射影平面 $\boldsymbol{P}^2(\boldsymbol{C})$ 内の $m$ 次平面曲線

(1.49) $\qquad C : F(x_0, x_1, x_2) = 0$

と $n$ 次平面曲線

$$D : G(x_0, x_1, x_2) = 0$$

との交点の数を求めよというのが出発点である．素朴に考えれば，連立方程式

$$\begin{cases} F(x_0, x_1, x_2) = 0 \\ G(x_0, x_1, x_2) = 0 \end{cases}$$

を解けばよく，そのためには，上の二つの式から変数を一つ消去して新しい方程式を解けばよい．このことを行なうために，消去法の理論が発展したが，幾何学的に "奇妙な" ことが見出され，その反省から代数幾何学が発展していった．

一般の交点理論を扱う前に，最も簡単な場合，(1.49)で与えられる $m$ 次

平面曲線 $C$, $m \geq 2$, と直線 $L$ との交点を求めよう．直線上の異なる 2 点 $P = (a_0 : a_1 : a_2)$, $Q = (b_0 : b_1 : b_2)$ をとると，直線 $L$ は

(1.50) $\quad (\lambda a_0 + \mu b_0 : \lambda a_1 + \mu b_1 : \lambda a_2 + \mu b_2), \quad (\lambda : \mu) \in \boldsymbol{P}^1(\boldsymbol{C})$

とパラメータ表示できることに注意しよう．これは，2 点 $P, Q$ を通る直線が

(1.51) $\quad \begin{vmatrix} a_0 & b_0 & x_0 \\ a_1 & b_1 & x_1 \\ a_2 & b_2 & x_2 \end{vmatrix} = 0$

と書けることから導くこともできる．(2 点 $P, Q$ を通る直線はただ一つ定まり，(1.51)で定まる直線は確かに点 $P, Q$ を通っているので，$P$ と $Q$ を結ぶ直線 $L$ は (1.51) で定まる．) すると $L$ 上の点 $(c_0 : c_1 : c_2)$ に対して

$$\begin{vmatrix} a_0 & b_0 & c_0 \\ a_1 & b_1 & c_1 \\ a_2 & b_2 & c_2 \end{vmatrix} = 0$$

が成り立つ．これは

$$(c_0, c_1, c_2) = \lambda(a_0, a_1, a_2) + \mu(b_0, b_1, b_2)$$

と書けることを意味する．そこで，曲線 $C$ と直線 $L$ との交点を求めるためには (1.50) を (1.49) に代入して

(1.52) $\quad F(\lambda a_0 + \mu b_0, \ \lambda a_1 + \mu b_1, \ \lambda a_2 + \mu b_2) = 0$

を $(\lambda : \mu)$ に関して解けばよい．$F$ は $m$ 次斉次多項式であったので，(1.52) は $(\lambda, \mu)$ に関して $m$ 次斉次方程式となり，(1.52) の左辺が恒等的に 0 にならない限り，これは重複度をこめて $m$ 個の解を持つ．すなわち $m$ 個の交点を持つ．ただし (1.52) が $(\lambda_0 : \mu_0)$ を $k$ 重根として持つときは，対応する交点 $Q = (\lambda_0 a_0 + \mu_0 b_0 : \lambda_0 a_1 + \mu_0 b_1 : \lambda_0 a_2 + \mu_0 b_2)$ は $k$ 重に数え，点 $Q$ で曲線 $C$ と直線 $L$ とは **$k$ 重に接する**という．

ところで，(1.52) の左辺が恒等的に 0 になる場合は，曲線 $C$ が直線 $L$ を含むことになる．これは曲線 $C$ が可約であること，すなわち

$$F(x_0, x_1, x_2) = G(x_0, x_1, x_2) H(x_0, x_1, x_2)$$

$$G(x_0, x_1, x_2) = \begin{vmatrix} a_0 & b_0 & x_0 \\ a_1 & b_1 & x_1 \\ a_2 & b_2 & x_2 \end{vmatrix}$$

と書けることを意味する．以下，曲線 $C$ は直線 $L$ を含まないと仮定しよう．したがって曲線 $C$ と直線 $L$ とは重複度をこめて $m$ 個の点で交わる．(1.52) をもう少し詳しく調べておこう．$F$ は斉次多項式であるので，$(\lambda a_0, \lambda a_1, \lambda a_2)$ を中心として Taylor の公式を適用すると

(1.53) $\quad F(\lambda a_0 + \mu b_0,\ \lambda a_1 + \mu b_1,\ \lambda a_2 + \mu b_2)$
$$= \lambda^m F(a_0, a_1, a_2) + \lambda^{m-1}\mu \Delta_b^{(1)} F(a) + \lambda^{m-2}\mu^2 \Delta_b^{(2)} F(a) + \cdots$$
$$+ \frac{\lambda \mu^{m-1}}{(m-1)!} \Delta_b^{(m-1)} F(a) + \frac{\mu^m}{m!} \Delta_b^{(m)} F(a)$$

が成り立つ．ここで $z = (z_0, z_1, z_2)$ に対して

$$\Delta_z^{(1)} = z_0 \frac{\partial}{\partial x_0} + z_1 \frac{\partial}{\partial x_1} + z_2 \frac{\partial}{\partial x_2}$$

であり，$\Delta_z^{(i)} F(y)$ は $\Delta_z^{(1)}$ を $F(x_0, x_1, x_2)$ に $i$ 回作用させたものに $(y_0, y_1, y_2)$ を代入したものを意味する（演習問題 1.4）．$(\mu_0 b_0, \mu_1 b_1, \mu_2 b_2)$ を中心とした Taylor の公式を適用すると (1.53) のかわりに

(1.54) $\quad F(\lambda a_0 + \mu b_0,\ \lambda a_1 + \mu b_1,\ \lambda a_2 + \mu b_2)$
$$= \mu^m F(b_0, b_1, b_2) + \mu^{m-1}\lambda \Delta_a^{(1)} F(b) + \mu^{m-2}\lambda^2 \Delta_a^{(2)} F(b) + \cdots$$
$$+ \frac{\mu \lambda^{m-1}}{(m-1)!} \Delta_a^{(m-1)} F(b) + \frac{\lambda^m}{m!} \Delta_a^{(m)} F(b)$$

が成り立つ．曲線 $C$ は直線 $L$ を含まないので，直線 $L$ 上の点 $P = (a_0 : a_1 : a_2)$，$Q = (b_0 : b_1 : b_2)$ は曲線 $C$ 上にないとしてよい．すなわち

$$F(a_0, a_1, a_2) \neq 0, \quad F(b_0, b_1, b_2) \neq 0$$

とする．したがって，(1.53)，(1.54) ともに $(\lambda, \mu)$ に関して $m$ 次斉次式となり，$m$ 個の解 $(\lambda_j : \mu_j), j = 1, 2, \cdots, m$ を持つ．ただし，重複した解は重複度をこめて記した．したがって，直線 $L$ と $m$ 次平面曲線 $C$ とは重複度をこめて $m$ 個の点で交わることが再確認された．

次に点 $(a_0 : a_1 : a_2)$ で直線 $L$ と曲線 $C$ が交わっている場合を考えよう．こ

のとき(1.53)から

(1.55) $\quad \lambda^{m-1}\mu\Delta_b^{(1)}F(a)+\lambda^{m-2}\mu^2\Delta_b^{(2)}F(a)+\cdots+\dfrac{\mu^m}{m!}\Delta_b^{(m)}F(a)=0$

が成り立つ．そこで

(1.56) $\qquad\qquad\qquad\qquad \Delta_b^{(1)}F(a)=0$

が成り立てば，直線 $L$ は曲線 $C$ と点 $(a_0:a_1:a_2)$ で2重に交わることになり，直線 $L$ は点 $(a_0:a_1:a_2)$ での曲線 $C$ の接線である．このとき，点 $(b_0:b_1:b_2)$ は直線 $L$ 上を自由に動くことができるので，接線の式は，(1.56)より

(1.57) $\qquad\qquad \dfrac{\partial F}{\partial x_0}(a)x_0+\dfrac{\partial F}{\partial x_1}(a)x_1+\dfrac{\partial F}{\partial x_2}(a)x_2=0$

となる．これは(1.24)にほかならない．接線が意味を持つためには

$$\left(\dfrac{\partial F}{\partial x_0}(a),\dfrac{\partial F}{\partial x_1}(a),\dfrac{\partial F}{\partial x_2}(a)\right)\neq(0,0,0)$$

でなければならない．

$$\dfrac{\partial F}{\partial x_0}(a)=\dfrac{\partial F}{\partial x_1}(a)=\dfrac{\partial F}{\partial x_2}(a)=0$$

が成り立つとき，点 $P=(a_0:a_1:a_2)$ は曲線 $C$ の**特異点**または**重複点**(multiple point)であるという．このときは，接線の式(1.57)は意味を持たなくなるが，次のように考えることができる．直線 $L=\overline{PQ}$ と $C$ との交点は，(1.55)を解いて $(\lambda:\mu)$ を求めればよかったが，特異点 $P=(a_0:a_1:a_2)$ では $\Delta_b^{(1)}F(a)=0$ となるので，$(\lambda:\mu)=(1:0)$ は(1.55)の重複解になっている．そこで，点 $P=(a_0:a_1:a_2)$ では，点 $Q=(b_0:b_1:b_2)$ の取り方によらず

$$\Delta_b^{(1)}F(a)=0$$
$$\Delta_b^{(2)}F(a)=0$$
$$\vdots$$
$$\Delta_b^{(n-1)}F(a)=0$$

が成り立つが，適当に $Q=(b_0:b_1:b_2)$ を選ぶと
$$\Delta_b^{(n)}F(a)\neq 0$$

が成り立つとき，特異点 $P=(a_0:a_1:a_2)$ を **$n$ 重点**といい，$n$ を特異点の**重複度**(multiplicity)という．さて $P$ が $n$ 重点であれば，一般の点 $Q=(b_0:b_1:b_2)$ に対して $(\lambda:\mu)=(1:0)$ は (1.55) の $n$ 重解である，すなわち直線 $L=\overline{PQ}$ は点 $P$ で曲線 $C$ と $n$ 重に交わるが，特別な点 $Q=(b_0:b_1:b_2)$ を選べば直線 $L=\overline{PQ}$ は点 $P$ で曲線 $C$ と少なくとも $n+1$ 重に交わる．このような直線を特異点 $P$ での $C$ の接線と考えることができる．このとき，$n$ 次曲線

$$\Delta_x^{(n)} F(a) = 0$$

すなわち

(1.58) $$\sum_{i_0+i_1+i_2=n} \frac{n!}{i_0! i_1! i_2!} \frac{\partial^n F}{\partial x_0^{i_0} \partial x_1^{i_1} \partial x_2^{i_2}}(a_0, a_1, a_2) x_0^{i_0} x_1^{i_1} x_2^{i_2} = 0$$

を曲線 $C$ の点 $P$ での**接錐**(tangent cone)と呼ぶ．これは接線 (1.55) の自然な拡張である．例をいくつか見ておこう．

**例 1.1** 3 次曲線

$$F = x_0 x_1^2 + x_1^3 - x_2^2 x_0 = 0$$

を考える．$P=(a_0:a_1:a_2)$ に対して

$$\Delta_x^{(1)} F(a) = (a_1^2 - a_2^2) x_0 + a_1(2a_0 + 3a_1) x_1 - 2a_0 a_2 x_2$$

$$\Delta_x^{(2)} F(a) = 4a_1 x_0 x_1 + (2a_0 + 3a_1) x_1^2 - 2a_0 x_2^2 - 4a_2 x_2 x_0$$

である．したがって $P=(1:0:0)$ は 3 次曲線 $C=V(F)$ の 2 重点であり，点 $P$ での接錐は

$$x_1^2 - x_2^2 = 0$$

で与えられる．これは 2 本の直線 $x_1 - x_2 = 0$, $x_1 + x_2 = 0$ である．この 2 重点 $P$ は**通常 2 重点**(ordinary double point)と呼ばれる（図 1.12 (a)）． □

**例 1.2** 3 次曲線

$$G = x_1^3 - x_2^2 x_0 = 0$$

を考える．点 $P=(a_0:a_1:a_2)$ に対して

$$\Delta_x^{(1)} G(a) = -a_2^2 x_0 + 3a_1^2 x_1 - 2a_2 a_0 x_2$$

$$\Delta_x^{(2)} G(a) = 6a_1 x_1^2 - 4a_2 x_2 x_0 - 2a_0 x_2^2$$

である.点 $P=(1:0:0)$ は 3 次曲線 $V(G)$ の 2 重点であり,点 $P$ での接錐は
$$x_2^2 = 0$$
で与えられる.これは直線 $x_2=0$ を 2 重に考えたことに相当する.2 重点 $P$ は**通常尖点**(ordinary cusp)あるいは単に尖点と呼ばれる(図 1.12(b)).　□

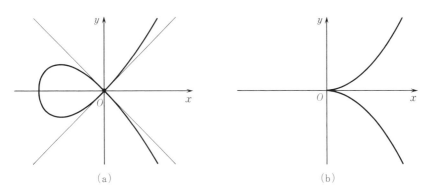

**図 1.12** 通常 2 重点と通常尖点: (a) $x=x_1/x_0, y=x_2/x_0$ とおくと $(x,y)$ 平面で $V(F)$ は $y^2=x^2(x+1)$ で表示される.原点での 2 本の直線 $y=\pm x$ が原点での接錐である.(b) $x=x_1/x_0, y=x_2/x_0$ とおくと $(x,y)$ 平面で $V(G)$ は $y^2=x^3$ で表示される.原点が特異点で,$x$ 軸を 2 重に考えたものが原点での接錐である.

2 重点は通常 2 重点(このときは接錐は 2 本の直線よりなる)か通常尖点(このときは接錐は 1 本の直線を 2 重に考えている)のいずれかであることが知られている.上記の例で接錐は直線で記述できたが,これは常に成立することであり,平面曲線の $k$ 重点での接錐はたかだか $k$ 本の直線,重複度をこめて数えれば,ちょうど $k$ 本の直線よりなることを示すことができる.

さて,$\boldsymbol{P}^2(\boldsymbol{C})$ 内の $m$ 次平面曲線
$$C: F(x_0, x_1, x_2) = 0$$
と $n$ 次平面曲線
$$D: G(x_0, x_1, x_2) = 0$$
の交点の数を求めてみよう.もちろん,$l$ 重に接する場合は $l$ 重に交点の数を考えることとする.$C$ と $D$ との交点の数に関しては,次の Bézout(ベズー)

の定理が基本的である．

**定理 1.1**（Bézout の定理）　$m$ 次平面曲線 $C$ と $n$ 次平面曲線 $D$ とが共通の既約成分を持たないとき[*1]，$C$ と $D$ との交点の数は重複度をこめて $mn$ 個である．　□

　この定理の厳密な証明を行なうためには，種々の数学的準備が必要である．直観的に自明であることに，多大の準備をする必要があることが，代数幾何学に対する偏見を産む温床となっている．しかしながら，$C$ と $D$ とが共通の既約成分を持っていることを忘れてしまって交点の数を数え，間違った結論を得たことが何度もあり，その反省に基づいて代数幾何学は発展してきた．実用上の問題として，$C$ と $D$ とが共通の既約成分を持っているか否かを判定することは難しい場合がある．

　ところで，平面曲線 $C$ と $D$ とが点 $P$ で交わっているとき，

$$G(x_0, x_1, x_2) = \sum_{i_0+i_1+i_2=n} b_{i_0 i_1 i_2} x_0^{i_0} x_1^{i_1} x_2^{i_2}$$

の係数を少し動かすと，交点の位置が少しずれるだけで，交点の個数は変わらないと考えられる（図 1.13）．したがって，$G$ の係数を少しずつ動かしてゆくことによって，$G$ は $n$ 個の相異なる 1 次式の積に変形できる．このとき $D$ は $n$ 個の相異なる直線に変わっている．直線と $m$ 次平面曲線との交点の数は $m$ 個であるので，$C$ と $D$ との交点の数は $mn$ 個である．この論法は一見正しそうであるが重大な欠陥がある．$C$ と $D$ とが可約で，その一部として共通の平面曲線を含んでいる場合を考慮していない点である．$C$ が $D$ を含んでいるという極端な場合を考えてみれば明らかなように，この場合には $C$ と $D$ との交点は無限個になってしまい，交点の数は素朴な直観的な意味では定義できない．したがって，以上の素朴な議論が正しいとしても，上に述べたような例外的な場合を除外する必要がある．

　$C$ と $D$ との点 $P$ での**交わりの重複度**（intersection multiplicity）$I_P(C, D)$（点 $P$ での $C$ と $D$ との**局所交点数**（local intersection number）ということも多い）

---

[*1] $C$ と $D$ を定める斉次多項式 $F, G$ について，$F$ と $G$ とが共通の既約因子を持たないことを意味する．

§1.5 代数幾何学の誕生 —— 49

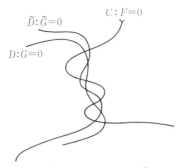

図 1.13 $G$ の係数を少し動かした $\widetilde{G}$ より定まる曲線 $\widetilde{D}$ と $C$ との交点は $D$ と $C$ との交点と少ししか違わず,交点の個数は等しいと考えられる.

はどのようにして計算できるのであろうか.特に点 $P$ が曲線 $C$ または $D$ の特異点になっている場合が問題である.

Bézout の定理に基づいて,例 1.1,1.2 で扱った平面 3 次曲線

(1.59) $$C : x_0 x_1^2 + x_1^3 - x_2^2 x_0 = 0$$

(1.60) $$D : x_1^3 - x_2^2 x_0 = 0$$

の交点を考えてみよう.$C, D$ はともに既約曲線である.(1.59), (1.60) より交点は

$$x_0 x_1^2 = 0$$

上にある.$x_0 = 0$ のときは (1.59) より $x_1 = 0$ を得,交点は $(0:0:1)$ である.$x_1 = 0$ かつ $x_0 \neq 0$ のときは (1.59) より $x_2 = 0$ を得,交点は $(1:0:0)$ である.点 $P = (1:0:0)$ は曲線 $C, D$ の 2 重点であった.点 $Q = (0:0:1)$ で曲線 $C, D$ は非特異であり,点 $Q$ での接線はともに

$$x_0 = 0$$

であり,$C$ と $D$ とは点 $Q$ で接している.点 $P$ での $C$ と $D$ との交わりの重複度 $I_P(C, D)$,点 $Q$ での $C$ と $D$ との交わりの重複度 $I_Q(C, D)$ に対しては,Bézout の定理によって

(1.61) $$I_P(C, D) + I_Q(C, D) = 9$$

が成り立つ.$I_P(C, D)$ を求めてみよう.(1.59), (1.60) を非斉次座標 $x =$

$x_1/x_0$, $y = x_2/x_0$ を使って表わすと
$$x^2 + x^3 - y^2 = 0$$
$$x^3 - y^2 = 0$$
となる．点 $P$ はこの座標で原点に対応する．曲線 $D$ の係数を少し変えて，曲線 $C$ との交点のうち，原点の近くにあるものの個数を数えてみよう．そのために $D$ の方程式 $x^3 - y^2 = 0$ のかわりに
$$x^3 - y^2 = -\varepsilon$$
を考える．連立方程式
$$\begin{cases} x^2 + x^3 - y^2 = 0 \\ x^3 - y^2 = -\varepsilon \end{cases}$$
を解いてみよう．これらの式より
$$x^2 = \varepsilon$$
を得，$x = \pm\sqrt{\varepsilon}$ を得る．これを上の方程式に代入して
$$y^2 = \varepsilon \pm \varepsilon\sqrt{\varepsilon}$$
したがって連立方程式の解として，4点
$$\left(\sqrt{\varepsilon},\, \pm\sqrt{\varepsilon + \varepsilon\sqrt{\varepsilon}}\right),\quad \left(-\sqrt{\varepsilon},\, \pm\sqrt{\varepsilon - \varepsilon\sqrt{\varepsilon}}\right)$$
が現われる．これらの点は $\varepsilon \to 0$ のとき，すべて原点に近づく．これより
$$I_P(C, D) = 4$$
と考えられる．したがって $(1.61)$ より $I_Q(C, D) = 5$ でなければならない．このことを確かめてみよう．点 $Q = (0:0:1)$ が原点に対応するように非斉次座標 $u = x_0/x_2$, $v = x_1/x_2$ をとると，$(1.59), (1.60)$ は
$$uv^2 + v^3 - u = 0$$
$$v^3 - u = 0$$
と書き直すことができる．そこで上と同様の考え方で連立方程式
$$\begin{cases} uv^2 + v^3 - u = 0 \\ v^3 - u = -\varepsilon \end{cases}$$

を解いてみよう．この連立方程式より
$$uv^2 = \varepsilon$$
を得る．$\varepsilon \neq 0$ のときは，したがって $uv \neq 0$ であり，
$$u = \frac{\varepsilon}{v^2}$$
を最初の式に代入して分母を払うことによって
$$v^5 + \varepsilon v^2 - \varepsilon = 0$$
を得る．この 5 次方程式の根を $\omega_i$, $i = 1, 2, \cdots, 5$ とすると，連立方程式の解は $(\varepsilon \omega_i^{-2}, \omega_i)$, $i = 1, 2, \cdots, 5$ の 5 個であり，確かに $I_Q(C, D) = 5$ である．

以上の議論では $D$ を少し動かしたが，$C$ を動かしても，両者を動かしても，あるいは動かし方を変えてみても，結果は同じであることを示すことができる．"少し動かす" 部分を無限小だけ動かすことによって，理論を見通しよくすることができる．交点の厳密な理論については §2.3 で述べることとする．

以上のように，交点数を求める問題は直観的に明らかであるが，理論を厳密に展開するのは意外に面倒である．この理論の展開を通じて，直観的取扱いに対する反省が生まれるとともに代数学の発展を促し，代数幾何学の代数的取扱いが厳密にできるようになったのである．

さて相異なる平面曲線
$$C: F(x_0, x_1, x_2) = 0$$
$$D: G(x_0, x_1, x_2) = 0$$
が共に $n$ 次平面曲線であれば，$(\lambda, \mu) \neq (0, 0)$ のとき
$$\lambda F(x_0, x_1, x_2) + \mu G(x_0, x_1, x_2) = 0$$
も $n$ 次平面曲線 $C_{(\lambda:\mu)}$ を定める．この曲線 $C_{(\lambda:\mu)}$ は $\lambda$ と $\mu$ の比 $(\lambda:\mu)$ のみで定まる．$(\lambda:\mu)$ を動かしてできる平面曲線の族 $\{C_{(\lambda:\mu)}\}_{(\lambda:\mu) \in \boldsymbol{P}^1(\boldsymbol{C})}$ を $C$ と $D$ とが定める平面曲線の**束** (pencil) と呼ぶ．$C$ と $D$ とが共通の成分を持たないとき，$C$ と $D$ とは重複度をこめて $n^2$ 個の点で交わる．この $n^2$ 個の点を，この平面曲線束の**底点** (base points) と呼ぶ．この平面曲線束に属する曲線はすべてこの $n^2$ 個の点を通るからである．

ところで，$n$ 次平面曲線は，その定義方程式
$$\sum_{i_0+i_1+i_2=n} a_{i_0 i_1 i_2} x_0^{i_0} x_1^{i_1} x_2^{i_2} = 0$$
の係数の比で一意に定まる．3変数の $n$ 次単項式は $\binom{n+2}{2} = \frac{1}{2}(n+2)(n+1)$ 個あるので，$n$ 次平面曲線は $(n+2)(n+1)/2$ 個の単項式の係数の比，したがって $(n+2)(n+1)/2-1=n(n+3)/2$ 個のパラメータを持っていると考えられる．この $n$ 次曲線が $\boldsymbol{P}^2(\boldsymbol{C})$ の点 $P=(w_0:w_1:w_2)$ を通るためには，
$$\sum_{i_0+i_1+i_2=n} a_{i_0 i_1 i_2} w_0^{i_0} w_1^{i_1} w_2^{i_2} = 0$$
なる条件が必要である．これは $\{a_{i_0 i_1 i_2}\}$ に関する1次式であり，解の全体は余次元1の部分空間である．比をとって考えると，点 $P$ を通る $n$ 次平面曲線は $n(n+3)/2-1$ 個のパラメータを持つことが分かる．以下この議論を続けて，$m$ 個のきめられた点を通る $n$ 次平面曲線は $n(n+3)/2-m$ 個のパラメータを持つ，すなわち点一つごとに，パラメータの数は一つずつ減ってゆくと考えたくなる．この考えが正しくないことは，上の $n$ 次平面束を使って示すことができる．すなわち，$C$ と $D$ とは $n^2$ 個の点で交わり，$C$ と $D$ から定まる $n$ 次平面束 $\{C_{(\lambda:\mu)}\}_{(\lambda:\mu) \in \boldsymbol{P}^1(\boldsymbol{C})}$ はこの $n^2$ 個の点を通り，しかも少なくとも1次元パラメータを持っている．ところが $n \geq 3$ であれば
$$\frac{1}{2}n(n+3) - n^2 \leq 0$$
となってしまう．この事実は，代数曲線論が研究され始めた当初(18世紀中葉)，Cramer によって見出され，長い間数学者を悩まし続けた"パラドックス"であった．今日では，次のように説明することができる．$m$ 個の点 $(b_0^{(j)}:b_1^{(j)}:b_2^{(j)})$ を $n$ 次平面曲線が通る条件式

(1.62) $$\sum_{i_0+i_1+i_2=n} b_0^{(j)i_0} b_1^{(j)i_1} b_2^{(j)i_2} a_{i_0 i_1 i_2} = 0, \quad j=1,2,\cdots,m$$

を $\{a_{i_0 i_1 i_2}\}$ に関する連立1次方程式と考えたとき，その階数(すなわち独立な方程式の個数)が $k$ であれば，パラメータの個数は $n(n+3)/2-k$ である．$k \leq m$ であるが，$k < m$ になることがあるということが，平面曲線束の場合

の"パラドックス"から分かる．この場合は$n^2$個の1次方程式はすべてが独立にはなれないわけである．代数幾何学ではこのような，連立方程式の独立性の問題が重要になることが多い．上の例では，$m$個の点が与えられれば，連立方程式(1.62)の階数を求めることは小行列式の計算に帰着され原理的に可能であるが，代数幾何学の問題の多くでは原理的にも計算できないことが多く，時としてわれわれの直観に反することも起こる．代数幾何学が時として"難しい"という印象を与えるのは，こうした点にも起因している．

### (b) 双対曲線とPlückerの公式

平面曲線の素朴な座標幾何学的取扱いから本質的な進展をもたらしたのはPlücker(プリュッカー，1801–68)の理論であった．この項では，Plückerの理論を簡単に見ておこう．

射影平面$\boldsymbol{P}^2(\boldsymbol{C})$の直線の式
$$a_0 x_0 + a_1 x_1 + a_2 x_2 = 0$$
に対して，その係数の比$a_0:a_1:a_2$は射影平面$\boldsymbol{P}^2(\boldsymbol{C})$の点$(a_0:a_1:a_2)$を定める．逆に射影平面$\boldsymbol{P}^2(\boldsymbol{C})$の点$(b_0:b_1:b_2)$は，直線
$$b_0 x_0 + b_1 x_1 + b_2 x_2 = 0$$
を定める．直線と点との間のこのような対応は，射影幾何学の双対原理(duality principle)を成り立たせる基本である．$\boldsymbol{P}^2(\boldsymbol{C})$の直線の全体は，上の対応によって射影平面と考えることができる．この射影平面を最初の射影平面の双対射影平面(dual projective plane)と呼び，$\boldsymbol{P}^2(\boldsymbol{C})^*$と記す．すなわち$\boldsymbol{P}^2(\boldsymbol{C})^*$の点$(b_0:b_1:b_2)$は射影平面$\boldsymbol{P}^2(\boldsymbol{C})$の直線
$$b_0 x_0 + b_1 x_1 + b_2 x_2 = 0$$
を表わす．では$\boldsymbol{P}^2(\boldsymbol{C})^*$の直線
$$l: c_0 y_0 + c_1 y_1 + c_2 y_2 = 0$$
は$\boldsymbol{P}^2(\boldsymbol{C})$の何に対応するのであろうか．直線$l$は，直線上の相異なる$P=(\alpha_0:\alpha_1:\alpha_2)$，$Q=(\beta_0:\beta_1:\beta_2)$を結んでできるので，直線$l$の式は

$$\begin{vmatrix} x_0 & \alpha_0 & \beta_0 \\ x_1 & \alpha_1 & \beta_1 \\ x_2 & \alpha_2 & \beta_2 \end{vmatrix} = 0$$

と行列式表示ができる．すなわち

$$c_0 : c_1 : c_2 = \begin{vmatrix} \alpha_1 & \beta_1 \\ \alpha_2 & \beta_2 \end{vmatrix} : \begin{vmatrix} \alpha_2 & \beta_2 \\ \alpha_0 & \beta_0 \end{vmatrix} : \begin{vmatrix} \alpha_0 & \beta_0 \\ \alpha_1 & \beta_1 \end{vmatrix}$$

が成り立つ．一方，$\boldsymbol{P}^2(\boldsymbol{C})^*$ の点 $P$, $Q$ に対応する $\boldsymbol{P}^2(\boldsymbol{C})$ の直線は，それぞれ，

$$\alpha_0 x_0 + \alpha_1 x_1 + \alpha_2 x_2 = 0$$
$$\beta_0 x_0 + \beta_1 x_1 + \beta_2 x_2 = 0$$

であり，この 2 直線の交点は

$$\left( \begin{vmatrix} \alpha_1 & \alpha_2 \\ \beta_1 & \beta_2 \end{vmatrix} : \begin{vmatrix} \alpha_2 & \alpha_0 \\ \beta_2 & \beta_0 \end{vmatrix} : \begin{vmatrix} \alpha_0 & \alpha_1 \\ \beta_0 & \beta_1 \end{vmatrix} \right) = (c_0 : c_1 : c_2)$$

で与えられる．すなわち，$\boldsymbol{P}^2(\boldsymbol{C})^*$ の直線には，その係数の比が定める $\boldsymbol{P}^2(\boldsymbol{C})$ の点が対応する．

以上の点と直線の対応をさらに一般化することを考えてみよう．$\boldsymbol{P}^2(\boldsymbol{C})$ の $n$ 次平面曲線

$$C : F(x_0, x_1, x_2) = 0$$

が特異点を持たない場合をまず考えよう．$C$ の各点 $P$ に対して，$C$ の接線を考えると双対射影平面の点が定まる．このようにして，写像

(1.63)
$$\begin{array}{ccc} \delta : & C & \longrightarrow & \boldsymbol{P}^2(\boldsymbol{C})^* \\ & \cup & & \cup \\ & (a_0 : a_1 : a_2) & \longmapsto & \left( \dfrac{\partial F}{\partial x_0}(a) : \dfrac{\partial F}{\partial x_1}(a) : \dfrac{\partial F}{\partial x_2}(a) \right) \end{array}$$

が定まる．この写像 $\delta$ の像は $n \geqq 2$ であれば $\boldsymbol{P}^2(\boldsymbol{C})^*$ の平面曲線になっていることが分かる．これを $C$ の**双対曲線** (dual curve) と呼び $C^*$ と記す．$C^*$ の次数 $l$ を $C$ の**級数** (class) と呼び，$C$ を $n$ 次 $l$ 級の平面曲線と呼ぶ．

**例 1.3** $n$ 次平面曲線 ($n = 2, 3$)

$$C : x_0^n + x_1^n + x_2^n = 0$$

§1.5 代数幾何学の誕生 —— 55

を考える．双対曲線 $C^*$ は，

$$\begin{array}{ccc} \delta: & C & \longrightarrow & \boldsymbol{P}^2(\boldsymbol{C})^* \\ & \cup\!\!\!\cup & & \cup\!\!\!\cup \\ & (a_0:a_1:a_2) & \longmapsto & (na_0^{n-1}:na_1^{n-1}:na_2^{n-1}) \end{array}$$

であるので，

$$\left(y_0^{1/(n-1)}\right)^n + \left(y_1^{1/(n-1)}\right)^n + \left(y_2^{1/(n-1)}\right)^n = 0$$

を有理化することによって得られる．$n=2$ のときは再び円錐曲線

$$y_0^2 + y_1^2 + y_2^2 = 0$$

となる．したがって $C$ は2次2級平面曲線である．$n=3$ のときは

$$(y_0^3 + y_1^3 - y_2^3)^2 - 4y_0^3 y_1^3 = 0$$

と6次平面曲線を定める．したがって $C$ は3次6級平面曲線である．□

以上の議論では，平面曲線 $C$ は特異点を持たないと仮定した．これは，特異点 $P=(a_0:a_1:a_2)$ では

$$\frac{\partial F}{\partial x_0}(a) = \frac{\partial F}{\partial x_1}(a) = \frac{\partial F}{\partial x_2}(a) = 0$$

となり，写像(1.63)が定義できないからである．しかしながら，$C$ の非特異点の全体 $C_{\mathrm{reg}}$ の写像 $\delta$ による像 $\delta(C_{\mathrm{reg}})$ は平面曲線 $C^*$ から有限個の点を除いたものになっている．この場合も $C^*$ を $C$ の双対曲線と呼ぶ．これは $\delta$ が

$$\begin{array}{ccc} \delta: & C & \longrightarrow & \boldsymbol{P}^2(\boldsymbol{C})^* \\ & \cup\!\!\!\cup & & \cup\!\!\!\cup \\ & (a_0:a_1:a_2) & \longmapsto & \left(\dfrac{\partial F}{\partial x_0}(a):\dfrac{\partial F}{\partial x_1}(a):\dfrac{\partial F}{\partial x_2}(a)\right) \end{array}$$

と $a_0,a_1,a_2$ の斉次多項式の比によって定義されているからである．このような写像を一般に**有理写像**(rational mapping)と呼ぶ．写像が定義されていない点があるにもかかわらず，あたかも写像であるかのように取り扱うことができるのは，対象を多項式で定まる図形や写像に限定しているからである．

**例 1.4** 通常2重点を持った3次平面曲線

$$C: F = x_0 x_1^2 + x_1^3 - x_2^2 x_0 = 0$$

の双対曲線を求めてみよう．有理写像 $\delta$ は

$$\delta: \quad C \quad \longrightarrow \quad \boldsymbol{P}^2(\boldsymbol{C})^*$$
$$\cup \qquad\qquad\qquad \cup$$
$$(a_0:a_1:a_2) \longmapsto (a_1^2-a_2^2 : 2a_0a_1+3a_1^2 : -2a_2a_0)$$

となり，点 $(1:0:0)$ でのみ定義できていない．

$$y_0 = a_1^2 - a_2^2, \quad y_1 = 2a_0a_1 + 3a_1^2, \quad y_2 = -2a_2a_0$$
$$a_0a_1^2 + a_1^3 - a_2^2a_0 = 0$$

から $a_0, a_1, a_2$ を消去することを考える．そのために

$$X = \frac{y_0}{y_2}, \quad Y = \frac{y_1}{y_2},$$

$$x = \frac{a_1}{a_0}, \quad y = \frac{a_2}{a_0}$$

とおくと，

$$y^2 = x^2(x+1)$$
$$X = -\frac{1}{2}\left(\frac{x^2}{y} - y\right) = -\frac{1}{2y}(x^2 - y^2)$$
$$Y = -\left(\frac{x}{y} + \frac{3}{2}\cdot\frac{x^2}{y}\right) = -\frac{x}{2y}(2+3x)$$

が成り立つ．最初の式から

$$\left(\frac{y}{x}\right)^2 = x+1$$

が成り立つので，$w = y/x$ とおくと

$$x = w^2 - 1$$
$$y = w(w^2 - 1)$$

と書ける．したがって

$$2X = \frac{(w^2-1)^2}{w}$$

と表示できる．計算を見やすくするために
$$2Y = -\frac{3w^2-1}{w}$$
$$u = 2X, \quad v = 2Y, \quad z = w^2$$
とおくと
$$u^2 = \frac{(z-1)^4}{z}$$
$$uv = \frac{-(z-1)^2(3z-1)}{z}$$
$$v^2 = \frac{(3z-1)^2}{z}$$
と表示できる．これより
$$uv^3 - v^4 = -\frac{(3z-1)^3(z+1)}{z} = -27z^3 + 18z - 8 + \frac{1}{z}$$
を得る．一方
$$27u^2 - 36uv + 8v^2 = 27z^3 - 18z + 24 - \frac{1}{z}$$
であるので，
$$uv^3 - v^4 + 27u^2 - 36uv + 8v^2 - 16 = 0$$
を得る．$X, Y$ を使えば，この式から
$$4XY^3 - 4Y^4 + 27X^2 - 36XY + 8Y^2 - 4 = 0$$
を得る．斉次座標に書き直すと
$$C^*: \ 4y_0 y_1^3 - 4y_1^4 + y_2^2(27y_0^2 - 36y_0 y_1 + 8y_1^2 - 4y_2^2) = 0$$
となり，4 次平面曲線が得られた．したがって，曲線 $C$ は 3 次 4 級平面曲線である． □

**例 1.5** 通常尖点を持つ 3 次平面曲線
$$C: \ G = x_1^3 - x_2^2 x_0 = 0$$
の双対曲線 $C^*$ は有理写像

$$\delta : \quad C \quad \longrightarrow \quad \boldsymbol{P}^2(\boldsymbol{C})^*$$
$$\cup\!\shortmid \qquad\qquad\qquad \cup\!\shortmid$$
$$(a_0 : a_1 : a_2) \longmapsto (-a_2^2 : 3a_1^2 : -2a_2 a_0)$$

より，
$$y_0 = -a_2^2, \quad y_1 = 3a_1^2, \quad y_2 = -2a_2 a_0$$
$$a_1^3 - a_2^2 a_0 = 0$$

から $a_0, a_1, a_2$ を消去して得られる．簡単な計算によって，

$$C^* : \; y_0 y_2^2 + \frac{4}{27} y_1^3 = 0$$

であることが分かる．したがって $C$ は3次3級平面曲線である． □

　$n$ 次平面曲線 $C$ の次数 $n$ は $C$ と直線の交点数でもある．$C$ の級数はその双対曲線 $C^*$ の次数，したがって $C^*$ と $\boldsymbol{P}^2(\boldsymbol{C})^*$ の直線との交点数である．ところが $\boldsymbol{P}^2(\boldsymbol{C})^*$ の直線 $l^*$ は $\boldsymbol{P}^2(\boldsymbol{C})$ の点 $P$ に対応し，$l^*$ と $C^*$ との交点 $Q^*$ は $\boldsymbol{P}^2(\boldsymbol{C})$ では点 $P$ を通る $C$ の接線に対応する．このことより，$C$ の級数は点 $P$ から $C$ へ引ける接線の数と言い換えることができる．$P = (b_0 : b_1 : b_2)$ とすると，$C$ 上の点 $Q = (a_0 : a_1 : a_2)$ での $C$ の接線が $P$ を通るためには，$C$ の定義式を $F(x) = 0$ とするとき

$$\Delta_b^{(1)} F(a) = 0$$

が成り立てばよい．このことより，点 $P$ を通る $C$ の接線は連立方程式
$$F(x) = 0$$
$$\Delta_b^{(1)} F(x) = 0$$

の解 $(a_0 : a_1 : a_2)$ を使って，点 $(a_0 : a_1 : a_2)$ が $C$ の特異点でなければ

$$\Delta_x^{(1)} F(a) = 0$$

と書ける．したがって，点 $P$ を通る接線の数は連立方程式の解の個数を超えないことが分かる．式

$$\Delta_b^{(1)} F(x) = 0$$

は，$F(x)$ の次数を $m$ とするとき，$m-1$ 次平面曲線を定める．これを曲線 $C$ の**極線**(polar curve)と呼ぶ．曲線 $C$ とその極線との交点数は $m(m-1)$ で

ある．したがって，$C$ の級数，すなわち $C^*$ の次数は $m(m-1)$ 以下であり，特に $C$ が特異点を持たなければ $m(m-1)$ である．すでに述べたように，特異点 $R$ における接線は，特異点 $R$ での接錐の成分として現れる直線と考えるべきであり，$C$ の外の点 $P$ を一般の位置にとると $P$ と $R$ とを結ぶ直線は $C$ の接線ではない．一方曲線 $C$ とその極とは特異点で必ず交わり，しかも交わりの重複度は 2 以上であることを示すことができる．このようにして，曲線 $C$ が特異点を持つときは，その級数は $m(m-1)$ より真に小さいことが分かる．実はもっと精密に次の結果が成り立つ．

**定理 1.2** (Plücker の公式) $m$ 次平面曲線 $C$ は特異点として，$s$ 個の通常 2 重点，$t$ 個の通常尖点のみを持つとすると，$C$ の級数は
$$m(m-1) - 2s - 3t$$
で与えられる． □

例 1.3，1.4，1.5 の計算結果はこの定理の示すところと一致している．

ところで $C$ の双対曲線 $C^*$ の双対曲線 $(C^*)^*$ は何であろうか．これに関しては，次の著しい結果が成り立つ．

**定理 1.3** $C$ の双対曲線 $C^*$ の双対曲線 $(C^*)^*$ は $C$ と一致する． □

この定理によって，双対原理は完結することになる．射影平面 $\boldsymbol{P}^2(\boldsymbol{C})$ の点，直線，平面曲線に関する命題が正しければ，双対射影平面 $\boldsymbol{P}^2(\boldsymbol{C})^*$ での直線，点，双対平面曲線に関する双対的な命題も正しい．特に円錐曲線の双対曲線は円錐曲線であり，たとえば Pascal の定理と Brianchon の定理とは双対である (図 1.14)．

以上，素朴な形で平面曲線を眺めてきたが，最後に $C^*$ の特異点について少し述べておこう．平面曲線 $C$ が特異点を持たなくても，双対曲線 $C^*$ は特異点を持つことがある．たとえば，曲線 $C$ の点 $P$ での接線 $l$ が $C$ の他の点 $Q$ での接線にもなるとき，$l$ を $C$ の**複接線**と呼ぶが，このとき $\delta(P) = \delta(Q)$ となり，$C^*$ に特異点が現れる．点 $P$ の近くでの $C$ の接線と，点 $Q$ の近くでの $C$ の接線とは違っているので，一般にはこの特異点は通常 2 重点になっている (図 1.15)．また，点 $P$ での $C$ の接線 $l$ が点 $P$ で 3 重に接しているとき，すなわち $I_P(l, C) = 3$ のとき，点 $P$ を $C$ の**変曲点** (inflection point) とい

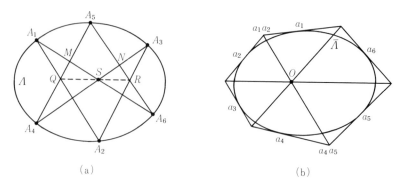

図 1.14 (a) Pascal の定理, (b) Brianchon の定理.

う. ($I_P(l,C) \geqq 4$ のときは高次変曲点という.) このとき双対曲線上の対応する点 $R^*$ は尖点となっている (図 1.16). このことは, 直観的には少々分かりにくいかもしれないが, 双対曲線 $C^*$ の点 $R^*$ の近くでの接線の傾きは, $C$ の点 $P$ の近くでの接線の変化の仕方に対応していることから推測できるであろう.

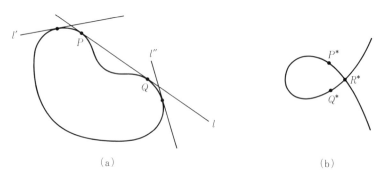

図 1.15 複接線は双対曲線の通常 2 重点に対応する. $P^*: l'$ に対応する $\boldsymbol{P}^2(\boldsymbol{C})^*$ の点, $Q^*: l''$ に対応する $\boldsymbol{P}^2(\boldsymbol{C})^*$ の点, $R^*: l$ に対応する $\boldsymbol{P}^2(\boldsymbol{C})^*$ の点.

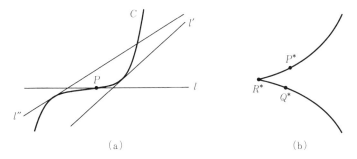

図 1.16 変曲点は双対曲線の尖点に対応する．(a) 変曲点 $P$ では接線 $l$ は $C$ と 3 重に交わる．(b) $P^*: l'$ に対応する $\boldsymbol{P}^2(\boldsymbol{C})^*$ の点，$Q^*: l''$ に対応する $\boldsymbol{P}^2(\boldsymbol{C})^*$ の点，$R^*: l$ に対応する $\boldsymbol{P}^2(\boldsymbol{C})^*$ の点．

## (c) 代数幾何学の進展

これまでに，平面曲線についての古典的取扱いを少し詳しく述べてみた．直観的には明らかであっても，細部の議論は複雑であったり，論理的に問題があると感じられた読者も多いことと思われる．これまでの議論を厳密に展開するには，可換環論などの代数的道具が必要となる．しかしながら，以上の議論は本質的には初等幾何学的議論であった．代数幾何学の観点を根本的に変え，新展開の礎を築いたのは Riemann（リーマン，1826–66）の Abel 関数論（1857 年）である．

当時，代数関数の積分は数学の中心問題の一つになっていた．最も簡単な例は，楕円積分

$$\int \frac{dx}{\sqrt{x^3 - g_2 x - g_3}}$$

である．もっと一般的には

(1.64) $$f(x, y) = 0$$

という条件をおいて，すなわち $y$ を $x$ の多価関数と思って，多項式 $g, h$ に対して積分

(1.65) $$\int \frac{g(x, y) dx}{h(x, y)}$$

を考えることが問題である．このような積分が，曲線
$$f(x,y) = 0$$
の幾何学的性質と深く関係していることに最初に気付いたのは Abel(アーベル，1802–29)であった．Riemann は Abel よりさらに進んで，積分(1.65)は(1.64)で定まる図形，すなわち Riemann 面上の積分であるとの認識に達した．そして Riemann 面を射影直線 $\boldsymbol{P}^1(\boldsymbol{C})$ 上の被覆面として捉え，($x$ を $\boldsymbol{P}^1(\boldsymbol{C})$ の点と考えると，その上に $f(x,y)=0$ を解いて定まる有限個の $y$ がのっていると考えることができ，一つの図形，すなわち被覆面が定まる)，Riemann 面の上で複素関数論を展開することによって，積分の理論を明快なものにした．Riemann 面の持つ基本的な性質の解明，テータ関数の導入とその基本的性質の解明など，Riemann の Abel 関数論は時代をはるかに超えていた．Riemann の観点は，平面曲線を 1 次元複素多様体，すなわち Riemann 面として捉えるものであるが，代数幾何学的にも大変重要な結果を含むものであった．Riemann の基本的な発見の一つは，Riemann 面はその上の有理型関数の全体(有理関数体と呼ばれる)から一意的に定まってしまうことであった．ここに**双有理幾何学**(birational geometry)が誕生した．この Riemann の観点は第 3 章で詳しく述べることとする．Riemann によれば，方程式が違っても方程式から定まる有理関数体が同一であれば，これらの方程式は同一の図形(Riemann 面)を定める．このことは，射影直線と円錐曲線とが同一視できるという §1.4(b) で述べた結果の一般化と考えることができる．Riemann の観点に従えば

$$y^2 - x^3 = 0$$
$$y^2 - x^2(x+1) = 0$$
$$y - \alpha x = 0$$

で定義される "図形"，すなわち Riemann 面はすべて同一となる．しかしながら，すでに見てきたように，これらの式で定まる平面曲線は微妙に違っている．最初の式で定まる平面曲線は尖点を持ち，2 番目の式で定まる平面曲線は通常 2 重点を持つ．3 番目の式は射影直線を定める．最初と 2 番目の平面曲線の特異点を除去すると，実は射影直線と同型になることが分かる．(§2.5

を参照のこと．）実は $f(x,y)=0$ で定まる Riemann 面は，$f(x,y)=0$ から定まる平面曲線の特異点を除去したものであることが分かっている．このことも大切であるが，Riemann の示したことの重要性は，平面曲線を定める式が違っていても同一の有理関数体を持てば同一の幾何学的対象となること，しかもこの幾何学的対象が豊かな構造を持っていることであった．Riemann はこの幾何学的対象を複素関数論の手法を使って研究した．Riemann の手法については第 4 章で簡単にふれることにする．

Riemann の Abel 関数論以降，代数幾何学は新たに進展することになる．特に Max Noether (M. ネーター，1844–1921)，Clebsch (クレブシュ，1833–72) によって Riemann の理論の代数化，幾何学化がはかられ，Dedekind (デデキント，1831–1916)，Weber (ウェーバー，1842–1913) によって代数的な代数関数論としての枠組みが整えられた．代数的な代数関数論では数論との類似性が強調され，幾何学的観点は後退したが，後に Weil (ヴェイユ，1906–) による合同ゼータ関数に関する Riemann 予想の解決のために，代数幾何学は今一度整備されることになる．合同ゼータ関数については，代数曲線の場合に §3.4 で述べることにする．

一方，代数幾何学は曲線の場合から代数曲面の理論へと 19 世紀末から 20 世紀初頭にかけて研究の対象が拡大された．しかし，一方では §1.5(a) に述べた交点の理論のように，直観にたよってその基礎があいまいのままで残されていた部分も多く，代数幾何学が数学的に強固な基礎の上に建設されたのは 1940 年代，Weil と Zariski (ザリスキ，1899–1986) によってであった．Zariski はイタリア学派による，直観的な代数曲面論を厳密な数学的基礎の上に建設することを目指し，Weil は代数曲線の合同ゼータ関数の Riemann 予想を証明するために必要な代数幾何の建設を目指した．両者は，1940 年代に独立に，複素数 $C$ だけでなく，正標数の体の上で代数幾何学を建設することに成功し，ここに真の意味での代数幾何学が誕生した．Serre (セール，1926–) はさらに，多変数解析関数論で導入された層の理論を使って代数幾何学に新しい観点を導入した．さらに，一般の代数多様体の合同ゼータ関数に関する Riemann 予想 (Weil 予想) を解決するために，Grothendieck (グロタンディク，

1928–)はSerreの理論を使って，任意の可換環の上で代数幾何学を建設することに成功した．Weil予想はDeligne(ドリーニュ，1944–)によって最終的に解決された．Grothendieckのスキーム理論(章末囲み記事参照)は代数幾何学として最も自然なものであり，応用にも便利な形をしているが，残念ながら高度に発達した数学の手法を必要とする．しかしながら，Weil, Zariskiの理論にせよ，Serreの理論，Grothendieckの理論にしても，外見は違っても，その背後にあるものは代数的に定義された図形の幾何学にほかならず，その本質を伝えるのには必ずしもこうした大道具は必要ではない．本書では，以下できるだけ幾何学的観点に主眼をおいて，代数幾何学への入門を試みたい．

■ 演習問題 ■

**1.1** (i) 平行四辺形 $P_0P_1P_2P_3$ の頂点の座標を図のように記すと，平行四辺形の面積は，行列式

$$\begin{vmatrix} x_1 - x_0 & y_1 - y_0 \\ x_3 - x_0 & y_3 - y_0 \end{vmatrix}$$

で与えられることを示せ．ただし，$P_0, P_1, P_2, P_3$ と平行四辺形上を進むとき，向きは正である，すなわち平行四辺形の内部が進行方向の左側にあるものとする ($P_0, P_1, P_2, P_3$ が負の向きに並んでいるときは，平行四辺形の面積は上の行列式に負号をつけたものになることに注意).

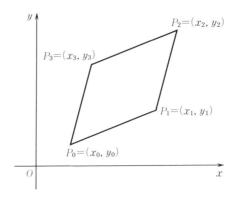

(ii) アフィン変換
$$g: (x,y) \longmapsto (a_{11}x+a_{12}y+b,\ a_{21}x+a_{22}y+c)$$
$$A = \begin{pmatrix} a_{11} & a_{12} \\ a_{21} & a_{22} \end{pmatrix}, \quad \det A \neq 0$$

によって，平行四辺形 $g(P_0)g(P_1)g(P_2)g(P_3)$ の面積は平行四辺形 $P_0P_1P_2P_3$ の $|\det A|$ 倍になることを示せ．

**1.2** 適当なアフィン変換によって，楕円，双曲線，放物線はそれぞれ単位円 $x^2+y^2=1$, 直角双曲線 $x^2-y^2=1$, 放物線 $y=x^2$ にうつすことができることを示せ．[ヒント：平行移動によって2次曲線は

$$ax^2+2bxy+cy^2 = 0 \tag{1.66}$$

の形に書くことができる．行列表示をすれば

$$(x,y)\begin{pmatrix} a & b \\ b & c \end{pmatrix}\begin{pmatrix} x \\ y \end{pmatrix} = 0$$

とできる．行列 $\begin{pmatrix} a & b \\ b & c \end{pmatrix}$ の固有値が2個とも正または負のときは2次曲線(1.66)は楕円を，固有値の一方が正で他方が負のときは双曲線を，固有値の一つが0のときは放物線を表わす．]

**1.3** $m$ 次斉次多項式 $f(x_0,x_1,x_2,\cdots,x_n)$ に対して，

$$\sum_{i=0}^{n} x_i \frac{\partial f}{\partial x_i} = mf$$

が成り立つことを示せ．(これを Euler の恒等式と呼ぶ.)

**1.4** 斉次多項式に関する Taylor の公式(1.53)を証明せよ．

**1.5** 例 1.3, 1.4, 1.5 で計算した双対曲線 $C^*$

$$(y_0^3+y_1^3-y_2^3)^2 - 4y_0^3y_1^3 = 0$$
$$4y_0y_1^3 - 4y_1^4 + y_2^2(27y_0^2 - 36y_0y_1 + 8y_1^2 - 4y_2^2) = 0$$
$$y_0y_2^2 + \frac{4}{27}y_1^3 = 0$$

の双対曲線 $(C^*)^*$ は，それぞれ

$$x_0^3+x_1^3+x_2^3 = 0$$
$$x_0x_1^2+x_1^3-x_2^2x_0 = 0$$
$$x_1^3-x_2^2x_0 = 0$$

で与えられることを示せ．

■ **Grothendieck のスキーム理論** ■

スキーム理論では，可換環はすべて幾何学的対象と見ることができる．可換環の素イデアルがスキームの点となる．

(1) Spec $Z$

整数の全体 $Z$ に対応するスキーム Spec $Z$ は素数に対応する点と生成点とからなる．

(2) Frey 曲線

ある素数 $p$ に対して
$$a^p + b^p = c^p$$
を満足する互いに素な整数の三つ組 $(a, b, c) \neq (0, 0, 0)$ が存在したと仮定しよう．(すなわち，Fermat 予想が成立しないと仮定する．) このとき，射影平面内に 3 次曲線
$$C: x_0 x_2^2 - x_1(x_1 - a^p x_0)(x_1 + b^p x_0) = 0$$
を考えると，定義方程式の係数が整数であることより，$Z$ 上のスキームと考えることができる．(各素数 $q$ に対して $C$ の定義式の係数を $q$ を法として考えると，有限体 $F_q$ 上で定義された 3 次曲線ができる．ここですべての素数を動かして考えたものが $C$ を $Z$ 上のスキームと考えたものになる．) これを Frey 曲線と呼ぶ．Frey 曲線は $a, b, c$ を割らない素数上では非特異 3 次曲線であるが，$a, b, c$ を割る素数上では $C$ に特異点が現われる．特異点を除去すると，図のような射影直線の輪が現われる．この曲線は Fermat 予想(Fermat の最終定理)の解決のために大切な役割をする．

# 2

# 射影空間と射影多様体

　この章では，代数幾何学を展開する大切な場である射影空間を導入し，続いて射影多様体を導入する．前章の説明で複素射影平面が果たす役割についてある程度のイメージを持つことができたと思われるが，この章ではもう一度最初から射影空間の導入を試みる．1次元射影空間すなわち射影直線をまず定義し，その基本的性質を明らかにする．続いて2次元射影空間すなわち射影平面を導入し，平面曲線について再度論じる．ここまでくれば，一般次元の射影空間をどのように定義したらよいかは明らかであろう．射影多様体の定義も直観的には明らかであるが，厳密に行なうには代数学の知識が少々必要になる．ここではできる限り予備知識を仮定することを少なくして，必要最小限を述べるにとどめた．次に平面曲線の特異点の解消について簡単にふれる．特異点の解消は代数幾何学の基本の一つである．

　本章では簡単のため複素数体 $C$ 上での性質をもっぱら論じるが，以下の議論は本質的に代数的であり，複素数体 $C$ 上でのみ議論する必然性はない．

## §2.1 射影直線

### (a) Riemann 球面と射影直線

1変数複素関数論でおなじみの Riemann 球面を別の角度から眺めてみよう．Riemann 球面は複素平面 $C$ に無限遠点 $\infty$ をつけ加えたものであり，複素平面 $C$ の座標を $z$ とすると，無限遠点を中心とする座標は $w=1/z$ であった．たとえば $z$ の多項式 $z^3+2z^2+3z+1$ は複素平面 $C$ では正則であるが，無限遠点の近くでは

$$w^{-3}+2w^{-2}+3w^{-1}+1$$

となり，無限遠点で3位の極を持つ．指数関数

$$e^z = \sum_{n=0}^{\infty} \frac{1}{n!} z^n$$

は無限遠点 $\infty$ のまわりでは

$$\sum_{n=0}^{\infty} \frac{1}{n!} w^{-n}$$

と展開され，無限遠点は真性特異点である．複素関数論での無限遠点の導入は便利ではあるが何か便宜的であるように思われる読者も多いかもしれない．そこで，まったく別の方法で Riemann 球面にあたるものを導入してみよう．

複素数の対 $(a,b)$ の全体を $C^2$ と記し，$W=C^2-\{(0,0)\}$ とおこう．$W$ の任意の元 $(a_0,a_1)$ に対して，その比 $a_0:a_1$ を考え，比の全体を $P^1(C)$ と記す．

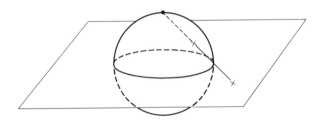

図 2.1 Riemann 球面と複素平面

$P^1(C)$ を"図形"と思い，$P^1(C)$ を**複素射影直線**と呼び，また比 $a_0:a_1$ が定める $P^1(C)$ の"点"を $(a_0:a_1)$ と記す．0 でない複素数 $\alpha$ をとれば，定義より
$$(a_0:a_1) = (\alpha a_0:\alpha a_1)$$
であり，点 $(a_0:a_1)$ はさまざまな表現が可能であることに注意する．

さて複素射影直線の部分集合 $U_0, U_1$ を
$$U_0 = \{(a_0:a_1) \in P^1(C) \mid a_0 \neq 0\}$$
$$U_1 = \{(a_0:a_1) \in P^1(C) \mid a_1 \neq 0\}$$
と定義する．まず $U_0$ を考えてみよう．$U_0$ の点 $(a_0:a_1)$ に対しては，$a_0 \neq 0$ であるので
$$(a_0:a_1) = \left(1:\frac{a_1}{a_0}\right)$$
が成り立つ．すなわち，$U_0$ の元は必ず $(1:a)$ と書くことができる．逆に任意の複素数 $a \in C$ に対して $(1:a) \in U_0$ である．しかも写像

$$\begin{array}{rccc} \varphi_0: & U_0 & \longrightarrow & C \\ & \cup & & \cup \\ & (a_0:a_1) & \longmapsto & \dfrac{a_1}{a_0} \end{array}$$

は $U_0$ から $C$ への全単射(上への1対1写像)である．逆写像 $\varphi_0^{-1}$ は

$$\begin{array}{rccc} \varphi_0^{-1}: & C & \longrightarrow & U_0 \\ & \cup & & \cup \\ & a & \longmapsto & (1:a) \end{array}$$

で与えられる．こうして $U_0$ と複素平面 $C$ とを同一視することができる．

部分集合 $U_1$ に関しても事情は同じである．写像

$$\begin{array}{rccc} \varphi_1: & U_1 & \longrightarrow & C \\ & \cup & & \cup \\ & (a_0:a_1) & \longmapsto & \dfrac{a_0}{a_1} \end{array}$$

は全単射であり，逆写像 $\varphi_1^{-1}$ は

$$\varphi_1^{-1}: \ \boldsymbol{C} \ \longrightarrow \ U_1$$
$$\cup\hspace{1.5em}\cup$$
$$b \ \longmapsto \ (b:1)$$

で与えられる．これによって $U_1$ と複素平面 $\boldsymbol{C}$ とを同一視することができる．

ところで，複素射影直線 $\boldsymbol{P}^1(\boldsymbol{C})$ の点 $(a_0:a_1)$ は，その定義より $a_0 \neq 0$ または $a_1 \neq 0$ であるので，$U_0$ か $U_1$ かいずれかに属している．したがって

$$\boldsymbol{P}^1(\boldsymbol{C}) = U_0 \cup U_1$$

である．さらに $U_0$ と $U_1$ の共通部分 $U_0 \cap U_1$ の点 $(a_0:a_1)$ では

$$(a_0:a_1) = \left(1:\frac{a_1}{a_0}\right) = \left(\frac{a_0}{a_1}:1\right)$$

が成り立つ．このことより

$$U_0 - U_0 \cap U_1 = \{(1:0)\}$$
$$U_1 - U_0 \cap U_1 = \{(0:1)\}$$

であり，

$$\boldsymbol{P}^1(\boldsymbol{C}) = U_0 \cup \{(0:1)\} = U_1 \cup \{(1:0)\}$$

であることが分かる．一方，写像 $\varphi_0, \varphi_1$ によって $U_0, U_1$ はそれぞれ複素平面 $\boldsymbol{C}$ と同一視することができた．以下 $U_0$ を中心として考えることにし，$U_0$ を複素平面 $\boldsymbol{C}$ と同一視して

$$\boldsymbol{P}^1(\boldsymbol{C}) = \boldsymbol{C} \cup \{(0:1)\}$$

と考えることにする．このとき，点 $(0:1)$ とは何であろうか．

それを見るために，複素数列 $z_1, z_2, z_3, \cdots$ を

(2.1) $$\begin{cases} z_\nu \neq 0 \\ \lim_{\nu \to \infty} z_\nu = 0 \end{cases}$$

が成り立つようにとろう．すると

$$\lim_{\nu \to \infty}(z_\nu:1) = (0:1)$$

と考えることができる．$z_\nu \neq 0$ であるので $(z_\nu:1) \in U_0$ であり，

§2.1 射影直線 —— 71

$$\varphi_0((z_\nu:1)) = \frac{1}{z_\nu}$$

である．一方，$\nu \to \infty$ のとき，$1/z_\nu$ は Riemann 球面上では無限遠点 $\infty$ に近づく．しかも，条件(2.1)を満足する限り，数列 $\{z_\nu\}$ をどのようにとっても，$\nu \to \infty$ のとき $1/z_\nu \to \infty$ である．かくして，$\boldsymbol{P}^1(\boldsymbol{C})$ の点 $(0:1)$ は Riemann 球面の無限遠点 $\infty$ と考えることができ，

$$\boldsymbol{P}^1(\boldsymbol{C}) = \boldsymbol{C} \cup \{\infty\}$$

すなわち，複素射影直線 $\boldsymbol{P}^1(\boldsymbol{C})$ は Riemann 球面と同一視できた．このとき，無限遠点での座標の対応をこめて同一視できることを見ておこう．

複素平面 $\boldsymbol{C}$ と $U_0$ との同一視は

$$\begin{array}{ccc} \varphi_0^{-1}: & \boldsymbol{C} & \longrightarrow & U_0 \\ & \cup & & \cup \\ & z & \longmapsto & (1:z) \end{array}$$

で与えられていた．$z \neq 0$ である限り

$$(1:z) = \left(\frac{1}{z}:1\right)$$

である．これより $w = 1/z$ が無限遠点 $\infty = (0:1)$ の座標であり，$\boldsymbol{P}^1(\boldsymbol{C})$ を Riemann 球面そのものと見てよいことが分かった．

複素射影直線 $\boldsymbol{P}^1(\boldsymbol{C})$ を考える意義は何であろうか．複素関数論を考える限り，Riemann 球面のこの新しい見方はあらずもがなの感がする．しかし，複素射影直線 $\boldsymbol{P}^1(\boldsymbol{C})$ の定義を振り返ってみると，定義自身は代数的であり，複素数であることは本質的ではない．たとえば，実数 $\boldsymbol{R}$ の対 $\boldsymbol{R}^2$ から出発して，その比 $(a_0:a_1)$ の全体（ただし，$a_0 = a_1 = 0$ の場合を除く）として実射影直線 $\boldsymbol{P}^1(\boldsymbol{R})$ を定義することができる．このときも，上と同様の議論によって

$$\boldsymbol{P}^1(\boldsymbol{R}) = \boldsymbol{R} \cup \{(0:1)\}$$

であることが分かる．ただし，$\boldsymbol{R}$ の点 $a$ と $\boldsymbol{P}^1(\boldsymbol{R})$ の点 $(1:a)$ とを同一視した．$a_\nu > 0$，$\lim_{\nu \to \infty} a_\nu = +\infty$ となる実数列 $\{a_\nu\}$ に対して

$$(1 : a_\nu) = \left(\frac{1}{a_\nu} : 1\right)$$

より

$$\lim_{\nu \to \infty}(1 : a_\nu) = (0 : 1)$$

と考えられ，$b_\nu < 0$，$\lim_{\nu \to \infty} b_\nu = -\infty$ となる実数列 $\{b_\nu\}$ に対しては

$$(1 : b_\nu) = \left(\frac{1}{b_\nu} : 1\right)$$

より，ふたたび

$$\lim_{\nu \to \infty}(1 : b_\nu) = (0 : 1)$$

となる．このことから，$\boldsymbol{P}^1(\boldsymbol{R})$ は円周と思うことができる (図 2.2)．また，$\boldsymbol{R} \subset \boldsymbol{C}$ より，自然に $\boldsymbol{P}^1(\boldsymbol{R}) \subset \boldsymbol{P}^1(\boldsymbol{C})$ と考えることができ，$\boldsymbol{P}^1(\boldsymbol{C})$ を Riemann 球面と同一視すると，$\boldsymbol{P}^1(\boldsymbol{R})$ は複素平面の実軸の部分と無限遠点に対応することが分かる (図 2.3)．

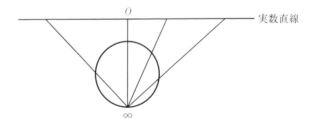

**図 2.2** $\boldsymbol{P}^1(\boldsymbol{R})$ と $\boldsymbol{R}$ との対応．実数直線上を正の方向へ無限の彼方へ行っても，負の方向へ無限の彼方へ行っても同じ無限遠点 $(0:1)$ へ到達する．

ところで，$\boldsymbol{P}^1(\boldsymbol{R})$ や $\boldsymbol{P}^1(\boldsymbol{C})$ は $(U_0, \varphi_0)$, $(U_1, \varphi_1)$ によって座標を導入することによって，それぞれ可微分多様体や複素多様体の構造を入れることができる．この観点も大切であり，第 4 章ではこの観点から理論を展開するが，代数幾何学では別の観点から $\boldsymbol{P}^1(\boldsymbol{R})$ や $\boldsymbol{P}^1(\boldsymbol{C})$ を捉える．それは，任意の可換体 $k$ に対して $k$ 上の**射影直線** $\boldsymbol{P}^1(k)$ を定義できることを重視する点である．したがって，議論は必然的に代数的になってくる．

§2.1 射影直線 —— 73

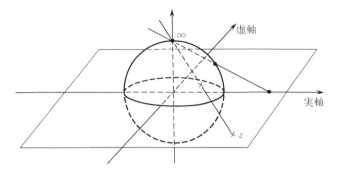

**図 2.3** Riemann 球面上で実軸に対応する点と無限遠点をあわせたものが $P^1(R)$ に対応する．

### (b) 射影変換

Riemann 球面の自己同型写像(等角写像)は **1 次分数変換**

$$f(z) = \frac{az+b}{cz+d}, \quad ad-bc \neq 0$$

であることは，複素関数論の教えるところである．1 次分数変換もまた代数的に定義できることに注意しよう．すなわち複素射影直線 $P^1(C)$ の点 $(x_0:x_1)$ に対して

(2.2) $\qquad (x_0:x_1) \longmapsto (a_{00}x_0+a_{01}x_1 : a_{10}x_0+a_{11}x_1)$

なる対応を考えてみよう．0 でない複素数 $\alpha$ に対して

$$(\alpha x_0 : \alpha x_1) = (x_0 : x_1)$$

であるが，

$$(a_{00}(\alpha x_0)+a_{01}(\alpha x_1) : a_{10}(\alpha x_0)+a_{11}(\alpha x_1))$$
$$= (\alpha(a_{00}x_0+a_{01}x_1) : \alpha(a_{10}x_0+a_{11}x_1))$$
$$= (a_{00}x_0+a_{01}x_1 : a_{10}x_0+a_{11}x_1)$$

となり，(2.2)から点 $(x_0:x_1)$ の表現の仕方によらず点 $(a_{00}x_0+a_{01}x_1 : a_{10}x_0+a_{11}x_1)$ が定まることが分かる．ただし，

(2.3) $$\begin{cases} a_{00}x_0 + a_{01}x_1 = 0 \\ a_{10}x_0 + a_{11}x_1 = 0 \end{cases}$$

が成立すると，$\boldsymbol{P}^1(\boldsymbol{C})$ の点としては定まらない．(2.3) が $\boldsymbol{P}^1(\boldsymbol{C})$ のいかなる点 $(x_0:x_1)$ に対しても"成立しない"ためには

(2.4) $$\begin{vmatrix} a_{00} & a_{01} \\ a_{10} & a_{11} \end{vmatrix} \neq 0$$

であることが必要十分条件である．このときは，$W = \boldsymbol{C}^2 - \{(0,0)\}$ の元 $(y_0, y_1)$ に対して

$$y_0 = a_{00}x_0 + a_{01}x_1$$
$$y_1 = a_{10}x_0 + a_{11}x_1$$

を満足する $W$ の元 $(x_0, x_1)$ は一意的に定まる．このことより，条件 (2.4) のもとで (2.2) は $\boldsymbol{P}^1(\boldsymbol{C})$ から $\boldsymbol{P}^1(\boldsymbol{C})$ への全単射を定めることが分かる．さらに $x_0 \neq 0$, $a_{00}x_0 + a_{01}x_1 \neq 0$ のときは，$z = x_1/x_0$ とおくと (2.2) は

$$(x_0:x_1) = (1:z) \longmapsto (a_{00}x_0 + a_{01}x_1 : a_{10}x_0 + a_{11}x_1)$$
$$= \left(1 : \frac{a_{11}z + a_{10}}{a_{01}z + a_{00}}\right)$$

と書くことができ，(2.2) は 1 次分数変換

(2.5) $$F(z) = \frac{a_{11}z + a_{10}}{a_{01}z + a_{00}}$$

にほかならないことが分かる．$x_0 = 0$ のとき，すなわち点 $(0:1)$ は (2.2) によって点 $(a_{01}:a_{11})$ にうつる．したがって $a_{01} \neq 0$ であれば，これは $a_{11}/a_{01}$ に対応し，$a_{01} = 0$ であれば点 $(0:1)$ である．これは 1 次分数変換 (2.5) による無限遠点 $\infty$ の行き先と同じであることは言うまでもない．さらに，$a_{01} \neq 0$ のとき $z = -a_{00}/a_{01}$ の行き先は無限遠点であるが，これは点 $(a_{01}:-a_{00})$ の (2.2) による行き先は $(0:1)$ であることに対応している．このように，1 次分数変換は (2.2) の形で書いた方が，すべての点が平等に扱えて便利であることが分かる．

**注意** 以上の議論では複素数であることはどこにも使っていない．任意の

体 $k$ 上の射影直線 $\boldsymbol{P}^1(k)$ に対しても適用することができる.

**定義 2.1** 複素数 $a_{00}, a_{01}, a_{10}, a_{11}$ が

$$\begin{vmatrix} a_{00} & a_{01} \\ a_{10} & a_{11} \end{vmatrix} \neq 0$$

を満足するとき,$\boldsymbol{P}^1(\boldsymbol{C})$ から $\boldsymbol{P}^1(\boldsymbol{C})$ への写像

(2.6) $\qquad (x_0 : x_1) \longmapsto (a_{00}x_0 + a_{01}x_1 : a_{10}x_0 + a_{11}x_1)$

を**射影変換**(projective transformation)と呼ぶ. □

(2.6)で定まる射影変換をしばしば,行列

$$\begin{pmatrix} a_{00} & a_{01} \\ a_{10} & a_{11} \end{pmatrix}$$

が定める射影変換と呼ぶ.0 でない $\boldsymbol{C}$ の元 $\alpha$ に対して,二つの行列

$$\alpha \begin{pmatrix} a_{00} & a_{01} \\ a_{10} & a_{11} \end{pmatrix}, \quad \begin{pmatrix} a_{00} & a_{01} \\ a_{10} & a_{11} \end{pmatrix}$$

は同じ射影変換を定めることは,もはや明らかであろう.行列を使うことの重要性は次の事実による.

**補題 2.1** 複素数を成分とする $2 \times 2$ 行列 $A, B, \det A \neq 0, \det B \neq 0$ より定まる射影変換をそれぞれ $f_A, f_B$ と記すと,これらの射影変換の合成 $f_A \circ f_B$ は行列 $AB$ に対応する射影変換である.換言すれば,射影変換の合成には,対応する行列の積が対応する.

［証明］

$$A = \begin{pmatrix} a_{00} & a_{01} \\ a_{10} & a_{11} \end{pmatrix}, \quad B = \begin{pmatrix} b_{00} & b_{01} \\ b_{10} & b_{11} \end{pmatrix}$$

とおくと

$$\begin{aligned}
f_A \circ f_B((x_0 : x_1)) &= f_A((b_{00}x_0 + b_{01}x_1 : b_{10}x_0 + b_{11}x_1)) \\
&= (a_{00}(b_{00}x_0 + b_{01}x_1) + a_{01}(b_{10}x_0 + b_{11}x_1) : \\
&\qquad a_{10}(b_{00}x_0 + b_{01}x_1) + a_{11}(b_{10}x_0 + b_{11}x_1)) \\
&= ((a_{00}b_{00} + a_{01}b_{10})x_0 + (a_{00}b_{01} + a_{01}b_{11})x_1 : \\
&\qquad (a_{10}b_{00} + a_{11}b_{10})x_0 + (a_{10}b_{01} + a_{11}b_{11})x_1)
\end{aligned}$$

である.一方

$$AB = \begin{pmatrix} a_{00}b_{00}+a_{01}b_{10} & a_{00}b_{01}+a_{01}b_{11} \\ a_{10}b_{00}+a_{11}b_{10} & a_{10}b_{01}+a_{11}b_{11} \end{pmatrix}$$

であるので,
$$f_A \circ f_B((x_0 : x_1)) = f_{AB}((x_0 : x_1))$$
が成り立つ.

この補題より, 射影変換 $f_A$ の逆変換 $f_A^{-1}$ は $f_{A^{-1}}$ であることが分かる. $\boldsymbol{P}^1(\boldsymbol{C})$ の射影変換の全体は群をなす. これを 1 次**射影変換群**(projective general linear group)といい, $PGL(1, \boldsymbol{C})$ と記す. $A = \begin{pmatrix} \alpha & 0 \\ 0 & \alpha \end{pmatrix}$, $\alpha \neq 0$ のとき $f_A = \mathrm{id}$ (恒等写像)であるので上の補題より
$$PGL(1, \boldsymbol{C}) \cong GL(2, \boldsymbol{C})/\boldsymbol{C}^* I_2$$
であることが分かる. ここで
$$GL(2, \boldsymbol{C}) = \left\{ \begin{pmatrix} \alpha & \beta \\ \gamma & \delta \end{pmatrix} \middle| \alpha, \beta, \gamma, \delta \in \boldsymbol{C},\ \alpha\delta - \beta\gamma \neq 0 \right\}$$
$$\boldsymbol{C}^* = \boldsymbol{C} - \{0\}, \quad I_2 = \begin{pmatrix} 1 & 0 \\ 0 & 1 \end{pmatrix}$$

である. この事実より, $PGL(1, \boldsymbol{C})$ はしばしば $PGL(2, \boldsymbol{C})$ とも書かれる.

ここでは次の補題を示しておこう.

**補題 2.2** $\boldsymbol{P}^1(\boldsymbol{C})$ の相異なる 3 点の組 $(P_1, P_2, P_3), (Q_1, Q_2, Q_3)$ を任意に与えたとき,
$$f(P_\nu) = Q_\nu, \quad \nu = 1, 2, 3$$
を満足する $\boldsymbol{P}^1(\boldsymbol{C})$ の射影変換 $f$ がただ一つ存在する.

[証明] まず $P_1 = (1:0), P_2 = (1:1), P_3 = (0:1)$ のときを考える.
$$Q_\nu = (a_\nu : b_\nu), \quad \nu = 1, 2, 3$$
とするとき, まず
$$\alpha a_1 + \beta a_3 = a_2$$
$$\alpha b_1 + \beta b_3 = a_3$$
が成り立つように $\alpha, \beta$ を定める. $(a_1 : b_1) \neq (a_3 : b_3)$ より, $a_1 b_3 - b_1 a_3 \neq 0$ であり, $\alpha, \beta$ は一意的に定まる. $(\alpha a_1 : \alpha b_1) = (a_1 : b_1)$, $(\beta a_3 : \beta b_3) = (a_3 : b_3)$ なので, 必要ならば $a_1, b_1$ を $\alpha a_1, \alpha b_1$, $a_3, b_3$ を $\beta a_3, \beta b_3$ にとりかえて, $\alpha = \beta = 1$ と仮

定してよい．そこで，行列

$$\begin{pmatrix} a_1 & a_3 \\ b_1 & b_3 \end{pmatrix}$$

に対応する射影変換を $f$ とすると $f(P_\nu) = Q_\nu, \nu = 1, 2, 3$ が成り立つ．

一般の場合は，$(1:0), (1:1), (0:1)$ を $P_1, P_2, P_3$ にうつす射影変換を $g$，$(1:0), (1:1), (0:1)$ を $Q_1, Q_2, Q_3$ にうつす射影変換を $h$ とすると，$f = h \circ g^{-1}$ が求める射影変換である．一意性は $(1:0), (1:1), (0:1)$ を $(1:0), (1:1), (0:1)$ にうつす射影変換が恒等変換であること（演習問題 2.1）より容易に示すことができる． ∎

### (c) 関数体

射影直線 $\boldsymbol{P}^1(\boldsymbol{C})$ の一般の点を，前項では $(x_0 : x_1)$ と表わしたが，$x_0, x_1$ を変数と考えて $(x_0 : x_1)$ を $\boldsymbol{P}^1(\boldsymbol{C})$ の**斉次座標**と呼ぶ．正確には，$x_1/x_0$ が $U_0$ の座標を，$x_0/x_1$ が $U_1$ の座標を表わし，$(x_0 : x_1)$ はその比のみが意味を持つので斉次座標と呼ぶ．$x_0, x_1$ の多項式 $F(x_0, x_1)$ に対して，$\alpha$ を変数と考えて

(2.7) $$F(\alpha x_0, \alpha x_1) = \alpha^d F(x_0, x_1)$$

が成り立つとき，$F(x_0, x_1)$ を $d$ 次**斉次多項式**と呼ぶ．これは

$$F(x_0, x_1) = \sum_{\substack{i+j=d \\ i,j \geq 0}} a_{ij} x_0^i x_1^j$$

と書けることを意味する．

$d$ 次斉次多項式 $F(x_0, x_1)$ が与えられたとき，$\boldsymbol{P}^1(\boldsymbol{C})$ の点 $(a_0 : a_1)$ に対して $F(a_0, a_1)$ は点 $(a_0 : a_1)$ の表示の仕方によって変わってくる．$(\alpha a_0 : \alpha a_1) = (a_0 : a_1), \alpha \in \boldsymbol{C}, \alpha \neq 0$ であるが，

$$F(\alpha a_0, \alpha a_1) = \alpha^d F(a_0, a_1)$$

となるからである．しかしながら，$F(a_0, a_1) = 0$ であれば $F(\alpha a_0, \alpha a_1) = 0$ であり，このことは点 $(a_0 : a_1)$ の表示の仕方によらない．さらに注意しておくべきことは，もし $F(x_0, x_1)$ が斉次多項式でなかったら (2.7) が成立せず，$F(a_0, a_1) = 0$ であっても $F(\alpha a_0, \alpha a_1) \neq 0$ となることもあり得る．したがって射影直線 $\boldsymbol{P}^1(\boldsymbol{C})$ を考えるときは，2 変数の斉次多項式を考えることが基本的

である．2 変数の斉次多項式の $\boldsymbol{P}^1(\boldsymbol{C})$ での零点が意味を持つことは上で示した通りである．

さて，2 個の斉次多項式 $P(x_0, x_1), Q(x_0, x_1), Q \not\equiv 0$ より定まる有理式

$$R(x_0, x_1) = \frac{P(x_0, x_1)}{Q(x_0, x_1)}$$

を考える．$P(x_0, x_1)$ と $Q(x_0, x_1)$ の次数が等しいと，変数 $\alpha$ に対して

$$R(\alpha x_0, \alpha x_1) = R(x_0, x_1)$$

が成り立ち，$\boldsymbol{P}^1(\boldsymbol{C})$ 上の関数として意味をもつ．これを $\boldsymbol{P}^1(\boldsymbol{C})$ 上の**有理関数** (rational function) と呼ぶ．2 個の有理関数

$$\frac{P(x_0, x_1)}{Q(x_0, x_1)}, \quad \frac{S(x_0, x_1)}{T(x_0, x_1)}$$

は

$$PT = QS$$

のとき，かつこのときに限り等しい．通常は $P(x_0, x_1), Q(x_0, x_1)$ は共通因数を持たないように，（必要ならば共通因数を約すことによって）有理関数

$$R(x_0, x_1) = \frac{P(x_0, x_1)}{Q(x_0, x_1)}$$

を表示する．このようにしたとき，$P(x_0, x_1)$ の $\boldsymbol{P}^1(\boldsymbol{C})$ での零点を有理関数 $R(x_0, x_1)$ の**零点** (zero)，$Q(x_0, x_1)$ の $\boldsymbol{P}^1(\boldsymbol{C})$ での零点を $R(x_0, x_1)$ の**極** (pole) と呼ぶ．

$\boldsymbol{P}^1(\boldsymbol{C})$ 上の有理関数の全体を $\boldsymbol{P}^1(\boldsymbol{C})$ の**関数体** (function field) と呼び $\boldsymbol{C}(\boldsymbol{P}^1)$ と記す．上の議論より

$$\boldsymbol{C}(\boldsymbol{P}^1) = \left\{ \frac{P(x_0, x_1)}{Q(x_0, x_1)} \,\middle|\, \begin{array}{l} P, Q \text{ は同じ次数をもつ互いに素な} \\ \text{斉次多項式}, Q \not\equiv 0 \end{array} \right\}$$

であることが分かる．

**補題 2.3** $\boldsymbol{C}(\boldsymbol{P}^1)$ は 1 変数有理関数体 $\boldsymbol{C}(z)$ に同型である．

［証明］ 写像

$$\nu: \quad \begin{array}{ccc} \boldsymbol{C}(\boldsymbol{P}^1) & \longrightarrow & \boldsymbol{C}(z) \\ \cup & & \cup \\ \dfrac{P(x_0, x_1)}{Q(x_0, x_1)} & \longmapsto & \dfrac{P(1, z)}{Q(1, z)} \end{array}$$

は，体としての中への同型写像であることは容易に分かる．$\nu$ が全射(上への写像)であることを示そう．$\boldsymbol{C}(z)$ の元を，互いに素な $\boldsymbol{C}$ 係数の多項式 $f(z), g(z)$ によって

$$\frac{f(z)}{g(z)}$$

と表わし，$f(z), g(z)$ の次数をそれぞれ $m, n$ とする．$m \geqq n$ のときは

$$P(x_0, x_1) = x_0^m f\left(\frac{x_1}{x_0}\right), \quad Q(x_0, x_1) = x_0^m g\left(\frac{x_1}{x_0}\right)$$

とおき，$m \leqq n$ のときは

$$P(x_0, x_1) = x_0^n f\left(\frac{x_1}{x_0}\right), \quad Q(x_0, x_1) = x_0^n g\left(\frac{x_1}{x_0}\right)$$

とおくと，$P, Q$ は同じ次数の斉次多項式となる．

$$R(x_0, x_1) = \frac{P(x_0, x_1)}{Q(x_0, x_1)}$$

とおくとこれは $\boldsymbol{P}^1(\boldsymbol{C})$ の有理関数であり，

$$\nu(R(x_0, x_1)) = \frac{P(1, z)}{Q(1, z)} = \frac{f(z)}{g(z)}$$

となる．したがって $\nu$ は全射であり，$\nu$ は体の同型写像であることが分かった．∎

ところで，Riemann 球面上の**有理型関数**(meromorphic function)は有理関数であることが知られている(演習問題 2.2)．これは偶然の事実ではなく，複素解析的に考えることと，代数的に考えることとが結果として一致するという深い事実(Serre の GAGA と呼ばれる)の一端である．(後述の定理 4.1 も参照のこと．)

## §2.2 射影平面と平面曲線

### (a) 射影平面

前節で射影直線についていささか詳しく論じたので，射影平面すなわち2次元射影空間をどう定義するかお分かりの読者も多いであろう．どのような体で考えても同じなので，複素射影平面 $\boldsymbol{P}^2(\boldsymbol{C})$ を定義してみよう．

複素数の三つ組 $(a_0, a_1, a_2)$ の全体を $\boldsymbol{C}^3$ と記し，
$$W = \boldsymbol{C}^3 - \{(0,0,0)\}$$
とおく．$W$ の任意の元 $(a_0, a_1, a_2)$ に対してその比 $a_0 : a_1 : a_2$ を考える．この比の全体を $\boldsymbol{P}^2(\boldsymbol{C})$ と記し，**2次元複素射影空間**，あるいは**複素射影平面**と呼ぶ．$(a_0, a_1, a_2)$ の定める $\boldsymbol{P}^2(\boldsymbol{C})$ の点を $(a_0 : a_1 : a_2)$ と記す．したがって，0でない複素数 $\alpha$ に対して
$$(\alpha a_0 : \alpha a_1 : \alpha a_2) = (a_0 : a_1 : a_2)$$
が成り立つ．$\boldsymbol{P}^2(\boldsymbol{C})$ の部分集合 $U_0, U_1, U_2$ を
$$U_j = \{(a_0 : a_1 : a_2) \in \boldsymbol{P}^2(\boldsymbol{C}) \mid a_j \neq 0\}$$
と定義する．前節と同様にして，$U_0$ の点 $(a_0 : a_1 : a_2)$ を考えると
$$(a_0 : a_1 : a_2) = \left(1 : \frac{a_1}{a_0} : \frac{a_2}{a_0}\right)$$
であり，写像
$$\varphi_0 : \quad U_0 \quad \longrightarrow \quad \boldsymbol{C}^2$$
$$\cup\!\!\!| \qquad\qquad \cup\!\!\!|$$
$$(a_0 : a_1 : a_2) \longmapsto \left(\frac{a_1}{a_0}, \frac{a_2}{a_0}\right)$$
は $U_0$ から $\boldsymbol{C}^2$ への全単射であり，逆写像は
$$\varphi_0^{-1} : \quad \boldsymbol{C}^2 \quad \longrightarrow \quad U_0$$
$$\cup\!\!\!| \qquad\qquad \cup\!\!\!|$$
$$(x, y) \longmapsto (1 : x : y)$$

で与えられる．写像

$$\varphi_1 : \quad U_1 \longrightarrow \boldsymbol{C}^2$$
$$\cup\!\!\!\shortmid \qquad \cup\!\!\!\shortmid$$
$$(a_0 : a_1 : a_2) \longmapsto \left(\frac{a_0}{a_1}, \frac{a_2}{a_1}\right)$$

$$\varphi_2 : \quad U_2 \longrightarrow \boldsymbol{C}^2$$
$$\cup\!\!\!\shortmid \qquad \cup\!\!\!\shortmid$$
$$(a_0 : a_1 : a_2) \longmapsto \left(\frac{a_0}{a_2}, \frac{a_1}{a_2}\right)$$

も，同様に $U_i$ から $\boldsymbol{C}^2$ への全単射であることが分かる．

さて，$\boldsymbol{P}^2(\boldsymbol{C})-U_0$ の構造を調べてみよう．定義から $\boldsymbol{P}^2(\boldsymbol{C})-U_0$ の点は $(0 : a_1 : a_2)$ の形をしている．もちろん $(a_1, a_2) \neq (0,0)$ でなければならない．したがって $(a_1 : a_2)$ は複素射影直線 $\boldsymbol{P}^1(\boldsymbol{C})$ の1点を定める．逆に $\boldsymbol{P}^1(\boldsymbol{C})$ の点 $(b_1 : b_2)$ に対して $(0 : b_1 : b_2)$ は $\boldsymbol{P}^2(\boldsymbol{C})-U_0$ の1点を定める．すなわち，写像

$$\boldsymbol{P}^2(\boldsymbol{C})-U_0 \longrightarrow \boldsymbol{P}^1(\boldsymbol{C})$$
$$\cup\!\!\!\shortmid \qquad \cup\!\!\!\shortmid$$
$$(0 : a_1 : a_2) \longmapsto (a_1 : a_2)$$

は上への1対1写像である．これによって $\boldsymbol{P}^2(\boldsymbol{C})-U_0$ と $\boldsymbol{P}^1(\boldsymbol{C})$ とを同一視しよう．

$\varphi_0$ によって $U_0$ と $\boldsymbol{C}^2$ とを同一視することによって
$$\boldsymbol{P}^2(\boldsymbol{C}) = \boldsymbol{C}^2 \cup \boldsymbol{P}^1(\boldsymbol{C})$$
と見ることができる．$\boldsymbol{P}^2(\boldsymbol{C})-U_0$ を**無限遠直線**(line at infinity)と呼び，以下 $l_\infty$ と記すことにする．以下では，常に $U_0$ を基準にして考え，しかも $\varphi_0$ によって $\boldsymbol{C}^2$ と同一視して考える．すなわち

(2.8) $\qquad \boldsymbol{P}^2(\boldsymbol{C}) = U_0 \cup l_\infty, \quad U_0 \cong \boldsymbol{C}^2, \quad l_\infty \cong \boldsymbol{P}^1(\boldsymbol{C})$

である．$\boldsymbol{C}^2$ を**複素アフィン平面**(complex affine plane)と呼び，その座標を $(x, y)$ と記す．(もちろん，$U_1, U_2$ を基準にしても以下の議論はそのまま通用する．無限遠直線の位置が変わってくるだけである．)

さて複素アフィン平面 $\boldsymbol{C}^2$ の座標 $(x,y)$ を使うと，$\boldsymbol{P}^2(\boldsymbol{C})$ の座標として $(1:x:y)$ を考えることができるが，これでは無限遠直線の部分が表示できない．そこで $\boldsymbol{P}^2(\boldsymbol{C})$ の**斉次座標** $(x_0:x_1:x_2)$ を導入する．$x_0, x_1, x_2$ は変数であるが，その比だけが意味をもつ．さらに，$x_0 \neq 0$ のときは

(2.9) $$x = \frac{x_1}{x_0}, \quad y = \frac{x_2}{x_0}$$

である．斉次座標を使えば，無限遠直線 $l_\infty$ は
$$x_0 = 0$$
と式で表わすことができる．

ところで複素アフィン平面 $\boldsymbol{C}^2$ の直線は
$$\alpha + \beta x + \gamma y = 0, \quad (\beta, \gamma) \neq (0,0), \ \alpha, \beta, \gamma \in \boldsymbol{C}$$
と書くことができた．関係(2.9)を使うと
$$\alpha + \beta \frac{x_1}{x_0} + \gamma \frac{x_2}{x_0} = 0$$
を得，分母の $x_0$ を払って
$$\alpha x_0 + \beta x_1 + \gamma x_2 = 0$$
なる式を得る．これは複素射影平面 $\boldsymbol{P}^2(\boldsymbol{C})$ で意味を持つ式である．すなわち，
$$\alpha a_0 + \beta a_1 + \gamma a_2 = 0$$
が成り立てば，任意の 0 でない複素数 $\lambda$ に対して
$$\alpha(\lambda a_0) + \beta(\lambda a_1) + \gamma(\lambda a_2) = 0$$
が成り立つ．したがって $\boldsymbol{P}^2(\boldsymbol{C})$ の点 $(a_0:a_1:a_2)$ が
$$\alpha x_0 + \beta x_1 + \gamma x_2 = 0$$
を満足することは意味をもつことが分かる．一方たとえば式
$$\alpha x_0 + \beta x_1 + \gamma x_2 = 1$$
は $\boldsymbol{P}^2(\boldsymbol{C})$ では意味を持ち得ない．これは
$$\alpha a_0 + \beta a_1 + \gamma a_2 = 1$$
が成り立っても，$\lambda \neq 1$ であれば
$$\alpha(\lambda a_0) + \beta(\lambda a_1) + \gamma(\lambda a_2) = \lambda \neq 1$$
だからである．このように，$\boldsymbol{P}^2(\boldsymbol{C})$ では $x_0, x_1, x_2$ に関する斉次多項式の零

## §2.2 射影平面と平面曲線

点のみが意味を持つ．これについては後で詳述する．

ところで，複素アフィン平面 $\boldsymbol{C}^2$ で考えた直線の式
$$\alpha + \beta x + \gamma y = 0$$
と $\boldsymbol{P}^2(\boldsymbol{C})$ で考えた式
$$\alpha x_0 + \beta x_1 + \gamma x_2 = 0$$
の違いは何であろうか．$\boldsymbol{C}^2$ で考えることは，$\boldsymbol{P}^2(\boldsymbol{C})$ で言えば $(1:a:b)$ の形の点のみを考えることになる．そこで，$(0:c:d)$ の形の点が
$$\alpha x_0 + \beta x_1 + \gamma x_2 = 0$$
を満足するかどうかを調べてみよう．式に代入すると
$$\beta c + \gamma d = 0$$
であるが，$(\beta, \gamma) \neq (0,0)$ であったので $c:d = -\gamma:\beta$ が成立する．すなわち，点 $(0:-\gamma:\beta)$ は式
$$\alpha x_0 + \beta x_1 + \gamma x_2 = 0$$
を満足する．これは $\boldsymbol{C}^2$ の直線
$$\alpha + \beta x + \gamma y = 0$$
は無限遠直線 $l_\infty$ と点 $(0:-\gamma:\beta)$ で交わると解釈することができる．この交点は $\beta$ と $\gamma$ だけから，より正確には $\beta$ と $\gamma$ の比 $\beta:\gamma$，すなわち直線の傾きだけから定まり，$\alpha$ にはよらないことに注意する．すなわち，$\alpha \neq \alpha'$ のとき
$$\alpha + \beta x + \gamma y = 0$$
$$\alpha' + \beta x + \gamma y = 0$$
は平行な 2 直線であり，$\boldsymbol{C}^2$ では交わらないが，複素射影平面では無限遠直線 $l_\infty$ 上の 1 点 $(0:-\gamma:\beta)$ で交わる（図 2.4）．

逆に無限遠直線 $l_\infty$ 上の 1 点 $(0:b:c)$ をとると，$\boldsymbol{C}^2$ の直線
$$a - cx + by = 0$$
は無限遠直線と点 $(0:b:c)$ で交わる．ここで $a$ は任意に選ぶことができる．

以上の議論から分かることは，無限遠直線 $l_\infty$ 上の点と $\boldsymbol{C}^2$ の直線 $\alpha + \beta x + \gamma y = 0$ の傾きとが 1 対 1 に対応していることである．また $x_0, x_1, x_2$ に関する 1 次斉次式
$$\alpha x_0 + \beta x_1 + \gamma x_2 = 0$$

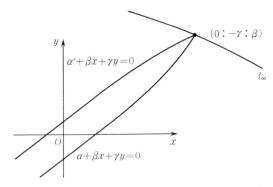

図 2.4 アフィン平面で平行な 2 直線は無限遠直線上で交わる．

が複素射影平面 $\boldsymbol{P}^2(\boldsymbol{C})$ の直線（正確には射影直線と言うべきだが）を定めていると解釈してよいことも納得できたと思う．

### (b) 双対原理と射影変換

前項の議論によって 1 次斉次式

(2.10) $\qquad \alpha x_0 + \beta x_1 + \gamma x_2 = 0, \quad (\alpha, \beta, \gamma) \neq (0, 0, 0)$

を満足する複素射影平面 $\boldsymbol{P}^2(\boldsymbol{C})$ の点の全体

$$l_{\alpha,\beta,\gamma} = \{(a_0 : a_1 : a_2) \in \boldsymbol{P}^2(\boldsymbol{C}) \mid \alpha a_0 + \beta a_1 + \gamma a_2 = 0\}$$

を $\boldsymbol{P}^2(\boldsymbol{C})$ の**直線**と呼ぼう．直線の定義式 (2.10) と複素数 $\lambda \neq 0$ に対し，式

$$(\lambda \alpha) x_0 + (\lambda \beta) x_1 + (\lambda \gamma) x_2 = 0$$

も (2.10) と同じ直線を定めることに注意しよう．

**補題 2.4**

(ⅰ) 直線 $l_{\alpha,\beta,\gamma}$ と $l_{\alpha',\beta',\gamma'}$ は $(\alpha : \beta : \gamma) = (\alpha' : \beta' : \gamma')$ のときかつそのときに限り同一の直線である．

(ⅱ) 相異なる 2 本の直線 $l_{\alpha,\beta,\gamma}$, $l_{\alpha',\beta',\gamma'}$ は必ず 1 点で交わる．

［証明］ $(\alpha : \beta : \gamma) \neq (\alpha' : \beta' : \gamma')$ のとき $l_{\alpha,\beta,\gamma}$ と $l_{\alpha',\beta',\gamma'}$ とは必ず 1 点で交わることを示そう．そのために連立方程式

$$\alpha x_0 + \beta x_1 + \gamma x_2 = 0$$
$$\alpha' x_0 + \beta' x_1 + \gamma' x_2 = 0$$

を考えよう．$(\alpha:\beta:\gamma) \neq (\alpha':\beta':\gamma')$ であることは，どのような複素数 $\lambda$ に対しても $(\alpha,\beta,\gamma) \neq (\lambda\alpha',\lambda\beta',\lambda\gamma')$ であることを意味する．これは行列
$$\begin{pmatrix} \alpha & \beta & \gamma \\ \alpha' & \beta' & \gamma' \end{pmatrix}$$
の階数が 2 であることを意味する．すなわち
$$\left( \begin{vmatrix} \beta & \gamma \\ \beta' & \gamma' \end{vmatrix}, \begin{vmatrix} \gamma & \alpha \\ \gamma' & \alpha' \end{vmatrix}, \begin{vmatrix} \alpha & \beta \\ \alpha' & \beta' \end{vmatrix} \right) \neq (0,0,0).$$
このとき，上の連立方程式の $\boldsymbol{P}^2(\boldsymbol{C})$ での解は
$$\left( \begin{vmatrix} \beta & \gamma \\ \beta' & \gamma' \end{vmatrix} : \begin{vmatrix} \gamma & \alpha \\ \gamma' & \alpha' \end{vmatrix} : \begin{vmatrix} \alpha & \beta \\ \alpha' & \beta' \end{vmatrix} \right)$$
で与えられる．したがって 1 点で交わる．このことより (i), (ii) が証明されることは明らかである． ∎

**系 2.1** 対応
$$l_{\alpha,\beta,\gamma} \longmapsto (\alpha:\beta:\gamma)$$
によって，$\boldsymbol{P}^2(\boldsymbol{C})$ の直線全体と複素射影平面とは 1 対 1 に対応する． ∎

この系によって，$\boldsymbol{P}^2(\boldsymbol{C})$ 上の直線の全体を複素射影平面と同一視することができるが，こうして同一視された複素射影平面を**双対複素射影平面** (dual complex projective plane) と呼び $\boldsymbol{P}^2(\boldsymbol{C})^*$ と記すことにする．すなわち $\boldsymbol{P}^2(\boldsymbol{C})^*$ の点 $(\alpha:\beta:\gamma)$ に対しては，式
$$\alpha x_0 + \beta x_1 + \gamma x_2 = 0$$
で定義される直線 $l_{\alpha,\beta,\gamma}$ が対応する．

射影平面に関しては次の補題は基本的である．

**補題 2.5** $\boldsymbol{P}^2(\boldsymbol{C})$ の相異なる 2 点を通る直線はただ 1 本存在する．

［証明］ 相異なる 2 点を $(a_0:a_1:a_2)$, $(b_0:b_1:b_2)$ とし，求める直線を
$$\alpha x_0 + \beta x_1 + \gamma x_2 = 0$$
とするとき，連立方程式
$$\alpha a_0 + \beta a_1 + \gamma a_2 = 0$$
$$\alpha b_0 + \beta b_1 + \gamma b_2 = 0$$
より $\alpha:\beta:\gamma$ を求めればよい．求める解は

$$\alpha:\beta:\gamma = \begin{vmatrix} a_1 & a_2 \\ b_1 & b_2 \end{vmatrix} : \begin{vmatrix} a_2 & a_0 \\ b_2 & b_0 \end{vmatrix} : \begin{vmatrix} a_0 & a_1 \\ b_0 & b_1 \end{vmatrix}$$

で与えられる．

 補題 2.4 と補題 2.5 の証明を見ると著しい類似に気付かれるであろう．補題 2.4(ii) で "直線" を "点" に，"点" を "直線" に書きかえ，"交わる" を "通る" に書きかえると補題 2.5 を得，逆の操作によって補題 2.5 から補題 2.4(ii) を得る．これは偶然のことではなく，$\boldsymbol{P}^2(\boldsymbol{C})$ の直線の全体は再び射影平面と考えられること，2 直線の交点を求めることは (2 点を通る直線を求めることも) 連立 1 次方程式を解くことに帰着することによっている．

 **定理 2.1** (双対原理)　$\boldsymbol{P}^2(\boldsymbol{C})$ の点と直線に関する正しい命題があれば，"点" を "直線" に，"直線" を "点" に，"交わる" を "通る" に，"通る" を "交わる" に置き換えてできる命題も正しい．

 **定義 2.2**　$3\times 3$ 行列

$$A = \begin{pmatrix} a_{00} & a_{01} & a_{02} \\ a_{10} & a_{11} & a_{12} \\ a_{20} & a_{21} & a_{22} \end{pmatrix}, \quad \det A \neq 0$$

に対して，$\boldsymbol{P}^2(\boldsymbol{C})$ から $\boldsymbol{P}^2(\boldsymbol{C})$ への写像

$$f_A : (x_0 : x_1 : x_2) \longmapsto \left( \sum_{j=0}^{2} a_{0j} x_j : \sum_{j=0}^{2} a_{1j} x_j : \sum_{j=0}^{2} a_{2j} x_j \right)$$

を行列 $A$ から定まる**射影変換**，あるいは単に射影変換と呼ぶ．

 上の定義で，$\det A \neq 0$ であることは大切である．これによって $f_A$ は $\boldsymbol{P}^2(\boldsymbol{C})$ から $\boldsymbol{P}^2(\boldsymbol{C})$ への写像を定義することが分かる．すなわち，連立方程式

$$\sum_{j=0}^{2} a_{ij} x_j = 0, \quad i = 0, 1, 2$$

は $\det A \neq 0$ より解は $(0,0,0)$ しか存在しないので，$f_A$ は写像になっている．どのような $(\alpha_0 : \alpha_1 : \alpha_2)$ に対しても $\left( \sum_{j=0}^{2} a_{0j} \alpha_j : \sum_{j=0}^{2} a_{1j} \alpha_j : \sum_{j=0}^{2} a_{2j} \alpha_j \right) \neq (0,0,0)$ であるので $f_A((\alpha_0 : \alpha_1 : \alpha_2))$ が意味をもつからである．これに対して，たとえば行列

$$\begin{pmatrix} 1 & 0 & 0 \\ 0 & 1 & 0 \\ 0 & 0 & 0 \end{pmatrix}$$

に対応して，"写像"
$$(x_0:x_1:x_2) \longmapsto (x_0:x_1:0)$$
を作ると，これは点 $(0:0:1)$ では行き先が $(0:0:0)$ となってしまい写像としては意味を持たないことが分かる．

**補題 2.6**

（ⅰ） 0 でない複素数 $\lambda$ に対して
$$f_{\lambda A} = f_A.$$

（ⅱ） $3 \times 3$ 行列 $A, B, \det A \neq 0, \det B \neq 0$ より定まる射影変換を $f_A, f_B$ とすると，写像の合成に関して
$$f_A \circ f_B = f_{AB}$$
が成り立つ．特に $f_A$ の逆写像 $f_A^{-1}$ も射影変換であり
$$f_A^{-1} = f_{A^{-1}}.$$
□

証明は補題 2.1 と同様にできるので省略する．

$\boldsymbol{P}^2(\boldsymbol{C})$ の射影変換の全体は群をなす．それを $PGL(2, \boldsymbol{C})$ と記すと
$$PGL(2, \boldsymbol{C}) \cong GL(3, \boldsymbol{C})/\boldsymbol{C}^* I_3$$
であることも補題 2.1 の下で述べた $PGL(1, \boldsymbol{C})$ と同様に示すことができる．

射影変換によって直線は直線にうつることが次のようにして分かる．$3 \times 3$ 行列 $A, \det A \neq 0$ より定まる射影変換 $f_A$ を考えよう．式
$$\alpha x_0 + \beta x_1 + \gamma x_2 = 0$$
で定まる直線 $l_{\alpha, \beta, \gamma}$ を考える．

(2.11) $$(\alpha', \beta', \gamma') = (\alpha, \beta, \gamma) A^{-1}$$

によって，$\alpha', \beta', \gamma'$ を定める．$a = (a_0:a_1:a_2) \in l_{\alpha, \beta, \gamma}$ に対して $b = f_A(a) = (b_0:b_1:b_2)$ とおくと，容易に分かるように
$$\alpha' b_0 + \beta' b_1 + \gamma' b_2 = 0$$
が成り立ち，$b = (b_0:b_1:b_2) \in l_{\alpha', \beta', \gamma'}$ である．逆に $b = (b_0:b_1:b_2) \in l_{\alpha', \beta', \gamma'}$ に対して $a = f_A^{-1}(b) = (a_0:a_1:a_2)$ とおくと $a \in l_{\alpha, \beta, \gamma}$ であることも容易に分かる．こ

れより，射影変換 $f_A$ によって $l_{\alpha,\beta,\gamma}$ は $l_{\alpha',\beta',\gamma'}$ にうつることが分かる．係数 $\alpha$, $\beta, \gamma$ と $\alpha', \beta', \gamma'$ との関係は (2.11) で与えられる．

以上の議論は行列表示を使うと分かりやすい．直線 $l_{\alpha,\beta,\gamma}$ は

$$(\alpha,\beta,\gamma)\begin{pmatrix}x_0\\x_1\\x_2\end{pmatrix}=0$$

で与えられる．射影変換 $f_A$ は

$$\begin{pmatrix}x_0'\\x_1'\\x_2'\end{pmatrix}=A\begin{pmatrix}x_0\\x_1\\x_2\end{pmatrix}$$

とおくと，

$$f_A((x_0:x_1:x_2))=(x_0':x_1':x_2')$$

で与えられる．そこで $(\alpha',\beta',\gamma')$ を (2.11) のようにとると

$$(\alpha',\beta',\gamma')\begin{pmatrix}x_0'\\x_1'\\x_2'\end{pmatrix}=(\alpha,\beta,\gamma)A^{-1}A\begin{pmatrix}x_0\\x_1\\x_2\end{pmatrix}=(\alpha,\beta,\gamma)\begin{pmatrix}x_0\\x_1\\x_2\end{pmatrix}$$

となって $l_{\alpha,\beta,\gamma}$ の点 $(x_0:x_1:x_2)$ と $l_{\alpha',\beta',\gamma'}$ 上の点 $(x_0':x_1':x_2')=f_A((x_0:x_1:x_2))$ とが1対1に対応するわけである．

上の議論より次の補題は明らかであろう．

**補題 2.7** $\boldsymbol{P}^2(\boldsymbol{C})$ の任意の直線 $l_{\alpha,\beta,\gamma}$ は射影変換によって無限遠直線 $l_\infty$ にうつすことができる． □

実際 $(1,0,0)=(\alpha,\beta,\gamma)A^{-1}$ が成り立つように行列 $A$ をとればよい．このことから，直線はすべて射影直線 $\boldsymbol{P}^1(\boldsymbol{C})$ と同型であることが分かる．さらに正確に言えば，写像

$$(2.12)\quad\begin{array}{rccc}\varphi: & \boldsymbol{P}^1(\boldsymbol{C}) & \longrightarrow & \boldsymbol{P}^2(\boldsymbol{C}) \\ & \cup & & \cup \\ & (y_0:y_1) & \longmapsto & (a_0y_0+a_1y_1:b_0y_0+b_1y_1:c_0y_0+c_1y_1)\end{array}$$

の像は $\left( \begin{vmatrix} b_0 & b_1 \\ c_0 & c_1 \end{vmatrix}, \begin{vmatrix} c_0 & c_1 \\ a_0 & a_1 \end{vmatrix}, \begin{vmatrix} a_0 & a_1 \\ b_0 & b_1 \end{vmatrix} \right) \neq (0,0,0)$ のとき直線であり，$a_0, a_1, b_0,$ $b_1, c_0, c_1$ を適当にとることによって，すべての直線を表示することができる．(2.12)の写像 $\varphi$ による像は，式

$$\begin{vmatrix} a_0 & a_1 & x_0 \\ b_0 & b_1 & x_1 \\ c_0 & c_1 & x_2 \end{vmatrix} = 0$$

で定義される直線と一致することは読者の演習問題としよう(演習問題 2.3)．さらに，次の補題も補題 2.2 と同様に証明できるので読者の演習問題とする(演習問題 2.1(iii))．

**補題 2.8** $\boldsymbol{P}^2(\boldsymbol{C})$ 上の 4 点の組 $(P_1, P_2, P_3, P_4)$, $(Q_1, Q_2, Q_3, Q_4)$ を考える．$P_1, P_2, P_3, P_4$ のどの 3 点も同一直線上になく，$Q_1, Q_2, Q_3, Q_4$ のどの 3 点も同一直線上にないとき

$$f(P_\nu) = Q_\nu, \quad \nu = 1, 2, 3, 4$$

を満足する射影変換 $f$ がただ一つ定まる． □

射影変換によって不変な性質を調べる幾何学が**射影幾何学**(projective geometry)である．**代数幾何学**(algebraic geometry)は射影変換よりもさらに大きな変換である**双有理変換**(birational transformation)で不変な性質を調べる幾何学と言うことができる．このことは次第に明らかになるであろう．

### (c) 射影平面の関数体

$\boldsymbol{P}^1(\boldsymbol{C})$ のときと同様にして，$\boldsymbol{P}^2(\boldsymbol{C})$ の有理関数は，同じ次数の斉次多項式 $P(x_0, x_1, x_2), Q(x_0, x_1, x_2)$ によって

$$f(x_0, x_1, x_2) = \frac{P(x_0, x_1, x_2)}{Q(x_0, x_1, x_2)}$$

で与えられる．多項式 $P, Q$ は互いに素であるように選ぶことができる．$\boldsymbol{P}^2(\boldsymbol{C})$ の有理関数の全体は体になることも明らかである．これを $\boldsymbol{P}^2(\boldsymbol{C})$ の関数体と呼び，$\boldsymbol{C}(\boldsymbol{P}^2)$ と記す．次の補題は明らかであろう．

**補題 2.9** $\boldsymbol{P}^2(\boldsymbol{C})$ の関数体 $\boldsymbol{C}(\boldsymbol{P}^2)$ は 2 変数有理関数体 $\boldsymbol{C}(x,y)$ と同型で

ある．同型対応は
$$\frac{P(x_0, x_1, x_2)}{Q(x_0, x_1, x_2)} \longmapsto \frac{P(1, x, y)}{Q(1, x, y)}$$
で与えられる． □

### (d) 平面曲線

以下では複素射影平面 $\boldsymbol{P}^2(\boldsymbol{C})$ 内の "曲線" を調べる．

複素数係数の 3 変数 $d$ 次斉次多項式
$$F(x_0, x_1, x_2)$$
が与えられたとき，

(2.13) $\qquad C = \{(a_0 : a_1 : a_2) \in \boldsymbol{P}^2(\boldsymbol{C}) \mid F(a_0, a_1, a_2) = 0\}$

を **$d$ 次平面曲線**，
$$F(x_0, x_1, x_2) = 0$$
を平面曲線 $C$ の**定義方程式** (defining equation) と呼ぶ．(2.13) のかわりに
$$C : F(x_0, x_1, x_2) = 0$$
と書くこともある．また，$C$ のかわりに，斉次方程式 $F$ の零点集合であることを強調するために $V(F)$ と記すこともある．以下では，この三つの表示法を適宜使用する．

$F(x_0, x_1, x_2)$ が既約多項式であるとき $C = V(F)$ は**既約平面曲線**，可約多項式であるときは**可約平面曲線**と呼ぶ．$F(x_0, x_1, x_2)$ が可約であるときは
$$F(x_0, x_1, x_2) = G(x_0, x_1, x_2) H(x_0, x_1, x_2)$$
と斉次多項式の積に分解でき，(2.13) より
$$C = V(F) = V(G) \cup V(H)$$
となる．このことから，平面曲線は既約平面曲線の和集合として表わすことができるので，既約平面曲線および 2 本の既約平面曲線の交わりを考えれば十分であることが分かる．既約な平面曲線の理論および交わりの理論は次節で詳しく調べることとして，この項ではそのための準備をしておこう．

以前と同様

$$U_0 = \{(a_0 : a_1 : a_2) \in \boldsymbol{P}^2(\boldsymbol{C}) \mid a_0 \neq 0\} \xrightarrow{\sim} \boldsymbol{C}^2$$

$$\cup \qquad\qquad\qquad\qquad\qquad \cup$$

$$(a_0 : a_1 : a_2) \longmapsto \left(\frac{a_1}{a_0}, \frac{a_2}{a_0}\right)$$

を中心として考え

$$\boldsymbol{P}^2(\boldsymbol{C}^2) = \boldsymbol{C}^2 \cup l_\infty$$

と考える．アフィン平面 $\boldsymbol{C}^2$ の座標を $(x,y)$ とすると，$\boldsymbol{P}^2(\boldsymbol{C})$ の斉次座標 $(x_0 : x_1 : x_2)$ とは $U_0 = \boldsymbol{C}^2$ 上で

$$x = \frac{x_1}{x_0}, \quad y = \frac{x_2}{x_0}$$

なる関係がある．$d$ 次斉次多項式 $F(x_0, x_1, x_2)$ に対して

$$\frac{1}{x_0^d} F(x_0, x_1, x_2)$$

は $x = x_1/x_0$, $y = x_2/x_0$ のたかだか $d$ 次の多項式になるので

(2.14) $$\frac{1}{x_0^d} F(x_0, x_1, x_2) = f(x,y)$$

と書ける．$x, y$ の多項式 $f(x,y)$ は

$$f(x,y) = F(1, x, y)$$

と考えることもできる．ところで $F(x_0, x_1, x_2)$ が既約多項式であれば，$d \geqq 2$ である限り $f(x,y)$ も $d$ 次既約多項式であることが次のようにして分かる．

$$F(x_0, x_1, x_2) = \sum_{i+j+k=d} a_{ijk} x_0^i x_1^j x_2^k$$

と書けば

$$\frac{1}{x_0^d} F(x_0, x_1, x_2) = \sum_{i+j+k=d} a_{ijk} \left(\frac{x_1}{x_0}\right)^j \left(\frac{x_2}{x_0}\right)^k$$

より，

$$f(x,y) = \sum_{i+j+k=d} a_{ijk} x^j y^k$$

である．もし $f(x,y)$ の次数が $d$ より真に小さければ

$$a_{0jk} = 0, \quad j+k = d$$

でなければならない．これは $F(x_0, x_1, x_2)$ が $x_0$ で割り切れることを意味する．したがって $F(x_0, x_1, x_2)$ が既約であれば $F = \alpha x_0$ でなければならない．よって $d \geqq 2$ のときは $f(x,y)$ の次数も $d$ である．また $f(x,y)$ が可約であれば

$$f(x,y) = g(x,y)h(x,y)$$

と書き，$g(x,y), h(x,y)$ の次数をそれぞれ $d_1, d_2$ とするとき，

$$G(x_0, x_1, x_2) = x_0^{d_1} g\left(\frac{x_1}{x_0}, \frac{x_2}{x_0}\right)$$

$$H(x_0, x_1, x_2) = x_0^{d_2} h\left(\frac{x_1}{x_0}, \frac{x_2}{x_0}\right)$$

とおくと，$d = d_1 + d_2$ および (2.14) より

$$F(x_0, x_1, x_2) = G(x_0, x_1, x_2) H(x_0, x_1, x_2)$$

が成り立ち，$F(x_0, x_1, x_2)$ が既約であることに反する．

ちなみに $d=1$ のときは $F = \alpha x_0$ のときに限り $f = \alpha$ と定数になるが，それ以外のときはやはり $f(x,y)$ も1次式である．以上によって，$d \geqq 2$ のとき，$x, y$ に関する $d$ 次の既約多項式 $f(x,y)$ と $x_0, x_1, x_2$ に関する $d$ 次既約斉次多項式 $F(x_0, x_1, x_2)$ とは対応 (2.14) によって1対1に対応することが分かる．$d$ 次既約多項式 $f(x,y)$ は

$$f(x,y) = 0$$

によって，アフィン平面 $\boldsymbol{C}^2$ 内に曲線 $C_f$ を定める．これを**アフィン平面曲線** (affine plane curve) と呼ぶ．上で示したことは，次数 $d \geqq 2$ の既約多項式 $f(x,y)$ の零点の全体として定義したアフィン平面曲線

$$C_f = \{(a,b) \in \boldsymbol{C}^2 \mid f(a,b) = 0\}$$

と $\boldsymbol{P}^2(\boldsymbol{C})$ 内の $d$ 次既約平面曲線 $C = V(F)$

$$V(F) = \{(a_0 : a_1 : a_2) \in \boldsymbol{C}^2 \mid F(a_0, a_1, a_2) = 0\}$$

とが，多項式の間の対応

$$f(x,y) = \frac{1}{x_0^d} F(x_0, x_1, x_2)$$

$$F(x_0, x_1, x_2) = x_0^d f\left(\frac{x_1}{x_0}, \frac{x_2}{x_0}\right)$$

によって1対1に対応していることが分かる．

さて，式
$$F(x_0, x_1, x_2) = 0$$
で定義された平面曲線 $V(F)$ に行列 $A$ から定まる射影変換 $f_A$ を施してみよう．
$$B = A^{-1} = (b_{ij})_{0 \leq i,j \leq 2}$$
とおいて，

(2.15) $\quad G(x_0, x_1, x_2) = F\left(\sum_{j=0}^{2} b_{0j}x_j, \sum_{j=0}^{2} b_{1j}x_j, \sum_{j=0}^{2} b_{2j}x_j\right)$

と定めると，$a = (a_0 : a_1 : a_2) \in V(F)$ に対して $f_A(a) = b \in V(G)$ であることは容易に分かり，逆に $b = (b_0 : b_1 : b_2) \in V(G)$ に対して $a = f_A^{-1}(b) \in V(F)$ である．このことより
$$f_A(V(F)) = V(G)$$
であることが分かる．射影変換でうつり合う曲線は本質的に同じものと見ることができるので，$V(F)$ と $V(G)$ とは同一の曲線を表わしていると見ることができる．したがって，射影変換によって定義方程式をできる限り簡単にして考察するのが便利である．

**例 2.1**（2次曲線） 2次斉次多項式
$$F(x_0, x_1, x_2) = \sum_{i,j=0}^{2} c_{ij}x_i x_j, \quad c_{ij} = c_{ji}$$
を考える．$F$ は
$$(x_0, x_1, x_2)\begin{pmatrix} c_{00} & c_{01} & c_{02} \\ c_{10} & c_{11} & c_{12} \\ c_{20} & c_{21} & c_{22} \end{pmatrix}\begin{pmatrix} x_0 \\ x_1 \\ x_2 \end{pmatrix}, \quad C = (c_{ij})$$

と行列表示ができる．2次形式，あるいは対称行列の議論によって，3×3行列 $A$ をうまくとると ${}^tA^{-1}CA^{-1}$ は
$$\begin{pmatrix} 1 & 0 & 0 \\ 0 & 1 & 0 \\ 0 & 0 & 1 \end{pmatrix}, \quad \begin{pmatrix} 1 & 0 & 0 \\ 0 & 1 & 0 \\ 0 & 0 & 0 \end{pmatrix}, \quad \begin{pmatrix} 1 & 0 & 0 \\ 0 & 0 & 0 \\ 0 & 0 & 0 \end{pmatrix}$$

のいずれかの形になる．(複素数で考えていることに注意する．演習問題 2.4 を参照のこと．) これは行列 $C$ の階数がそれぞれ 3, 2, 1 の場合に対応している．したがって 2 次曲線 $V(F)$ は射影変換 $f_A$ によって

$$x_0^2 + x_1^2 + x_2^2 = 0$$
$$x_0^2 + x_1^2 = 0$$
$$x_0^2 = 0$$

のいずれかの 2 次曲線にうつされる．最初の 2 次曲線は既約であるが，2 番目の 2 次曲線は 2 本の直線

$$x_0 + ix_1 = 0, \quad x_0 - ix_1 = 0$$

$(i = \sqrt{-1})$ の和集合に，3 番目は無限遠直線 $l_\infty$ を 2 重に考えたものになっている．したがって既約な 2 次平面曲線を考える限り，2 次曲線

(2.16) $$x_0^2 + x_1^2 + x_2^2 = 0$$

を考えれば十分であることが分かる．さらに $(x_0 : x_1 : x_2) \mapsto (ix_0 : x_1 : x_2)$ なる射影変換を考えることによって，

(2.17) $$-x_0^2 + x_1^2 + x_2^2 = 0$$

なる 2 次曲線を考えてもよい．この 2 次曲線に対応するアフィン曲線は"単位円"

$$x^2 + y^2 = 1$$

である．あるいは，射影変換 $(x_0 : x_1 : x_2) \mapsto (ix_0 : x_1 : ix_2)$ によって (2.16) は

(2.18) $$-x_0^2 + x_1^2 - x_2^2 = 0$$

なる 2 次曲線にうつすこともできる．対応するアフィン曲線は"直角双曲線"

$$x^2 - y^2 = 1$$

である．さらに，別の形としては

(2.19) $$x_0 x_2 - x_1^2 = 0$$

なる 2 次曲線に (2.16) は射影変換でうつすことができる．対応するアフィン曲線は"放物線"

$$y = x^2$$

である．

以上のことから，複素射影平面で考える限り，円，楕円，双曲線，放物線はすべて射影変換でうつりあい，同一のものと考えることができることが分かる． □

### (e)　有理写像と代数的射

これまでの考察は，射影変換しか考えなかった点で，代数幾何学というより，射影幾何学といった方がよかった．代数幾何学では射影変換より広いクラスの写像を考える．まず $\boldsymbol{P}^1(\boldsymbol{C})$ から $\boldsymbol{P}^1(\boldsymbol{C})$ への写像を考えてみよう．$P(x_0, x_1), Q(x_0, x_1)$ を $d$ 次斉次多項式として "写像"

(2.20)
$$\begin{array}{ccc} \psi: & \boldsymbol{P}^1(\boldsymbol{C}) & \longrightarrow & \boldsymbol{P}^1(\boldsymbol{C}) \\ & \cup & & \cup \\ & (a_0 : a_1) & \longmapsto & (P(a_0, a_1) : Q(a_0, a_1)) \end{array}$$

を考えてみよう．$\psi$ が真の写像であるためには，0 でない $\boldsymbol{C}$ の元 $\alpha$ に対して

(2.21) $$\psi((\alpha a_0 : \alpha a_1)) = \psi((a_0 : a_1))$$

であること，および

(2.22) $$P(a_0, a_1) = Q(a_0, a_1) = 0$$

が成立しないことが必要である．まず(2.21)については，$P, Q$ がともに $d$ 次斉次式であることより

$$(P(\alpha a_0, \alpha a_1) : Q(\alpha a_0, \alpha a_1)) = (\alpha^d P(a_0, a_1) : \alpha^d Q(a_0, a_1))$$
$$= (P(a_0, a_1) : Q(a_0, a_1))$$

から常に成立することが分かる．次に(2.22)についてであるが，(2.22)が成り立てば

$$P(x_0, x_1) = (a_1 x_0 - a_0 x_1)^m P_1(x_0, x_1)$$
$$Q(x_0, x_1) = (a_1 x_0 - a_0 x_1)^n Q_1(x_0, x_1)$$

の形に因数分解できる．簡単のため $m \geqq n$ とすると

(2.23)　$(P(x_0, x_1) : Q(x_0, x_1)) = ((a_1 x_0 - a_0 x_1)^{m-n} P_1(x_0, x_1) : Q_1(x_0, x_1))$

と表わすことができ，この右辺は $(a_0, a_1)$ を代入して意味をもつ．あるいは，(2.20)で $P, Q$ の共通因子の部分は取り去って，$P$ と $Q$ とは共通因子を持た

ないとして考えると言ってもよい．このように，代数幾何学では(2.20)のように写像を定義したとき，(2.20)の表示のままでは写像が定義できない場合でも，(2.23)のように表示式を変えることによって定義し直して写像を定義することができる場合がおこる．代数幾何学においては，このような場合は写像が定義できるところをできるだけ拡張して考える．したがって"写像"(2.20)によって $\boldsymbol{P}^1(\boldsymbol{C})$ のすべての点で写像が定義できていると考えることにする．

さて，(2.20)で $P, Q$ は同じ次数の斉次式であったので

$$f(x_0, x_1) = \frac{Q(x_0, x_1)}{P(x_0, x_1)}, \quad g(x_0, x_1) = \frac{P(x_0, x_1)}{Q(x_0, x_1)}$$

は $\boldsymbol{P}^1(\boldsymbol{C})$ 上の有理関数である．そこで(2.20)のかわりに

(2.24)
$$\begin{array}{ccc} \boldsymbol{P}^1(\boldsymbol{C}) & \longrightarrow & \boldsymbol{P}^1(\boldsymbol{C}) \\ \cup & & \cup \\ (a_0 : a_1) & \longmapsto & (1 : f(a_0, a_1)) \end{array}$$

あるいは

(2.25)
$$\begin{array}{ccc} \boldsymbol{P}^1(\boldsymbol{C}) & \longrightarrow & \boldsymbol{P}^1(\boldsymbol{C}) \\ \cup & & \cup \\ (a_0 : a_1) & \longmapsto & (g(a_0, a_1) : 1) \end{array}$$

と表示することも多い．この場合，たとえば(2.24)では $f$ の極の近くでは

$$(1 : f(b_0, b_1)) = \left(\frac{1}{f(b_0, b_1)} : 1\right)$$

と考えて，写像を定義し直すわけである．$g = 1/f$ なのでこれは(2.25)の表示をしたことになる．また(2.24), (2.25)の表示から分かるように，$\boldsymbol{P}^1(\boldsymbol{C})$ の有理関数を考えることと，$\boldsymbol{P}^1(\boldsymbol{C})$ から $\boldsymbol{P}^1(\boldsymbol{C})$ への(2.20)の形の写像を考えることとは本質的には同一であることが分かる．

では射影平面 $\boldsymbol{P}^2(\boldsymbol{C})$ の有理関数

$$f(x_0, x_1, x_2) = \frac{Q(x_0, x_1, x_2)}{P(x_0, x_1, x_2)}$$

に対して

$$\begin{array}{ccc} \boldsymbol{P}^2(\boldsymbol{C}) & \longrightarrow & \boldsymbol{P}^1(\boldsymbol{C}) \\ \cup & & \cup \\ (a_0 : a_1 : a_2) & \longmapsto & (1 : f(a_0, a_1, a_2)) \end{array}$$

は写像になるであろうか．上と同様にして，これは

(2.26)
$$\begin{array}{ccc} \boldsymbol{P}^2(\boldsymbol{C}) & \longrightarrow & \boldsymbol{P}^1(\boldsymbol{C}) \\ \cup & & \cup \\ (a_0 : a_1 : a_2) & \longmapsto & (P(a_0, a_1, a_2) : Q(a_0, a_1, a_2)) \end{array}$$

を考えることと同一である．さらに斉次式 $P, Q$ は互いに共通因子を持たないとしてよい．今度は $\boldsymbol{P}^1(\boldsymbol{C})$ の場合と違って

$$P(a_0, a_1, a_2) = Q(a_0, a_1, a_2) = 0$$

となって写像を定義できない点が存在することがある．たとえば

$$P(x_0, x_1, x_2) = x_0$$
$$Q(x_0, x_1, x_2) = x_1$$

とすると，(2.26) は

$$(a_0 : a_1 : a_2) \longmapsto (a_0 : a_1)$$

となって，点 $(0:0:1)$ では写像が定義できない．一般の場合 $P, Q$ が共通因子を持たないとすると，(2.26) は 2 本の平面曲線 $V(P), V(Q)$ の共通部分（これは有限個の点からなる）で写像は定義できない．このような場合に (2.26) の形の"写像"を**有理写像**と呼び，写像が定義できない点を有理写像の**不確定点**(point of indeterminacy) と呼ぶ．有理写像がすべての点で写像として定義されているとき，**正則写像**(regular mapping) あるいは**代数的射**(algebraic morphism，あるいは単に morphism) と呼ぶ．

$\boldsymbol{P}^1(\boldsymbol{C})$ から $\boldsymbol{P}^2(\boldsymbol{C})$, $\boldsymbol{P}^2(\boldsymbol{C})$ から $\boldsymbol{P}^2(\boldsymbol{C})$ への有理写像も同様に定義される．たとえば，同じ次数の $x_0, x_1$ に関する斉次多項式 $P, Q, R$ によって，$\boldsymbol{P}^1(\boldsymbol{C})$

から $\boldsymbol{P}^2(\boldsymbol{C})$ への有理写像

$$\begin{array}{ccc} \boldsymbol{P}^1(\boldsymbol{C}) & \longrightarrow & \boldsymbol{P}^2(\boldsymbol{C}) \\ \cup & & \cup \\ (a_0 : a_1) & \longmapsto & (P(a_0, a_1) : Q(a_0, a_1) : R(a_0, a_1)) \end{array}$$

が定義できる．このとき，この有理写像は実は正則写像であることが上と同様にして示すことができる．

**例 2.2** (2 次曲線)　$\boldsymbol{P}^1(\boldsymbol{C})$ から $\boldsymbol{P}^2(\boldsymbol{C})$ への有理写像

$$\begin{array}{cccc} \varphi : & \boldsymbol{P}^1(\boldsymbol{C}) & \longrightarrow & \boldsymbol{P}^2(\boldsymbol{C}) \\ & \cup & & \cup \\ & (a_0 : a_1) & \longmapsto & (a_0^2 : a_0 a_1 : a_1^2) \end{array}$$

を考える．これが代数的射になることは定義から明らかである．さらに $\varphi$ の像が，2 次曲線

$$Q : x_0 x_2 - x_1^2 = 0$$

に含まれることも明らかである．$\varphi$ が $\boldsymbol{P}^1(\boldsymbol{C})$ から $Q$ への全単射であることを示そう．$(b_0 : b_1 : b_2) \in Q$ の点を考える．

$$b_0 b_2 - b_1^2 = 0$$

が成り立つので，$b_0 = 0$ であれば $b_1 = 0$，したがってこの点は $(0:0:1)$ である．このとき

$$\varphi((0:1)) = (0:0:1)$$

である．$b_0 \neq 0$ であれば

$$\frac{b_2}{b_0} = \left(\frac{b_1}{b_0}\right)^2$$

が成り立つ．したがって

$$\varphi\left(\left(1 : \frac{b_1}{b_0}\right)\right) = \left(1 : \frac{b_1}{b_0} : \left(\frac{b_1}{b_0}\right)^2\right) = \left(1 : \frac{b_1}{b_0} : \frac{b_2}{b_0}\right)$$
$$= (b_0 : b_1 : b_2)$$

が成り立つ．以上より，$\varphi$ は全射であることが分かる．一方

$$(a_0^2 : a_0 a_1 : a_1^2) = (b_0^2 : b_0 b_1 : b_1^2)$$

が成り立てば，$a_0 = 0$ であれば $b_0 = 0$ であり，$(a_0 : a_1) = (0 : 1), (b_0 : b_1) = (0 : 1)$ が成り立ち，$a_0 \neq 0$ であれば $b_0 \neq 0$ であり，

$$\left(1 : \frac{a_1}{a_0} : \left(\frac{a_1}{a_0}\right)^2\right) = \left(1 : \frac{b_1}{b_0} : \left(\frac{b_1}{b_0}\right)^2\right)$$

より，$a_1/a_0 = b_1/b_0$，したがって $(a_0 : a_1) = (b_0 : b_1)$ が成り立ち，$\varphi$ が単射(中への1対1写像)であることが分かった．さらに上の議論より "有理写像"

$$\begin{array}{ccc} \psi_1 : & Q & \longrightarrow \boldsymbol{P}^1(\boldsymbol{C}) \\ & \cup & \cup \\ & (b_0 : b_1 : b_2) & \longmapsto (b_0 : b_1) \end{array}$$

を考える（これは有理写像

$$\begin{array}{ccc} \boldsymbol{P}^2(\boldsymbol{C}) & \longrightarrow & \boldsymbol{P}^1(\boldsymbol{C}) \\ \cup & & \cup \\ (x_0 : x_1 : x_2) & \longmapsto & (x_0 : x_1) \end{array}$$

を2次曲線 $Q$ 上に制限したものとして考える）と，これは $(0 : 0 : 1)$ 以外のところでは定義されている．一方，"有理写像"

$$\begin{array}{ccc} \psi_2 : & Q & \longrightarrow \boldsymbol{P}^1(\boldsymbol{C}) \\ & \cup & \cup \\ & (b_0 : b_1 : b_2) & \longmapsto (b_1 : b_2) \end{array}$$

は，点 $(1 : 0 : 0)$ 以外で定義されている．しかも $b_0 b_2 \neq 0$ であれば，言いかえると $Q - \{(0 : 0 : 1), (1 : 0 : 0)\}$ では

$$\frac{b_1}{b_0} = \frac{b_2}{b_1}$$

が成り立つので $\psi_1 \equiv \psi_2$ である．したがって，写像

$$\psi_1 : Q - \{(0 : 0 : 1)\} \longrightarrow \boldsymbol{P}^1(\boldsymbol{C})$$
$$\psi_2 : Q - \{(1 : 0 : 0)\} \longrightarrow \boldsymbol{P}^1(\boldsymbol{C})$$

を貼り合わせて，写像 $\psi: Q \to \boldsymbol{P}^1(\boldsymbol{C})$ を作ることができる．このとき $\psi$ は $\varphi$ の逆写像になることは定義より明らかである．このようにして，射影直線 $\boldsymbol{P}^1(\boldsymbol{C})$ と 2 次曲線 $Q$ は代数的射 $\varphi$ によって同型であることが分かった．写像 $\varphi$ には 2 次式が登場するように，射影変換によってはこの同型は生じない．代数幾何学の世界で初めて 2 次曲線 $Q$ と $\boldsymbol{P}^1(\boldsymbol{C})$ とが同一視できるのである．例 2.1 によって，2 次曲線 $Q$ は階数 3 の対称行列 $C$ より定まる 2 次曲線
$$(x_0, x_1, x_2)\, C\, {}^t(x_0, x_1, x_2) = 0$$
と射影変換でうつり合うので，これらの 2 次曲線も $\boldsymbol{P}^1(\boldsymbol{C})$ と同一視できるわけである． □

2 次曲線 $Q$ と $\boldsymbol{P}^1(\boldsymbol{C})$ との同一視の幾何学的解釈に関しては §1.2(a), §1.4(a) および演習問題 2.5 を参照のこと．

**例 2.3** (2 次変換)　　$\boldsymbol{P}^2(\boldsymbol{C})$ から $\boldsymbol{P}^2(\boldsymbol{C})$ への有理写像

(2.27)
$$\begin{array}{ccc} \psi: & \boldsymbol{P}^2(\boldsymbol{C}) & \longrightarrow & \boldsymbol{P}^2(\boldsymbol{C}) \\ & \cup & & \cup \\ & (a_0 : a_1 : a_2) & \longmapsto & (a_1 a_2 : a_2 a_0 : a_0 a_1) \end{array}$$

を考えよう(図 2.5)．この有理写像 $\psi$ は **2 次変換**(quadratic transformation)あるいは **Cremona 変換**と呼ばれる．この有理写像の不確定点は
$$x_1 x_2 = 0, \quad x_2 x_0 = 0, \quad x_0 x_1 = 0$$
を満足する $\boldsymbol{P}^2(\boldsymbol{C})$ の点，すなわち

(2.28) $\qquad\qquad (0:0:1),\ (0:1:0),\ (1:0:0)$

の 3 点である．もし点 $(a_0 : a_1 : a_2)$ が $a_0 a_1 \neq 0$ を満足すれば，有理写像 (2.27) は
$$\left(1 : \frac{a_1}{a_0} : \frac{a_2}{a_0}\right) = (1 : a : b) \longmapsto \left(\frac{a_2}{a_0} : \frac{a_2}{a_1} : 1\right) = \left(b : \frac{b}{a} : 1\right)$$
の形をしている．このことから，$\psi$ は $\boldsymbol{P}^2(\boldsymbol{C})$ のほとんどの点で単射であることが分かる．$\psi$ の性質を調べるために，直線
$$l_j : x_j = 0, \quad j = 0, 1, 2$$
の $\psi$ による像を調べてみよう．ただし (2.28) の 3 点は除外する．

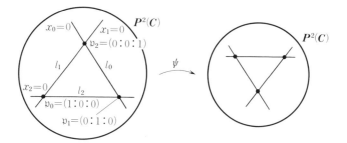

**図 2.5** 2次変換. 点 $\mathfrak{p}_0, \mathfrak{p}_1, \mathfrak{p}_2$ で $\psi$ は定義できない. $\psi$ によって $l_j$ は点 $\mathfrak{p}_j$ につぶれる.

$$\psi(l'_0) = (1:0:0), \quad l'_0 = l_0 - \{(0:0:1), (0:1:0)\}$$
$$\psi(l'_1) = (0:1:0), \quad l'_1 = l_1 - \{(0:0:1), (1:0:0)\}$$
$$\psi(l'_2) = (0:0:1), \quad l'_2 = l_2 - \{(1:0:0), (0:1:0)\}.$$

一方 $\psi^{-1}(l_0)$ を考えると,これは
$$x_1 x_2 = 0$$
で定まる $\boldsymbol{P}^2(\boldsymbol{C})$ の曲線 $l_1 \cup l_2$ から (2.28) の 3 点を除いたものであるが,上の結果から分かるように
$$\psi(\psi^{-1}(l_0)) = \{(0:1:0), (0:0:1)\}$$
であり,$l_0$ 上の他の点は $\psi$ の像には含まれない.同様の考察によって,$\psi$ は $\boldsymbol{P}^2(\boldsymbol{C}) - l_0 \cup l_1 \cup l_2$ から $\boldsymbol{P}^2(\boldsymbol{C}) - l_0 \cup l_1 \cup l_2$ への同型写像を与えることが分かる.このように,$\psi$ はほとんど同型写像であるが,不確定点の存在,あるいは $\psi$ の像に含まれない点がある.一方 $\psi$ を 2 回合成すると,$\psi \circ \psi$ は

$$(2.29) \qquad (a_0 : a_1 : a_2) \stackrel{\psi}{\longmapsto} (a_1 a_2 : a_2 a_0 : a_0 a_1) \stackrel{\psi}{\longmapsto}$$
$$((a_0 a_1 a_2)a_0 : (a_0 a_1 a_2)a_1 : (a_0 a_1 a_2)a_2)$$

となり,有理写像として $\psi \circ \psi$ は恒等写像である.(有理写像の常で,(2.29) の最後の部分で共通因子は約して考える.)したがって $\psi^{-1} = \psi$ と考えられる.このように,有理写像 $\psi$ に逆写像が有理写像として存在するとき,**双有理写像** (birational mapping) と呼ぶ.§2.4(f) および §2.5(a) で述べるブローアップの概念を用いると $\psi$ は図 2.6 のように解釈することができる. □

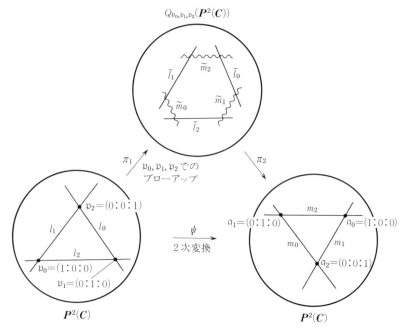

**図 2.6** 2次変換はブローアップを使って説明できる．点 $\mathfrak{p}_j$ でのブローアップで例外曲線 $\widetilde{m}_j$ が現われる．$l_j$ の狭義引き戻し（§2.5 参照）は $\widetilde{l}_j$ である．$\widetilde{l}_0, \widetilde{l}_1, \widetilde{l}_2$ も例外曲線であるので，これをブローダウンして点 $\mathfrak{q}_0, \mathfrak{q}_1, \mathfrak{q}_2$ を得る．$\widetilde{m}_j$ の像 $m_j$ は直線になる．

## §2.3 平面曲線

前節で平面曲線について少し触れたが，この節では平面曲線の性質をもう少し詳しく調べることにする．

### (a) 接線と特異点

$\boldsymbol{P}^2(\boldsymbol{C})$ の $d$ 次既約平面曲線

$$C: F(x_0, x_1, x_2) = 0$$

を考えよう．以前と同様に

$$\text{(2.30)} \quad x = \frac{x_1}{x_0}, \quad y = \frac{x_2}{x_0}$$
$$f(x, y) = \frac{1}{x_0^d} F(x_0, x_1, x_2)$$

とおこう．アフィン平面 $\boldsymbol{C}^2$ 内のアフィン曲線

$$C_f : f(x, y) = 0$$

上の点 $(a, b)$ での接線の方程式は

$$\text{(2.31)} \quad \frac{\partial f}{\partial x}(a, b)(x - a) + \frac{\partial f}{\partial y}(a, b)(y - b) = 0$$

で与えられた．

$$\frac{\partial f}{\partial x}(a, b) = 0, \quad \frac{\partial f}{\partial y}(a, b) = 0$$

なる $C_f$ の点 $(a, b)$ は $C_f$ の特異点であった．ここではまず，接線の式 (2.31) を平面曲線 $C$ の接線の式として斉次座標で書き換えることから始めよう．(2.31) は斉次座標を使うと

$$\text{(2.32)} \quad \frac{\partial f}{\partial x}(a, b) x_1 + \frac{\partial f}{\partial y}(a, b) x_2 - \left( a \frac{\partial f}{\partial x}(a, b) + b \frac{\partial f}{\partial y}(a, b) \right) x_0 = 0$$

と書き直すことができる．一方 (2.30) から

$$\frac{\partial F}{\partial x_0} = \frac{\partial}{\partial x_0}(x_0^d f(x, y))$$
$$= d x_0^{d-1} f(x, y) - x_0^{d-2} \left( x_1 \frac{\partial f}{\partial x} + x_2 \frac{\partial f}{\partial y} \right)$$
$$\frac{\partial F}{\partial x_1} = x_0^{d-1} \frac{\partial f}{\partial x}$$
$$\frac{\partial F}{\partial x_2} = x_0^{d-1} \frac{\partial f}{\partial y}$$

が成り立つ．$(a_0 : a_1 : a_2) = (1 : a : b)$ とおくと $f(a, b) = 0$ より

$$\frac{\partial F}{\partial x_0}(a_0, a_1, a_2) = -a_0^{d-2} \left( a_1 \frac{\partial f}{\partial x}(a, b) + a_2 \frac{\partial f}{\partial y}(a, b) \right)$$

$$\frac{\partial F}{\partial x_1}(a_0,a_1,a_2) = a_0^{d-1}\frac{\partial f}{\partial x}(a,b)$$
$$\frac{\partial F}{\partial x_2}(a_0,a_1,a_2) = a_0^{d-1}\frac{\partial f}{\partial y}(a,b)$$

が成り立つ．そこで式 (2.32) に $a_0^{d-1}$ をかけると $a=a_1/a_0$, $b=a_2/a_0$ より

(2.33) $$\frac{\partial F}{\partial x_0}(a_0,a_1,a_2)x_0 + \frac{\partial F}{\partial x_1}(a_0,a_1,a_2)x_1 + \frac{\partial F}{\partial x_2}(a_0,a_1,a_2)x_2 = 0$$

を得る．この式はアフィン平面曲線の接線の式を斉次座標で書き換えたものにほかならない．そこで，(2.33) を平面曲線 $C$ の点 $(a_0:a_1:a_2)$ での接線の式と定義する．(2.33) からは，接線は点 $(a_0:a_1:a_2)$ を通ることは一見明らかでないようであるが，$d$ 次斉次多項式 $F(x_0,x_1,x_2)$ に対しては **Euler の恒等式**(演習問題 1.3)

(2.34) $\quad x_0\dfrac{\partial F}{\partial x_0}(x_0,x_1,x_2) + x_1\dfrac{\partial F}{\partial x_1}(x_0,x_1,x_2) + x_2\dfrac{\partial F}{\partial x_2}(x_0,x_1,x_2)$
$= dF(x_0,x_1,x_2)$

が成り立つことより，(2.33) で定義された接線は必ず点 $(a_0:a_1:a_2)$ を通ることが分かる．

**定義 2.3**　平面曲線
$$C: F(x_0,x_1,x_2) = 0$$
の点 $(a_0:a_1:a_2)$ は
$$\frac{\partial F}{\partial x_0}(a_0,a_1,a_2) = \frac{\partial F}{\partial x_1}(a_0,a_1,a_2) = \frac{\partial F}{\partial x_2}(a_0,a_1,a_2) = 0$$
を満足するとき $C$ の**特異点**(singular point) と呼ぶ．特異点でない $C$ の点を**非特異点**(non-singular point) または**正則点**(regular point) と呼ぶ．特異点を持たない平面曲線を**非特異平面曲線**(non-singular plane curve) と呼ぶ．　　□

接線の定義式 (2.33) より明らかなように，接線は $C$ の非特異点でのみ意味をもつ．また Euler の恒等式 (2.34) より次の補題を得る．

**補題 2.10**　$\boldsymbol{P}^2(\boldsymbol{C})$ の点 $(a_0:a_1:a_2)$ は

$$\frac{\partial F}{\partial x_j}(a_0, a_1, a_2) = 0, \quad j = 0, 1, 2$$

を満足するときに限り，平面曲線

$$C: F(x_0, x_1, x_2) = 0$$

の特異点である．

[証明]

$$\frac{\partial F}{\partial x_j}(a_0, a_1, a_2) = 0, \quad j = 0, 1, 2$$

を満足すれば

$$F(a_0, a_1, a_2) = 0$$

を示せばよい．Euler の恒等式 (2.34) より

$$dF(a_0, a_1, a_2) = \sum_{j=0}^{2} a_j \frac{\partial F}{\partial x_j}(a_0, a_1, a_2) = 0$$

であるから，これは明らかである． ■

**例 2.4**（2 次曲線）

(i) 双曲線

$$\frac{x^2}{a^2} - \frac{y^2}{b^2} = 1$$

に対応する平面 2 次曲線は

$$F = -x_0^2 + \frac{x_1^2}{a^2} - \frac{x_2^2}{b^2} = 0$$

であった．

$$\frac{\partial F}{\partial x_0} = -2x_0, \quad \frac{\partial F}{\partial x_1} = \frac{2x_1}{a^2}, \quad \frac{\partial F}{\partial x_2} = -\frac{2x_2}{b^2}$$

であるので，$Q = V(F)$ は非特異曲線である．2 次曲線 $Q$ と無限遠直線 $l_\infty$ とは点

$$\mathfrak{p} = (0 : a : b), \quad \mathfrak{q} = (0 : a : -b)$$

で交わっている（図 2.7）．点 $\mathfrak{p}$ での接線の式は

$$bx_1 - ax_2 = 0$$

であり，点 q での接線の式は
$$bx_1 + ax_2 = 0$$
である．これらの直線はアフィン平面では
$$bx - ay = 0$$
$$bx + ay = 0$$
となり，双曲線の漸近線にほかならない．すなわち，双曲線の漸近線は無限遠点での接線にほかならないことが分かる．

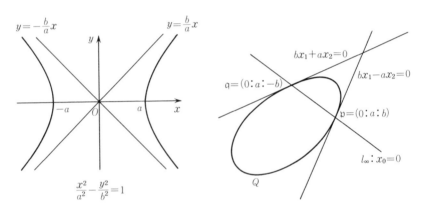

図 2.7　双曲線の漸近線は無限遠点での接線である．

(ii) 放物線
$$y = ax^2$$
に対応する 2 次曲線は
$$F = x_0 x_2 - a x_1^2 = 0$$
である．
$$\frac{\partial F}{\partial x_0} = x_2, \quad \frac{\partial F}{\partial x_1} = -2ax_1, \quad \frac{\partial F}{\partial x_2} = x_0$$
より，2 次曲線 $Q = V(F)$ は非特異曲線である．$Q$ と無限遠直線 $l_\infty$ との交点は $\mathfrak{p} = (0:0:1)$ である (図 2.8)．点 $\mathfrak{p}$ での接線は

§2.3 平面曲線 —— 107

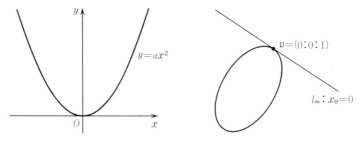

図 2.8　放物線 $y = ax^2$ の無限遠点での接線は無限遠直線である．

$$x_0 = 0$$

である．すなわち，無限遠直線は $Q$ の無限遠点での接線である．　　□

**例 2.5**　(i) アフィン曲線

$$y^2 = x^2(x+a)$$

(図 2.9(a)) に対応する平面曲線は

$$C: F = ax_0x_1^2 + x_1^3 - x_0x_2^2 = 0$$

である．

$$\frac{\partial F}{\partial x_0} = ax_1^2 - x_2^2, \quad \frac{\partial F}{\partial x_1} = 2ax_0x_1 + 3x_1^2, \quad \frac{\partial F}{\partial x_2} = -2x_0x_2$$

より，$C$ の特異点は $\mathfrak{p} = (1:0:0)$ である．

(ii) アフィン曲線

$$y^2 = x^4(1-x^2)$$

(図 2.9(c)) に対応する平面曲線は 6 次曲線

$$C: F = x_0^2 x_1^4 - x_1^6 - x_0^4 x_2^2 = 0$$

である．

$$\frac{\partial F}{\partial x_0} = 2x_0 x_1^4 - 4x_0^3 x_2^2, \quad \frac{\partial F}{\partial x_1} = 4x_0^2 x_1^3 - 6x_1^5, \quad \frac{\partial F}{\partial x_2} = -2x_0^4 x_2$$

より，$C$ の特異点は $\mathfrak{p} = (1:0:0)$ および $\mathfrak{q} = (0:0:1)$ である．

(iii) 葉形線 (ストロフォイド)

$$y^2 = x^2 \frac{a-x}{a+x}, \quad a \neq 0$$

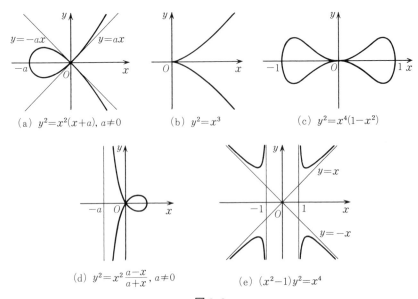

(a) $y^2 = x^2(x+a)$, $a \neq 0$    (b) $y^2 = x^3$    (c) $y^2 = x^4(1-x^2)$

(d) $y^2 = x^2 \dfrac{a-x}{a+x}$, $a \neq 0$    (e) $(x^2-1)y^2 = x^4$

図 2.9

(図 2.9(d)) はアフィン曲線としては
$$(a+x)y^2 = x^2(a-x)$$
で定義される．対応する平面曲線は 3 次曲線
$$C: F = ax_0 x_2^2 + x_1 x_2^2 - ax_0 x_1^2 + x_1^3 = 0$$
である．
$$\frac{\partial F}{\partial x_0} = a(x_2^2 - x_1^2), \quad \frac{\partial F}{\partial x_1} = x_2^2 - 2ax_0 x_1 + 3x_1^2, \quad \frac{\partial F}{\partial x_2} = 2x_2(ax_0 + x_1)$$
より，$C$ の特異点は，$a \neq 0$ より $\mathfrak{p} = (1:0:0)$ である．また $C$ と無限遠直線との交点は $(0:0:1), (0:1:i), (0:1:-i)$ の 3 点である．点 $(0:0:1)$ での $C$ の接線は
$$ax_0 + x_1 = 0$$
であり，これは葉形線の漸近線
$$x = -a$$
にほかならない．点 $(0:1:\pm i)$ での $C$ の接線は

$$-ax_0+x_1\pm ix_2=0$$

である．これも葉形線の漸近線であるが，通常の実平面の図では見ることができない．

(iv) アフィン曲線
$$(x^2-1)y^2=x^4$$
(図 2.9(e)) に対応する平面曲線は
$$C:\ F=x_1^2x_2^2-x_0^2x_2^2-x_1^4=0$$
である．

$$\frac{\partial F}{\partial x_0}=-2x_0x_2^2,\quad \frac{\partial F}{\partial x_1}=2x_1(x_2^2-2x_1^2)$$
$$\frac{\partial F}{\partial x_2}=2x_2(x_1^2-x_0^2)$$

より，$C$ の特異点は $\mathfrak{p}=(1:0:0)$, $\mathfrak{q}=(0:0:1)$ である．$C$ と無限遠直線 $l_\infty$ との交点は $\mathfrak{q}=(0:0:1)$, $(0:1:1)$, $(0:1:-1)$ の 3 点である．点 $(0:1:\pm 1)$ での接線は
$$x_1\mp x_2=0$$
である．これはアフィン曲線の漸近線
$$x\mp y=0$$
にほかならない．一方，アフィン直線 $x=\pm 1$ は $\boldsymbol{P}^2(\boldsymbol{C})$ の直線としては $x_1=\pm x_0$ であるが，これらの直線と $C$ とは点 $\mathfrak{q}=(0:0:1)$ で交わっている．点 $\mathfrak{q}$ は $C$ の特異点であるので接線は定義できないが，すでに §1.5(a) で述べたように特異点では**接錐**(tangent cone) が定義できる．今の場合，点 $\mathfrak{q}$ での $C$ の接錐は
$$x_1^2-x_0^2=0$$
であり，これは 2 本の直線 $x_1=\pm x_0$ の和である．これが $x=\pm 1$ がアフィン曲線の漸近線として現われる理由である． □

さて，特異点の様子をさらに詳しく調べてみよう．まず $(1:0:0)$ が平面曲線
$$C:\ F(x_0,x_1,x_2)=0$$

の特異点である場合を考えよう．（射影変換によって，いつもこの場合に帰着することができる．）$C$ の次数を $d$ としてアフィン座標 $x=x_1/x_0, y=x_2/x_0$ で考える．対応するアフィン曲線は

$$C_f : f(x,y) = \frac{1}{x_0^d} F(x_0, x_1, x_2)$$

である．原点 $(0,0)$ はアフィン曲線 $C_f$ の特異点であるので

$$f(x,y) = \sum_{i+j \geq 1}^{d} a_{ij} x^i y^j$$

と書ける．さらに原点が $C_f$ の特異点であることと，$f(x,y)$ が 1 次の項を持たないこと，すなわち

$$a_{10} = 0, \quad a_{01} = 0$$

であることとは同値であることもすぐ分かる．原点は $C_f$ の特異点であると仮定したので

$$f(x,y) = f_m(x,y) + f_{m+1}(x,y) + \cdots + f_d(x,y), \quad m \geq 2$$

と書ける．ただし $f_n(x,y)$ は $f(x,y)$ の $n$ 次の項のみをまとめたものであり，$f_m(x,y) \not\equiv 0$ とする．このときに，この特異点は**重複度**(multiplicity) $m$ の特異点であるという．また $f_m(x,y)$ は $m$ 次斉次式であるので

$$f_m(x,y) = \prod_{j=1}^{m} (\alpha_j x - \beta_j y)$$

と 1 次式に因数分解できる．

$$f_m(x_1, x_2) = 0$$

を平面曲線 $C$ の特異点 $(1:0:0)$ での接錐と呼ぶ．これは有限個の直線からなっている．ちなみに，原点が非特異点のときは，$f_1(x_1, y_1) = 0$ は接線の式である．

**例 2.6** (i) アフィン曲線

$$f(x,y) = y^2 - x^2(x+a), \quad a \neq 0$$

の特異点の重複度は 2 である．この特異点は**通常 2 重点**(ordinary double point)と呼ばれる．原点での接錐は

$$x_2^2 - a x_1^2 = 0$$

であり，原点を通る 2 本の直線である．（ちなみに，標数 2 の体で考えるときは $(x_2-\sqrt{a}x_1)^2=0$ となってこの特異点は (ii) で定義する通常尖点である．）この 2 直線は原点で曲線に接していると考えられる（図 2.9(a)）．

(ii) アフィン曲線
$$f(x,y) = y^2 - x^3$$
においては，原点は重複度 2 の特異点であり**通常尖点**(ordinary cusp) あるいは $(2,3)$ 型尖点と呼ばれる．原点での接錐は
$$x_2^2 = 0$$
であり，$x$ 軸を 2 重に考えたものである（図 2.9(b)）． □

平面曲線 $C$ の特異点が他の位置にあるときは，上で述べたように射影変換で $(1:0:0)$ に特異点を持ってきて議論すればよいが，次のように直接取り扱うことができる．まず，特異点が $(1:a:b)$ の場合を考えよう．この場合は対応するアフィン曲線 $C_f$ は点 $(a,b)$ で特異点をもつ．このとき，
$$f(x,y) = \sum_{i+j=2}^{d} c_{ij}(x-a)^i(y-b)^j$$
と展開でき（点 $(a,b)$ が特異点なので $x-a, y-b$ に関する 1 次の項はない），再び
$$f(x,y) = g_m(x-a,y-b) + g_{m+1}(x-a,y-b) + \cdots + g_d(x-a,y-b),$$
$$m \geq 2$$
と書ける．ここで $g_l(x-a,y-b)$ は $x-a, y-b$ に関する $l$ 次斉次式であり，$g_m(x-a,y-b) \not\equiv 0$ である．このとき，特異点の重複度は $m$ であり，接錐は
$$g_m(x_1 - ax_0, x_2 - bx_0) = 0$$
で定義される．
$$g_m(x-a,y-b) = \prod_{i=1}^{m}\{\alpha_i(x-a) - \beta_i(y-b)\}$$
と 1 次式に分割できるので，接錐は重複度をこめた直線の和である．

次に，特異点が $(0:1:b)$ の場合は，$u = x_0/x_1$, $v = x_2/x_1$ とおいて
$$g(u,v) = \frac{1}{x_1^d} F(x_0, x_1, x_2)$$

を考えると，点 $(0,b)$ がアフィン曲線
$$C_g : g(u,v) = 0$$
の特異点であり，
$$\begin{aligned}g(u,v) &= \sum_{i+j=2}^{d} g_{ij}u^i(v-b)^j \\ &= g_m(u,v-b) + g_{m+1}(u,v-b) + \cdots + g_d(u,v-b)\end{aligned}$$
と斉次多項式の和に書ける．$g_m \not\equiv 0$ のとき，この特異点の重複度は $m$ である．このとき
$$g_m(x_0, x_2 - bx_1) = 0$$
が特異点での接錐である．

特異点が $(0:a:1)$ の場合も同様にできるので読者にまかせよう．

**例 2.7** 例 2.5(iv) より，点 $\mathfrak{q} = (0:0:1)$ は平面曲線
$$C : F = x_1^2 x_2^2 - x_0^2 x_2^2 - x_1^4 = 0$$
の特異点である．$w = x_0/x_2$, $z = x_1/x_2$ とおくと，原点 $(0,0)$ が平面曲線
$$C_h : h(w,z) = \frac{1}{x_2^4} F(x_0, x_1, x_2) = z^2 - w^2 - z^4 = 0$$
の特異点である．これは通常 2 重点であり，接錐は
$$x_0^2 - x_1^2 = 0$$
である．これは $x = \pm 1$ に対応する直線である（図 2.9(e)）． □

特異点の様子を詳しく調べることを考えてみよう．簡単のため特異点は $\mathfrak{p} = (1:0:0)$ であるとして，対応するアフィン曲線
$$C_f : f(x,y) = 0$$
の原点 $(0,0)$ で考える．$f(x,y)$ は多項式としては既約である．しかしながら，$f(x,y)$ を形式的ベキ級数（実は収束ベキ級数として考えてよい）と考えると，既約とは限らず因数分解できる場合がある．たとえば
$$f(x,y) = y^2 - x^2(x+a), \quad a \neq 0$$
は多項式としてはこれ以上因数分解できないが，
$$\sqrt{x+a} = \sqrt{a} \sum_{j=0}^{\infty} \frac{(-1)^{j-1}(2j)!}{(2j-1)2^{2j}(j!)^2} \left(\frac{x}{a}\right)^j$$

とベキ級数展開ができるので
$$f(x,y) = \left(y - \sqrt{a}\sum_{j=0}^{\infty}\frac{(-1)^{j-1}(2j)!}{(2j-1)2^{2j}(j!)^2 a^j}x^{j+1}\right)$$
$$\times \left(y + \sqrt{a}\sum_{j=0}^{\infty}\frac{(-1)^{j-1}(2j)!}{(2j-1)2^{2j}(j!)^2 a^j}x^{j+1}\right)$$

と因数分解できる.

一般に,形式的ベキ級数を使って

(2.35) $$f(x,y) = \prod_{j=1}^{n} g_j(x,y)$$

と既約因子の積に因数分解したとき,各因子 $g_j(x,y)$ を曲線 $f(x,y)$ の点 $(0,0)$ での**分枝**(branch)と呼ぶ.上の例では2本の分枝がある.$g_j(x,y)=0$ はもはや代数曲線ではないが,アフィン曲線 $C_f$ の原点の近傍での一部分を表示していると見ることができる.実際に上の例では図 2.9(a) より明らかなように曲線は原点で二つの部分に分かれている.(もちろん全体としては二つの部分に分けることはできない.)

では (2.35) の因数分解はどのようにして見出すことができるであろうか.そのために
$$f(x,y) = a_0(x)y^n + a_1(x)y^{n-1} + \cdots + a_n(x)$$
と $y$ に関して整理する.$x$ に値 $\alpha$ を代入すれば $f(\alpha, y) = 0$ は $n$ 個の根を持つことを考慮して,強引に

(2.36) $$f(x,y) = a_0(x)\prod_{j=1}^{n}(y - f_j(x))$$

と因数分解してみよう.強引に因数分解したために,$f_j(x)$ は $x$ のベキ級数とは限らず,一般には $x^{1/m_j}$ の形のベキ級数,あるいは負ベキの項が有限個現われる $x^{1/m_j}$ に関する Laurent 級数となってしまう.
$$y^2 - x^3 = (y - x^{3/2})(y + x^{3/2})$$
などは最も簡単な例である.

(2.37) $$f_j(x) = g_j(x^{1/m_j}), \quad g_j(t) = \sum_{k=-k_0}^{+\infty} a_k^{(j)} t^k$$

と記す．$m_j \geq 2$ のときは，$x^{1/m_j}$ は多価関数である．すなわち $a \neq 0$ に対して $b^{m_j} = a$ であれば，$x^{1/m_j}$ の $x = a$ での値は

$$b, \varepsilon b, \varepsilon^2 b, \cdots, \varepsilon^{m_j - 1} b, \quad \varepsilon = e^{2\pi i/m_j}$$

の $m_j$ 通りである．$f_j(x)$ は $x^{1/m_j}$ の多価性に応じた多価性をもつ．この多価性は変数 $s$ を導入して，

(2.38)
$$\begin{cases} x = s^{m_j} \\ f_j(x) = g_j(s) \end{cases}$$

と書くことによって明確にできる．上の $b, \varepsilon b, \cdots, \varepsilon^{m_j-1}b$ に対して $x$ は同じ値をとるが，$g_j(b), g_j(\varepsilon b), \cdots, g_j(\varepsilon^{m_j-1}b)$ は一般に相異なる値をとる．これが $f_j(x)$ の多価性である．

因数分解 (2.36) は，左辺が $x, y$ に関する多項式であるので，右辺に (2.37) の記号を使って

(2.39)
$$y - g_j(x^{1/m_j})$$

の因子があれば，

$$y - g_j(\varepsilon^k x^{1/m_j}), \quad \varepsilon = e^{2\pi i/m_j}, \quad k = 1, 2, \cdots, m_j - 1$$

も (2.36) の右辺の因子として現われる必要がある．そうでないと，$x$ の分数ベキを含んだ項が右辺に残ってしまうからである．このことから，(2.36) の右辺に (2.39) の形の因子が現われると，他のいくつかの因子は自動的に定まってしまう．これらの因子の集まりが，曲線の点 $(x, y) = (0, 0)$ での分枝を定めることになる．かくして

$$b_0(x) \prod_{k=0}^{m_j - 1} (y - g_j(\varepsilon^k x^{1/m_j}))$$

が (2.35) の因数分解の一つの因子を与えることが分かる．$b_0(x)$ は $a_0(x)$ の因子である．したがって特異点では曲線は有限個の分枝を持つことになる．

上の議論から明らかなように，分枝は (2.38) のパラメータ表示で定まる．これは $(0, 0)$ の近傍で写像

(2.40)
$$s \longmapsto (x, y) = (s^{m_j}, g_j(s))$$

によって，曲線のパラメータ表示が与えられることを意味する．$(0, 0)$ が特

異点で分枝がいくつかあるときは，このパラメータ表示は曲線の一部分（一つの分枝）しか表わすことができず，それぞれの分枝に別のパラメータ表示が必要となる．逆に言えば，点 (0,0) での代数曲線の分枝とは，パラメータ表示が可能な部分を取り出すことを意味する．

パラメータ表示 (2.38) で一つだけ注意すべきことがある．$g_j(s)$ は $s$ の負ベキの項を含むことがある．その時は (2.38) は $s=0$ では定義できない．しかし，これは非斉次座標 $x=x_1/x_0,\ y=x_2/x_0$ のとり方がまずかっただけで，$u=x_0/x_2,\ v=x_1/x_2$ とおけば

$$s \longmapsto (u,v) = \left(\frac{1}{g_j(s)}, \frac{s^{m_j}}{g_j(s)}\right)$$

は $s=0$ の近傍で写像が定義でき，曲線のパラメータ表示を与える．

**例 2.8**　再び通常尖点を持つアフィン曲線

$$y^2 - x^3 = 0$$

を考えよう．

$$y^2 - x^3 = (y - x^{3/2})(y + x^{3/2})$$

と因数分解でき，(2.38) のパラメータ表示は

$$\begin{cases} x = s^2 \\ y = s^3 \end{cases}$$

で与えられる．特異点 (0,0) での分枝はただ一つである．$x$ と $y$ との役割を交換して

$$y^2 - x^3 = -(x - y^{2/3})(x - \omega y^{2/3})(x - \omega^2 y^{2/3}), \quad \omega = e^{2\pi i/3}$$

と因数分解すると，(2.38) に対応するパラメータ表示

$$\begin{cases} y = t^3 \\ x = t^2 \end{cases}$$

を得る．　　　　　　　　　　　　　　　　　　　　　　　　　　　　□

上の例では $x$ と $y$ の役割を入れかえても分枝の数に影響を受けなかった．これは幾何学的に考えても当然のことである．

**例 2.9** 通常 2 重点を持つアフィン曲線
$$y^2 - x^2(x+1) = 0$$
を考える．これが
$$y^2 - x^2(x+1) = \left(y - \sum_{j=0}^{\infty} \frac{(-1)^{j-1}(2j)!}{(2j-1)2^{2j}(j!)^2} x^{j+1}\right)$$
$$\times \left(y + \sum_{j=0}^{\infty} \frac{(-1)^{j-1}(2j)!}{(2j-1)2^{2j}(j!)^2} x^{j+1}\right)$$

と因数分解できることはすでに示した．右辺の因数は $x$ と $y$ とのベキ級数であるので分枝は二つある．パラメータ表示は
$$\begin{cases} x = s \\ y = \pm \sum_{j=0}^{\infty} \frac{(-1)^{j-1}(2j)!}{(2j-1)2^{2j}(j!)^2} s^{j+1} \end{cases}$$
である．これは図 2.9(a) からも見てとることができる． □

**例 2.10** アフィン曲線
$$y^3 + xy^2 - (x+x^2)y + (x^2+2x^3) = 0$$
は原点 $(0,0)$ を特異点にもつ．左辺を因数分解すると
$$(y - x - 3x^2 - 12x^3 - 84x^4 - \cdots) \times (y - x^{1/2} + x + \frac{3}{2}x^2 + 3x^{5/2} + \cdots)$$
$$\times (y + x^{1/2} + x + \frac{3}{2}x^2 - 3x^{5/2} + \cdots)$$

を得る．したがって二つ分枝があり，パラメータ表示はそれぞれ

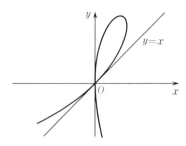

図 2.10　$y^3 + xy^2 - (x+x^2)y + (x^2+2x^3) = 0$

$$\begin{cases} x = s \\ y = s + 3s^2 + 12s^3 + 84s^4 + \cdots \end{cases}$$

$$\begin{cases} x = s^2 \\ y = s - s^2 - \dfrac{3}{2}s^4 - 3s^5 + \cdots \end{cases}$$

である． □

今まで $(x,y)$ 平面の原点 $(0,0)$，すなわち射影平面 $\boldsymbol{P}^2(\boldsymbol{C})$ の点 $(1:0:0)$ に特異点があるとして議論してきた．一般に点 $(a_0:a_1:a_2)$ に曲線 $C$ の特異点があるときは，射影変換によって，この点を $(1:0:0)$ にうつして議論すればよい．パラメータ表示(2.38)に出てくる $s$ を曲線の分枝の特異点における**局所パラメータ**(local parameter)と呼ぶ．ところで，$(0,0)$ が曲線 $f(x,y)=0$ の特異点でなければ，$\dfrac{\partial f}{\partial x}(0,0) \neq 0$ または $\dfrac{\partial f}{\partial y}(0,0) \neq 0$ が成り立つ．$\dfrac{\partial f}{\partial x}(0,0) \neq 0$ のときは逆関数の定理によって

$$x = \sum_{j=1}^{\infty} a_j y^j$$

と局所的に収束ベキ級数を使って $f(x,y)=0$ を解くことができる．このときは $y$ を $(0,0)$ での局所パラメータと言う．曲線は原点の近傍で

$$y \longmapsto \left( \sum_{j=1}^{\infty} a_j y^j, y \right)$$

とパラメータ表示できる．また $\dfrac{\partial f}{\partial y}(0,0) \neq 0$ であれば $f(x,y)=0$ を原点の近傍で

$$y = \sum_{i=1}^{\infty} b_i x^i$$

と解くことができ，原点の近傍での曲線のパラメータ表示

$$x \longmapsto \left( x, \sum_{i=1}^{\infty} b_i x^i \right)$$

を得る．このときは $x$ が局所パラメータである．$\dfrac{\partial f}{\partial x}(0,0) \neq 0$，$\dfrac{\partial f}{\partial y}(0,0) \neq 0$ のときは，$x$ は $y$ の，$y$ は $x$ の収束ベキ級数として表示することができ，ど

ちらを局所パラメータとしてもよい．このように局所パラメータのとり方はたくさんあり，$t$ が局所パラメータで，収束ベキ級数

$$s = \sum_{k=1}^{\infty} c_k t^k$$

によって定まる $s$ は $c_1 \neq 0$ のとき，かつその時に限り局所パラメータになる．$c_1 \neq 0$ のときに限って

$$t = \sum_{l=1}^{\infty} d_l s^l$$

と収束ベキ級数で書くことができるからである．したがって (2.38) のパラメータ表示も，もっと一般には

$$\begin{cases} x = \left( \sum_{l=1}^{\infty} d_l s^l \right)^{m_j}, \quad d_1 \neq 0 \\ f_j(x) = h_j(s) \end{cases}$$

と書いてもよいが，繁雑になるので通常は (2.38) の表示を使うことが多い．

特異点で分枝がいくつか出てくるのは，曲線の本来は違う部分が 1 点で交わってしまうことに起因する．特異点での分枝のそれぞれを "本来の曲線" の別の部分と思い，それぞれの分枝での局所パラメータおよび非特異点での局所パラメータを考えると，自然に**複素多様体**(complex manifold) の構造を入れることができる．こう考えたものが **Riemann 面**にほかならない．(Riemann 面については第 4 章で述べることとする．) 代数幾何学的には，特異点の除去によって Riemann 面に対応する代数曲線を定めることができる．この点については §2.5 で述べる．

(b) 平面曲線の交点理論

前項で平面曲線の特異点について，詳しく論じたので，それを使って平面曲線の**交点理論**(intersection theory) について簡単に見ておこう．2 本の平面曲線

$$C : F(x_0, x_1, x_2) = 0$$
$$D : G(x_0, x_1, x_2) = 0$$

## §2.3 平面曲線

の交点を求めるには，連立方程式 $F=0$, $G=0$ の解を求めればよい．$C$, $D$ をそれぞれ $m$ 次，$n$ 次の既約曲線とし，$C \neq D$ であれば $C$ と $D$ との交点の数は重複度をこめて $mn$ 個であるというのが Bézout の定理であった．(定理 1.1 を参照のこと．) 交点を求めること自体は連立方程式を解けばよいので簡単であるが，求めた解の重複度を求めるにはどのようにしたらよいのであろうか．ここでは前項で導入した曲線の分枝のパラメータ表示 (2.38) を使って重複度を記述する方法をまず述べよう．議論を簡明にするために，交点は $\mathfrak{p} = (1:0:0)$ として，

$$x = \frac{x_1}{x_0}, \quad y = \frac{x_2}{x_0}$$

とおき，また

$$f(x,y) = \frac{1}{x_0^m} F(x_0, x_1, x_2)$$

$$g(x,y) = \frac{1}{x_0^n} G(x_0, x_1, x_2)$$

として，アフィン曲線 $C_f$: $f(x,y)=0$, $C_g$: $g(x,y)=0$ の原点 $(0,0)$ での**交わりの重複度**(intersection multiplicity) を求めてみよう．これを平面曲線 $C$ と $D$ の点 $\mathfrak{p}$ での交わりの重複度 $I_{\mathfrak{p}}(C,D)$ と呼ぶことにする．アフィン曲線 $f(x,y)=0$ は原点で $k$ 個の分枝を持ち，各分枝は

$$\begin{cases} x = s^{m_j} \\ y = h_j(s) \end{cases} \quad j = 1, 2, \cdots, k$$

とパラメータ表示ができたとする．このパラメータ表示を $g(x,y)$ へ代入すると

$$g(s^{m_j}, h_j(s)) = \alpha s^{l_j} + (s \text{ に関する } l_j + 1 \text{ 次以上の項})$$

と書ける．$l_j$ は $j$ 番目の分枝と $g(x,y)=0$ の原点での交わりの重複度と考えることができ，結局 $C_f$ と $C_g$ との原点 $O$ での交わりの重複度 $I_O(C_f, C_g)$ は

$$I_O(C_f, C_g) = \sum_{j=1}^{k} l_j$$

と考えられることが分かる．そこで平面曲線 $C$ と $D$ との点 $\mathfrak{p}=(1:0:0)$ での交わりの重複度も

$$I_\mathfrak{p}(C,D) = \sum_{j=1}^{k} l_j$$

と定める．この定義は $C_f$ の分枝のパラメータ表示から出発したが，$C_g$ の分枝のパラメータ表示から出発して交わりの重複度を定めても同じ結論に達することを示すことができる．すなわち

$$I_\mathfrak{p}(C,D) = I_\mathfrak{p}(D,C)$$

である．

**例 2.11**　アフィン曲線

$$C: y^2 = x^3$$
$$L_1: y = ax$$
$$L_2: x = 0$$

を考える (図 2.11)．$C$ と $L_1$，$C$ と $L_2$ の原点での交わりの重複度を求めてみよう．$C$ は原点で 1 個の分枝しか持たず，そのパラメータ表示は

$$\begin{cases} x = s^2 \\ y = s^3 \end{cases}$$

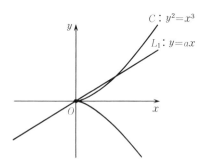

図 2.11　$x$ 軸と $y^2 = x^3$ との原点での交わりの重複度は 3 であり，他の原点を通る直線と $y^2 = x^3$ との原点での交わりの重複度は 2 である．

である．したがって $y-ax$ に代入すると $s^3-as^2$ であり，

$$I_O(C, L_1) = \begin{cases} 2, & a \neq 0 \\ 3, & a = 0 \end{cases}$$

である．同様に
$$I_O(C, L_2) = 2$$
である．

逆に $L_1$ から出発して，$L_1$ の原点でのパラメータ表示

$$\begin{cases} x = t \\ y = at \end{cases}$$

を $y^2-x^3$ に代入すれば $a^2t^2-t^3$ であるので

$$I_O(L_1, C) = \begin{cases} 2, & a \neq 0 \\ 3, & a = 0 \end{cases}$$

となり，確かに
$$I_O(C, L_1) = I_O(L_1, C)$$
である． □

**例 2.12** アフィン曲線

$$C: y^2 = x^3$$
$$D: y^2 = x^2(x+1)$$

の原点での交わりの重複度を求めてみよう．$C$ の原点でのパラメータ表示

$$\begin{cases} x = s^2 \\ y = s^3 \end{cases}$$

を $y^2-x^2(x+1)$ に代入すると $s^6-s^4(s^2+1)$ となり
$$I_O(C, D) = 4$$
を得る．一方 $D$ は原点で二つの分枝を持ち，$D$ のパラメータ表示

$$\begin{cases} x = s \\ y = \pm \sum_{j=0}^{\infty} \dfrac{(-1)^{j-1}(2j)!}{(2j-1)2^{2j}(j!)^2} s^{j+1} \end{cases}$$

を $y^2-x^3$ に代入するとそれぞれ $s^2$ の項から始まる展開を得，
$$I_O(D,C) = 2+2 = 4$$
を得る． □

　以上の計算法は簡明であり，直観に頼ることなく正しい答を出してくれる．もちろん，ここで定義した交わりの重複度は，§1.5(a) で述べた交わりの重複度，すなわち曲線 $C$ または $D$ を少し動かしたとき原点の近くに出てくる交点の個数に等しい．ここでは述べることはできないが，上の考え方を発展させ，形式的ベキ級数環 $\boldsymbol{C}[[x,y]]$（付録の例 A.20 を参照のこと）を使って
$$I_O(C_f, C_g) = \dim_{\boldsymbol{C}} \boldsymbol{C}[[x,y]]/(f,g)$$
であることを示すことができる．ここで $(f,g)$ は $f(x,y), g(x,y)$ が生成する $\boldsymbol{C}[[x,y]]$ のイデアルであり，上式は剰余環 $\boldsymbol{C}[[x,y]]/(f,g)$ を $\boldsymbol{C}$ 上のベクトル空間と考えたときの次元が原点 $O$ での交わりの重複度であることを主張している．たとえば $f(x,y)=y^2-x^3,\ g(x,y)=x$ のとき
$$\boldsymbol{C}[[x,y]]/(y^2-x^3, x) \cong \boldsymbol{C}[[y]]/(y^2)$$
であり，右辺は $\boldsymbol{C}$ 上のベクトル空間の基底として 1 の剰余類 $\bar{1}$ と $y$ の剰余類 $\bar{y}$ がとれ，
$$\dim_{\boldsymbol{C}} \boldsymbol{C}[[x,y]]/(y^2-x^3, x) = 2$$
である．これは $I_O(C, L_2) = 2$ と確かに一致している．

　今までは点 $(1:0:0)$ で二つの曲線が交わるとして議論してきたが，他の点で交わるときは，射影変換で交点を $(1:0:0)$ にうつして，上の計算法を適用すればよい．平面曲線 $C, D$ の交点数 $I(C,D)$ は
$$I(C,D) = \sum_{\mathfrak{p} \in C \cap D} I_{\mathfrak{p}}(C,D)$$
として定義される．これが $C$ と $D$ との次数の積に等しいというのが Bézout の定理であった．残念ながら，この定理の証明を述べるにはさらに準備が必要となるので，証明は割愛する．

§2.3 平面曲線 —— 123

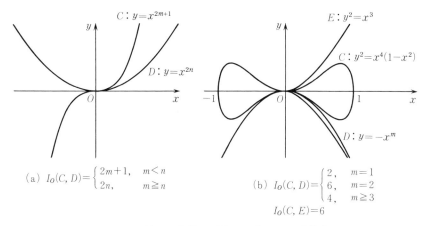

図 2.12 種々の曲線の原点での交わりの重複度.


(c) 平面曲線の関数体

$\boldsymbol{P}^2(\boldsymbol{C})$ の有理関数

$$r = \frac{G(x)}{H(x)}, \quad G(x), H(x) \text{ は } m \text{ 次斉次多項式}$$

を既約な $d$ 次平面曲線

$$C : F(x) = 0$$

に制限することを考えてみよう．$H(x)$ が $C$ 上で恒等的に $0$ にならなければ，$r$ を $C$ に制限したもの $r|_C$ は意味を持ち，$C$ 上の有理関数と考えることができる．このように，その極が曲線 $C$ を含まない $\boldsymbol{P}^2(\boldsymbol{C})$ の有理関数 $r$ を $C$ に制限したもの $r|_C$ の全体 $\boldsymbol{C}(C)$ を曲線 $C$ の**関数体**(function field)と呼ぶ．$C$ の関数体 $\boldsymbol{C}(C)$ の構造を調べるためには，斉次式 $H(x)$ が $C$ 上で $0$ になる条件を求めておく必要がある．次の定理は **Hilbert の零点定理**(Hilbert zero point theorem, Nullstellensatz とドイツ語で呼ぶことが多い)の特別な場合にあたる．(定理 2.4 を参照のこと．)

**定理 2.2** 斉次多項式 $H(x_0, x_1, x_2)$ が既約平面曲線

$$C : F(x) = 0$$

上で恒等的に $0$ になるための必要十分条件は $H(x)$ が $F(x)$ で割り切れることである． □

$H(x)$ が $C$ 上で恒等的に $0$ になることは，平面曲線
$$H(x) = 0$$
が $C$ を既約成分として持つことを意味するので，定理の意味は直観的には明らかであろう．

この定理によって，有理関数 $r$ は分母 $H(x)$ が $F(x)$ で割り切れない限り $C$ 上の有理関数 $r|_C$ を定める．さらに $r$ の分子 $G(x)$ が $F(x)$ で割り切れれば $r|_C \equiv 0$ である．もっと一般に $m$ 次斉次多項式 $G_1(x), H_1(x)$ に対して，$G_1(x) - G(x)$ は $F(x)$ で割り切れる，$H_1(x) - H(x)$ も $F(x)$ で割り切れるとき，$\boldsymbol{P}^2(\boldsymbol{C})$ の有理関数 $r_1 = G_1/H_1$ を $C$ 上に制限したもの $r_1|_C$ は $r|_C$ と同じ有理関数を定義していると考えることができる．$C$ 上の任意の点 $(a_0:a_1:a_2)$ に対して $H_1(a) = H(a), G_1(a) = G(a)$ となるからである．すなわち $r$ の $C$ への制限 $r|_C$ は $G(x), H(x)$ を $F(x)$ で割ったときの剰余だけに関係しており，結局，$G(x), H(x)$ の次数は $d$ 次以下，かつ $H(x)$ は $F(x)$ の定数倍とはならないように $G, H$ をとって有理関数 $f = G/H$ をつくり，それを $C$ に制限したもの $f|_C$ が $C$ 上の有理関数と考えることができる．

非斉次座標 $x = x_1/x_0, y = x_2/x_0$ を使うと
$$r = \frac{g(x,y)}{h(x,y)}$$
$$g(x,y) = \frac{1}{x_0^m} G(x_0, x_1, x_2), \quad h(x,y) = \frac{1}{x_0^m} H(x_0, x_1, x_2)$$
と表示できる．曲線 $C$ の定義式も
$$f(x,y) = \frac{1}{x_0^d} F(x_0, x_1, x_2)$$
と非斉次座標で書くと，曲線 $C$ の関数体 $\boldsymbol{C}(C)$ は $r = \dfrac{g(x,y)}{h(x,y)}$（$h(x,y)$ は $f(x,y)$ で割り切れない）を $f(x,y) = 0$ なる関係式を入れて考えたもの全体と考えることができる．可換環論の言葉を使えば，$\boldsymbol{C}(C)$ は $\boldsymbol{C}[x,y]/(f(x,y))$ の商体にほかならない．このことについては次節で少し触れることにする．

例 2.13　曲線
$$C: x_0 x_2^2 - x_1^3 = 0$$
の関数体 $\boldsymbol{C}(C)$ を求めてみよう．非斉次座標では
$$y^2 - x^3 = 0$$
が $C$ の定義式であるので，
$$r = \frac{g(x,y)}{h(x,y)}, \quad h(x,y) \text{ は } y^2 - x^3 \text{ で割り切れない}$$
を $y^2 - x^3 = 0$ なる関係をつけて考えることが必要である．そこで
$$r = \frac{g(x,y)}{h(x,y)} \longmapsto \widetilde{r}(t) = \frac{g(t^2, t^3)}{h(t^2, t^3)}$$
なる対応を考えると，$\boldsymbol{C}(C)$ から有理関数体 $\boldsymbol{C}(t)$ への写像ができる．$h(x,y)$ は $y^2-x^3$ で割り切れないと仮定したので，$h(t^2,t^3) \not\equiv 0$ であり，$\widetilde{r}(t)$ は常に意味をもつ．また $\widetilde{r}(t) \equiv 0$ であれば $g(t^2,t^3) \equiv 0$ であり，これは $g(x,y)$ が $y^2-x^3$ で割り切れることを意味し $r|_C \equiv 0$ である．このことから，上の対応によって $\boldsymbol{C}(C) \subset \boldsymbol{C}(t)$ と考えることができることが分かる．逆に $\boldsymbol{C}(t)$ の元 $a(t)$ が，$l$ 次多項式 $A(t)$，$m$ 次多項式 $B(t)$ によって
$$a(t) = \frac{A(t)}{B(t)}$$
と表わされたとすると，
$$r = \frac{A(y/x)}{B(y/x)}$$
は 2 変数有理関数になる．$r$ の作り方より $\widetilde{r}(t) = a(t)$ となり，$\boldsymbol{C}(C) = \boldsymbol{C}(t)$ であることが分かる．すなわち，$C$ の関数体と $\boldsymbol{P}^1(\boldsymbol{C})$ の関数体とは一致している．§2.5(b) で示すように，$C$ の特異点を除去したものは $\boldsymbol{P}^1(\boldsymbol{C})$ と同型になる．　　□

例 2.14　通常 2 重点を持つ 3 次曲線
$$C: x_0 x_2^2 - x_1^2(x_1 + x_0) = 0$$
の関数体を求めてみよう．非斉次座標で曲線の定義方程式は
$$y^2 - x^2(x+1) = 0$$

である．$(y/x)|_C = u$ とおこう．$\boldsymbol{P}^2(\boldsymbol{C})$ の有理関数
$$\frac{y^2 - x^2(x+1)}{x^2} = \left(\frac{y}{x}\right)^2 - (x+1)$$
を $C$ に制限したものは $0$ であるので
$$u^2 = x|_C + 1$$
が成り立つ．したがって
$$x|_C = u^2 - 1$$
$$y|_C = x|_C \cdot u = u(u^2 - 1)$$
が成り立ち，対応
$$r = \frac{g(x,y)}{h(x,y)} \longmapsto \widetilde{r}(u) = \frac{g(1-u^2, u(1-u^2))}{h(1-u^2, u(1-u^2))} \in \boldsymbol{C}(u)$$
によって，$\boldsymbol{C}(C) = \boldsymbol{C}(u)$ であることが分かる．$C$ の特異点を除去すると $\boldsymbol{P}^1(\boldsymbol{C})$ になることは後に述べる． □

**例 2.15** 非特異 3 次曲線
$$C: x_0 x_2^2 - 4x_1^3 - g_2 x_0^2 x_1 - g_3 x_0^3 = 0, \quad g_2^3 - 27g_3^2 \neq 0$$
の関数体を求めてみよう．非斉次座標で $C$ は
$$y^2 - 4x^3 - g_2 x - g_3 = 0$$
で定義される．$x, y$ は $\boldsymbol{P}^2(\boldsymbol{C})$ の有理関数で，その $C$ への制限も記号を簡単にするために $x, y$ とそれぞれ記すことにする．すると $C$ 上では有理関数として
$$y^2 = 4x^3 + g_2 x + g_3$$
なる関係があるので，$y^2$ を $4x^3 + g_2 x + g_3$ とおきかえることによって，$C$ 上の有理関数は $\boldsymbol{P}^2(\boldsymbol{C})$ 上の有理関数
$$\frac{a(x) + b(x)y}{c(x) + d(x)y}$$
を $C$ に制限したものとして書くことができる．ところが
$$\frac{a(x) + b(x)y}{c(x) + d(x)y} = \frac{(a(x) + b(x)y)(c(x) - d(x)y)}{c(x)^2 - d(x)^2 y^2} = \frac{A(x) + B(x)y}{C(x)}$$
と書き直すことができるので，結局，$C$ 上の有理関数は

$$\alpha(x)+\beta(x)y, \quad \alpha(x), \beta(x) \in \boldsymbol{C}(x)$$
を $C$ 上に制限したもので表わすことができる．しかも $\alpha(x)+\beta(x)y|_C \equiv 0$ であれば $\alpha(x)+\beta(x)y \equiv 0$ であるので，
$$\boldsymbol{C}(C) = \{\alpha(x)+\beta(x)y \mid \alpha(x), \beta(x) \in \boldsymbol{C}(x)\}$$
と考えることができる．ただし
$$y^2 = 4x^3 + g_2 x + g_3$$
と約束することによって $\boldsymbol{C}(C)$ の元の積や商を計算することができる．このことを
$$\boldsymbol{C}(C) = \boldsymbol{C}(x, \sqrt{4x^3+g_2 x + g_3})$$
と記すこともある．このように非特異3次平面曲線の関数体は射影直線の関数体とは違っていることが分かる．関数体 $\boldsymbol{C}(C)$ はしばしば**楕円関数体**(elliptic function field) と呼ばれる． □

**例 2.16** 楕円関数体の一般化として**超楕円関数体**(hyper elliptic function field)がある．相異なる $n$ 個の根を持つ1変数多項式 $f(x)$ に対して，非斉次座標で
$$y^2 = f(x)$$
で表わされる曲線 $C$ を考える．この時，$C$ の関数体は，例2.15と同様の考え方で
$$\boldsymbol{C}(C) = \{\alpha(x)+\beta(x)y \mid \alpha(x), \beta(x) \in \boldsymbol{C}(x)\}$$
で与えられる．あるいは
$$\boldsymbol{C}(C) = \boldsymbol{C}(x, \sqrt{f(x)})$$
と書いてもよい．$n \geqq 5$ のとき $\boldsymbol{C}(C)$ を超楕円関数体と呼ぶ． □

## §2.4 射影多様体

### (a) 射影空間

今までの議論によって，$n$ 次元複素射影空間 $\boldsymbol{P}^n(\boldsymbol{C})$ をどう定義すればよいのかは明らかであろう．複素数の $n+1$ 個の組 $(a_0, a_1, a_2, \cdots, a_n)$ の全体を $\boldsymbol{C}^{n+1}$ と記し $W = \boldsymbol{C}^{n+1} - \{(0, 0, \cdots, 0)\}$ とおく．$W$ の元 $(a_0, a_1, a_2, \cdots, a_n)$ の定める比

$a_0:a_1:a_2:\cdots:a_n$ を考え,その全体を $\boldsymbol{P}^n(\boldsymbol{C})$ と記し,$n$ 次元複素射影空間と呼ぶ.$n=1$ の時は射影直線,$n=2$ の時は射影平面である.比 $a_0:a_1:a_2:\cdots:a_n$ で定まる $\boldsymbol{P}^n(\boldsymbol{C})$ の点を $(a_0:a_1:\cdots:a_n)$ と記す.したがって,$0$ ではない $\boldsymbol{C}$ の元 $\alpha$ に対して
$$(a_0:a_1:\cdots:a_n)=(\alpha a_0:\alpha a_1:\cdots:\alpha a_n)$$
が成り立つ.

さて,以前と同様に $i=0,1,2,\cdots,n$ に対して
$$U_i=\{(a_0:a_1:\cdots:a_n)\in \boldsymbol{P}^n(\boldsymbol{C})\mid a_i\neq 0\}$$
とおく.$n=1,2$ のときと同様にして

(2.41)
$$\varphi_i: U_i \longrightarrow \boldsymbol{C}^n$$
$$(a_0:a_1:\cdots:a_n) \longmapsto \left(\frac{a_0}{a_i},\cdots,\frac{a_{i-1}}{a_i},\frac{a_{i+1}}{a_i},\cdots,\frac{a_n}{a_i}\right)$$

は $U_i$ から $\boldsymbol{C}^n$ の全単射となり,$U_i$ を $n$ 次元アフィン空間 $\boldsymbol{C}^n$ と同一視することができる.

以前と同様に $U_0$ を中心に考察しよう.$U_0$ と $\boldsymbol{C}^n$ とを同一視する.
$$\boldsymbol{P}^n(\boldsymbol{C})-U_0=\{(0:a_1:\cdots:a_n)\in \boldsymbol{P}^n(\boldsymbol{C})\}$$
であることより,$\boldsymbol{P}^n(\boldsymbol{C})-U_0=\boldsymbol{P}^{n-1}(\boldsymbol{C})$ と考えることができる.$\boldsymbol{P}^n(\boldsymbol{C})$ の斉次座標 $(x_0:x_1:\cdots:x_n)$ を使えば,$\boldsymbol{P}^n(\boldsymbol{C})-U_0$ は
$$x_0=0$$
と書くことができる.$\boldsymbol{P}^n(\boldsymbol{C})-U_0$ を**無限遠超平面**(hyperplane at infinity)と呼び $H_\infty$ と記す.一般に,$U_0=\boldsymbol{C}^n$ の超平面は,$\boldsymbol{C}^n$ の座標 $(z_1,z_2,\cdots,z_n)$ を使って
$$\alpha_0+\alpha_1 z_1+\cdots+\alpha_n z_n=0$$
と書ける.(2.41) より

(2.42) $$z_1=\frac{x_1}{x_0},\quad z_2=\frac{x_2}{x_0},\quad \cdots,\quad z_n=\frac{x_n}{x_0}$$

とおくことによって,$\boldsymbol{P}^n(\boldsymbol{C})$ の対応する超平面は

(2.43) $$\alpha_0 x_0+\alpha_1 x_1+\cdots+\alpha_n x_n=0$$

§2.4 射影多様体 —— 129

で定義できることが分かる．(2.42)によって定まる $(z_1, z_2, \cdots, z_n)$ を非斉次座標と呼ぶ．

射影直線や射影平面のときと同様に $\boldsymbol{P}^n(\boldsymbol{C})$ の射影変換を考えることができる．$n+1$ 次正則行列
$$A = (a_{ij})_{0 \leqq i,j \leqq n}$$
に対応する射影変換 $P_A$ は

(2.44) $\quad P_A : (x_0 : x_1 : \cdots : x_n) \longmapsto \left( \sum_{i=0}^n a_{0i} x_i : \sum_{i=0}^n a_{1i} x_i : \cdots : \sum_{i=0}^n a_{ni} x_i \right)$

で定義される．(2.44)より明らかなように，0でない複素数 $\alpha$ に対して，$A$ と $\alpha A$ とが定める射影変換は等しい．
$$P_A = P_{\alpha A}.$$
また
$$P_A \circ P_B = P_{AB}$$
が成り立つことも容易に分かる．これより，$P_A$ の逆写像 $P_A^{-1}$ は $P_A^{-1} = P_{A^{-1}}$ によって与えられることが分かる．

さて $\boldsymbol{\alpha} = (\alpha_0, \alpha_1, \cdots, \alpha_n) \neq (0, 0, \cdots, 0)$ に対して，超平面
$$H_{\boldsymbol{\alpha}} : \alpha_0 x_0 + \alpha_1 x_1 + \cdots + \alpha_n x_n = 0$$
を考えよう．このとき，$b_{ij}, 1 \leqq i, j \leqq n$ を適当にとることによって，正則行列
$$A = \begin{pmatrix} \alpha_0 & \alpha_1 & \cdots & \alpha_n \\ b_{10} & b_{11} & \cdots & b_{1n} \\ \vdots & \vdots & & \vdots \\ b_{n0} & b_{n1} & \cdots & b_{nn} \end{pmatrix}$$
を見つけることができる．このとき対応する射影変換 $P_A$ によって
$$H_\infty = P_A(H_{\boldsymbol{\alpha}})$$
であることが分かる．なぜならば
$$P_A(a_0 : a_1 : \cdots : a_n) = \left( \sum_{i=0}^n \alpha_i a_i : \sum_{i=0}^n b_{1i} a_i : \cdots : \sum_{i=0}^n b_{ni} a_i \right)$$
であるので，$(a_0 : a_1 : \cdots : a_n) \in H_{\boldsymbol{\alpha}}$ であれば

$$P_A(a_0 : a_1 : \cdots : a_n) = \left(0 : \sum_{i=0}^{n} b_{1i}a_i : \cdots : \sum_{i=0}^{n} b_{ni}a_i\right)$$

となり，$P_A(H_\alpha) \subset H_\infty$ が分かる．一方 $H_\infty$ の点 $(0:b_1:\cdots:b_n)$ に対して $(a_0:a_1:\cdots:a_n)$ を

$$\begin{pmatrix} a_0 \\ a_1 \\ \vdots \\ a_n \end{pmatrix} = A^{-1} \begin{pmatrix} 0 \\ b_1 \\ \vdots \\ b_n \end{pmatrix}$$

によって定めると，

$$\alpha_0 a_0 + \alpha_1 a_1 + \cdots + \alpha_n a_n = 0$$

であることがただちに分かり，$P_{A^{-1}}(H_\infty) \subset H_\alpha$ である．$P_{A^{-1}} = P_A^{-1}$ であったので，$H_\infty \subset P_A(H_\alpha)$ となり $H_\infty = P_A(H_\alpha)$ であることが分かった．このようにして，任意の超平面は，無限遠超平面に射影変換によってうつすことができ，$\boldsymbol{P}^{n-1}(\boldsymbol{C})$ と同型であることが分かる．

$n$ 次元複素射影空間の点と超平面とが互いに双対の関係にあることは (2.43) から見当がつく．詳細は読者にゆだねることにしよう．

### (b) 射影的集合と射影多様体

$x_0, x_1, \cdots, x_n$ に関する $m$ 次斉次多項式 $F(x_0, x_1, \cdots, x_n)$ に対して，$\boldsymbol{P}^n(\boldsymbol{C})$ の部分集合 $V(F)$ を

$$V(F) = \{(a_0 : a_1 : \cdots : a_n) \in \boldsymbol{P}^n(\boldsymbol{C}) \mid F(a_0, a_1, \cdots, a_n) = 0\}$$

と定義して，$\boldsymbol{P}^n(\boldsymbol{C})$ の **$m$ 次超曲面** (hypersurface of degree $m$) と呼ぶ．$X = V(F)$ を

$$X : F(x_0, x_1, \cdots, x_n) = 0$$

と記すことも多い．特に $n=3$ のときは $X$ を **$m$ 次曲面** (surface of degree $m$) と呼ぶ．

**例 2.17** 2 次超曲面

$$Q : \sum_{i=0}^{n} \sum_{j=0}^{n} c_{ij} x_i x_j = 0$$

について少し考察しておこう．$c_{ij}=c_{ji}$ と仮定してよい．もし $i\neq j$ のとき $c_{ij}\neq c_{ji}$ であれば

$$c_{ij}x_ix_j+c_{ji}x_jx_i=\left(\frac{c_{ij}+c_{ji}}{2}\right)x_ix_j+\left(\frac{c_{ij}+c_{ji}}{2}\right)x_jx_i$$

と書き直すことができるからである．対称行列の理論によって，$(c_{ij})$ の階数が $l+1$ のとき，適当な $n+1$ 次複素正則行列 $M$ によって

$$^tM(c_{ij})M=\begin{pmatrix}\overbrace{\begin{matrix}1&&&\end{matrix}}^{l+1}&&&O\\&\ddots&&&\\&&1&&\\&&&0&\\&&&&\ddots\\O&&&&&0\end{pmatrix}$$

と標準形に直すことができる．複素数で考えているので標準形が簡単な形になることに注意しよう．すると，$A=M^{-1}$ とおいて $\boldsymbol{P}^n(\boldsymbol{C})$ の射影変換 $P_A$ による $Q$ の像 $P_A(Q)$ を考えると，$P_A(Q)$ は

$$x_0^2+x_1^2+\cdots+x_l^2=0$$

で定義される 2 次超曲面であることが分かる．点 $(a_0:a_1:\cdots:a_n)\in Q$ であれば

$$\begin{pmatrix}b_0\\b_1\\\vdots\\b_n\end{pmatrix}=A\begin{pmatrix}a_0\\a_1\\\vdots\\a_n\end{pmatrix}$$

とおくと

$$(b_0,b_1,\cdots,b_n)\begin{pmatrix}\overbrace{\begin{matrix}1&&&\end{matrix}}^{l+1}&&&O\\&\ddots&&&\\&&1&&\\&&&0&\\&&&&\ddots\\O&&&&&0\end{pmatrix}\begin{pmatrix}b_0\\b_1\\\vdots\\b_n\end{pmatrix}$$

$$= (a_0, a_1, \cdots, a_n)\, {}^t\!A \begin{pmatrix} 1 & & & & O \\ & \ddots & & & \\ & & 1 & & \\ & & & 0 & \\ & & & & \ddots \\ O & & & & 0 \end{pmatrix} A \begin{pmatrix} a_0 \\ a_1 \\ \vdots \\ a_n \end{pmatrix}$$

$$= (a_0, a_1, \cdots, a_n)\, (c_{ij}) \begin{pmatrix} a_0 \\ a_1 \\ \vdots \\ a_n \end{pmatrix}$$

が成立するからである.

2次超曲面の標準形としては,他に

$$x_0 x_1 + x_2 x_3 + \cdots + x_{l-1} x_l = 0, \qquad l \text{ が奇数のとき}$$
$$x_0 x_1 + x_2 x_3 + \cdots + x_{l-2} x_{l-1} + x_l^2 = 0, \qquad l \text{ が偶数のとき}$$

を使うこともある.特に $\boldsymbol{P}^3(\boldsymbol{C})$ では $(c_{ij})$ の階数が 4 のときは,標準形として

$$x_0 x_3 - x_1 x_2 = 0$$

が使われることもある. □

さて一般に,$l$ 個の斉次多項式 $F_1(x_0, x_1, \cdots, x_n), F_2(x_0, x_1, \cdots, x_n), \cdots, F_l(x_0, x_1, \cdots, x_n)$(次数はそれぞれ違っていてもよい)が与えられたとき,$\boldsymbol{P}^n(\boldsymbol{C})$ の部分集合 $V((F_1, F_2, \cdots, F_l))$ を

$V((F_1, F_2, \cdots, F_l))$
$= \{(a_0 : a_1 : \cdots : a_n) \in \boldsymbol{P}^n(\boldsymbol{C}) \mid F_i(a_0, a_1, \cdots, a_n) = 0,\ i = 1, \cdots, l\}$

と定義する.これを,斉次多項式 $F_1, F_2, \cdots, F_l$ から定まる**射影的集合**(projective set)と呼び,$F_1 = 0, F_2 = 0, \cdots, F_l = 0$ をその**定義式**(defining equations)と呼ぶ.

**例 2.18** 写像

$$\begin{array}{ccc} \varphi: \boldsymbol{P}^1(\boldsymbol{C}) & \longrightarrow & \boldsymbol{P}^3(\boldsymbol{C}) \\ \cup & & \cup \\ (a_0 : a_1) & \longmapsto & (a_0^3 : a_0^2 a_1 : a_0 a_1^2 : a_1^3) \end{array}$$

§2.4 射影多様体 —— 133

の像 $\varphi(\boldsymbol{P}^1(\boldsymbol{C}))$ を調べてみよう．$\varphi$ の定義から，$\varphi(\boldsymbol{P}^1(\boldsymbol{C}))$ の各点は

(2.45)
$$F(x_0, x_1, x_2, x_3) = x_0 x_3 - x_1 x_2 = 0$$
$$G(x_0, x_1, x_2, x_3) = x_1^2 - x_0 x_2 = 0$$
$$H(x_0, x_1, x_2, x_3) = x_2^2 - x_1 x_3 = 0$$

を満足することは容易に分かる．したがって $\varphi(\boldsymbol{P}^1(\boldsymbol{C})) \subset V((F, G, H))$ である．逆に $V((F, G, H))$ の点 $(b_0 : b_1 : b_2 : b_3)$ をとろう．もし $b_0 = 0$ であれば $G(b_0, b_1, b_2, b_3) = 0$ より $b_1 = 0$，$H(b_0, b_1, b_2, b_3) = 0$ より $b_2 = 0$ を得る．したがって $(b_0 : b_1 : b_2 : b_3) = (0 : 0 : 0 : 1)$ でなければならない．$((b_0, b_1, b_2, b_3) \neq (0, 0, \cdots, 0)$ だから．) 一方 $\varphi((0 : 1)) = (0 : 0 : 0 : 1)$ だから $(0 : 0 : 0 : 1) \in \varphi(\boldsymbol{P}^1(\boldsymbol{C}))$ である．次に $b_0 \neq 0, b_1 = 0$ のときを考えると，$H(b_0, b_1, b_2, b_3) = 0$ より $b_2 = 0$ を得，$F(b_0, b_1, b_2, b_3) = 0$ より $b_3 = 0$ を得，結局 $(b_0 : b_1 : b_2 : b_3) = (1 : 0 : 0 : 0)$ であることが分かる．このときは $\varphi((1 : 0)) = (1 : 0 : 0 : 0)$ が成り立つので $(1 : 0 : 0 : 0) \in \varphi(\boldsymbol{P}^1(\boldsymbol{C}))$ である．

したがって，$b_0 \neq 0, b_1 \neq 0$ のときを考えればよい．このとき $G(b_0, b_1, b_2, b_3) = 0$ より

$$b_2 = \frac{b_1^2}{b_0}$$

を得，これと $H(b_0, b_1, b_2, b_3) = 0$ より

$$b_3 = \frac{b_2^2}{b_1} = \frac{b_1^3}{b_0^2}$$

が成り立つ．したがって

$$\varphi\left(\left(1 : \frac{b_1}{b_0}\right)\right) = \left(1 : \frac{b_1}{b_0} : \left(\frac{b_1}{b_0}\right)^2 : \left(\frac{b_1}{b_0}\right)^3\right)$$
$$= \left(1 : \frac{b_1}{b_0} : \frac{b_2}{b_0} : \frac{b_3}{b_0}\right)$$
$$= (b_0 : b_1 : b_2 : b_3)$$

が成り立ち，$(b_0 : b_1 : b_2 : b_3) \in \varphi(\boldsymbol{P}^1(\boldsymbol{C}))$ である．したがって $V((F, G, H)) \subset \varphi(\boldsymbol{P}^1(\boldsymbol{C}))$ となり

$$\varphi(\boldsymbol{P}^1(\boldsymbol{C})) = V((F,G,H))$$

が成り立つことが分かった．

次に $\varphi$ は $\boldsymbol{P}^1(\boldsymbol{C})$ から $\varphi(\boldsymbol{P}^1(\boldsymbol{C}))$ への単射であることを示そう．

$$\varphi((a_0:a_1)) = \varphi((a_0':a_1'))$$

としよう．すなわち

$$(a_0^3 : a_0^2 a_1 : a_0 a_1^2 : a_1^3) = (a_0'^3 : a_0'^2 a_1' : a_0' a_1'^2 : a_1'^3)$$

が成り立つとしよう．$a_0 = 0$ であれば $a_0' = 0$ が成り立ち，$(a_0:a_1) = (0:1) = (a_0':a_1')$ でなければならない．もし $a_0 \neq 0$ であれば，$a_0' \neq 0$ であり，したがって

$$(a_0^3 : a_0^2 a_1 : a_0 a_1^2 : a_1^3) = \left(1 : \frac{a_1}{a_0} : \left(\frac{a_1}{a_0}\right)^2 : \left(\frac{a_1}{a_0}\right)^3\right)$$

$$(a_0'^3 : a_0'^2 a_1' : a_0' a_1'^2 : a_1'^3) = \left(1 : \frac{a_1'}{a_0'} : \left(\frac{a_1'}{a_0'}\right)^2 : \left(\frac{a_1'}{a_0'}\right)^3\right)$$

であるが，この両者は等しいので $\dfrac{a_1}{a_0} = \dfrac{a_1'}{a_0'}$，すなわち $(a_0:a_1) = (a_0':a_1')$ が成り立つ．したがって，写像 $\varphi$ によって $\boldsymbol{P}^1(\boldsymbol{C})$ と $V((F,G,H))$ とを同一視することができる．$V((F,G,H))$ は**捻れ 3 次曲線**(twisted cubic) と呼ばれる． □

$V((F,G,H))$ の定義式 (2.45) からは，$V((F,G,H))$ が射影直線と同一視できることを見てとるのは容易ではない．上の例では三つの方程式の共通零点として定義された射影的集合を考えたが，そのうちの二つだけの共通零点をとったらどのような図形が現われるか調べてみよう．

**例 2.19** 定義式

$$G = x_1^2 - x_0 x_2 = 0$$
$$H = x_2^2 - x_1 x_3 = 0$$

で定まる射影的集合 $V((G,H))$ と例 2.18 の $V((F,G,H))$ との関係を調べてみよう．

$$V((F,G,H)) \subset V((G,H))$$

が成り立つことは明らかである．点 $(c_0:c_1:c_2:c_3) \in V((G,H))$ を考えよう．

$$c_1^2 - c_0 c_2 = 0$$
$$c_2^2 - c_1 c_3 = 0$$

より，
$$(c_1 c_2)^2 - c_1 c_2 c_0 c_3 = 0$$

を得，$c_1 c_2 \neq 0$ であれば
$$c_1 c_2 - c_0 c_3 = 0$$

が成り立つことが分かる．すなわち $F(c_0, c_1, c_2, c_3) = 0$ が成り立つ．

一方 $c_1 c_2 = 0$ であれば，$c_1 = c_2 = 0$ であり，このとき $c_0 : c_3$ は任意に選ぶことができる．式
$$x_1 = 0, \quad x_2 = 0$$

は $\boldsymbol{P}^3(\boldsymbol{C})$ 内の直線 $l_{12}$ を定義する．したがって
$$V((G, H)) = l_{12} \cup V((F, G, H))$$

であることが分かった．

同様にして定義式
$$F = x_0 x_3 - x_1 x_2 = 0$$
$$G = x_1^2 - x_0 x_2 = 0$$

で定まる射影的集合 $V((F, G))$ を調べてみよう．$V((F, G))$ 上の点 $(c_0 : c_1 : c_2 : c_3)$ に対して
$$c_0 c_1^2 c_3 - c_0 c_1 c_2^2 = 0$$

が成り立つ．したがって $c_0 c_1 \neq 0$ であれば
$$c_1 c_3 - c_2^2 = 0$$

となって $H(c_0, c_1, c_2, c_3) = 0$ が成り立つ．もし $c_0 c_1 = 0$ であれば $c_0 = 0, c_1 = 0$ または $c_0 \neq 0, c_1 = c_2 = c_3 = 0$ が成り立つ．前者のとき $c_2 : c_3$ は任意に選ぶことができる．式
$$x_0 = 0, \quad x_1 = 0$$

は $\boldsymbol{P}^3(\boldsymbol{C})$ の直線 $l_{01}$ を定め
$$V((F, G)) = l_{01} \cup V((F, G, H))$$

が成り立つ． □

**定義 2.4** 射影的集合 $V$ は，互いに他に含まれない射影的集合 $V_1, V_2$ の和

集合で書けるとき，すなわち
$$V = V_1 \cup V_2, \quad V_1 \not\supset V_2, \quad V_2 \not\supset V_1$$
と表わせるとき**可約**(reducible)と言う．可約でないとき**既約**(irreducible)と言い，既約な射影的集合を**射影多様体**(projective variety)と言う．□

この定義により，例 2.19 の射影的集合 $V((G,H))$ は可約である．一方 $V((F,G,H))$ は既約であり，射影多様体であることを示すことができる．(演習問題 2.8 を参照のこと．) また斉次式 $J(x_0, x_1, \cdots, x_n)$ が可約である，すなわち
$$J(x_0, x_1, \cdots, x_n) = K(x_0, x_1, \cdots, x_n) L(x_0, x_1, \cdots, x_n)$$
と斉次式の積に書けるときは
$$V(J) = V(K) \cup V(L)$$
となり，超平面 $V(J)$ は可約である．$J$ が既約多項式のとき $V(J)$ は既約であることは次項で述べる．

### (c) 射影的集合と斉次イデアル

現代の代数幾何学では可換環論は大切な道具の一つである．この項では，簡単にイデアル論に触れることにする．イデアル論の基本的事実のみを取り扱うが，証明を与える紙数がないので必要に応じて成書を参照されたい．いくつかの基本的なことは付録の"可換環と体"にまとめてある．

$x_0, x_1, \cdots, x_n$ を変数とする斉次多項式 $F_1, F_2, \cdots, F_l$ から定まる $\boldsymbol{P}^n(\boldsymbol{C})$ の射影的集合 $V((F_1, F_2, \cdots, F_l))$ を考えよう．$F_j$ の次数を $m_j$ とし，$m \geq \max(m_1, m_2, \cdots, m_l)$ に対して $m - m_j$ 次の斉次多項式 $G_j$ を任意に選んで，$m$ 次斉次式

(2.46) $$H = \sum_{j=1}^{l} G_j F_j$$

を作ると，$V((F_1, F_2, \cdots, F_l))$ の任意の点 $(a_0 : a_1 : \cdots : a_n)$ に対して
$$H(a_0, a_1, \cdots, a_l) = \sum_{j=1}^{l} G_j(a_0, a_1, \cdots, a_l) F_j(a_0, a_1, \cdots, a_l) = 0$$
が成り立つ．このことから
$$V((F_1, F_2, \cdots, F_l, H)) = V((F_1, F_2, \cdots, F_l))$$

§2.4 射影多様体 —— *137*

であることが分かる．そこで(2.46)の形の斉次多項式の全体とそれらの和(次数が違う斉次多項式の和も含む)を考えることは，射影的集合 $V((F_1, F_2, \cdots, F_l))$ の性質を調べるのに意味があると考えられる．

少し言葉を準備しよう．複素数を係数として $x_0, x_1, \cdots, x_n$ を変数とする多項式の全体を $\boldsymbol{C}[x_0, x_1, \cdots, x_n]$ と記し，$\boldsymbol{C}$ 上の**多項式環**(polynomial ring)と呼ぶ．$\boldsymbol{C}[x_0, x_1, \cdots, x_n]$ の元，すなわち $x_0, x_1, \cdots, x_n$ の多項式 $P(x_0, x_1, \cdots, x_n)$ を

$$P(x_0, x_1, \cdots, x_n) = \sum_{d=0}^{m} P_d(x_0, x_1, \cdots, x_n), \quad P_d(x_0, x_1, \cdots, x_n) \text{ は } d \text{ 次斉次式}$$

と異なる斉次式の和に書いたとき，$P_d(x_0, x_1, \cdots, x_n)$ を $P(x_0, x_1, \cdots, x_n)$ の $d$ 次斉次成分と呼ぶことにする．

さて，上述のように $m_j$ 次斉次多項式 $F_j(x_0, x_1, \cdots, x_n), j = 1, 2, \cdots, l$ が与えられたとき

$$\sum_{j=1}^{l} K_j(x_0, x_1, \cdots, x_n) F_j(x_0, x_1, \cdots, x_n), \quad K_j \in \boldsymbol{C}[x_0, x_1, \cdots, x_n]$$

の全体を $\mathfrak{a} = (F_1, F_2, \cdots, F_l)$ と記すと，これは $\boldsymbol{C}[x_0, x_1, \cdots, x_n]$ の部分集合であり，次の性質を持つことが分かる．証明は容易なので読者にまかせよう．

**補題 2.11**

(I1) $G, H \in \mathfrak{a}$ であれば $G \pm H \in \mathfrak{a}$．

(I2) $P \in \boldsymbol{C}[x_0, x_1, \cdots, x_n], G \in \mathfrak{a}$ であれば $PG \in \mathfrak{a}$．

(I3) $G \in \mathfrak{a}$ であれば $G = \sum_{i=1}^{k} G_{d_i}$ と相異なる次数の斉次多項式の和に書くと，$G_{d_i} \in \mathfrak{a}$． □

**定義 2.5** 上の条件(I1)(I2)を満たす $\boldsymbol{C}[x_0, x_1, \cdots, x_n]$ の部分集合 $\mathfrak{a}$ を多項式環 $\boldsymbol{C}[x_0, x_1, \cdots, x_n]$ の**イデアル**(ideal)と呼ぶ．イデアル $\mathfrak{a}$ がさらに条件(I3)を満足するとき，**斉次イデアル**(homogeneous ideal)と呼ぶ．(0 だけからなるイデアル (0) および $\boldsymbol{C}[x_0, x_1, \cdots, x_n]$ 自身も定義から斉次イデアルである．) □

この定義より，上の $\mathfrak{a} = (F_1, F_2, \cdots, F_l)$ は斉次イデアルである．このとき，斉次イデアル $\mathfrak{a}$ を $F_1, F_2, \cdots, F_l$ から生成された斉次イデアルと言い，$F_1, F_2, \cdots, F_l$ をイデアルの**生成元**(generators)と言う．最初に述べたように，このイデアルに属する任意の斉次式 $H$ をとると，$V((F_1, F_2, \cdots, F_l))$ の任意の点 $(a_0 : a_1 :$

$\cdots : a_n)$ に対して
$$H(a_0, a_1, \cdots, a_n) = 0$$
が成り立つ．したがって

$$V((F_1, F_2, \cdots, F_l)) = \{(a_0 : a_1 : \cdots : a_n) \in \boldsymbol{P}^n(\boldsymbol{C}) \mid G(a_0, a_1, \cdots, a_n) = 0,$$
$$G : \text{斉次式}, G \in \mathfrak{a}\}$$

と書くことができる．逆に，$\boldsymbol{C}[x_0, x_1, \cdots, x_n]$ の斉次イデアル $\mathfrak{b}$ を任意に与えると，$\boldsymbol{P}^n(\boldsymbol{C})$ の部分集合

(2.47)  $V(\mathfrak{b}) = \{(a_0 : a_1 : \cdots : a_n) \in \boldsymbol{P}^n(\boldsymbol{C}) \mid H(a_0, a_1, \cdots, a_n) = 0,$
$$H : \text{斉次式}, H \in \mathfrak{b}\}$$

を定義することができる．斉次イデアル $\mathfrak{b}$ は無限個の斉次式を含んでいるので，$V(\mathfrak{b})$ は定義としては無限個の斉次式の共通零点である．したがって，$V(\mathfrak{b})$ は本来の意味での射影的集合ではない．（射影的集合は有限個の斉次式の共通零点であった．）しかしながら，Hilbert の基底定理 (Hilbert's basis theorem) によって実は $V(\mathfrak{b})$ は射影的集合であることが分かる．

**定理 2.3（Hilbert の基底定理）**　多項式環 $\boldsymbol{C}[x_0, x_1, \cdots, x_n]$ のイデアル（斉次イデアル）$\mathfrak{b}$ は必ず有限個の多項式（斉次多項式）$G_1, G_2, \cdots, G_k$ によって生成される．すなわち
$$\mathfrak{b} = (G_1, G_2, \cdots, G_k)$$
が成り立つ．　　　　　　　　　　　　　　　　　　　　　　　　　　　　□

この定理によって
$$V(\mathfrak{b}) = V((G_1, G_2, \cdots, G_k))$$
であることが分かり，$V(\mathfrak{b})$ は射影的集合であることが分かった．このようにして，有限個の斉次多項式の共通零点を考えることと，斉次イデアルに含まれるすべての斉次多項式の共通零点を考えることが同じであることが分かる．斉次イデアルを使うのは，事態を一見複雑にしているようであるが，以下に述べるように射影的集合の性質を明らかにするにあたって，威力を発揮する．

$\boldsymbol{C}[x_0, x_1, \cdots, x_n]$ の斉次イデアル $\mathfrak{a}$ より定まる射影的集合 $V(\mathfrak{a})$ を考えよう．$V(\mathfrak{a})$ に対して $\boldsymbol{C}[x_0, x_1, \cdots, x_n]$ の部分集合 $I(V(\mathfrak{a}))$ を

(2.48) $I(V(\mathfrak{a})) = \{G \in \boldsymbol{C}[x_0, x_1, \cdots, x_n] \mid G$ の各斉次成分は $V(\mathfrak{a})$
の各点で 0 になる $\}$

と定義する．$I(V(\mathfrak{a}))$ が斉次イデアルの条件(I1)–(I3)を満足することは，定義よりただちに従う．また

$$\mathfrak{a} \subset I(V(\mathfrak{a}))$$

であることも明らかである．実はもっと強い結果が成立する．

**定理 2.4（Hilbert の零点定理）**　斉次多項式 $H(x_0, x_1, \cdots, x_n)$ が $V(\mathfrak{a})$ の各点で 0 になれば，すなわち $H \in I(V(\mathfrak{a}))$ であれば，

$$H^k \in \mathfrak{a}$$

となるような正整数 $k$ が存在する． □

$k$ は必ずしも 1 とは限らない．極端な例として，斉次多項式 $F^m$ より生成されるイデアル $\mathfrak{a} = (F^m)$ を考えると $V(\mathfrak{a}) = V(F)$ であるが ($F(a_0, a_1, \cdots, a_n)^m = 0$ であればもちろん $F(a_0, a_1, \cdots, a_n) = 0$ である)，$F \notin (F^m)$ である．この例からも分かるように，異なるイデアルが同じ射影的集合を定義することがある．その違いは実質的には多項式のベキ乗しかないというのが Hilbert の零点定理の主張である．このことをはっきりさせるために，斉次イデアル $\mathfrak{a}$ に対して $\mathfrak{a}$ の**根基**(radical)$\sqrt{\mathfrak{a}}$ を

(2.49)　$\sqrt{\mathfrak{a}} = \{G \in \boldsymbol{C}[x_0, x_1, \cdots, x_n] \mid G$ の適当なベキは $\mathfrak{a}$ の元 $\}$

と定義する．$\mathfrak{a}$ の根基 $\sqrt{\mathfrak{a}}$ が斉次イデアルになることは次のようにして示される．$G, H \in \sqrt{\mathfrak{a}}$ であれば

$$G^{m_1} \in \mathfrak{a}, \quad H^{m_2} \in \mathfrak{a}$$

が成り立つように正整数 $m_1, m_2$ をとると

$$(G \pm H)^{m_1+m_2} = \sum_{k=0}^{m_1+m_2} (\pm 1)^k \binom{m_1+m_2}{k} G^{m_1+m_2-k} H^k$$

となり，$k \leqq m_2$ のときは $G^{m_1+m_2-k} \in \mathfrak{a}$，$k \geqq m_2$ のときは $H^k \in \mathfrak{a}$ であるので，$(G \pm H)^{m_1+m_2} \in \mathfrak{a}$ が成り立ち，$G \pm H \in \sqrt{\mathfrak{a}}$ である．すなわち(I1)が成り立つ．また $G^{m_1} \in \mathfrak{a}$ であれば，$P \in \boldsymbol{C}[x_0, x_1, \cdots, x_n]$ に対して $(PG)^{m_1} = P^{m_1} G^{m_1} \in \mathfrak{a}$ は $\mathfrak{a}$ に対する(I2)より明らか．したがって $PG \in \sqrt{\mathfrak{a}}$ となり(I2)が成り立つ．最後に $G \in \sqrt{\mathfrak{a}}$ に対して

$$G = \sum_{j=1}^{k} G_{d_j}, \quad d_1 < d_2 < \cdots < d_k$$

と相異なる斉次式の和に分解する．$G^m \in \mathfrak{a}$ であれば $G^m$ を斉次式の和に分解したとき最高次の成分は $G_{d_k}^m$ であり，$\mathfrak{a}$ は斉次イデアルであるので $G_{d_k}^m \in \mathfrak{a}$ である．したがって $G_{d_k} \in \sqrt{\mathfrak{a}}$ である．すると，$\sqrt{\mathfrak{a}}$ に対して (I1) が成り立つので，$G - G_{d_k} \in \sqrt{\mathfrak{a}}$．したがって，今と同じ論法で $G_{d_{k-1}} \in \sqrt{\mathfrak{a}}$，以下同様にして $G_{d_j} \in \sqrt{\mathfrak{a}}$，$j = k-2, k-3, \cdots, 1$ を得，(I3) が成り立つことが分かる．

以上の考察より，Hilbert の零点定理は次の定理と同値であることが分かる．

**定理 2.5** 多項式環 $\boldsymbol{C}[x_0, x_1, \cdots, x_n]$ の斉次イデアル $\mathfrak{a}$ について

$$I(V(\mathfrak{a})) = \sqrt{\mathfrak{a}}$$

が成り立つ． □

$\mathfrak{a} = \sqrt{\mathfrak{a}}$ となるイデアルを**被約イデアル** (reduced ideal) と呼ぶ．したがって，点集合として射影的集合を考えるときは，被約斉次イデアルを考えれば十分であることが分かる．$\mathfrak{a}$ が被約斉次イデアルであれば，

$$I(V(\mathfrak{a})) = \mathfrak{a}$$

が成り立つわけである．

ところで $\mathfrak{a}, \mathfrak{b}$ が $\boldsymbol{C}[x_0, x_1, \cdots, x_n]$ の斉次イデアルであれば $\mathfrak{a} \cap \mathfrak{b}$ も斉次イデアルであることは容易に分かる．また斉次イデアルの族 $\{\mathfrak{a}_\lambda\}_{\lambda \in \Lambda}$ ($\Lambda$ は無限集合でもよい) に対して $\sum_{\lambda \in \Lambda} \mathfrak{a}_\lambda$ は，$\mathfrak{a}_\lambda$, $\lambda \in \Lambda$ から生成されるイデアル，すなわち

$$F_1 + \cdots + F_k, \quad F_i \in \mathfrak{a}_{\lambda_i}$$

の形の有限和全体からなる $\boldsymbol{C}[x_0, x_1, \cdots, x_n]$ のイデアルとする．次の補題の証明は読者にまかせよう．

**補題 2.12** $\mathfrak{a}, \mathfrak{b}, \mathfrak{a}_\lambda, \lambda \in \Lambda$ を $\boldsymbol{C}[x_0, x_1, \cdots, x_n]$ の斉次イデアルとすると以下の関係式が成立する．

(ⅰ) $V(\mathfrak{a}) \cup V(\mathfrak{b}) = V(\mathfrak{a} \cap \mathfrak{b})$

(ⅱ) $\bigcap_{\lambda \in \Lambda} V(\mathfrak{a}_\lambda) = V(\sum_{\lambda \in \Lambda} \mathfrak{a}_\lambda)$

(ⅲ) $V((0)) = \boldsymbol{P}^n(\boldsymbol{C})$, $V(\boldsymbol{C}[x_0, x_1, \cdots, x_n]) = \emptyset$

(ⅳ) $V(\mathfrak{a}) \subset V(\mathfrak{b})$ であるための必要十分条件は $\sqrt{\mathfrak{a}} \supset \sqrt{\mathfrak{b}}$． □

補題 2.12 (ⅰ), (ⅱ), (ⅲ) によって，$\boldsymbol{P}^n(\boldsymbol{C})$ の閉集合として射影的集合をと

ることによって，$\boldsymbol{P}^n(\boldsymbol{C})$ に位相を入れることができる．これを **Zariski 位相** (Zariski topology) と言う．Zariski 位相は Hausdorff の分離公理を満足しないが，代数幾何学の代数的取扱いでは，大切な役割をする．

最後に，射影的集合が既約であることを，イデアルの言葉を使って述べておこう．射影的集合 $V = V(\mathfrak{a})$ が可約であれば
$$V = V_1 \cup V_2, \quad V_1 \not\supset V_2, \quad V_2 \not\supset V_1$$
$$V_1 = V(\mathfrak{b}), \quad V_2 = V(\mathfrak{c})$$
と書くことができる．$V_1 \not\supset V_2$ より，$V_1$ の各点で 0 になるが，$V_2$ のある点では 0 にならない斉次多項式 $G$ が存在する．すなわち
$$G \in I(V_1) = \sqrt{\mathfrak{b}}, \quad G \notin I(V_2) = \sqrt{\mathfrak{c}}.$$
また $V_2 \not\supset V_1$ より，
$$H \notin \sqrt{\mathfrak{b}}, \quad H \in \sqrt{\mathfrak{c}}$$
を満足する斉次多項式 $H$ が存在する．$G, H$ とも $V$ のある点では 0 にならないので
$$G \notin I(V) = \sqrt{\mathfrak{a}}, \quad H \notin I(V) = \sqrt{\mathfrak{a}}$$
である．一方 $GH$ は $V_1, V_2$ の各点で 0 になるので
$$GH \in I(V)$$
である．逆に
$$G \notin I(V), \quad H \notin I(V), \quad GH \in I(V)$$
を満たす斉次多項式 $G, H$ があると，$I(V) = (F_1, F_2, \cdots, F_l)$ のとき，
$$V_1 = V((G, F_1, F_2, \cdots, F_l)), \quad V_2 = V((H, F_1, F_2, \cdots, F_l))$$
とおくと，仮定より
$$V \neq V_1, \quad V \neq V_2$$
かつ $GH \in I(V)$ より
$$V = V_1 \cup V_2$$
が成り立つ．このことより $V$ は可約であることが分かる．

以上の対偶をとって，次の重要な結果を得る．

**補題 2.13** 射影的集合 $V(\mathfrak{a})$ が既約であるための必要十分条件は $\mathfrak{a}$ の根基 $\sqrt{\mathfrak{a}}$ が次の条件を満足することである．$\boldsymbol{C}[x_0, x_1, \cdots, x_n]$ の元 $F, G$ が

を満足すれば
$$FG \notin \sqrt{\mathfrak{a}}$$
である. □

この最後の条件は $FG \in \sqrt{\mathfrak{a}}$ であれば $F \in \sqrt{\mathfrak{a}}$ または $G \in \sqrt{\mathfrak{a}}$ と言い換えてもよい. この条件を満たすイデアルを**素イデアル**(prime ideal)という. したがって, 射影多様体は素イデアルによって定義される射影多様体ということができる.

斉次多項式 $F$ の生成するイデアル $(F)$ が素イデアルであるための必要十分条件は $F$ が既約であることである. なぜならば, $G \notin (F)$, $H \notin (F)$ で $GH \in (F)$ であれば
$$GH = JF$$
が成り立つが, $F$ は既約多項式であるので $G$ または $H$ を割り切り, したがって $G \in (F)$ または $H \in (F)$ となり仮定に反するからである.

**例 2.20** $C[x_0, x_1, x_2, x_3]$ の斉次イデアル
$$\mathfrak{a} = (x_1 x_3 - x_2^2,\ x_0 x_2 x_3 - x_1^3,\ x_0 x_3^2 - x_1^2 x_2)$$
は素イデアルである. $V(\mathfrak{a})$ は

$$\begin{array}{ccc} \boldsymbol{P}^1(\boldsymbol{C}) & \longrightarrow & \boldsymbol{P}^3(\boldsymbol{C}) \\ \cup & & \cup \\ (a_0 : a_1) & \longmapsto & (a_0^5 : a_0^2 a_1^3 : a_0 a_1^4 : a_1^5) \end{array}$$

の像と一致する. □

### (d) 射影多様体の次元と関数体

射影多様体の**次元**(dimension)とは, 直観的には自由に動きうるパラメータの数ということができる. たとえば, $\boldsymbol{P}^n(\boldsymbol{C})$ の超曲面 $X = V(F)$
$$X : F(x_0, x_1, \cdots, x_{n-1}, x_n) = 0$$
は, $n+1$ 個の斉次座標のうち $n$ 個の比たとえば $x_0 : x_1 : \cdots : x_{n-1} = a_0 : a_1 : \cdots : a_{n-1}$ を与えると, 方程式 $F(a_0, a_1, a_2, \cdots, a_{n-1}, x_n) = 0$ を解くことによって $a_n$

§2.4 射影多様体 —— 143

が有限個定まる．したがって，$X$ では $n-1$ 個のパラメータ ($n$ 個の比をとるので) は自由に動くことができ，$n-1$ 次元と考えられる．方程式が一つ増えるごとに自由に動きうるパラメータの数は一つずつ減ってゆくと考えたくなるが，必ずしもそうならないことは §2.4(b) の例 2.18 で見た通りである．$X = V((F,G,H))$ は $\boldsymbol{P}^1(\boldsymbol{C})$ の像であるので自由に動きうるパラメータは 1 個しかないが，$X$ を定義するためには，3 個の方程式が不可欠である．そのことは例 2.19 から明らかであろう．

では，一般の射影多様体に対して次元はどのようにして求めたらよいであろうか．幾何学的には次のように考えることができる．$n$ 次元複素射影空間 $\boldsymbol{P}^n(\boldsymbol{C})$ 内の射影多様体 $X = V((F_1,F_2,\cdots,F_l))$ を考えよう．$X$ の外に 1 点 $P = (a_0:a_1:\cdots:a_n)$ をとり固定する．さらに点 $P$ を通らない $\boldsymbol{P}^n(\boldsymbol{C})$ の超平面

$$H : \sum_{i=0}^{n} \alpha_i x_i = 0$$

をとり固定する．$H$ はなるべく一般のものを選んでおく．$X$ の点 $Q = (b_0:b_1:\cdots:b_n)$ をとって，$P$ と $Q$ とを結ぶ直線 $\overline{PQ}$ を考える．斉次パラメータ $s:t$ を使うと，$\overline{PQ}$ は

$$(a_0 s + b_0 t : a_1 s + b_1 t : \cdots : a_n s + b_n t), \quad (s:t) \in \boldsymbol{P}^1(\boldsymbol{C})$$

とパラメータ表示できる．直線 $\overline{PQ}$ と超平面 $H$ とは 1 点で交わる．これは，方程式

$$\sum_{i=0}^{n} \alpha_i (a_i s + b_i t) = 0$$

を解いて，解 $(s_0:t_0)$ が一意的に定まることから明らかであろう．この交点を $R(Q)$ と記そう．すると

$$\begin{array}{ccc} \varphi_P : & X & \longrightarrow & H \\ & \cup & & \cup \\ & Q & \longmapsto & R(Q) \end{array}$$

なる写像が定義できる．超平面 $H$ は $n-1$ 次元射影空間 $\boldsymbol{P}^{n-1}(\boldsymbol{C})$ と同一視できるので，$\varphi_P(X)$ は $\boldsymbol{P}^{n-1}(\boldsymbol{C})$ の部分集合と考えることができる．実は $\varphi_P(X)$

は再び射影多様体であることが分かる．$\varphi_P$ を $P$ を中心とする射影と呼ぶ．

$X$ が超平面であれば $\varphi_P(X)=H$ であることが分かる（演習問題 2.11 を参照のこと）．もし $\varphi_P(X) \neq H$ であれば，$H = \boldsymbol{P}^{n-1}(\boldsymbol{C})$ の中で $X_1 = \varphi_P(X)$ に関して同様の操作を行ない，点 $P_1$ を中心とする射影
$$\varphi_{P_1} : X_1 \longrightarrow \boldsymbol{P}^{n-2}(\boldsymbol{C})$$
を得る．この操作を何回か続けると，最後に
$$\varphi_{P_m} : X_m \longrightarrow \boldsymbol{P}^{n-m-1}(\boldsymbol{C})$$
は上への写像になる．このとき，$X$ の次元は $n-m-1$ であることが分かる．なぜならば，$\boldsymbol{P}^{n-m-1}(\boldsymbol{C})$ の点を任意に選ぶと，$\varphi_{P_m}$ によってその点にうつされる $X_m$ の点が有限個定まり，これらの $X_m$ の点に対して $X_{m-1}$ の点が有限個定まり，以下これを繰り返して $X$ の点が有限個定まる．($\varphi_P, \varphi_{P_1}, \cdots, \varphi_{P_{m-1}}$ はほとんどの点で 1 対 1 の写像になることが分かっている．）このようにして，$n-m-1$ 個のパラメータが自由に動きうることが分かり，$X$ の次元は $n-m-1$ となる．$X$ の次元のことを，しばしば dim $X$ と記す．

**例 2.21** 例 2.18 で扱った捩れ 3 次曲線 $X = V((F, G, H))$
$$X : F = x_0 x_3 - x_1 x_2 = 0$$
$$G = x_1^2 - x_0 x_2 = 0$$
$$H = x_2^2 - x_1 x_3 = 0$$
の次元は 1 であることは $X$ が例 2.18 の写像 $\varphi$ によって $\boldsymbol{P}^1(\boldsymbol{C})$ と同一視されることから明らかであるが，上の射影の考え方を使って示しておこう．$P = (0:1:0:0)$ は $X$ の外にある．超平面 $H$ として
$$H : x_1 = 0$$
を選ぼう．$Q = (b_0:b_1:b_2:b_3) \in X$ に対して，直線 $\overline{PQ}$ は
$$(b_0 t : s+b_1 t : b_2 t : b_3 t), \quad (s:t) \in \boldsymbol{P}^1(\boldsymbol{C})$$
とパラメータ表示される．この直線と $H$ との交点 $R(Q)$ は
$$s + b_1 t = 0$$
より $(s:t) = (-b_1:1)$ を得，
$$R(Q) = (b_0:b_2:b_3)$$
であることが分かる．$\varphi_P$ は $(b_0:b_1:b_2:b_3)$ から 3 個の斉次座標 $(b_0:b_2:b_3)$ を

取り出す写像である．$\varphi_P(X)$ が射影多様体になっていること，実は3次平面曲線であることを示そう．実際，式 $H$ には変数 $x_1, x_2, x_3$ しか現われていないので，$F=0, G=0$ から $x_1$ を消去することによって $\varphi_P(X)$ の各点は
$$x_0(x_2^3 - x_0 x_3^2) = 0$$
を満足し，$G=0, H=0$ から $x_1$ を消去することによって $\varphi_P(X)$ の各点は
$$x_2(x_2^3 - x_0 x_3^2) = 0$$
を満足することが分かる．この二つの式より $\varphi_P(X)$ は3次平面曲線 $C = V(x_2^3 - x_0 x_3^2)$ に含まれることが分かる．逆に $(c_0 : c_2 : c_3) \in C$ に対して，$c_2 \neq 0$ であれば
$$c_1 = \frac{c_0 c_3}{c_2}$$
とおくと，$c_2^3 = c_0 c_3^2 \neq 0$ より
$$c_1^3 = \frac{(c_0 c_3)^3}{c_2^3} = \frac{(c_0 c_3)^3}{c_0 c_3^2} = c_0^2 c_3$$
が成り立ち，$(c_0 : c_1 : c_2 : c_3) \in X$, $\varphi_P((c_0 : c_1 : c_2 : c_3)) = (c_0 : c_2 : c_3)$ が成り立つ．$c_2 = 0$ のときは $(c_0 : c_2 : c_3)$ は $(0:0:1)$ または $(1:0:0)$ である．$(0:0:0:1) \in X$, $\varphi_P((0:0:0:1)) = (0:0:1)$, $(1:0:0:0) \in X$, $\varphi_P((1:0:0:0)) = (1:0:0)$ であるので，これらの点も $\varphi_P(X)$ に属する．以上より
$$\varphi_P(X) = C$$
であることが分かった．$\boldsymbol{P}^2(\boldsymbol{C})$ の $C$ 以外の点 $P_1$ から直線 $\boldsymbol{P}^1(\boldsymbol{C})$ へ射影をすれば，一般に3対1の上への写像になることは容易に分かり，$X$ の次元は確かに1であることが分かる． □

射影多様体 $X$ の次元は，その**関数体 $\boldsymbol{C}(X)$** からも分かる．$\boldsymbol{P}^n(\boldsymbol{C})$ の有理関数は $n=1,2$ のときと同様に同じ次数の斉次式の商
$$\frac{F(x_0, x_1, \cdots, x_n)}{G(x_0, x_1, \cdots, x_n)}$$
である．非斉次座標
$$z_1 = \frac{x_1}{x_0}, \quad z_2 = \frac{x_2}{x_0}, \quad \cdots, \quad z_n = \frac{x_n}{x_0}$$

を導入し，$F, G$ の次数を $m$ とすると

$$\frac{F(x_0, x_1, \cdots, x_n)}{G(x_0, x_1, \cdots, x_n)} = \frac{\frac{1}{x_0^m} F(x_0, x_1, \cdots, x_n)}{\frac{1}{x_0^m} G(x_0, x_1, \cdots, x_n)} = \frac{f(z_1, z_2, \cdots, z_n)}{g(z_1, z_2, \cdots, z_n)}$$

と書け，$z_1, \cdots, z_n$ に関する有理関数である．したがって $\boldsymbol{P}^n(\boldsymbol{C})$ の有理関数の全体 $\boldsymbol{C}(\boldsymbol{P}^n(\boldsymbol{C}))$ は $z_1, \cdots, z_n$ に関する有理関数の全体 $\boldsymbol{C}(z_1, z_2, \cdots, z_n)$ にほかならない．

射影多様体 $X$ の有理関数は，$\boldsymbol{P}^n(\boldsymbol{C})$ の有理関数を $X$ に制限したものである．もちろん有理関数が $X$ 上に制限できるためには，その極が $X$ を含まないことが必要である．$X$ の有理関数の全体を $\boldsymbol{C}(X)$ と書き $X$ の関数体と言う．

**例 2.22** 例 2.18 で扱った捩れ 3 次曲線

$$X : F = x_0 x_3 - x_1 x_2 = 0$$
$$G = x_1^2 - x_0 x_2 = 0$$
$$H = x_2^2 - x_1 x_3 = 0$$

の関数体 $\boldsymbol{C}(X)$ を求めてみよう．$z_i = x_i/x_0$ の $X$ への制限も $z_i$ と記すことにする．$X$ の定義式より，$z_1, z_2, z_3$ の間には

$$z_3 = z_1 z_2$$
$$z_1^2 = z_2$$
$$z_2^2 = z_1 z_3$$

なる関係があることが分かる．したがって，$X$ 上の有理関数としては，1 番目と 2 番目の式より

$$z_3 = z_1^3$$
$$z_2 = z_1^2$$

が成り立ち，$z_1, z_2, z_3$ に関する有理式を $X$ に制限するとすべて $z_1$ の有理式として書くことができることが分かり

$$\boldsymbol{C}(X) = \boldsymbol{C}(z_1)$$

であることが分かる． □

一般に $n$ 次元射影多様体 $X$ の関数体 $\boldsymbol{C}(X)$ は，$X \subset \boldsymbol{P}^N(\boldsymbol{C})$ のとき，同じ次数の斉次多項式 $F(x_0, x_1, \cdots, x_N), G(x_0, x_1, \cdots, x_N)$ の商

$$\frac{F(x_0,x_1,\cdots,x_N)}{G(x_0,x_1,\cdots,x_N)}$$

を $X$ 上に制限したものであるが，$F(x_0,x_1,\cdots,x_N)$ と同じ次数の斉次多項式 $\widetilde{F}(x_0,x_1,\cdots,x_N)$, $\widetilde{G}(x_0,x_1,\cdots,x_N)$ を，$F(x_0,x_1,\cdots,x_N)-\widetilde{F}(x_0,x_1,\cdots,x_N)$, $G(x_0,x_1,\cdots,x_N)-\widetilde{G}(x_0,x_1,\cdots,x_N)$ が共に $X$ 上で 0 になるように選ぶと

$$\left.\frac{F(x_0,x_1,\cdots,x_N)}{G(x_0,x_1,\cdots,x_N)}\right|_X = \left.\frac{\widetilde{F}(x_0,x_1,\cdots,x_N)}{\widetilde{G}(x_0,x_1,\cdots,x_N)}\right|_X$$

となる．本節(c)で述べたイデアルの言葉を使えば，$F-\widetilde{F}\in I(X)$, $G-\widetilde{G}\in I(X)$ であれば $F/G$ と $\widetilde{F}/\widetilde{G}$ とは同じ $\boldsymbol{C}(X)$ の元を表わす．

$\boldsymbol{C}(X)$ の構造をさらに詳しく調べるためには，イデアル論や体論の言葉を使うと便利であるが，ここでは割愛して，次の重要な結果を述べるにとどめる．

**定理 2.6** $n$ 次元射影多様体 $X$ の関数体 $\boldsymbol{C}(X)$ は $n$ 変数有理関数体 $\boldsymbol{C}(z_1,z_2,\cdots,z_n)$ の有限次拡大体である． □

体論の教えるところによれば $\boldsymbol{C}(X)$ の任意の元は，$\boldsymbol{C}(X)$ のある元 $y$ を使って

$$A_0(z)y^{m-1}+A_1(z)y^{m-2}+\cdots+A_{m-1}(z),$$

$A_j(z)=A_j(z_0,z_1,\cdots,z_n)$ は $z_0,z_1,\cdots,z_n$ の有理関数，と表示することができる．ここで $y$ は，$z_0,z_1,\cdots,z_n$ の多項式を係数とする多項式

$$B_0(z)X^m+B_1(z)X^{m-1}+\cdots+B_{m-1}(z)X+B_m(z)=0$$

を満足する．このとき $\boldsymbol{C}(X)$ の**超越次数**(transcendence degree)は $n$ であるという．定理 2.6 より $\boldsymbol{C}(X)$ の超越次数が射影多様体 $X$ の次元に等しいことが分かる．詳しく説明するより，次の例を見ていただいた方が分かりやすいであろう．

**例 2.23** $\boldsymbol{P}^3(\boldsymbol{C})$ 内の 2 次曲面

$$X: x_0^2+x_1^2+x_2^2+x_3^2=0$$

の関数体を考えてみよう．$x_i/x_0$ の $X$ への制限を $z_i$ と記すと，$\boldsymbol{C}(X)$ の各元は $z_1,z_2,z_3$ の有理関数として表示できる．ただし，$z_1,z_2,z_3$ の間には

(2.50) $$1+z_1^2+z_2^2+z_3^2=0$$

なる関係がある．$\boldsymbol{C}(X)$ の元は
$$A(z_1, z_2)z_3 + B(z_1, z_2)$$
の形に書けることを示そう．関係 (2.50) を使って，$z_1, z_2, z_3$ の有理関数は
$$g(z_1, z_2, z_3) = \frac{G(z_1, z_2, z_3)}{H(z_1, z_2, z_3)} = \frac{G_1(z_1, z_2)z_3 + G_2(z_1, z_2)}{H_1(z_1, z_2)z_3 + H_2(z_1, z_2)}$$
と表示できる．ここで $G_j, H_j$ は $z_1, z_2$ の多項式である．したがって，この式の分母，分子に $H_1(z_1, z_2)z_3 - H_2(z_1, z_2)$ をかけて，(2.50) を使うと
$$g(z_1, z_2, z_3) = \frac{(G_1 z_3 + G_2)(H_1 z_3 - H_2)}{(H_1 z_3 + H_2)(H_1 z_3 - H_2)}$$
$$= \frac{G_1 H_1 z_3^2 + (G_2 H_1 - G_1 H_2)z_3 - G_2 H_2}{H_1^2 z_3^2 - H_2^2}$$
$$= A(z_1, z_2)z_3 + B(z_1, z_2)$$
$$A(z_1, z_2) = \frac{G_2 H_1 - G_1 H_2}{-H_1^2(z_1^2 + z_2^2 + 1) - H_2^2}$$
$$B(z_1, z_2) = \frac{G_1 H_1(z_1^2 + z_2^2 + 1) + G_2 H_2}{H_1^2(z_1^2 + z_2^2 + 1) + H_2^2}$$
を得る．したがって $y = z_3$ ととればよいことが分かる．

$\boldsymbol{C}(X)$ の関数体は別の表示もできる．そのために
$$u = \frac{z_2 + z_3 i}{z_1 + i}, \quad v = \frac{z_2 - z_3 i}{z_1 + i}$$
($i = \sqrt{-1}$) とおこう．もちろん，これらは $\boldsymbol{C}(X)$ の元である．(2.50) より
$$uv + \frac{z_1 - i}{z_1 + i} = 0$$
すなわち，
$$z_1 = -i + \frac{2i}{1 + uv}$$
が成り立つ．したがって，$u, v$ の定義式より
$$z_2 = \frac{(u+v)i}{1 + uv}$$

$$z_3 = \frac{(u-v)i}{1+uv}$$

が成り立つ．このことから，
$$\boldsymbol{C}(X) = \boldsymbol{C}(u,v)$$
であることが分かる．このように関数体 $\boldsymbol{C}(X)$ の表示の仕方は種々あるが，2変数の有理関数体が基礎になる点には変わりがない．$\boldsymbol{C}(X)$ の超越次数は 2 である．$X$ の次元が 2 であることは，すでに述べた． □

射影多様体 $X_1, X_2$ の関数体 $\boldsymbol{C}(X_1), \boldsymbol{C}(X_2)$ が同じ（正確には同型）であるとき，$X_1$ と $X_2$ とは**双有理同値**(birationally equivalent) と言う．上の例 2.23 では，2 次曲面 $X$ の有理関数体 $\boldsymbol{C}(X)$ は 2 変数有理関数体 $\boldsymbol{C}(u,v)$ と見ることができ，射影平面 $\boldsymbol{P}^2(\boldsymbol{C})$ の関数体 $\boldsymbol{C}(\boldsymbol{P}^2(\boldsymbol{C}))$ と同じと見ることができ，2 次曲面と射影平面とは双有理同値であることが分かる．本節 (f) で示すように，2 次曲面 $X$ は $\boldsymbol{P}^1(\boldsymbol{C}) \times \boldsymbol{P}^1(\boldsymbol{C})$ と同一視でき，$\boldsymbol{P}^2(\boldsymbol{C})$ とは違っている．このように，2 次元以上になると，双有理同値であることは，同型であることよりも広い概念になっている．

### (e)　特異点，非特異点と接超平面

平面曲線の特異点についてはすでに述べたが，ここでは射影多様体の特異点について簡単に述べておこう．定義方程式
$$F_j(x_0, x_1, \cdots, x_n) = 0, \quad j = 1, 2, \cdots, m$$
で定義された射影多様体 $V = V((F_1, \cdots, F_m))$ の点 $(a_0 : a_1 : \cdots : a_n)$ を考える．定義方程式 $F_j$ は
$$I(V) = (F_1, F_2, \cdots, F_m)$$
であるようにとっておく．まず $a_0 \neq 0$ のときを考えよう．
$$b_k = \frac{a_k}{a_0}, \quad z_k = \frac{x_k}{x_0}, \quad k = 1, 2, \cdots, n$$
$$f_j(z_1, z_2, \cdots, z_n) = \frac{1}{x_0^{d_j}} F(x_0, x_1, \cdots, x_n),$$
$$d_j = \deg F_j, \quad j = 1, 2, \cdots, m$$

とおく．

**定義 2.6** $d$ 次元射影多様体 $V = V((F_1, \cdots, F_m))$ の点 $(a_0 : a_1 : \cdots : a_n) = (1 : b_1 : \cdots : b_n)$ は，行列

$$(2.51) \quad \begin{pmatrix} \frac{\partial f_1}{\partial z_1}(b_1, \cdots, b_n) & \frac{\partial f_1}{\partial z_2}(b_1, \cdots, b_n) & \cdots & \frac{\partial f_1}{\partial z_n}(b_1, \cdots, b_n) \\ \frac{\partial f_2}{\partial z_1}(b_1, \cdots, b_n) & \frac{\partial f_2}{\partial z_2}(b_1, \cdots, b_n) & \cdots & \frac{\partial f_2}{\partial z_n}(b_1, \cdots, b_n) \\ \cdots\cdots\cdots\cdots\cdots\cdots\cdots\cdots\cdots\cdots\cdots\cdots\cdots\cdots\cdots\cdots\cdots\cdots \\ \frac{\partial f_m}{\partial z_1}(b_1, \cdots, b_n) & \frac{\partial f_m}{\partial z_2}(b_1, \cdots, b_n) & \cdots & \frac{\partial f_m}{\partial z_n}(b_1, \cdots, b_n) \end{pmatrix}$$

の階数が $n-d$ のとき，**非特異点**(non-singular point)という．また上の行列の階数が $n-d-1$ 以下のとき**特異点**(singular point)という．  □

(2.51)の行列の階数は $n-d$ 以下であることが分かっている．上の定義では $a_0 \neq 0$ を仮定したが，一般に $a_i \neq 0$ のときは

$$c_1 = \frac{a_0}{a_i}, \quad c_2 = \frac{a_1}{a_i}, \quad \cdots, \quad c_i = \frac{a_{i-1}}{a_i}, \quad c_{i+1} = \frac{a_{i+1}}{a_i}, \quad \cdots, \quad c_n = \frac{a_n}{a_i}$$

$$w_1 = \frac{x_0}{x_i}, \quad w_2 = \frac{x_1}{x_i}, \quad \cdots, \quad w_i = \frac{x_{i-1}}{x_i}, \quad w_{i+1} = \frac{x_{i+1}}{x_i}, \quad \cdots, \quad w_n = \frac{x_n}{x_i}$$

$$g_j(w_1, \cdots, w_n) = \frac{1}{x_i^{d_j}} F_j(x_1, \cdots, x_n), \quad j = 1, 2, \cdots, m$$

とおいて，行列

$$(2.52) \quad \begin{pmatrix} \frac{\partial g_1}{\partial w_1}(c_1, \cdots, c_n) & \frac{\partial g_1}{\partial w_2}(c_1, \cdots, c_n) & \cdots & \frac{\partial g_1}{\partial w_n}(c_1, \cdots, c_n) \\ \frac{\partial g_2}{\partial w_1}(c_1, \cdots, c_n) & \frac{\partial g_2}{\partial w_2}(c_1, \cdots, c_n) & \cdots & \frac{\partial g_2}{\partial w_n}(c_1, \cdots, c_n) \\ \cdots\cdots\cdots\cdots\cdots\cdots\cdots\cdots\cdots\cdots\cdots\cdots\cdots\cdots\cdots\cdots\cdots\cdots \\ \frac{\partial g_m}{\partial w_1}(c_1, \cdots, c_n) & \frac{\partial g_m}{\partial w_2}(c_1, \cdots, c_n) & \cdots & \frac{\partial g_m}{\partial w_n}(c_1, \cdots, c_n) \end{pmatrix}$$

の階数が $n-d$ のとき点 $(a_0 : a_1 : \cdots : a_n) = (c_1 : c_2 : \cdots : c_i : 1 : c_{i+1} : \cdots : c_n)$ は非特異点，$n-d-1$ 以下のとき特異点であるという．この定義が $a_i \neq 0$ である $i$ の

**例 2.24** $l$ 次平面曲線
$$C:\ F(x_0, x_1, x_2) = 0$$
の点 $(a_0 : a_1 : a_2) = (1 : b_1 : b_2)$ は

(2.53) $\quad\dfrac{\partial f}{\partial z_1}(b_1, b_2) = 0, \quad \dfrac{\partial f}{\partial z_2}(b_1, b_2) = 0$

のとき特異点である．ただし
$$f(z_1, z_2) = \frac{1}{x_0^l} F(x_0, x_1, x_2)$$
とおいた．一方 $F(x_0, x_1, x_2) = x_0^l f\left(\dfrac{x_1}{x_0}, \dfrac{x_2}{x_0}\right)$ より

(2.54)
$$\begin{aligned}
\frac{\partial F}{\partial x_0} &= l x_0^{l-1} f\left(\frac{x_1}{x_0}, \frac{x_2}{x_0}\right) - x_0^{l-2} x_1 \frac{\partial f}{\partial z_1}\left(\frac{x_1}{x_0}, \frac{x_2}{x_0}\right) \\
&\quad - x_0^{l-2} x_2 \frac{\partial f}{\partial z_2}\left(\frac{x_1}{x_0}, \frac{x_2}{x_0}\right) \\
\frac{\partial F}{\partial x_1} &= x_0^{l-1} \frac{\partial f}{\partial z_1}\left(\frac{x_1}{x_0}, \frac{x_2}{x_0}\right) \\
\frac{\partial F}{\partial x_2} &= x_0^{l-1} \frac{\partial f}{\partial z_2}\left(\frac{x_1}{x_0}, \frac{x_2}{x_0}\right)
\end{aligned}$$

を得，(2.53) より

(2.55) $\quad\dfrac{\partial F}{\partial x_0}(a_0, a_1, a_2) = 0, \quad \dfrac{\partial F}{\partial x_1}(a_0, a_1, a_2) = 0, \quad \dfrac{\partial F}{\partial x_2}(a_0, a_1, a_2) = 0$

を得る．逆に (2.55) が成り立てば (2.54) より
$$\frac{\partial f}{\partial z_1}(b_1, b_2) = 0, \quad \frac{\partial f}{\partial z_2}(b_1, b_2) = 0$$
を得る．したがって平面曲線の特異点の定義，定義 2.3 と定義 2.6 とは同値であることが分かる． □

この例は，次の形の補題に一般化することができる．証明はこれも読者にまかせよう (演習問題 2.12)．

**補題 2.14** $d$ 次元射影多様体 $V = V((F_1, F_2, \cdots, F_m))$ の点 $(a_0 : a_1 : \cdots : a_n)$ が $V$ の非特異点であるための必要十分条件は，行列

$$\begin{pmatrix} \dfrac{\partial F_1}{\partial x_0}(a_0,\cdots,a_n) & \dfrac{\partial F_1}{\partial x_1}(a_0,\cdots,a_n) & \cdots & \dfrac{\partial F_1}{\partial x_n}(a_0,\cdots,a_n) \\ \dfrac{\partial F_2}{\partial x_0}(a_0,\cdots,a_n) & \dfrac{\partial F_2}{\partial x_1}(a_0,\cdots,a_n) & \cdots & \dfrac{\partial F_2}{\partial x_n}(a_0,\cdots,a_n) \\ \cdots\cdots\cdots\cdots\cdots\cdots\cdots\cdots\cdots\cdots\cdots\cdots\cdots\cdots\cdots\cdots \\ \dfrac{\partial F_m}{\partial x_0}(a_0,\cdots,a_n) & \dfrac{\partial F_m}{\partial x_1}(a_0,\cdots,a_n) & \cdots & \dfrac{\partial F_m}{\partial x_n}(a_0,\cdots,a_n) \end{pmatrix}$$

の階数が $n-d$ であることである. □

さて点 $(a_0:a_1:\cdots:a_n)=(c_1:\cdots:c_i:1:c_{i+1}:\cdots:c_n)$ が $d$ 次元射影多様体 $V=V((F_1,F_2,\cdots,F_m))$ の非特異点であるとするとき,(2.52) の行列の階数は $n-d$ であるので,必要ならば $g_1,\cdots,g_m,w_1,w_2,\cdots,w_n$ の添字をつけかえることによって

$$\det\left(\dfrac{\partial g_i}{\partial w_j}(c_1,\cdots,c_n)\right)_{1\leqq i,j\leqq n-d}\neq 0$$

と仮定しても一般性を失わない. このとき

$$u_i = w_{n-d+i} - c_{n-d+i}, \quad i=1,2,\cdots,d$$

とおくと,陰関数の定理によって,点 $(c_1:c_2:\cdots:c_{i-1}:1:c_{i+1}:\cdots:c_n)$ の近傍で $u_1,\cdots,u_d$ を使って $V$ をパラメータ表示することができる:

$$(\varphi_1(u_1,\cdots,u_d):\varphi_2(u_1,\cdots,u_d):\cdots:\varphi_i(u_1,\cdots,u_d):$$
$$1:\varphi_{i+1}(u_1,\cdots,u_d):\cdots:\varphi_{n-d}(u_1,\cdots,u_d):u_1+c_{n-d+1}:\cdots:u_d+c_n).$$

ここで,$\varphi_j(u_1,u_2,\cdots,u_d)$ は $(0,0,\cdots,0)$ の近傍で $(u_1,u_2,\cdots,u_d)$ の正則関数である. $(u_1,u_2,\cdots,u_d)$ を点 $(a_0:a_1:\cdots:a_n)=(c_1:c_2:\cdots:c_{i-1}:1:c_{i+1}:\cdots:c_n)$ の**局所パラメータ**(local parameter)と呼ぶ. このように局所パラメータを導入することによって,$d$ 次元非特異射影多様体は $d$ 次元コンパクト複素多様体の構造を持つことを示すことができるが,ここではこれ以上この点に関しては深入りしないことにする.

**例 2.25** 例 2.17 で取り扱った 2 次超曲面

$$Q:\sum_{i,j=0}^{n}c_{ij}x_ix_j=0,\quad c_{ij}=c_{ji}$$

の特異点は，補題 2.14 より
$$\sum_{j=0}^{n} c_{ij} x_j = 0, \quad i = 1, 2, \cdots, n$$
の $(0, 0, \cdots, 0)$ 以外の解から定まる点である．したがって $(c_{ij})$ の階数が最大の $n+1$ のときに限って 2 次超曲面は非特異射影多様体である． □

**例 2.26** 4 次曲面
$$S : F(x_0, x_1, x_2, x_3) = x_0^2 x_1^2 + x_2^2 x_3^2 = 0$$
の特異点は
$$\frac{\partial F}{\partial x_0} = 2 x_0 x_1^2 = 0$$
$$\frac{\partial F}{\partial x_1} = 2 x_0^2 x_1 = 0$$
$$\frac{\partial F}{\partial x_2} = 2 x_2 x_3^2 = 0$$
$$\frac{\partial F}{\partial x_3} = 2 x_2^2 x_3 = 0$$
を解くことによって得られる．したがって特異点は $\boldsymbol{P}^3(\boldsymbol{C})$ 内の 4 本の直線
$$l_{ij} : x_i = 0, \quad x_{2+j} = 0, \quad 0 \leqq i, j \leqq 1$$
よりなる．$l_{ij}$ 以外の $S$ の点は非特異点である． □

**例 2.27** 例 2.18 で扱った捩れ 3 次曲線は非特異射影多様体であることを示しておこう．捩れ 3 次曲線 $C$ は，三つの式
$$F(x_0, x_1, x_2, x_3) = x_0 x_3 - x_1 x_2 = 0$$
$$G(x_0, x_1, x_2, x_3) = x_1^2 - x_0 x_2 = 0$$
$$H(x_0, x_1, x_2, x_3) = x_2^2 - x_1 x_3 = 0$$
で与えられた．$(1 : b_1 : b_2 : b_3)$ を $C$ 上の点として $z_i = x_i / x_0$, $i = 1, 2, 3$ を使って
$$f(z) = \frac{1}{x_0^2} F(x) = z_3 - z_1 z_2$$
$$g(z) = \frac{1}{x_0^2} G(x) = z_1^2 - z_2$$
$$h(z) = \frac{1}{x_0^2} H(x) = z_2^2 - z_1 z_3$$

とおくと (2.51) の行列は

$$\begin{pmatrix} -b_2 & -b_1 & 1 \\ 2b_1 & -1 & 0 \\ -b_3 & 2b_2 & -b_1 \end{pmatrix}$$

となり，この行列の階数は 2 であることが分かる．$(0:a_1:a_2:a_3)$ となる $C$ の点は $(0:0:0:1)$ であるが，このときは

$$w_i = \frac{x_{i-1}}{x_3}, \quad i = 1, 2, 3$$

とおくと

$$\widetilde{f}(w) = \frac{1}{x_3^2} F(x) = w_1 - w_2 w_3$$

$$\widetilde{g}(w) = \frac{1}{x_3^2} G(x) = w_2^2 - w_1 w_3$$

$$\widetilde{h}(w) = \frac{1}{x_3^2} H(x) = w_3^2 - w_2$$

となり，問題の行列は

$$\begin{pmatrix} 1 & 0 & 0 \\ 0 & 0 & 0 \\ 0 & -1 & 0 \end{pmatrix}$$

となり階数は 2 である．したがって $C$ は非特異射影多様体である． □

最後に**接超平面** (tangent hyperplane) について簡単にふれておこう．点 $(a_0:a_1:\cdots:a_n)$ が $d$ 次元射影多様体 $V = V((F_1, \cdots, F_m))$ の非特異点であるとき，この点での $V$ の接超平面 $T_a$ は

$$(2.56) \qquad \sum_{i=0}^{n} \frac{\partial F_j}{\partial x_i}(a_0, a_1, \cdots, a_n) x_i = 0, \quad j = 1, 2, \cdots, m$$

で与えられる．$T_a$ が点 $(a_0:a_1:\cdots:a_n)$ を通ることは，Euler の恒等式からの直接の帰結である．$T_a$ は点 $(a_0:a_1:\cdots:a_n)$ を通りこの点で $V$ に接する直線の全体であることを見ておこう．点 $(a_0:a_1:\cdots:a_n)$ と点 $(b_0:b_1:\cdots:b_n)$ とを結ぶ直線は，パラメータ $s$ を使って

$$(sb_0+(1-s)a_0 : sb_1+(1-s)a_1 : \cdots : sb_n+(1-s)a_n)$$

と表示できる．この直線が点 $(a_0:a_1:\cdots:a_n)$ で $V$ に接する条件は

$$F_j(sb_0+(1-s)a_0,\ sb_1+(1-s)a_1,\ \cdots,\ sb_n+(1-s)a_n) = 0,$$
$$j = 1, 2, \cdots, m$$

が $s=0$ を重根に持つことである．

一方

$$\begin{aligned}
&F_j(sb_0+(1-s)a_0,\ sb_1+(1-s)a_1,\ \cdots,\ sb_n+(1-s)a_n) \\
&= F_j((1-s)a_0,\ (1-s)a_1,\ \cdots,\ (1-s)a_n) \\
&\quad + \sum_{i=0}^{n} \frac{\partial F_j}{\partial x_i}((1-s)a_0,\ (1-s)a_1,\ \cdots,\ (1-s)a_n)sb_i \\
&\quad + (s に関する 2 次以上の項) \\
&= (1-s)^{d_j-1} s \sum_{i=0}^{n} \frac{\partial F_j}{\partial x_i}(a_0, a_1, \cdots, a_n) b_i + (s に関する 2 次以上の項)
\end{aligned}$$

が成り立つので，$s=0$ を重根に持つ条件は

$$\sum_{i=0}^{n} \frac{\partial F_j}{\partial x_i}(a_0, a_1, \cdots, a_n) b_i = 0, \quad j = 1, 2, \cdots, m$$

となる．これは $(b_0:b_1:\cdots:b_n) \in T_a$ を意味し，このとき問題の直線は $T_a$ 上にあることになる．逆に $T_a$ 上の直線で点 $(a_0:a_1:\cdots:a_n)$ を通るものは，点 $(a_0:a_1:\cdots:a_n)$ で $V$ に接することは上の議論からも明らかであろう．

特異点では接超平面は定義できない．また平面曲線の場合と違って，局所パラメータを何組か取ってパラメータ表示することも一般にはできないことが分かっている．特異点を除去するためには §2.5(a) で述べるブローアップおよびそれの一般化が必要になる．§2.5(c) でこの点に関して，曲面の孤立特異点の除去に関して簡単な例を記すことにする．

### （f） 射影空間の積

この項では射影空間の積 $\boldsymbol{P}^m(\boldsymbol{C}) \times \boldsymbol{P}^n(\boldsymbol{C})$ を射影多様体と考えることができることを示そう．以下簡単のため $\boldsymbol{P}^n(\boldsymbol{C})$ を $\boldsymbol{P}^n$ と略記する．$\boldsymbol{P}^m \times \boldsymbol{P}^n$ は点集合としては $\boldsymbol{P}^m$ と $\boldsymbol{P}^n$ の点の対の全体

$$\{((a_0:a_1:\cdots:a_m),(b_0:b_1:\cdots:b_n))\mid (a_0:a_1:\cdots:a_m)\in \boldsymbol{P}^m,$$
$$(b_0:b_1:\cdots:b_n)\in \boldsymbol{P}^n\}$$

として定義される．簡単な場合 $m=n=1$ から始めよう．

次のような写像

(2.57)
$$\psi: \quad \boldsymbol{P}^1\times \boldsymbol{P}^1 \longrightarrow \boldsymbol{P}^3$$
$$\cup \qquad\qquad \cup$$
$$((a_0:a_1),(b_0:b_1))\longmapsto (a_0b_0:a_0b_1:a_1b_0:a_1b_1)$$

を考えてみよう．まずこの写像 $\psi$ が意味を持っていることを確かめておく必要がある．すなわち $(a_0:a_1)=(\alpha a_0:\alpha a_1)$, $(b_0:b_1)=(\beta b_0:\beta b_1)$, $\alpha,\beta\in \boldsymbol{C}^*$ であるが，このどちらの表示を使っても $\psi$ でうつされる点は同一であることを示しておく必要がある．このことは

$$\psi((\alpha a_0:\alpha a_1),(\beta b_0:\beta b_1))=(\alpha\beta a_0b_0:\alpha\beta a_0b_1:\alpha\beta a_1b_0:\alpha\beta a_1b_1)$$
$$=(a_0b_0:a_0b_1:a_1b_0:a_1b_1)$$
$$=\psi((a_0:a_1),(b_0:b_1))$$

よりただちに分かる．さて $\psi$ の像 $\psi(\boldsymbol{P}^1\times \boldsymbol{P}^1)$ はどのような多項式の零点になっているであろうか．$\boldsymbol{P}^3$ の斉次座標を $(x_0:x_1:x_2:x_3)$ として多項式

$$F=x_0x_3-x_1x_2$$

を考えると，
$$F(a_0b_0,a_0b_1,a_1b_0,a_1b_1)=a_0b_0a_1b_1-a_0b_1a_1b_0=0$$

である．逆に $V(F)$ の点 $(c_0:c_1:c_2:c_3)$ をとろう．
$$c_0c_3=c_1c_2$$

が成り立っている．まず $c_0\neq 0$ のときを考えよう．このとき

(2.58)
$$\frac{c_3}{c_0}=\frac{c_1}{c_0}\cdot\frac{c_2}{c_0}$$

が成り立っている．そこで，$\boldsymbol{P}^1\times \boldsymbol{P}^1$ の点 $((1:c_2/c_0),(1:c_1/c_0))$ の $\psi$ による像を調べてみよう．(2.58) より

$$\psi\left(\left(1:\frac{c_2}{c_0}\right),\left(1:\frac{c_1}{c_0}\right)\right)=\left(1:\frac{c_1}{c_0}:\frac{c_2}{c_0}:\frac{c_2}{c_0}\cdot\frac{c_1}{c_0}\right)$$

$$= \left(1 : \frac{c_1}{c_0} : \frac{c_2}{c_0} : \frac{c_3}{c_0}\right)$$
$$= (c_0 : c_1 : c_2 : c_3)$$

を得,点 $(c_0:c_1:c_2:c_3)$ は $\psi(\boldsymbol{P}^1 \times \boldsymbol{P}^1)$ に含まれることが分かった.次に $c_1 \neq 0$ のときを考えてみよう.このときは

(2.59) $$\frac{c_2}{c_1} = \frac{c_0}{c_1} \cdot \frac{c_3}{c_1}$$

が成り立つ. $\boldsymbol{P}^1 \times \boldsymbol{P}^1$ の点 $((1:c_3/c_1), (c_0/c_1:1))$ の $\psi$ による像を調べると,(2.59) より

$$\psi\left(\left(1 : \frac{c_3}{c_1}\right), \left(\frac{c_0}{c_1} : 1\right)\right) = \left(\frac{c_0}{c_1} : 1 : \frac{c_3}{c_1} \cdot \frac{c_0}{c_1} : \frac{c_3}{c_1}\right)$$
$$= \left(\frac{c_0}{c_1} : 1 : \frac{c_2}{c_1} : \frac{c_3}{c_1}\right)$$
$$= (c_0 : c_1 : c_2 : c_3)$$

が成り立ち,$(c_0:c_1:c_2:c_3)$ は $\psi(\boldsymbol{P}^1 \times \boldsymbol{P}^1)$ の点であることが分かる.$c_2 \neq 0$, $c_3 \neq 0$ のときも同様の計算によって,$(c_0:c_1:c_2:c_3)$ は $\psi(\boldsymbol{P}^1 \times \boldsymbol{P}^1)$ の点であることが分かる.以上の考察によって

$$\psi(\boldsymbol{P}^1 \times \boldsymbol{P}^1) = V(x_0 x_3 - x_1 x_2)$$

であることが分かった.例 2.17 より非特異 2 次曲面は射影変換によって標準型 $x_0 x_3 - x_1 x_2 = 0$ にうつされることが分かっている.したがって非特異 2 次曲面は $\boldsymbol{P}^1 \times \boldsymbol{P}^1$ と同一視することができる.

次にもう少し複雑な $\boldsymbol{P}^1 \times \boldsymbol{P}^2$ を考察しよう.今度は写像

(2.60)
$$\psi : \boldsymbol{P}^1 \times \boldsymbol{P}^2 \longrightarrow \boldsymbol{P}^5$$
$$((a_0:a_1), (b_0:b_1:b_2)) \longmapsto (a_0 b_0 : a_0 b_1 : a_0 b_2 : a_1 b_0 : a_1 b_1 : a_1 b_2)$$

を考える.これが写像としてきちんと定義できていることは,上と同様に簡単に確かめることができる.$\boldsymbol{P}^5$ の斉次座標を $(z_0:z_1:z_2:z_3:z_4:z_5)$ として,$\psi$ の像が満足する方程式を求めてみよう.多項式

$$F = z_0 z_4 - z_1 z_3$$

$$G = z_0 z_5 - z_2 z_3$$
$$H = z_1 z_5 - z_2 z_4$$

を考える．

$$\psi(\boldsymbol{P}^1 \times \boldsymbol{P}^2) \subset V((F, G, H))$$

であることはすぐ分かる．（ちなみに $F, G, H$ の求め方を述べておこう．$a_0 a_1 b_0 b_1$ は 2 通りの積 $(a_0 b_0)(a_1 b_1)$, $(a_0 b_1)(a_1 b_0)$ に書き直すことができ，点 $(a_0 b_0 : a_0 b_1 : a_0 b_2 : a_1 b_0 : a_1 b_1 : a_1 b_2)$ は $z_0 z_4 - z_1 z_3$ の零点であることが分かる．同様に $a_0 a_1 b_0 b_2, a_0 a_1 b_1 b_2$ を 2 通りの積に分解することによって $G, H$ を求めることができる．）さて $V((F, G, H))$ の点 $(c_0 : c_1 : c_2 : c_3 : c_4 : c_5)$ を考えよう．

$$c_0 c_4 - c_1 c_3 = 0$$
$$c_0 c_5 - c_2 c_3 = 0$$
$$c_1 c_5 - c_2 c_4 = 0$$

が成り立っている．上と同様に，まず $c_0 \neq 0$ の場合を考えてみよう．このときは

(2.61) $\quad \dfrac{c_4}{c_0} = \dfrac{c_1}{c_0} \cdot \dfrac{c_3}{c_0}, \quad \dfrac{c_5}{c_0} = \dfrac{c_2}{c_0} \cdot \dfrac{c_3}{c_0}, \quad \dfrac{c_1}{c_0} \cdot \dfrac{c_5}{c_0} = \dfrac{c_2}{c_0} \cdot \dfrac{c_4}{c_0}$

が成り立っている．そこで点 $((1 : c_3/c_0), (1 : c_1/c_0 : c_2/c_0)) \in \boldsymbol{P}^1 \times \boldsymbol{P}^2$ の $\psi$ による像を調べてみよう．$((c_0 : c_1 : c_2 : c_3 : c_4 : c_5) = \psi((a_0 : a_1), (b_0 : b_1 : b_2))$ のときは $((1 : c_3/c_0), (c_1/c_0 : c_2/c_0)) = ((1 : a_1/a_0), (1 : b_1/b_0 : b_2/b_0))$ であることに注意．）(2.61) を使って

$$\psi\left(\left(1 : \dfrac{c_3}{c_0}\right), \left(1 : \dfrac{c_1}{c_0} : \dfrac{c_2}{c_0}\right)\right) = \left(1 : \dfrac{c_1}{c_0} : \dfrac{c_2}{c_0} : \dfrac{c_3}{c_0} : \dfrac{c_3}{c_0} \cdot \dfrac{c_1}{c_0} : \dfrac{c_3}{c_0} \cdot \dfrac{c_2}{c_0}\right)$$
$$= \left(1 : \dfrac{c_1}{c_0} : \dfrac{c_2}{c_0} : \dfrac{c_3}{c_0} : \dfrac{c_4}{c_0} : \dfrac{c_5}{c_0}\right)$$
$$= (c_0 : c_1 : c_2 : c_3 : c_4 : c_5)$$

を得，点 $(c_0 : c_1 : c_2 : c_3 : c_4 : c_5)$ は $\psi$ の像 $\psi(\boldsymbol{P}^1 \times \boldsymbol{P}^2)$ の点であることが分かる．$c_i \neq 0$, $i = 1, \cdots, 5$ のときも同様の計算によって，$V((F, G, H))$ の点は $\psi$ の像の点であることが分かり，

$$V((F, G, H)) = \psi(\boldsymbol{P}^1 \times \boldsymbol{P}^2)$$

であることが示される．

一般の場合，どのように考えたらよいか明らかであろう．一般には
(2.62)
$$\psi: \quad \boldsymbol{P}^m \times \boldsymbol{P}^n \quad \longrightarrow \quad \boldsymbol{P}^{(m+1)(n+1)-1}$$
$$\cup \qquad\qquad\qquad \cup$$
$$((a_0:\cdots:a_m),(b_0:\cdots:b_n)) \longmapsto (a_0b_0:a_0b_1:\cdots:a_0b_n:a_1b_0:a_1b_1:$$
$$\cdots:a_1b_n:\cdots:a_ib_0:a_ib_1:\cdots:a_ib_n:$$
$$\cdots:a_mb_0:a_mb_1:\cdots:a_mb_n)$$

と考えることになる．写像としてきちんと定義できていることは容易に分かる．$\psi$ の像 $\psi(\boldsymbol{P}^m \times \boldsymbol{P}^n)$ の満足する方程式を求めてみよう．今度は射影空間 $\boldsymbol{P}^{(m+1)(n+1)-1}$ の斉次座標を $(z_0:z_1:\cdots:z_{(m+1)(n+1)-1})$ とする．$0 \leqq i < j \leqq m$, $0 \leqq k < l \leqq n$ に対して
$$a_i a_j b_k b_l = (a_i b_k)(a_j b_l) = (a_i b_l)(a_j b_k)$$
より，$\psi$ の像は 2 次斉次式
$$F_{(i,j),(k,l)} = z_{(n+1)i+k} z_{(n+1)j+l} - z_{(n+1)i+l} z_{(n+1)j+k}$$
の零点であることが分かる．((2.62) より $a_i b_j$ は $\boldsymbol{P}^{(m+1)(n+1)-1}$ の $(n+1)i+j+1$ 番目の座標に現われることと，座標は $z_0$ から始まることに注意．）上と同様の議論によって
$$\psi(\boldsymbol{P}^m \times \boldsymbol{P}^n) = V\left((F_{(i,j),(k,l)})_{\substack{0 \leqq i < j \leqq m \\ 0 \leqq k < l \leqq n}}\right)$$
であることが分かる．

**定理 2.7** $\boldsymbol{P}^m \times \boldsymbol{P}^n$ は (2.62) の写像 $\psi$ によって $\boldsymbol{P}^{(m+1)(n+1)-1}$ の中の射影多様体と考えることができ，その定義方程式は
$$z_{(n+1)i+k} z_{(n+1)j+l} - z_{(n+1)i+l} z_{(n+1)j+k} = 0,$$
$$0 \leqq i < j \leqq m, \quad 0 \leqq k < l \leqq n$$
で与えられる． □

同様の議論は射影空間の有限個の積 $\boldsymbol{P}^{n_1} \times \boldsymbol{P}^{n_2} \times \cdots \times \boldsymbol{P}^{n_l}$ に対しても成立する．これは読者の演習としよう．

さて $\boldsymbol{P}^m \times \boldsymbol{P}^n$ は射影多様体と考えてよいことが分かったが，$\boldsymbol{P}^m \times \boldsymbol{P}^n$ の"部

分多様体"を直接定義してみよう．$P^m$ の斉次座標を $(x_0:x_1:\cdots:x_m)$，$P^n$ の斉次座標を $(y_0:y_1:\cdots:y_n)$ として，$x_i, y_j$ の多項式 $F(x_0,x_1,\cdots,x_m,y_0,y_1,\cdots,y_n)$ を考える．$C^* = C - \{0\}$ の任意の元 $\alpha, \beta$ に対して

$$F(\alpha x_0, \alpha x_1, \cdots, \alpha x_m, \beta y_0, \beta y_1, \cdots, \beta y_n)$$
$$= \alpha^d \beta^e F(x_0, x_1, \cdots, x_m, y_0, y_1, \cdots, y_n)$$

が常に成り立つとき，$F(x_0,\cdots,x_m,y_0,\cdots,y_n)$ を $x_i$ に関して $d$ 次，$y_j$ に関して $e$ 次の2重斉次多項式あるいは $(d,e)$ 次の2重斉次多項式と呼ぶ．言いかえると $y_0,\cdots,y_n$ をとめて $x_0,\cdots,x_m$ の多項式とみたとき $d$ 次斉次式，$x_0,\cdots,x_m$ をとめて $y_0,\cdots,y_n$ の多項式とみたとき $e$ 次斉次式のとき $(d,e)$ 次の2重斉次多項式である．たとえば

$$x_0^2 y_1^3 + 2x_1 x_2 y_0 y_1^2 + 3x_2^2 y_0^3$$

は $x_0, x_1, x_2$ に関して2次，$y_0, y_1, y_2$ に関して3次の2重斉次式である．しかしながら

$$x_0^2 y_1^3 + 2x_1^2 y_0 + 3x_2^2 y_0^3$$

は $x_0, x_1, x_2$ に関しては2次斉次式であるが，$y_0, y_1$ に関しては斉次式でないので2重斉次式ではない．

さて $F(x_0,\cdots,x_m,y_0,\cdots,y_n)$ が $(d,e)$ 次の2重斉次式のとき，点 $(a_0,\cdots,a_m, b_0,\cdots,b_n)$, $(a_0,\cdots,a_m) \neq (0,\cdots,0)$, $(b_0,\cdots,b_n) \neq (0,\cdots,0)$ に対して

$$F(a_0,\cdots,a_m,b_0,\cdots,b_n) = 0$$

が成り立ったとしよう．すると，$C^*$ の任意の元 $\alpha, \beta$ に対して

$$F(\alpha a_0,\cdots,\alpha a_m,\beta b_0,\cdots,\beta b_n) = 0$$

が成り立つ．したがって点 $((a_0:\cdots:a_m), (b_0:\cdots:b_n)) \in P^m \times P^n$ が2重斉次式 $F$ の零点であるということは意味を持つ．すなわち

$$V(F) = \{((a_0:\cdots:a_m),\ (b_0:\cdots:b_n)) \in P^m \times P^n \mid $$
$$F(a_0,\cdots,a_m,b_0,\cdots,b_n) = 0\}$$

は $P^m \times P^n$ の部分集合を定める．$V(F)$ は通常 $P^m \times P^n$ の $(d,e)$ 次超曲面と呼ばれる．もっと一般に，2重斉次式 $F_1, F_2, \cdots, F_l$ に対して，

$$V((F_1, F_2, \cdots, F_l)) = \{((a_0:\cdots:a_m),\ (b_0:\cdots:b_n)) \in P^m \times P^n \mid $$
$$F_i(a_0,\cdots,a_m,b_0,\cdots,b_n) = 0,\ 1 \leq i \leq l\}$$

が定義できる．これを $\boldsymbol{P}^m \times \boldsymbol{P}^n$ の射影的集合と呼ぶ．射影空間のときと同様に，射影的集合が可約であることや既約であることが定義できる．既約な射影的集合を $\boldsymbol{P}^m \times \boldsymbol{P}^n$ の射影部分多様体と呼ぶ．$\boldsymbol{P}^m \times \boldsymbol{P}^n$ の射影部分多様体 $V$ は (2.62) の写像 $\psi$ によって $\boldsymbol{P}^{(n+1)(m+1)-1}$ の部分集合と考えることができるが，$\psi(V)$ は $\boldsymbol{P}^{(n+1)(m+1)-1}$ の中の射影多様体であることが分かる．

**例 2.28** $\boldsymbol{P}^1 \times \boldsymbol{P}^2$ の方程式

$$(2.63) \qquad x_0 y_2 - x_1 y_1 = 0$$

で定義される $(1,1)$ 次超曲面 $V$ を考えよう．$V$ が既約であることは，多項式 $x_0 y_2 - x_1 y_1$ が既約であることより分かる．$\boldsymbol{P}^1 \times \boldsymbol{P}^2$ の第 2 成分への射影を $V$ に制限したものを $\pi$ と記そう：

$$\begin{array}{ccc} \pi: & V & \longrightarrow & \boldsymbol{P}^2 \\ & \cup & & \cup \\ & ((a_0:a_1),(b_0:b_1:b_2)) & \longmapsto & (b_0:b_1:b_2) \end{array}$$

写像 $\pi$ は全射であることを示そう．$(b_0:b_1:b_2) \neq (1:0:0)$ のときは，(2.63) より

$$\pi^{-1}((b_0:b_1:b_2)) = ((b_1:b_2),(b_0:b_1:b_2))$$

となる．一方 $(1:0:0)$ に対しては (2.63) は何の条件も与えず

$$\pi^{-1}((1:0:0)) = \boldsymbol{P}^1 \times \{(1:0:0)\}$$

となる．$E = \pi^{-1}((1:0:0))$，$\mathfrak{p} = (1:0:0)$ とおくと，$\pi$ は $V-E$ から $\boldsymbol{P}^2-\{\mathfrak{p}\}$ への同型写像を与え，一方 $\pi(E) = \mathfrak{p}$ である．すなわち，$V$ の中の曲線 $E$ だけが $\pi$ で 1 点につぶれ，$E$ 以外のところでは $\pi$ は同型写像である．このように射影多様体 $V$ と射影平面 $\boldsymbol{P}^2$ とは少しの違いしかない．実際に両者の関数体は同一であることが分かり，$V$ と $\boldsymbol{P}^2$ とは双有理同値であり，$\pi$ は双有理写像である．今の場合は，$V$ は $\boldsymbol{P}^2$ の 1 点 $\mathfrak{p}$ のかわりに射影直線 $\boldsymbol{P}^1$ を "挿入" して得られたものである．この操作を**ブローアップ** (blowing-up) と呼び $E$ のことを**例外曲線** (exceptional curve) と呼ぶ．このことについては次節で述べる．ここでは $E$ の点の意味を調べておこう．点 $\mathfrak{p} = (1:0:0)$ を通る直線は

$$\alpha y_2 - \beta y_1 = 0$$

で書ける．したがって点 $(1:\alpha t:\beta t)$, $t \in \boldsymbol{C}$ はこの直線上にある．$t \neq 0$ のとき
$$\pi^{-1}((1:\alpha t:\beta t)) = ((\alpha t:\beta t), (1:\alpha t:\beta t))$$
$$= ((\alpha:\beta), (1:\alpha t:\beta t))$$
となり，$t \to 0$ では，この点は $((\alpha:\beta), (1:0:0))$ となり $E$ の点を定める．このことから，$E$ の各点 $((\alpha:\beta):(1:0:0))$ は点 $(1:0:0)$ を通る直線 $\alpha y_2 - \beta y_1 = 0$ の傾きに対応していることが分かる．ブローアップとは，1 点 $\mathfrak{p}$ のかわりに，その点を通る直線の傾きを新しい点としてつけ加えて，点 $\mathfrak{p}$ をふくらませたものと考えることができる．

最後に $\boldsymbol{P}^1 \times \boldsymbol{P}^2$ から $\boldsymbol{P}^1$ への射影により定まる写像

$$\begin{array}{ccc} \varpi: & V & \longrightarrow & \boldsymbol{P}^1 \\ & \cup & & \cup \\ & ((a_0:a_1), (b_0:b_1:b_2)) & \longmapsto & (a_0:a_1) \end{array}$$

を考察しよう．今度は $(a_0, a_1) \neq (0,0)$ だから式 (2.63) を解いて
$$\varpi^{-1}((a_0:a_1)) = ((a_0:a_1), (b:a_0:a_1))$$
を得る．ここで $b$ は任意の値を取り得る．したがって $\varpi^{-1}((a_0:a_1))$ は $\boldsymbol{P}^1$ と見ることができることが分かる．あるいは $\varpi^{-1}((a_0:a_1))$ は $\boldsymbol{P}^2$ の式
$$a_0 y_2 - a_1 y_1 = 0$$
で定まる直線と同一視できるので，$\varpi^{-1}((a_0:a_1))$ は $\boldsymbol{P}^1$ と同型と言ってもよい．このように，$\varpi: V \to \boldsymbol{P}^1$ によって，$\boldsymbol{P}^1$ の各点の逆像が $\boldsymbol{P}^1$ と同一視できる構造を持っていることが分かる．これは幾何学的には図 2.13 のように考えることができる．$\boldsymbol{P}^2$ の $\mathfrak{p}$ を通る直線の全体を考えてみよう．このような直線は
$$\alpha y_2 - \beta y_1 = 0$$
と書けるので，$\boldsymbol{P}^1$ の点 $(\alpha:\beta)$ と対応する．この直線を $l_{(\alpha:\beta)}$ と記そう．点集合としては
$$\boldsymbol{P}^2 = \bigcup_{(\alpha:\beta) \in \boldsymbol{P}^1} l_{(\alpha:\beta)}$$
であるが，$(\alpha:\beta) \neq (\alpha':\beta')$ のとき $l_{(\alpha:\beta)}$ と $l_{(\alpha':\beta')}$ とは点 $\mathfrak{p}$ でのみ交わってお

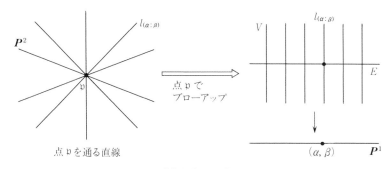

**図 2.13** 射影平面のブローアップ

り，$\boldsymbol{P}^2 - \{\mathfrak{p}\}$ の各点はただ一つの直線 $l_{(\alpha:\beta)}$ 上にあることが分かる．このことより，写像

$$\varpi' : \boldsymbol{P}^2 - \{\mathfrak{p}\} \longrightarrow \boldsymbol{P}^1$$
$$\cup \qquad \cup$$
$$\mathfrak{q} \longmapsto (\alpha:\beta)$$

(ここで $\mathfrak{q}$ は $l_{(\alpha:\beta)}$ 上の点)が定義できる．しかしこの写像は点 $\mathfrak{p}$ まで拡張することはできない．しかし点 $\mathfrak{p}$ で $\boldsymbol{P}^2$ をブローアップして $V$ を考えると，例外曲線 $E$ の各点は $\mathfrak{p}$ を通る直線の傾きに対応していることより $\varpi'$ は $V$ から $\boldsymbol{P}^1$ への写像に拡張できる．これが写像 $\varpi$ にほかならない．

$(1:0:0)$ 以外の点 $(a_0:a_1:a_2) \in \boldsymbol{P}^2$ でのブローアップも同様に考えることができる．このときは $\boldsymbol{P}^1 \times \boldsymbol{P}^2$ 内に $(2.63)$ のかわりに方程式
$$x_0(a_0 y_2 - a_2 y_0) - x_1(a_0 y_1 - a_1 y_0) = 0$$
で定義される $(1,1)$ 次超曲面を考えればよい．今までの議論と同様であるので，読者の演習としよう．　　　　　　　　　　　　　　　　　　□

## §2.5　特異点の解消

この節では平面曲線の特異点の解消(特異点の除去ともいう)について述べる．§2.4(f) でブローアップについて少し述べたが，この節ではもう少し詳

しく論じることにして，その応用として平面曲線の特異点の解消を論じることにする．

### (a) 射影平面のブローアップ

§2.4(f)で射影平面の $\boldsymbol{P}^2(\boldsymbol{C})$ の1点 $\mathfrak{p}$ でのブローアップについて論じた．それは点 $\mathfrak{p}$ のところに，$\mathfrak{p}$ を通る直線の傾きを一つの点と考えて傾きの全体（それは $\boldsymbol{P}^1(\boldsymbol{C})$ に等しい）を $\mathfrak{p}$ のかわりに挿入して新しい射影多様体 $V$ を得ることであった．$V$ のことを今後 $Q_\mathfrak{p}(\boldsymbol{P}^2(\boldsymbol{C}))$ と記し，点 $\mathfrak{p}$ に挿入した曲線を例外曲線と呼び，$E_\mathfrak{p}$ と記す．ところで $\boldsymbol{P}^2(\boldsymbol{C})$ の1点でのブローアップは一応理解できたとしても，$Q_\mathfrak{p}(\boldsymbol{P}^2(\boldsymbol{C}))$ の1点でのブローアップをどう定義したらよいであろうか．この疑問に答えるために，まずアフィン平面 $\boldsymbol{A}^2$ のブローアップを定義することから始める．アフィン平面 $\boldsymbol{A}^2$ の座標を $(u,v)$，$\boldsymbol{P}^1(\boldsymbol{C})$ の斉次座標を $(x_0:x_1)$ として，$\boldsymbol{P}^1(\boldsymbol{C})\times\boldsymbol{A}^2$ の部分集合 $\widetilde{U}$ を式

$$(2.64) \qquad ux_1 - vx_0 = 0$$

で定義する．すなわち

$$\widetilde{U} = \{((a_0:a_1),(b,c)) \in \boldsymbol{P}^1(\boldsymbol{C})\times\boldsymbol{A}^2 \mid ba_1 - ca_0 = 0\}$$

である．$\widetilde{\mathcal{U}}_0, \widetilde{\mathcal{U}}_1$ を

$$\widetilde{\mathcal{U}}_i = \{((a_0:a_1),(b,c)) \in \widetilde{U} \mid a_i \neq 0\}, \quad i = 0, 1$$

と定めると，

$$\widetilde{U} = \widetilde{\mathcal{U}}_0 \cup \widetilde{\mathcal{U}}_1$$

である．さらに $\widetilde{\mathcal{U}}_0$ の点 $((a_0:a_1),(b,c))$ に対しては

$$ba_1 - ca_0 = 0$$

より

$$c = b \cdot \frac{a_1}{a_0}$$

が成り立ち，

$$((a_0:a_1),(b,c)) = \left(\left(1:\frac{a_1}{a_0}\right), \left(b, b\cdot\frac{a_1}{a_0}\right)\right)$$

と書ける．このことより $\boldsymbol{A}^2$ から $\widetilde{\mathcal{U}}_0$ への同型写像

(2.65)
$$\begin{array}{ccc} \varphi_0: & \boldsymbol{A}^2 & \xrightarrow{\sim} & \widetilde{\mathcal{U}}_0 \\ & \cup & & \cup \\ & (u,v) & \longmapsto & ((1:u),(v,uv)) \end{array}$$

が存在することが分かる．同様に同型写像

(2.66)
$$\begin{array}{ccc} \varphi_1: & \boldsymbol{A}^2 & \xrightarrow{\sim} & \widetilde{\mathcal{U}}_1 \\ & \cup & & \cup \\ & (w,z) & \longmapsto & ((w:1),(wz,z)) \end{array}$$

の存在も分かる．このようにして，$\widetilde{\mathcal{U}}_0, \widetilde{\mathcal{U}}_1$ はアフィン平面と同一視でき，$\widetilde{U}$ はこの2枚のアフィン平面を写像 $\varphi = \varphi_1^{-1} \circ \varphi_0$ で貼り合わせたものと考えることができる．$\varphi = \varphi_1^{-1} \circ \varphi_0$ は $\boldsymbol{A}^2 - \{u=0\}$ から $\boldsymbol{A}^2 - \{w=0\}$ の同型写像で

(2.67)
$$w = \frac{1}{u}$$
$$z = uv$$

すなわち，$\varphi((x,y)) = (1/x, xy)$ で与えられる．

$\widetilde{U}$ が $\boldsymbol{A}^2$ の原点でのブローアップと考えられることを示そう．$\boldsymbol{P}^1(\boldsymbol{C}) \times \boldsymbol{A}^2$ から $\boldsymbol{A}^2$ への射影によって写像

(2.68)
$$\begin{array}{ccc} \widetilde{\pi}: & \widetilde{U} & \longrightarrow & \boldsymbol{A}^2 \\ & \cup & & \cup \\ & ((a_0:a_1),(b,c)) & \longmapsto & (b,c) \end{array}$$

が定まる．もし $(b,c) \neq (0,0)$ であれば (2.64) より
$$\widetilde{\pi}^{-1}((b,c)) = ((b:c),(b,c))$$
であるが，$\boldsymbol{A}^2$ の点 $(0,0)$ では
$$\widetilde{\pi}^{-1}((0,0)) = \boldsymbol{P}^1(\boldsymbol{C}) \times (0,0)$$
である．$\widetilde{\pi}^{-1}((0,0)) = E$ とおくと，これは射影直線と同型で，$\widetilde{\pi}$ は $\widetilde{U} - E$ から $\boldsymbol{A}^2 - \{(0,0)\}$ への同型写像を与えている．ちょうど §2.4(f) での $\pi: V \to \boldsymbol{P}^2(\boldsymbol{C})$ の状況と一致している．$\boldsymbol{P}^2(\boldsymbol{C})$ が3枚のアフィン平面 $\boldsymbol{A}^2$ を関係式

$$(2.69) \quad \begin{cases} u_1 = \dfrac{1}{v_1} \\ u_2 = \dfrac{v_2}{v_1} \end{cases} \quad \begin{cases} v_1 = \dfrac{w_1}{w_2} \\ v_2 = \dfrac{1}{w_2} \end{cases} \quad \begin{cases} w_1 = \dfrac{1}{u_2} \\ w_2 = \dfrac{u_1}{u_2} \end{cases}$$

で貼り合わせてできていると考えることができた．(射影平面 $\boldsymbol{P}^2$ の斉次座標 $(x_0:x_1:x_2)$ に対し $(u_1,u_2)=(x_1/x_0,x_2/x_0)$, $(v_1,v_2)=(x_0/x_1,x_2/x_1)$, $(w_1,w_2)=(x_0/x_2,x_1/x_2)$ とおいた．) そこで $(u_1,u_2)$, $(v_1,v_2)$, $(w_1,w_2)$ を座標とするアフィン平面をそれぞれ $\mathcal{U},\mathcal{V},\mathcal{W}$ と記して，$\boldsymbol{P}^2(\boldsymbol{C})$ は $\mathcal{U},\mathcal{V},\mathcal{W}$ を関係 (2.69) で貼り合わせてできたものと見よう：

$$(2.70) \qquad \boldsymbol{P}^2(\boldsymbol{C}) = \mathcal{U} \cup \mathcal{V} \cup \mathcal{W}.$$

そこで，写像 (2.68) に現われる $\boldsymbol{A}^2$ を $\mathcal{U}$ と見よう．写像 $\widetilde{\pi}: \widetilde{U} \to \mathcal{U}$ は $\widetilde{\mathcal{U}}_0, \widetilde{\mathcal{U}}_1$ を $\varphi_0, \varphi_1$ でアフィン平面と見て，その座標で表示すると (2.65), (2.66) より

$$(2.71) \qquad \begin{aligned} (u,v) &\longmapsto (v,uv) \\ (w,z) &\longmapsto (wz,z) \end{aligned}$$

となる．

さて，(2.70) の貼り合わせで，$\mathcal{U}$ のかわりに $\widetilde{U}$ をとって $\mathcal{V} \cup \mathcal{W}$ と貼り合わせることができる．なぜならば，$\widetilde{\pi}$ は $\widetilde{U}-E$ と $\mathcal{U}-\{(0,0)\}$ との同型を与え，$\mathcal{U}$ を $\mathcal{V}$ と貼り合わせるところでは $u_1 \neq 0$, $\mathcal{W}$ と貼り合わせるところでは $u_2 \neq 0$ で，点 $(0,0)$ は貼り合わせる部分には含まれていない．したがって $\widetilde{\pi}$ を使って $\widetilde{U}-E$ と $\mathcal{U}-\{(0,0)\}$ を同一視することによって，$\widetilde{U}, \mathcal{V}$ と $\mathcal{W}$ を貼り合わせることができる．$\mathcal{V} \cup \mathcal{W} = \boldsymbol{P}^2(\boldsymbol{C}) - \{(1:0:0)\}$ であるので，これを

$$V = \widetilde{U} \underset{\widetilde{\pi}}{\cup} (\boldsymbol{P}^2(\boldsymbol{C}) - \{(1:0:0)\}) = \widetilde{U} \cup \mathcal{V} \cup \mathcal{W}$$

と記そう．このとき，写像

$$\pi: V \longrightarrow \boldsymbol{P}^2(\boldsymbol{C}) = \mathcal{U} \cup \mathcal{V} \cup \mathcal{W}$$

を $\widetilde{U}$ 上では $\widetilde{\pi}$, $\mathcal{V}, \mathcal{W}$ 上では恒等写像とおくことによって定義することができる．これが §2.4(f)，例 2.28 の $\boldsymbol{P}^2(\boldsymbol{C})$ のブローアップと同一のものであることは容易に分かる．すなわち $V = Q_\mathfrak{p}(\boldsymbol{P}^2(\boldsymbol{C}))$, $\mathfrak{p} = (1:0:0)$ である．さらに $\widetilde{U}$

は2枚のアフィン平面$\widetilde{\mathcal{U}}_0, \widetilde{\mathcal{U}}_1$の貼り合わせで構成でき，結局$V = Q_{\mathfrak{p}}(\boldsymbol{P}^2(\boldsymbol{C}))$は4枚のアフィン平面を貼り合わせて構成できることが分かった．しかも本質的な部分はアフィン平面$\boldsymbol{A}^2$のブローアップ$\widetilde{U}$であった．

上の議論では$\boldsymbol{A}^2$の原点でのブローアップを考えたが，$\boldsymbol{A}^2$の他の点でのブローアップも同様に定義できることは明らかであろう．すなわち点$(a, b) \in \boldsymbol{A}^2$でのブローアップは$\boldsymbol{P}^1(\boldsymbol{C}) \times \boldsymbol{A}^2$の部分集合
$$\widetilde{U}_{(a,b)} : (u-a)x_1 - (v-b)x_0 = 0$$
で与えられる．この$\widetilde{U}_{(a,b)}$と他に2枚のアフィン平面を貼り合わせることによって$\boldsymbol{P}^2(\boldsymbol{C})$の任意の点$\mathfrak{p}$でのブローアップ$Q_{\mathfrak{p}}(\boldsymbol{P}^2(\boldsymbol{C}))$が構成できることは読者の演習としよう．

以下では$Q_{\mathfrak{p}}(\boldsymbol{P}^2(\boldsymbol{C}))$の1点$\mathfrak{p}_1$でさらにブローアップすることが必要になる．すでに述べたように$Q_{\mathfrak{p}}(\boldsymbol{P}^2(\boldsymbol{C}))$はアフィン平面の貼り合わせで構成でき，点$\mathfrak{p}_1$はこのアフィン平面のいずれかに属している．このアフィン平面を$\mathcal{X}$と記し，$\mathcal{X}$を点$\mathfrak{p}_1$でブローアップしたものを$\widetilde{\mathcal{X}}$と記すと
$$Q_{\mathfrak{p}_1}(Q_{\mathfrak{p}}(\boldsymbol{P}^2(\boldsymbol{C}))) = (Q_{\mathfrak{p}}(\boldsymbol{P}^2(\boldsymbol{C})) - \{\mathfrak{p}_1\}) \cup \widetilde{\mathcal{X}}$$
として，$Q_{\mathfrak{p}}(\boldsymbol{P}^2(\boldsymbol{C}))$の点$\mathfrak{p}_1$でのブローアップを定義することができる．$Q_{\mathfrak{p}_1}(Q_{\mathfrak{p}}(\boldsymbol{P}^2(\boldsymbol{C})))$もまたアフィン平面を貼り合わせることで構成できる．以下，この操作を何度も繰り返すことができ，次の結果を示すことができる．

**補題 2.15** $\boldsymbol{P}^2(\boldsymbol{C})$から有限回ブローアップして得られる$V$は射影多様体であり，有限個のアフィン平面を貼り合わせて得られる．　　□

$\boldsymbol{P}^2(\boldsymbol{C})$を1回ブローアップした$Q_{\mathfrak{p}}(\boldsymbol{P}^2(\boldsymbol{C}))$が射影多様体であることは§2.4(f)で示した．上記のアフィン平面を貼り合わせて$V$を構成する方法では，$V$が射影多様体であることを示すのは少し面倒である．直観的にはブローアップは次のようにして構成できる．

$N$次元射影空間$\boldsymbol{P}^N(\boldsymbol{C})$内の$m$次元射影多様体$M$を考える(図2.14)．$M$は$\boldsymbol{P}^N(\boldsymbol{C})$の超平面には含まれていないとし，$m$に比して$N$は十分大であるとする．そこで$\boldsymbol{P}^N(\boldsymbol{C})$の中の最も一般の超平面$H$を一つ固定する．さらに$\boldsymbol{P}^N(\boldsymbol{C})$の中に1点$\mathfrak{p}$を固定する．$\mathfrak{p} \notin M$のときをまず考えてみよう．$M$の任意の点$\mathfrak{q}$をとり，$\mathfrak{p}$と$\mathfrak{q}$とを結ぶ直線$\overline{\mathfrak{p}\mathfrak{q}}$と$H$との交点を$\mathfrak{q}'$と記す．

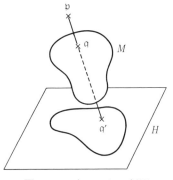

図 2.14 点 $\mathfrak{p}$ からの射影

すると

$$\begin{array}{ccc} \varphi_{\mathfrak{p}}: M & \longrightarrow & H \\ \cup & & \cup \\ \mathfrak{q} & \longmapsto & \mathfrak{q}' = H \cap \overline{\mathfrak{p}\mathfrak{q}} \end{array}$$

なる写像が定義でき，$\varphi_{\mathfrak{p}}$ による $M$ の像 $M' = \varphi_{\mathfrak{p}}(M)$ は $H = \boldsymbol{P}^{N-1}(\boldsymbol{C})$ の射影多様体であることが分かる．$M$ が $\boldsymbol{P}^{N}(\boldsymbol{C})$ 内に十分一般に埋め込まれていて，$N$ が $m$ に比して十分大であれば，$\varphi_{\mathfrak{p}}$ は同型写像であることが分かる．

一方もし，$\mathfrak{p} \in M$ であれば，$\varphi_{\mathfrak{p}}$ は $M - \{\mathfrak{p}\}$ 上でしか定義できない．$M - \{\mathfrak{p}\}$ 上の点列 $\{\mathfrak{q}_n\}$ で $\mathfrak{q}_n \to \mathfrak{p}$ なるものを考えると，直線 $\overline{\mathfrak{p}\mathfrak{q}_n}$ は $n \to \infty$ で点 $\mathfrak{p}$ に接する直線 $l$ となり，この直線は $n \to \infty$ で点 $\mathfrak{p}$ で $M$ に接する．したがって $\varphi_{\mathfrak{p}}(\mathfrak{q}_n)$ の $n \to \infty$ の "極限" の点は $l$ と $H$ との交点となる．このようにして，$\varphi_{\mathfrak{p}}(M - \{\mathfrak{p}\})$ に $\mathfrak{q}_n \to \mathfrak{p}$ となる点列の像 $\varphi_{\mathfrak{p}}(\mathfrak{q}_n)$ の極限の点をすべてつけ加えてできたものを $\widetilde{M}$ と記すと，実は $\widetilde{M}$ は $H = \boldsymbol{P}^{N-1}(\boldsymbol{C})$ の射影多様体であることが分かる．また $E = \widetilde{M} - \varphi_{\mathfrak{p}}(M - \{\mathfrak{p}\})$ は点 $\mathfrak{p}$ での接線の $H$ との交点の全体となり，これは点 $\mathfrak{p}$ で $M$ に接する接線の方向全体と考えることができる．特に点 $\mathfrak{p}$ が $M$ の非特異点であるとき，点 $\mathfrak{p}$ での $M$ の接線の方向の全体は $\boldsymbol{P}^{m-1}(\boldsymbol{C})$ となり $E = \boldsymbol{P}^{m-1}(\boldsymbol{C})$ であることが分かる．特に $m = 2$ の時は，$\boldsymbol{P}^{2}(\boldsymbol{C})$ のブローアップの場合に考察した結果と一致している．

以上の論法は直観的ではあるが，厳密に議論を展開することは可能である．それは本書の程度を越えるので割愛するほかはないが，ブローアップの幾何学的意味はある程度明らかになったことと思う．また，ブローアップを§2.4 (e)で導入した局所パラメータを使って記述することも可能である．こうすることによって，射影多様体の非特異点でのブローアップを厳密に定義することができる．

(b) 平面曲線の特異点の解消

既約な $m$ 次斉次式 $F(x_0, x_1, x_2)$ で定義された $\boldsymbol{P}^2(\boldsymbol{C})$ の平面曲線 $C = V(F)$ を考察する．$C$ の点 $\mathfrak{p} = (a_0 : a_1 : a_2)$ は

$$\frac{\partial F}{\partial x_i}(a_0, a_1, a_2) = 0, \quad i = 1, 2, 3$$

を満足するとき，$C$ の特異点と呼ばれた．$C$ の特異点は有限個であった．$C$ が特異点を $\mathfrak{p} = (1 : 0 : 0)$ に持ったと仮定する．非斉次座標 $u_1 = x_1/x_0, u_2 = x_2/x_0$ を使うと，アフィン平面 $\mathcal{U} = \{(a_0 : a_1 : a_2) \in \boldsymbol{P}^2(\boldsymbol{C}) \,|\, a_0 \neq 0\}$ では，曲線 $C$ は，多項式

(2.72)
$$\begin{aligned}f(u_1, u_2) &= x_0^{-m} F(x_0, x_1, x_2) \\ &= \sum_{i+j \geq n} a_{ij} u_1^i u_2^j\end{aligned}$$

の零点として定義される．点 $\mathfrak{p}$ が特異点であることより，$n \geq 2$ である．（この時 $\mathfrak{p}$ は $n$ 位の特異点と呼んだ．）

さて点 $\mathfrak{p} = (1 : 0 : 0)$ で $\boldsymbol{P}^2(\boldsymbol{C})$ をブローアップしてみよう．このとき，影響を受ける部分は点 $\mathfrak{p}$ を含むアフィン平面 $\mathcal{U}$ である．前項(a)の記号を使うことにする．$\mathcal{U} = \boldsymbol{A}^2$ の原点でのブローアップ $\widetilde{U}$ から $\mathcal{U}$ への写像 $\widetilde{\pi} : \widetilde{U} \to \mathcal{U}$ による $C$（正確に言えば $C \cap \mathcal{U}$）の引き戻しを調べてみよう．

式(2.72)を写像 $\widetilde{\pi}$ によって引き戻すと，(2.71)の対応により $\widetilde{\mathcal{U}}_0$ 上では多項式

(2.73)
$$g(u, v) = \sum_{i+j \geq n} a_{ij} v^i (uv)^j = \sum_{i+j \geq n} a_{ij} u^j v^{i+j}$$

$$= v^n \sum_{\substack{j \geq 0 \\ k \geq 0}} a_{n+k-j,j} u^j v^k$$

の零点となり，$\widetilde{\mathcal{U}}_1$ 上では多項式

(2.74)
$$h(w,z) = \sum_{i+j \geq n} a_{ij}(wz)^i z^j = \sum_{i+j \geq n} a_{ij} w^i z^{i+j}$$
$$= z^n \sum_{\substack{i \geq 0 \\ k \geq 0}} a_{i,n+k-i} w^i z^k$$

の零点となる．$f(u_1, u_2)$ は既約多項式であるにもかかわらず，$g(u,v), h(z,w)$ は可約である．因子 $v^n, z^n$ の意味を考えてみよう．

$$v = 0, \quad z = 0$$

は $\widetilde{U}$ で例外曲線 $E$ を定める．したがって $g=0, h=0$ は $E$ を $n$ 重に定義する部分を含んでいることになる．一方

(2.75)
$$g(u,v) = v^n \widetilde{g}(u,v), \quad h(z,w) = z^n \widetilde{h}(z,w)$$

と記すと

(2.76)
$$\widetilde{g}(u,v) = \sum_{\substack{j \geq 0 \\ k \geq 0}} a_{n+k-j,j} u^j v^k$$
$$\widetilde{h}(z,w) = \sum_{\substack{i \geq 0 \\ k \geq 0}} a_{i,n+k-i} w^i z^k$$

となり，

$$\widetilde{g}(u,v) = 0, \quad \widetilde{h}(z,w) = 0$$

は $\widetilde{U}$ 上で曲線 $\widetilde{C}$ を定める．$\widetilde{\mathcal{U}}_0 \cap \widetilde{\mathcal{U}}_1$ 上で $\widetilde{g}(u,v) = 0$ と $\widetilde{h}(z,w) = 0$ とが同じ図形を定めることは (2.67) で $w = 1/u, z = uv$ とおいたことより

$$\widetilde{h}(z,w) = \widetilde{h}\left(uv, \frac{1}{u}\right) = \sum_{\substack{i \geq 0 \\ k \geq 0}} a_{i,n+k-i} u^{-i} (uv)^k$$
$$= \sum_{\substack{i \geq 0 \\ k \geq 0}} a_{i,n+k-i} u^{k-i} v^k$$
$$= u^{-n} \sum_{\substack{i \geq 0 \\ k \geq 0}} a_{i,n+k-i} u^{n+k-i} v^k$$

$$= u^{-n} \sum_{\substack{j \geq 0 \\ k \geq 0}} a_{n+k-j,j} u^j v^k = u^{-n} \widetilde{g}(u,v)$$

が成り立つ($\widetilde{\mathcal{U}}_0 \cap \widetilde{\mathcal{U}}_1$ 上では $u \neq 0$ であることに注意)ことから分かる．ところで $\pi: Q_{\mathfrak{p}}(\boldsymbol{P}^2(\boldsymbol{C})) \to \boldsymbol{P}^2(\boldsymbol{C})$ で $\boldsymbol{P}^2(\boldsymbol{C})$ の被覆 $\mathcal{V}, \mathcal{W}$ の部分では $\pi^{-1}(\mathcal{V})$ と $\mathcal{V}$, $\pi^{-1}(\mathcal{W})$ と $\mathcal{W}$ とは同型であり，$\widetilde{C}$ と $\pi^{-1}(C-\{\mathfrak{p}\})$ とは $\widetilde{U} \cap (\pi^{-1}(\mathcal{V} \cup \mathcal{W}))$ 上では一致している．したがって $\widetilde{C}$ と $\pi^{-1}(C-\{\mathfrak{p}\})$ とは貼り合わせることができて，$Q_{\mathfrak{p}}(\boldsymbol{P}^2(\boldsymbol{C}))$ 上の曲線を得る．この曲線も $\widetilde{C}$ と記そう．

以上の考察より分かったことは，$\boldsymbol{P}^2(\boldsymbol{C})$ の曲線 $C$ とその上の 1 点 $\mathfrak{p} = (1:0:0)$ を考え，点 $\mathfrak{p}$ で $\boldsymbol{P}^2(\boldsymbol{C})$ をブローアップして，写像 $\pi: Q_{\mathfrak{p}}(\boldsymbol{P}^2(\boldsymbol{C})) \to \boldsymbol{P}^2(\boldsymbol{C})$ を考えると，$\pi^{-1}(C)$ は集合としては曲線 $\widetilde{C}$ と例外曲線 $E$ の和集合であることである．さらに詳しく，$C$ の定義方程式を $\pi$ によって引き戻した式で定める曲線は (2.75), (2.76) より $\widetilde{C}$ と例外曲線 $E$ を $n$ 重に考えたものである．これを

$$\pi^* C = nE + \widetilde{C}$$

と記号的に記し，$C$ の $\pi$ による**全引き戻し** (total transform) と呼ぶ．曲線 $\widetilde{C}$ を $\pi^{-1}[C]$ と記して $C$ の $\pi$ による**狭義引き戻し** (strict transform) という．(記号 $\pi^{-1}[C]$ は逆像の記号 $\pi^{-1}(C)$ とまぎらわしいので注意を要する．) ブローアップの定義より $\widetilde{C} - \widetilde{C} \cap E$ と $C - \{\mathfrak{p}\}$ とは同型であることが分かる．このことより，直観的には，$\widetilde{C}$ は $\pi^{-1}(C-\{\mathfrak{p}\})$ に有限個の点をつけ加えて，"閉じた"曲線にしたものと考えることができる．実際，$\widetilde{C}$ は $\pi^{-1}(C-\{\mathfrak{p}\})$ の通常の位相による閉包 $\overline{\pi^{-1}(C-\{\mathfrak{p}\})}$ と一致している．

$\widetilde{C}$ の性質を調べるために，例をいくつか調べてみよう．$C \cap \mathcal{U}$ の部分を考察すれば十分であるので，以下 $\widetilde{\pi}: \widetilde{U} \to \mathcal{U} = \boldsymbol{A}^2$ で考えることにする．$C \cap \mathcal{U}$ を以下 $C$ と記す．$\pi: \widetilde{U} = \widetilde{\mathcal{U}}_0 \cup \widetilde{\mathcal{U}}_1 \to \mathcal{U}$ はアフィン平面 $\widetilde{\mathcal{U}}_0, \widetilde{\mathcal{U}}_1, \mathcal{U}$ の座標をそれぞれ $(u,v), (w,z), (x,y)$ とするとき

$$\pi: (u,v) \longmapsto (v, uv) = (x,y)$$
$$\pi: (w,z) \longmapsto (wz, z) = (x,y)$$

であり，$\widetilde{\mathcal{U}}_0 \cap \widetilde{\mathcal{U}}_1$ 上では

$$\begin{cases} w = \dfrac{1}{u} \\ z = uv \end{cases}$$

であった ((2.67)).

**例 2.29** 曲線
$$C: y - x^n = 0$$
を考える. $C$ はもちろん, 原点 $(0,0)$ で非特異である. $C$ の全引き戻し $\pi^*C$ は $\widetilde{\mathcal{U}}_0$ 上では
$$v(u - v^{n-1}) = 0$$
$\widetilde{\mathcal{U}}_1$ 上では
$$z(w^n z^{n-1} - 1) = 0$$
で定義される. したがって $C$ の狭義引き戻しを $\widetilde{C}$ と記すと $C$ の全引き戻しは
$$E + \widetilde{C}$$
となっている. 今の場合 $\mathcal{U}$ の原点 $(0,0)$ は $C$ の非特異点であり, $\widetilde{C}$ と $C$ とは $\widetilde{\pi}$ によって同型である.

ちなみに $x$ 軸 $(y=0)$ を $L_x$, $y$ 軸を $L_y$ と記すと, $L_x$ の全引き戻し $\pi^*L_x$ は $\widetilde{\mathcal{U}}_0$ 上で

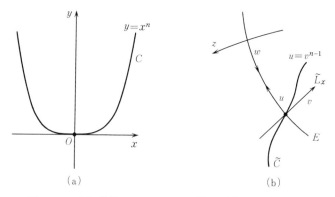

図 **2.15** (a) 曲線 $C: y = x^n$ は $x$ 軸と原点で $n$ 重に接している. (b) ブローアップ後の例外曲線の近傍. $\widetilde{C}$ と $\widetilde{L}_x$ とは $n-1$ 重に接している.

$\widetilde{\mathcal{U}}_1$ 上で
$$uv = 0$$
$$z = 0$$
で定義され，結局
$$\pi^* L_x = E + (v\text{軸})$$
となり，$L_x$ の狭義引き戻し $\widetilde{L}_x$ は $v$ 軸であることが分かる．また $L_y$ の全引き戻し $\pi^* L_y$ は $\widetilde{\mathcal{U}}_0$ 上で
$$v = 0$$
$\widetilde{\mathcal{U}}_1$ 上で
$$wz = 0$$
で定義され，
$$\pi^* L_y = E + (z\text{軸})$$
となり，$L_y$ の狭義引き戻し $\widetilde{L}_y$ は $z$ 軸であることが分かる．$\mathcal{U}$ 上で曲線 $C$ と $y$ 軸 $L_y$ とは原点で交わっており，原点でのそれぞれの曲線の接線はそれぞれ $x$ 軸，$y$ 軸である．原点でブローアップすると，$C, L_y$ の狭義引き戻し $\widetilde{C}, \widetilde{L}_y$ は交わらない．これは $\widetilde{C} \cap E$, $\widetilde{L}_y \cap E$ はそれぞれ $C, L_y$ の原点での接線の方向に対応していることからも納得できる．

一方 $C$ と $L_x$ とは $n \geq 2$ のとき原点で $n$ 重に接しており，共通の接線を持つことより，$\widetilde{C}$ と $\widetilde{L}_x$ とは $n \geq 2$ のとき交わることが期待される．事実 $\widetilde{C}$ と $\widetilde{L}_x$ とは $\widetilde{\mathcal{U}}_0$ の原点で $n-1$ 重に接している．$n = 1$ の時は，$C$ と $L_x$ とは原点で交わる異なる 2 直線で，$\widetilde{C}$ と $\widetilde{L}_x$ とは交わらない (図 2.16)． □

**例 2.30** 通常 2 重点をもつ曲線
$$C: y^2 - x^2(x+1) = 0$$
は原点で特異点を持つ．図 2.17 から容易に分かるように曲線 $C$ は原点で 2 本の異なる接線を持っていると考えられる．$C$ の定義方程式の $x, y$ に関する最低次の項は
$$y^2 - x^2$$
で，$y^2 - x^2 = 0$ が §2.3(a) 例 2.6 で述べたように原点での $C$ の接錐を定めている．この特異点は通常 2 重点である．接線が 2 本あると考えられることか

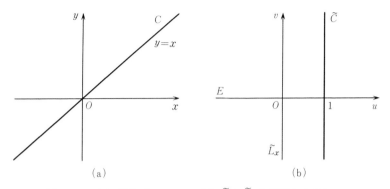

図 2.16 (a) 直線 $C: y=x$. (b) $\widetilde{C}$ と $\widetilde{L}_x$ とは交わらない.

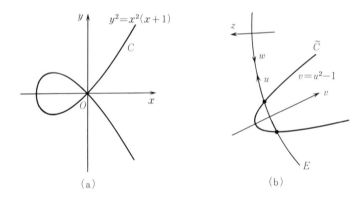

図 2.17 (a) $y^2 = x^2(x+1)$ は原点で通常 2 重点を持つ. (b) 原点でのブローアップ.

ら, $\widetilde{C} \cap E$ は 2 点からなるはずである.

$C$ の全引き戻しは $\widetilde{\mathcal{U}}_0$ 上では
$$v^2\{u^2 - (v+1)\} = 0$$
$\widetilde{\mathcal{U}}_1$ 上では
$$z^2\{1 - w^2(wz+1)\} = 0$$
で定義される. $C$ の狭義引き戻し $\widetilde{C}$ は $\widetilde{\mathcal{U}}_0$ 上では
$$v = u^2 - 1$$
で定義され, 例外曲線 $E$ とは 2 点 $(u, v) = (\pm 1, 0)$ で交わっている. $\widetilde{C}$ は特異

点を持たないことも明らかであろう． □

**例 2.31** 曲線
$$C : y^2 - x^3 = 0$$
は原点でのみ特異点 (通常尖点) を持つ．図 2.18 から見当がつくように，原点での $C$ の接線は 1 本のみである．$C$ の定義式の最低次の項は
$$y^2$$
であり，このような特異点を通常尖点あるいは $(2,3)$ 型尖点と呼ぶ．今度は接線が 1 本しかないので $\widetilde{C} \cap E$ は 1 点からなるはずである．$C$ の全引き戻しは $\widetilde{\mathcal{U}}_0$ 上では
$$v^2(u^2 - v) = 0$$
$\widetilde{\mathcal{U}}_1$ 上では
$$z^2(1 - w^3 z) = 0$$
で定義される．したがって狭義引き戻し $\widetilde{C}$ は $\widetilde{\mathcal{U}}_0$ 上では
$$v = u^2$$
$\widetilde{\mathcal{U}}_1$ 上では
$$w^3 z = 1$$
で定義され，特異点を持たない．今度は $\widetilde{C}$ と例外曲線 $E$ とは $(u,v) = (0,0)$ で接しており，
$$\varpi = \widetilde{\pi}|_{\widetilde{C}} : \widetilde{C} \longrightarrow C$$

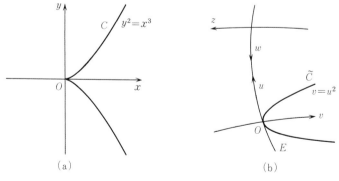

図 2.18 (a) $y^2 = x^3$ は原点で尖点を持つ．(b) 原点でのブローアップ．

は点集合の写像と考えると上への1対1写像である．しかしながら，$\widetilde{C}$は非特異，$C$は原点で特異点を持っており，代数曲線と考えると両者は異なっており，$\varpi$は同型写像ではない．$\widetilde{C}$の$(u,v)=(0,0)$の近傍で，写像$\varpi$を具体的に見ておこう．$\widetilde{\mathcal{U}}_0$上で$\widetilde{C}$は$v=u^2$で定義されたので，$\widetilde{\mathcal{U}}_0\cap\widetilde{C}$は写像

$$\begin{array}{rccc}\mu: & \boldsymbol{A}^1 & \longrightarrow & \widetilde{C}\cap\widetilde{\mathcal{U}}_0 \\ & \cup & & \cup \\ & t & \longmapsto & (t,t^2)\end{array}$$

によってアフィン直線と同型であることが分かる．したがって$\varpi\circ\mu$を考えると$\widetilde{\pi}((u,v))=(v,uv)$より

$$\begin{array}{rccc}\widehat{\varpi}=\varpi\circ\mu: & \boldsymbol{A}^1 & \longrightarrow & C \\ & \cup & & \cup \\ & t & \longmapsto & (t^2,t^3)\end{array}$$

であることが分かる．

さらに注目すべきことは，実は

$$\widetilde{C}\subset\widetilde{\mathcal{U}}_0$$

である．なぜならば$\widetilde{C}$は$\widetilde{\mathcal{U}}_1$上では

$$w^3z=1$$

で定義され，$\widetilde{C}$上では常に$w\neq 0$であり，$\widetilde{C}\cap\widetilde{\mathcal{U}}_1$は$\widetilde{\mathcal{U}}_1$の$w\neq 0$の部分に含まれるからである．しかし$w\neq 0$は$\widetilde{\mathcal{U}}_0\cap\widetilde{\mathcal{U}}_1$にほかならない．したがって$\widetilde{C}$は$\mu$によって$\boldsymbol{A}^1$と同型であり，写像$\widehat{\varpi}:\boldsymbol{A}^1\to C$によって，$C$の特異点が生じる状況が分かる．

もっと一般に互いに素な2以上の整数$p,q$に対してアフィン直線$\boldsymbol{A}^1$からアフィン平面$\boldsymbol{A}^2$への写像

$$\begin{array}{rccc}\nu: & \boldsymbol{A}^1 & \longrightarrow & \boldsymbol{A}^2 \\ & \cup & & \cup \\ & t & \longmapsto & (t^p,t^q)\end{array}$$

を考えてみよう．$\nu$ の像は曲線
$$C: x^q - y^p = 0$$
に含まれている．$\nu(\boldsymbol{A}^1) = C$ であることも容易に分かる．曲線 $C$ は原点で $(p,q)$ 型の尖点を持っており，
$$\nu: \boldsymbol{A}^1 \longrightarrow C$$
によって，$C$ の特異点の解消が与えられることが分かる． □

上の結果を，ブローアップを使って導いてみよう．簡単のため $(2,5)$ 型尖点の場合を扱おう．

**例 2.32** 曲線
$$C: x^5 - y^2 = 0$$
は原点で $(2,5)$ 型尖点を持ち，他で非特異である．$C$ の全引き戻しは $\widetilde{\mathcal{U}}_0$ 上では
$$v^2(v^3 - u^2) = 0$$
$\widetilde{\mathcal{U}}_1$ 上では
$$z^2(w^5 z^3 - 1) = 0$$
で定義される．したがって $C$ の狭義引き戻し $\widetilde{C}$ は $\widetilde{\mathcal{U}}_0$ 上では
$$v^3 - u^2 = 0$$
$\widetilde{\mathcal{U}}_1$ 上では

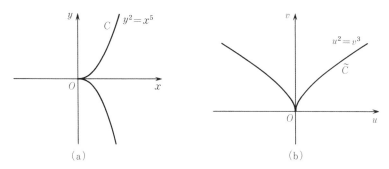

**図 2.19** (a) 曲線 $C: y^2 = x^5$ は原点で $(2,5)$ 型尖点を特異点として持つ．(b) 原点でブローアップすると，$C$ の狭義引き戻し $\widetilde{C}$ は原点で通常尖点を特異点として持つ．

$$w^5 z^3 - 1 = 0$$

で定義される．さらに $\widetilde{C} \subset \widetilde{\mathcal{U}}_0$ であることも容易に分かる．今度は今までの例と違って $\widetilde{C}$ は $(u,v) = (0,0)$ で通常尖点を特異点として持っている．さらに $\widetilde{\mathcal{U}}_0$ の原点をブローアップすることによって，$\widetilde{C}$ の狭義引き戻し $\widetilde{\widetilde{C}}$ を考えると，上の例から $\widetilde{\widetilde{C}}$ は非特異になっている．$\widetilde{\widetilde{C}} \to C$ が前の例の写像

$$\begin{array}{ccc} \nu: \boldsymbol{A}^1 & \longrightarrow & \boldsymbol{A}^2 \\ \cup & & \cup \\ t & \longmapsto & (t^2, t^5) \end{array}$$

で与えられることは，読者にゆだねよう．(演習問題 2.13 を参照のこと.) □

上の例で分かるように，平面曲線 $C$ の特異点 $\mathfrak{p}$ で $\boldsymbol{P}^2(\boldsymbol{C})$ をブローアップして得られた曲線 $\widetilde{C}$ ($C$ の狭義引き戻し) と自然に定まる写像 $\pi: \widetilde{C} \to C$ を考えると，$\pi^{-1}(\mathfrak{p})$ は 1 点とは限らず，また $\pi^{-1}(\mathfrak{p})$ の各点は $\widetilde{C}$ の特異点になっていることもある．大切なことは，$\pi^{-1}(\mathfrak{p})$ の特異点の性質 ($\pi^{-1}(\mathfrak{p})$ が複数個の点からなり，そのうちのいくつかが特異点である場合はそれらの特異点の性質の"和") が $\mathfrak{p}$ の特異点の性質より"よい"ことである．すなわち $\pi^{-1}(\mathfrak{p})$ に現われる各特異点でブローアップを行ない，$\widetilde{C}$ の狭義引き戻し $\widetilde{\widetilde{C}}$ を得ると，特異点の状況は $\widetilde{C}$ よりさらによくなっており，この操作を有限回続けることによって，特異点を持たない曲線になる．こうして得られた曲線はもはや平面曲線ではないが，次元の高い射影空間の中へ埋め込むことができる．すなわち

**定理 2.8** (平面曲線の特異点解消)　ブローアップを有限回繰り返すことによって，既約な平面曲線 $C$ の狭義引き戻しは非特異射影曲線 $\widehat{C}$ となる．しかも $C$ の特異点を $\mathfrak{p}_1, \cdots, \mathfrak{p}_m$ とすると，自然な写像 $\pi: \widehat{C} \to C$ は $\widehat{C} - \pi^{-1}(\{\mathfrak{p}_1, \cdots, \mathfrak{p}_m\})$ から $C - \{\mathfrak{p}_1, \cdots, \mathfrak{p}_m\}$ の同型写像を引き起こす．　　□

上の定理は，ブローアップの概念を拡張する (1 点でのブローアップのかわりに，部分多様体にそったブローアップを定義する) ことによって一般の代数多様体に拡張できる．これが広中による特異点の解消定理である．

## （c） 曲面の特異点解消

前項の議論を曲面の場合に拡張してみよう．簡単のため，例をあげるにとどめる．

3次元アフィン空間 $A^3$ 内のアフィン曲面

(2.77) $$S: x^{n+1}+y^2+z^2=0$$

を考えよう．この曲面は原点 $O=(0,0,0)$ で特異点を持っている．そこで $A^3$ を原点 $O$ でブローアップしよう．やり方は §2.5(a) と同様である．$P^2(C) \times A^3$ 内に式

(2.78)
$$x_0 y - x_1 x = 0$$
$$x_0 z - x_2 x = 0$$
$$x_1 z - x_2 y = 0$$

で定義される部分多様体 $\widetilde{U}$ を考える．ここで $P^2(C)$ の斉次座標を $(x_0:x_1:x_2)$ とした．$\widetilde{U}$ は3枚のアフィン空間

$$\widetilde{U}_i = \{((x_0:x_1:x_2),(x,y,z)) \in \widetilde{U} \mid x_i \neq 0\}, \quad i=0,1,2$$

の和になっている．$\widetilde{U}_i \cong A^3$ である．これは(2.78)より，たとえば $i=0$ のとき

$$y = \frac{x_1}{x_0}x$$
$$z = \frac{x_2}{x_0}x$$

より，$\widetilde{U}_0$ の座標として

$$x, \quad u_1 = \frac{x_1}{x_0}, \quad u_2 = \frac{x_2}{x_0}$$

がとれ，

(2.79)
$$\begin{array}{ccc} A^3 & \longrightarrow & \widetilde{U}_0 \\ \cup & & \cup \\ (x,u_1,u_2) & \longmapsto & ((1:u_1:u_2),(x,u_1 x, u_2 x)) \end{array}$$

が同型写像を与えることから分かる．同様にして $\widetilde{U}_1$ の座標としては

$$y, \quad v_1 = \frac{x_0}{x_1}, \quad v_2 = \frac{x_2}{x_1}$$

がとれ，$\boldsymbol{A}^3$ との同型は

(2.80)
$$\begin{array}{ccc} \boldsymbol{A}^3 & \longrightarrow & \widetilde{U}_1 \\ \cup\!\shortmid & & \cup\!\shortmid \\ (y, v_1, v_2) & \longmapsto & ((v_1 : 1 : v_2), (v_1 y, y, v_2 y)) \end{array}$$

で与えられる．$\widetilde{U}_2$ の座標としては

$$z, \quad w_1 = \frac{x_0}{x_2}, \quad w_2 = \frac{x_1}{x_2}$$

がとれ，$\boldsymbol{A}^3$ との同型は

(2.81)
$$\begin{array}{ccc} \boldsymbol{A}^3 & \longrightarrow & \widetilde{U}_2 \\ \cup\!\shortmid & & \cup\!\shortmid \\ (z, w_1, w_2) & \longmapsto & ((w_1 : w_2 : 1), (w_1 z, w_2 z, z)) \end{array}$$

で与えられる．また $\boldsymbol{P}^2(\boldsymbol{C}) \times \boldsymbol{A}^3$ から $\boldsymbol{A}^3$ への射影によって写像

$$\begin{array}{cccc} \pi : & \widetilde{U} & \longrightarrow & \boldsymbol{A}^3 \\ & \cup\!\shortmid & & \cup\!\shortmid \\ & ((x_0 : x_1 : x_2), (x, y, z)) & \longmapsto & (x, y, z) \end{array}$$

が定まる．この写像 $\pi$ を $\widetilde{U}_0, \widetilde{U}_1, \widetilde{U}_2$ の座標を使って表わすと，

(2.82)
$$\begin{array}{ccc} (x, u_1, u_2) & \longmapsto & (x, u_1 x, u_2 x) \\ (y, v_1, v_2) & \longmapsto & (v_1 y, y, v_2 y) \\ (z, w_1, w_2) & \longmapsto & (w_1 z, w_2 z, z) \end{array}$$

となる．$\pi^{-1}((0,0,0)) = \boldsymbol{P}^2(\boldsymbol{C}) \times \{(0,0,0)\}$ であり，これを $E$ とおく．$E$ を**例外曲面**(exceptional surface)という．$\pi$ は $\widetilde{U} - E$ と $\boldsymbol{A}^2 - \{(0,0,0)\}$ との同型を与えることも §2.5(a) と同様である．

さて (2.77) の式を写像 $\pi$ によって引き戻すと

$$\widetilde{U}_0 \text{ 上} \qquad x^2(x^{n-1}+u_1^2+u_2^2) = 0$$
$$\widetilde{U}_1 \text{ 上} \qquad y^2(v_1^{n+1}y^{n-1}+1+v_2^2) = 0$$
$$\widetilde{U}_2 \text{ 上} \qquad z^2(w_1^{n+1}z^{n-1}+w_2^2+1) = 0$$

となる．$\widetilde{U}_0$ で $x=0$，$\widetilde{U}_1$ で $y=0$，$\widetilde{U}_2$ で $z=0$ は例外曲面 $E$ の定義方程式であり，$S$ の狭義引き戻し $\widetilde{S} = \pi^{-1}[S]$ は

$$\widetilde{U}_0 \text{ 上} \qquad x^{n-1}+u_1^2+u_2^2 = 0$$
$$\widetilde{U}_1 \text{ 上} \qquad v_1^{n+1}y^{n-1}+1+v_2^2 = 0$$
$$\widetilde{U}_2 \text{ 上} \qquad w_1^{n+1}z^{n-1}+w_2^2+1 = 0$$

で与えられる．簡単な計算から $\widetilde{U}_1, \widetilde{U}_2$ 上ではこの曲面は特異点を持たず，$\widetilde{U}_0$ 上で

(2.83) $$x^{n-1}+u_1^2+u_2^2 = 0$$

を考察すればよいことが分かる．もし $n=1, 2$ であればこれも特異点を持たない．もし $n \geq 3$ であれば $\widetilde{U}_0$ に対して上と同様の操作を繰り返せば，有限回の操作で非特異曲面を得ることになる．$n=1$ のときに $\widetilde{S} = \pi^{-1}[S]$ と $S$ との違いを見ておこう．$\pi$ は $\widetilde{U} - E$ 上で同型であるので，$\widetilde{S}$ と $E$ との交わりを求めれば違いが分かる．$\widetilde{U}_0$ 上では $\widetilde{S} \cap E$ は

$$x=0, \quad 1+u_1^2+u_2^2 = 0$$

で定まる．同様に $\widetilde{U}_1$ 上では

$$y=0, \quad 1+v_1^2+v_2^2 = 0$$

$\widetilde{U}_2$ 上では

$$z=0, \quad 1+w_1^2+w_2^2 = 0$$

で定まる．$E = \boldsymbol{P}^2(\boldsymbol{C}) \times \{(0,0,0)\} \subset \boldsymbol{P}^2(\boldsymbol{C}) \times \boldsymbol{A}^3$ であるので，(2.79), (2.80), (2.81) によって $E \cap \widetilde{S}$ を $\boldsymbol{P}^2(\boldsymbol{C})$ の斉次座標 $(x_0:x_1:x_2)$ を使って表示すると，2 次曲線

$$x_0^2+x_1^2+x_2^2 = 0$$

を得る．すなわち，$S$ の特異点 $(0,0,0)$ を解消して曲面 $\widetilde{S}$ を得たとき，特異

点に対応して2次曲線，言いかえれば $P^1(C)$ が現われる．この事実は曲線の特異点解消と著しく事情が異なっている．

上の曲面 $S$ の特異点 $(0,0,0)$ のように，特異点の近くではこの特異点以外は非特異点のとき，**孤立特異点** (isolated singularity) と呼ぶが，曲面あるいは高次元の孤立特異点の特異点解消では必ず次元を持った射影的集合が登場する．これは，分枝ごとにパラメータ表示ができる曲線の特異点とは著しく異なっている．このことが，2次元以上の射影多様体の特異点の解析を困難なものとするが，逆に言えば特異点が豊かな構造を持っていることになる．

さて，話を上の曲面 $S$ に戻して，$n=2$ の時の $\widetilde{S} \cap E$ を調べておこう．今度は定義方程式は

$$\widetilde{U}_0 上 \quad x=0, \quad u_1^2+u_2^2=0$$
$$\widetilde{U}_1 上 \quad y=0, \quad 1+v_2^2=0$$
$$\widetilde{U}_2 上 \quad z=0, \quad 1+w_2^2=0$$

となる．これを $E=P^2(C) \times \{(0,0,0)\}$ より $P^2(C)$ の座標で表示すると

$$x_1^2+x_2^2=0$$

となり，2本の射影直線となる．言いかえると，2個の $P^1(C)$ が1点で交わったものが，特異点解消の結果現われる．一般の $n$ に関しても類似の結果が成り立つ(図2.20)．

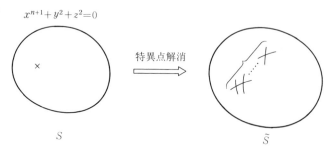

図 **2.20** $x^{n+1}+y^2+z^2=0$ の特異点を解消すると，$n$ 本の $P^1(C)$ が樹状に交わったものが現われる．

演習問題 ─── *183*

■ 演習問題 ■

**2.1** (i) $\boldsymbol{P}^1(\boldsymbol{C})$ の射影変換 $g$ が
$$g((1:0)) = (1:0), \quad g((0:1)) = (0:1), \quad g((1:1)) = (1:1)$$
を満足すれば，$g$ は恒等写像であることを示せ．

(ii) $\boldsymbol{P}^2(\boldsymbol{C})$ の射影変換 $h$ が
$$h((1:0:0)) = (1:0:0), \quad h((0:1:0)) = (0:1:0)$$
$$h((0:0:1)) = (0:0:1), \quad h((1:1:1)) = (1:1:1)$$
を満足すれば，$h$ は恒等写像であることを示せ．

(iii) $\boldsymbol{P}^2(\boldsymbol{C})$ の相異なる 4 点の組 $(P_1, P_2, P_3, P_4)$, $(Q_1, Q_2, Q_3, Q_4)$ が与えられ，$P_1, P_2, P_3, P_4$ のどの 3 点も同一直線上になく，$Q_1, Q_2, Q_3, Q_4$ のどの 3 点も同一直線上になければ
$$f(P_j) = Q_j, \quad j = 1, 2, 3, 4$$
を満足する $\boldsymbol{P}^2(\boldsymbol{C})$ の射影変換 $f$ が一意的に定まることを示せ．

**2.2** Riemann 球面上の有理型関数は有理関数であることを示せ．[ヒント：有理型関数 $f$ の極を $a_1, a_2, \cdots, a_N$，極の位数を $m_1, m_2, \cdots, m_N$ とすると
$$f(z) \Big/ \prod_{j=1}^{N}(z - a_j)^{m_j}$$
は Riemann 球面上正則であり，したがって定数関数である．もし $a_N$ が無限遠点であるときは
$$f(z) \Big/ z^{m_N} \prod_{j=1}^{N-1}(z - a_j)^{m_j}$$
を考えればよい．]

**2.3** (i) $a_0, a_1, b_0, b_1, c_0, c_1$ が
$$\left( \begin{vmatrix} b_0 & b_1 \\ c_0 & c_1 \end{vmatrix}, \begin{vmatrix} c_0 & c_1 \\ a_0 & a_1 \end{vmatrix}, \begin{vmatrix} a_0 & a_1 \\ b_0 & b_1 \end{vmatrix} \right) \neq (0, 0, 0)$$
を満足すれば，$\boldsymbol{P}^2(\boldsymbol{C})$ の点
$$(a_0 s + a_1 t : b_0 s + b_1 t : c_0 s + c_1 t), \quad (s:t) \in \boldsymbol{P}^1(\boldsymbol{C})$$
は $\boldsymbol{P}^2(\boldsymbol{C})$ の直線

$$\begin{vmatrix} a_0 & a_1 & x_0 \\ b_0 & b_1 & x_1 \\ c_0 & c_1 & x_2 \end{vmatrix} = 0$$

上にあることを示せ.

(ii) $\boldsymbol{P}^2(\boldsymbol{C})$ の直線

$$l_{\alpha,\beta,\gamma} : \alpha x_0 + \beta x_1 + \gamma x_2 = 0$$

に対して

$$\alpha = \begin{vmatrix} b_0 & b_1 \\ c_0 & c_1 \end{vmatrix}, \quad \beta = \begin{vmatrix} c_0 & c_1 \\ a_0 & a_1 \end{vmatrix}, \quad \gamma = \begin{vmatrix} a_0 & a_1 \\ b_0 & b_1 \end{vmatrix}$$

を満足する $a_0, a_1, b_0, b_1, c_0, c_1$ が存在することを示せ.このことと,(i)を使って,$l_{\alpha,\beta,\gamma}$ は写像

$$\begin{array}{ccc} \boldsymbol{P}^1(\boldsymbol{C}) & \longrightarrow & \boldsymbol{P}^2(\boldsymbol{C}) \\ \cup\!\!\!| & & \cup\!\!\!| \\ (y_0 : y_1) & \longmapsto & (a_0 y_0 + a_1 y_1 : b_0 y_0 + b_1 y_1 : c_0 y_0 + c_1 y_1) \end{array}$$

の像であることを示せ.

**2.4** (i) $3 \times 3$ 実対称行列 $A \neq O$ に対して正則行列 $B$ を適当に選ぶと ${}^t BAB$ は

$$\begin{pmatrix} \pm 1 & & O \\ & \pm 1 & \\ O & & 1 \end{pmatrix}, \quad \begin{pmatrix} \pm 1 & & O \\ & \pm 1 & \\ O & & 0 \end{pmatrix}, \quad \begin{pmatrix} \pm 1 & & O \\ & 0 & \\ O & & 0 \end{pmatrix}$$

のいずれかにできることを示せ.ただし符号は適当にとるものとする.[ヒント:直交行列 $X$ を適当にとると

$${}^t XAX = \begin{pmatrix} a & & O \\ & b & \\ O & & c \end{pmatrix}$$

の形にできることを使う.]

(ii) $3 \times 3$ 複素対称行列 $C \neq 0$ に対して,複素正則行列 $B$ を適当に選ぶと ${}^t BCB$ は

$$\begin{pmatrix} 1 & & O \\ & 1 & \\ O & & 1 \end{pmatrix}, \quad \begin{pmatrix} 1 & & O \\ & 1 & \\ O & & 0 \end{pmatrix}, \quad \begin{pmatrix} 1 & & O \\ & 0 & \\ O & & 0 \end{pmatrix}$$

のいずれかにできることを示せ．((i), (ii)の結果は一般の $n \times n$ 実または複素対称行列に一般化することができる．)

**2.5** §1.2(a)で論じた単位円と直線との対応(図1.2)は $\boldsymbol{P}^2(\boldsymbol{C})$ 内の直線
$$l: x_0 - x_1 = 0$$
から2次曲線
$$C: x_0^2 - x_1^2 - x_2^2 = 0$$
への代数的射

$$\begin{array}{ccc} l & \longrightarrow & C \subset \boldsymbol{P}^2(\boldsymbol{C}) \\ \cup & & \cup \\ (u:u:v) & \longmapsto & (4u^2+v^2: 4u^2-v^2: 4uv) \end{array}$$

と解釈できることを示せ．ただし，$x = x_1/x_0, y = x_2/x_0$ と考える．

**2.6** 2変数の $m$ 次斉次多項式 $f(x,y)$ は
$$f(x,y) = \prod_{j=1}^{m} (\alpha_j x - \beta_j y)$$
と1次式の積に分解できることを示せ．[ヒント：$u = y/x$ とおき，
$$g(u) = \frac{1}{x^m} f(x,y)$$
とおくと，$g(u)$ は $m$ 次式であり，$m$ 個の根を持つ．]

**2.7** 例2.19にならって射影的集合 $V((F,H))$：
$$F = x_0 x_3 - x_1 x_2$$
$$H = x_2^2 - x_1 x_3$$
を調べよ．

**2.8** (i) $\boldsymbol{P}^1(\boldsymbol{C})$ 内の既約な射影多様体は1点か $\boldsymbol{P}^1(\boldsymbol{C})$ であることを示せ．[ヒント：演習問題2.6を使え．]

(ii) 捩れ3次曲線 $V((F,G,H))$
$$F = x_0 x_3 - x_1 x_2$$
$$G = x_1^2 - x_0 x_2$$
$$H = x_2^2 - x_1 x_3$$
は写像

$$\varphi:\ \boldsymbol{P}^1(\boldsymbol{C}) \longrightarrow \boldsymbol{P}^3(\boldsymbol{C})$$
$$\cup\!\!\mid \qquad\qquad \cup\!\!\mid$$
$$(a_0:a_1) \longmapsto (a_0^3:a_0^2 a_1:a_0 a_1^2:a_1^3)$$

の像である(例 2.18)ことを使って，$V((F,G,H))$ は既約であることを示せ．[ヒント：もし $V((F,G,H)) = W_1 \cup W_2 \cup \cdots \cup W_m$ と射影多様体の和に書けたとすると，$\varphi^{-1}(W_j)$ は $\boldsymbol{P}^1(\boldsymbol{C})$ で既約な射影的集合であり，
$$\boldsymbol{P}^1(\boldsymbol{C}) = \varphi^{-1}(W_1) \cup \varphi^{-1}(W_2) \cup \cdots \cup \varphi^{-1}(W_m)$$
と書ける．このことと，上の(i)より矛盾を導け．]

**2.9** $\boldsymbol{P}^n(\boldsymbol{C})$ の射影的集合 $V, W$ に対して
$$I(V \cup W) = I(V) \cap I(W)$$
$$I(V \cap W) = I(V) \cup I(W)$$
を示せ．($I(V)$ 等の定義については (2.48) を参照のこと．)

**2.10** $\boldsymbol{C}[x_0,x_1,x_2,x_3]$ の斉次イデアル
$$\mathfrak{a} = (x_0 x_3 - x_1 x_2,\ x_1^3 - x_0^2 x_2,\ x_2^3 - x_1 x_3^2,\ x_1^2 x_3 - x_0 x_2^2)$$
は素イデアルであることを示せ．[ヒント：$V(\mathfrak{a})$ は写像

$$\varphi:\ \boldsymbol{P}^1(\boldsymbol{C}) \longrightarrow \boldsymbol{P}^3(\boldsymbol{C})$$
$$\cup\!\!\mid \qquad\qquad \cup\!\!\mid$$
$$(a_0:a_1) \longmapsto (a_0^4:a_0^3 a_1:a_0 a_1^3:a_1^4)$$

の像と一致する．]

**2.11** $\boldsymbol{P}^n(\boldsymbol{C})$ 内の既約な超曲面 $V(F)$ を考える．$d$ 次斉次多項式 $F$ は
$$F(0,x_1,x_2,\cdots,x_n) \not\equiv 0$$
$$F(1,0,0,\cdots,0) \neq 0$$
を満足すると仮定する．点 $P = (1:0:0:\cdots:0)$ と $V(F)$ の点 $Q$ を通る直線と無限遠超平面 $H_\infty : x_0 = 0$ との交点を $R(Q)$ とすると，写像

$$\varphi_P:\ V(F) \longrightarrow H_\infty$$
$$\cup\!\!\mid \qquad\qquad \cup\!\!\mid$$
$$Q \longmapsto R(Q)$$

は一般に $d$ 対 $1$ の写像であることを示せ．また $H_\infty$ の点 $R$ に対して，$R(Q) = R$

となる $V(F)$ の点が必ず存在することを示せ．

**2.12** $P^n(C)$ の超曲面上の点 $(a_0:a_1:\cdots:a_n)$ が特異点であるための必要十分条件は
$$\frac{\partial F}{\partial x_j}(a_0, a_1, \cdots, a_n) = 0, \quad j = 0, 1, \cdots, n$$
であることを示せ．さらに補題 2.14 を証明せよ．

**2.13** $l, m$ を互いに素な 2 以上の整数とするとき，曲線
$$C: x^l - y^m = 0$$
の特異点の解消は，写像
$$\begin{array}{ccc} \nu: \boldsymbol{A}^1 & \longrightarrow & \boldsymbol{A}^2 \\ \cup & & \cup \\ t & \longmapsto & (t^m, t^l) \end{array}$$
で与えられることを示せ．すなわち，$\nu(\boldsymbol{A}^1) = C$ であり，$\nu$ は $\boldsymbol{A}^1 - \{(0,0)\}$ と $C - \{(0,0)\}$ との全単射を与えている．

# 3

# 代 数 曲 線

■ ■ ■

　代数曲線は最もよく研究されてきたものであり，代数幾何学の中で最も基本的な研究対象である．§3.1, §3.2 では代数曲線を研究する際に基本的である因子の理論，特に Riemann–Roch の定理について述べる．Riemann–Roch の定理の応用について述べたあと，§3.3 で楕円曲線の理論について述べることにする．今まではもっぱら複素数体 $C$ 上で理論を展開してきたが，§3.3 では一般の体 $k$ 上で議論を展開する．これは，符号理論への応用で有限体上の楕円曲線の理論が必要となるからである．§3.4 では有限体上定義された曲線の合同ゼータ関数について，重要な結果を述べるとともにいくつかの例を示した．有限体上定義された射影多様体の座標が有限体の元で表わされる点は離散的な点集合であるが，美しい性質を持っていることが次第に明らかになっており，今後，応用上も重要になると思われる．§3.3, §3.4 がこうした理論への入門として役立てば幸いである．

　この章では，紙数の関係もあり，残念ながら重要な定理や補題について，その証明を述べることはできない．また記述をあまり詳しくすることは差し控え，そのかわり，具体的イメージが持てるようにできるだけ例をあげることにした．定理や補題の証明は，代数幾何学の標準的な教科書に記されているので，本章がそうした教科書への入門の役割を果たすことを希望する．

## §3.1 Riemann–Roch の定理

### (a) 因 子

1 次元非特異射影多様体 $C$ を**代数曲線** (algebraic curve) と呼ぶ．任意の代数曲線は平面代数曲線の特異点を解消することによって得られることが知られている．平面曲線の特異点の解消は，§2.5(b) で述べたが，§2.3(a) で述べたように，特異点での分枝とそのパラメータ表示 (2.38) が分かれば，実質的には特異点の解消をしたのと同じことになる．以下では，しばしばこの観点から議論を進める．

さて代数曲線 $C$ の点 $P_1, P_2, \cdots, P_k$ を任意に選んでその整数係数の 1 次結合
$$m_1 P_1 + m_2 P_2 + \cdots + m_k P_k$$
を $C$ の**因子** (divisor) という．二つの因子
$$D_1 = m_1 P_1 + m_2 P_2 + \cdots + m_k P_k$$
$$D_2 = n_1 Q_1 + n_2 Q_2 + \cdots + n_l Q_l$$
に対して $D_1 + D_2,\ D_1 - D_2$ を
$$D_1 + D_2 = m_1 P_1 + m_2 P_2 + \cdots + m_k P_k + n_1 Q_1 + n_2 Q_2 + \cdots + n_l Q_l$$
$$D_1 - D_2 = m_1 P_1 + m_2 P_2 + \cdots + m_k P_k - n_1 Q_1 - n_2 Q_2 - \cdots - n_l Q_l$$
と定める．もちろん
$$\underbrace{P + P + \cdots + P}_{n} = nP$$
$$nP - mP = (n-m)P$$
などと約束して計算する．すべての係数が 0 である因子は単に 0 と書く．すると代数曲線 $C$ の因子の全体は 0 を零元とする Abel 群になる．因子
$$D = m_1 P_1 + m_2 P_2 + \cdots + m_k P_k$$
に対して，その次数 $\deg D$ を
$$\deg D = m_1 + m_2 + \cdots + m_k$$
と定める．因子の加法，減法の定義より
$$\deg(D_1 \pm D_2) = \deg D_1 \pm \deg D_2$$

§3.1 Riemann–Roch の定理 —— *191*

である．
　さて，因子
$$D = m_1P_1 + m_2P_2 + \cdots + m_kP_k - n_1Q_1 - n_2Q_2 - \cdots - n_lQ_l,$$
$$m_i \geqq 1, \quad n_j \geqq 1$$
に対して，代数曲線 $C$ の関数体 $\boldsymbol{C}(C)$ の部分集合 $\boldsymbol{L}(D)$ を
(3.1) $\boldsymbol{L}(D) = \{f \in \boldsymbol{C}(C) \mid f = 0,$ または $f$ は $P_i$ でたかだか
$m_i$ 位の極をもち，$Q_j$ で少なくとも
$n_j$ 位の零点をもち，他の点では正則である $\}$
と定める．ここで，$C$ 上の有理関数 $f$ が点 $P$ で $m$ 位の極（零点）を持つというのは，$C$ の点 $P$ での局所パラメータを $t$ とするとき，$f$ を $t$ によって，
$$f = at^{-m} + (-m+1 \text{ 次より高次の項}), \quad a \neq 0$$
$$(f = bt^m + (m+1 \text{ 次より高次の項}), \quad b \neq 0)$$
と表示できることを意味する．また点 $P$ で正則とは点 $P$ で極を持たないことを意味する．

**例 3.1** $C = \boldsymbol{P}^1(\boldsymbol{C})$，$P = (0:1)$，$Q = (1:0)$ とおく．$\boldsymbol{P}^1(\boldsymbol{C})$ の斉次座標を $(x_0:x_1)$ とするとき，$x = x_1/x_0$ とおくと $\boldsymbol{C}(C) = \boldsymbol{C}(x)$ であった．点 $P$ の局所パラメータとしては $t = 1/x$ をとることができ，$Q$ の局所パラメータとしては $t = x$ をとることができる．したがって $C$ 上の有理関数 $x^k$ は $P$ で $k$ 位の極を持ち，$Q$ で $k$ 位の零点を持ち，他では正則である．同様に $1/x^l$ は $P$ で $l$ 位の零点を持ち，$Q$ で $l$ 位の極を持ち，他では正則である．したがって，次の結果を得る．

$$\boldsymbol{L}(nP) = \{a_0 + a_1x + a_2x^2 + \cdots + a_nx^n \mid a_i \in \boldsymbol{C},\ 0 \leqq i \leqq n\}$$
$$\boldsymbol{L}(nQ) = \left\{b_0 + \frac{b_1}{x} + \frac{b_2}{x^2} + \cdots + \frac{b_n}{x^n} \,\middle|\, b_i \in \boldsymbol{C},\ 0 \leqq i \leqq n\right\}$$
$$\boldsymbol{L}(mP - nQ) = \begin{cases} \{c_0x^n + c_1x^{n+1} + \cdots + c_{m-n}x^m \mid c_j \in \boldsymbol{C},\ 0 \leqq j \leqq m-n\}, \\ \hspace{6cm} m \geqq n \text{ のとき} \\ \{0\}, \hspace{5cm} m < n \text{ のとき} \end{cases}$$

$\boldsymbol{L}(nP), \boldsymbol{L}(nQ), \boldsymbol{L}(mP-nQ)$ は $\boldsymbol{C}$ 上のベクトル空間であり
$$\dim \boldsymbol{L}(nP) = n+1, \quad \dim \boldsymbol{L}(nQ) = n+1$$

$$\dim \boldsymbol{L}(mP-nQ) = \begin{cases} m-n+1, & m \geq n \text{ のとき} \\ 0, & m < n \text{ のとき} \end{cases}$$
□

例 3.1 のとき $\boldsymbol{L}(D)$ がベクトル空間になったのは偶然ではない．(3.1) の定義で $f,g \in \boldsymbol{L}(D)$ とすると，$\alpha, \beta \in \boldsymbol{C}$ に対して $\alpha f + \beta g$ は $\alpha = \beta = 0$ のときは 0 となり $\boldsymbol{L}(D)$ に属し，また $\alpha \neq 0$ または $\beta \neq 0$ であれば $\alpha f + \beta g$ も $P_i$, $1 \leq i \leq k$ でたかだか $m_i$ 位の極を持ち，$Q_j$, $k+1 \leq j \leq l$ では少なくとも $n_j$ 位の零点を持ち，他の点では正則である．したがって $\alpha f + \beta g \in \boldsymbol{L}(D)$ である．実はさらに強く次の結果が成り立つ．

**補題 3.1** 任意の因子 $D$ に対して $\boldsymbol{L}(D)$ は $\boldsymbol{C}$ 上の有限次元ベクトル空間である． □

ところで，代数曲線 $C$ 上の有理関数 $f$ の零点を $Q_1, Q_2, \cdots, Q_s$，それぞれの零点の位数を $m_1, m_2, \cdots, m_s$ とし，極を $P_1, P_2, \cdots, P_t$，極の位数を $n_1, n_2, \cdots, n_t$ とするとき

$$(f)_0 = m_1 Q_1 + m_2 Q_2 + \cdots + m_s Q_s$$
$$(f)_\infty = n_1 P_1 + n_2 P_2 + \cdots + n_t P_t$$
$$(f) = (f)_0 - (f)_\infty$$

とおく．$(f)$ を有理関数 $f$ より定まる**主因子**(principal divisor) と呼ぶ．定義より，$C$ 上の有理関数 $f, g$ に対して

$$(fg) = (f) + (g)$$
$$\left(\frac{f}{g}\right) = (f) - (g)$$

が成り立つ．

**補題 3.2** $\deg(f) = 0$． □

この補題の成り立つ幾何学的理由については §3.2(a) で論じる．

**例 3.2** 平面曲線

$$C : F = x_0^{n-2} x_2^2 - x_1^n - a_1 x_0 x_1^{n-1} - a_2 x_0^2 x_1^{n-2} - \cdots - a_{n-1} x_0^{n-1} x_1 - a_n x_0^n = 0$$

を考える．以下

(3.2) $$x^n + a_1 x^{n-1} + \cdots + a_{n-1} x + a_n = 0$$

は $n$ 個の相異なる根 $\alpha_1, \alpha_2, \cdots, \alpha_n$ をもつものとする．さらに $n \geqq 3$ と仮定する．曲線 $C$ の特異点は

$$\frac{\partial F}{\partial x_0} = (n-2)x_0^{n-3}x_2^2 - a_1 x_1^{n-1} - 2a_2 x_0 x_1^{n-1} - \cdots$$
$$\qquad - (n-1)a_{n-1}x_0^{n-2}x_1 - na_n x_0^{n-1} = 0$$
$$\frac{\partial F}{\partial x_1} = -nx_1^{n-1} - (n-1)a_1 x_0 x_1^{n-2} - \cdots - 2a_{n-2}x_0^{n-2}x_1 - a_{n-1}x_0^{n-1} = 0$$
$$\frac{\partial F}{\partial x_2} = 2x_0^{n-2}x_2 = 0$$

の解から求まる．$b = (b_0, b_1, b_2)$ がこの連立方程式の解とすると $F_{x_2}(b) = 0$ より $b_0 = 0$ または $b_2 = 0$ でなければならない．$b_0 = 0$ のときは，$F_{x_1}(b) = 0$ より $b_1 = 0$, したがって $(b_0 : b_1 : b_2) = (0 : 0 : 1)$ である．$n \geqq 4$ であれば $F_{x_0}(0, 0, 1) = 0$ であり，$(0 : 0 : 1)$ は確かに特異点である．しかし $n = 3$ のときは $F_{x_0}(0, 0, 1) = 1$ となり，$(0 : 0 : 1)$ は非特異点である．（ここで $\partial F/\partial x_0 = F_{x_0}$ などと記した．この記法は以下も適宜用いる．）

$b_0 \neq 0$, $b_2 = 0$ のときは，$F(b) = 0$ より $b_1/b_0$ は (3.2) の解であり，したがって $(b_0 : b_1) = (1 : \alpha_i)$ であることが分かる．(3.2) は重根を持たないと仮定したので $F_{x_1}(b) \neq 0$ である．

以上の考察によって，$n = 3$ のとき $C$ は非特異 3 次曲線，$n \geqq 4$ のときは無限遠点 $P_\infty = (0 : 0 : 1)$ が特異点であることが分かる．そこでまず点 $P_\infty = (0 : 0 : 1)$ の局所パラメータを求めてみよう．そのために

$$u = \frac{x_0}{x_2}, \quad v = \frac{x_1}{x_2}$$
$$g(u, v) = \frac{1}{x_2^n} F(x_0, x_1, x_2)$$

とおくと

$$g(u, v) = u^{n-2} - (v^n + a_1 uv^{n-1} + a_2 u^2 v^{n-2} + \cdots + a_{n-1}u^{n-1}v + a_n u^n)$$
$$\qquad = u^{n-2} - \prod_{j=1}^{n}(v - \alpha_j u)$$

となる．

$$\prod_{j=1}^{n}(v-\alpha_j u) - u^{n-2} = 0$$

を $v$ に関する $n$ 次式とみると

(3.3)
$$v = u(u^{-2/n} - \frac{a_1}{n} + \beta_1 u^{2/n} + \beta_2 u^{4/n} + \cdots)$$
$$= uh(u^{2/n}),$$
$$h(z) = z^{-1} - \frac{a_1}{n} + \beta_1 z + \beta_2 z^2 + \cdots$$

なる形の根をもつことが分かる．したがって

$$\omega = e^{2\pi i/n}$$

($i = \sqrt{-1}$) とおくと，$n$ が奇数のときは

(3.4)
$$g(u,v) = -\prod_{j=1}^{n}(v - uh(\omega^{2j} u^{2/n}))$$

と因数分解できることが分かる．$n$ が偶数のときは，$g(u,v) = 0$ は $v = -u\widetilde{h}(u^{2/n})$, $\widetilde{h}(z) = z^{-1} + a_1/n + \cdots$ の形の根も持つ．

$n = 2g+1$ のときは，(3.4) の形より曲線は無限遠点 $P_\infty$ で分枝をただ一つ持ち，局所パラメータ $s$ によって

(3.5)
$$\begin{cases} u = s^n \\ v = s^n h(s^2) \end{cases}$$

とパラメータ表示できる．

$n = 2g+2$ のときは，$h_+(z) = h(z)$, $h_-(z) = \widetilde{h}(z)$ とおくと，$-g(u,v)$ は

$$\prod_{j=1}^{g+1}(v - uh_+(\omega^{2j} u^{1/(g+1)}))$$

と

$$\prod_{j=1}^{g+1}(v - uh_-(\omega^{2j} u^{1/(g+1)}))$$

という二つの $u, v$ に関するベキ級数の積に分解でき，二つの分枝が存在する．このとき，局所パラメータ $t$ によって，二つの分枝は

(3.6)
$$\begin{cases} u = t^{g+1} \\ v = \pm t^{g+1} h_\pm(t) \end{cases}$$

とパラメータ表示できることが分かる．また $C$ の特異点を解消して得られる曲線 $\widetilde{C}$ では $P_\infty$ での分枝に対応して 2 点 $P_\infty^{(+)}, P_\infty^{(-)}$ が現われる．

無限遠点 $P_\infty$ 以外の $C$ の点 $(1:a:b)$ でのパラメータ表示も求めておこう．
$$b^2 = a^n + a_1 a^{n-1} + \cdots + a_{n-1} a + a_n$$
が成立している．$b=0$ のときは，したがって $a = \alpha_j$, $j=1,2,\cdots,n$ であり，以下
$$Q_j = (1 : \alpha_j : 0)$$
とおく．
$$x = \frac{x_1}{x_0}, \quad y = \frac{x_2}{x_0}$$
とし，
$$h(x,y) = \frac{1}{x_0^n} F(x_0, x_1, x_2) = y^2 - f(x)$$
$$f(x) = x^n + a_1 x^{n-1} + \cdots + a_{n-1} x + a_n$$
とおくと，点 $(\alpha_j, 0)$ では
$$h_x(\alpha_j, 0) = -f'(\alpha_j) \neq 0$$
となるので，陰関数の定理より $h(x,y)=0$ は $(\alpha_j, 0)$ の近傍で
(3.7) $$x = \alpha_j + c_2 y^2 + c_3 y^3 + \cdots$$
とパラメータ表示でき，$t=y$ は局所パラメータである．($y^2 = (x-\alpha_j) \prod_{k \neq j} (x - \alpha_k)$ より $y$ の 1 次の項が現われないこと，$c_2 \neq 0$ であることに注意．)

一方，点 $(1:a:b)$ において $b \neq 0$ のときは
$$h_y(a,b) = 2b \neq 0$$
より，再び陰関数の定理によって
(3.8) $$y = b + d_1(x-a) + d_2(x-a)^2 + d_3(x-a)^3 + \cdots$$
とパラメータ表示ができ，$t = x-a$ は局所パラメータである．

以上の準備のもとで，$C$ の特異点を解消して得られる代数曲線 $\widetilde{C}$ を考察

する．$\widetilde{C}$ は $n=3,4$ のときは楕円曲線，$n \geqq 5$ のときは超楕円曲線と呼ばれる．$x = x_1/x_0$ は $\widetilde{C}$ の有理関数を定める．$x$ の零点は $(1:0:\pm\sqrt{f(0)})$ である．$\alpha_j = 0$ となることがない限りこれは 2 点よりなる．一方 $P_\infty$ では

$$x = \frac{v}{u}$$

であり，$n=2g+1$ のときは (3.3), (3.5) より

$$x = \frac{v}{u} = s^{-2} + \cdots$$

となり，$\widetilde{C}$ の $P_\infty$ に対応する点 $\widetilde{P}_\infty$ で 2 位の極をもつ．$n=2g+2$ のときは，(3.3), (3.6) より

$$x = \frac{v}{u} = \pm t^{-1} + \cdots$$

となり，$P_\infty^{(+)}$, $P_\infty^{(-)}$ でそれぞれ 1 位の極をもつ．かくして

$$(x)_0 = \begin{cases} (1:0:\sqrt{f(0)}) + (1:0:-\sqrt{f(0)}), & \text{すべての } \alpha_j \neq 0 \text{ のとき} \\ 2Q_j, & \alpha_j = 0 \text{ のとき} \end{cases}$$

$$(x)_\infty = \begin{cases} 2\widetilde{P}_\infty, & n = 2g+1 \text{ のとき} \\ P_\infty^{(+)} + P_\infty^{(-)}, & n = 2g+2 \text{ のとき} \end{cases}$$

が成り立ち，$\deg(x) = 0$ であることが分かる．

次に有理関数 $y$ を調べてみよう．これは点 $Q_j = (1:\alpha_j:0)$, $j=1,2,\cdots,n$ で 0 となるが，$Q_j$ での局所パラメータとして $y$ がとれるので，$y$ は点 $Q_j$ で 1 位の零点を持つ．一方，無限遠点では

$$y = \frac{1}{u} = \begin{cases} \dfrac{1}{s^n}, & n = 2g+1 \text{ のとき} \\ \pm\dfrac{1}{t^{g+1}}, & n = 2g+2 \text{ のとき} \end{cases}$$

となり，$n=2g+1$ のときは $\widetilde{P}_\infty$ で $n$ 位の極，$n=2g+2$ のときは $P_\infty^{(+)}$, $P_\infty^{(-)}$ でそれぞれ $n/2$ 位の極をもつ．以上をまとめて

$$(y)_0 = Q_1 + Q_2 + \cdots + Q_n$$
$$(y)_\infty = \begin{cases} n\widetilde{P}_\infty, & n = 2g+1 \text{ のとき} \\ \dfrac{n}{2} P_\infty^{(+)} + \dfrac{n}{2} P_\infty^{(-)}, & n = 2g+2 \text{ のとき} \end{cases}$$

を得, $\deg(y) = 0$ となる. □

因子 $D = m_1 P_1 + \cdots + m_k P_k$ は, $m_i \geqq 1$, $i = 1, 2, \cdots, k$ のとき**正因子**(positive divisor)といい,
$$D \geqq 0$$
と記す. $D \geqq 0$ であればもちろん $\deg D \geqq 0$ である. 正因子の言葉を使うと, (3.1) の $\boldsymbol{L}(D)$ の定義を簡明にすることができる.

(3.9) $\qquad \boldsymbol{L}(D) = \{ f \in \boldsymbol{C}(C) \mid f = 0 \text{ または } (f) + D \geqq 0 \}.$

$(f) + D \geqq 0$ であれば $\deg((f) + D) \geqq 0$ であるが, 一方これは補題 3.2 より $\deg D$ に等しい. これより補題 3.2 の系として次の結果を得る.

**系 3.1** $\deg D < 0$ であれば $\boldsymbol{L}(D) = \{0\}$ である. □

**定義 3.1** 代数曲線 $C$ 上の因子 $D_1, D_2$ が $C$ 上のある有理関数 $f$ によって,
$$D_1 = D_2 + (f)$$
と書くことができるとき, $D_1$ と $D_2$ とは**線形同値**(linearly equivalent)であると言い,
$$D_1 \sim D_2$$
と記す. □

補題 3.2 より次の系を得る.

**系 3.2** $D_1 \sim D_2$ であれば $\deg D_1 = \deg D_2$ である. □

**補題 3.3** $D_1 \sim D_2$ であればベクトル空間 $\boldsymbol{L}(D_1)$ と $\boldsymbol{L}(D_2)$ とは同型であり, $D_1 = D_2 + (f)$ のとき同型写像は

$$\begin{array}{ccc} \psi: \boldsymbol{L}(D_1) & \longrightarrow & \boldsymbol{L}(D_2) \\ \cup & & \cup \\ h & \longmapsto & hf \end{array}$$

で与えられる.

[証明] $h \in \boldsymbol{L}(D_1)$ とすると $h=0$ または
$$(h)+D_1 \geqq 0$$
が成り立つ．後者の場合
$$(h)+D_1 = (h)+D_2+(f) = (hf)+D_2$$
から $hf \in \boldsymbol{L}(D_2)$ が成り立つ．したがって $\psi$ がベクトル空間としての写像として意味を持つ．

逆に $\widetilde{h} \in \boldsymbol{L}(D_2)$ であれば $\widetilde{h}=0$ または
$$(\widetilde{h})+D_2 \geqq 0$$
である．後者の場合
$$(\widetilde{h})+D_2 = (\widetilde{h})+D_1-(f) = (\widetilde{h}/f)+D_1$$
より $\widetilde{h}/f \in \boldsymbol{L}(D_1)$ となり，$\widetilde{h} \mapsto \widetilde{h}/f$ が $\psi$ の逆写像を与える． ∎

### (b) 微分型式と代数曲線の種数

微分型式の理論を展開するには種々の準備が必要となるが，ここでは便宜的な形で説明することとする．

局所パラメータ $s$ に対して $ds$ なる記号を導入する．$t$ も局所パラメータであり，
$$s = \varphi(t)$$
と書けるとき，$ds$ と $dt$ との間には
$$ds = \varphi'(t)dt$$
なる関係があるものとする．また $s$ の有理(型)関数 $\psi(s)$ に対して $d\psi(s)$ は
$$d\psi(s) = \psi'(s)ds$$
を意味するものとする．代数曲線 $C$ の関数体 $\boldsymbol{C}(C)$ の元 $f, g$ に対して $fdg$ とは，$C$ の点 $P$ での局所パラメータ $t$ に対して，$f, g$ を $t$ を使って $f = \alpha(t)$, $g = \beta(t)$ と表現したとき，

(3.10) $$\alpha(t)d\beta(t) = \alpha(t)\beta'(t)dt$$

を意味するものとする．このように解釈した $fdg$ を $C$ の**有理微分型式** (rational differential form) と呼ぶ．(3.10) で $\alpha(t)\beta'(t)$ が $t=0$ で $m$ 位の零点 (極) を持つとき，この有理微分型式は点 $P$ で $m$ 位の零点(極)をもつという．

$C$ 上どの点でも極を持たない有理微分型式を**正則微分型式**(regular differential form) と呼ぶ．有理微分型式 $\omega = f\,dg$ に対しても，有理関数のときと同様に因子を対応させることができる．$\omega$ が点 $Q_1, Q_2, \cdots, Q_k$ でそれぞれ $m_1, m_2, \cdots, m_k$ 位の零点を持ち，点 $P_1, P_2, \cdots, P_l$ でそれぞれ $n_1, n_2, \cdots, n_l$ 位の極を持ち，他の点は零点にも極にもならないとき

$$(\omega)_0 = m_1 Q_1 + m_2 Q_2 + \cdots + m_k Q_k$$
$$(\omega)_\infty = n_1 P_1 + n_2 P_2 + \cdots + n_l P_l$$
$$(\omega) = (\omega)_0 - (\omega)_\infty$$

と定義する．因子 $(\omega)$ を**標準因子**(canonical divisor) と呼ぶ．$\omega$ が正則微分型式であれば標準因子 $(\omega)$ は正因子である．

**補題 3.4** $\omega_1, \omega_2$ を代数曲線 $C$ 上の有理微分型式とすると，対応する標準因子 $(\omega_1), (\omega_2)$ は線形同値である． □

証明のあらすじを述べよう．$\omega_1 = f_1\,dg_1,\ \omega_2 = f_2\,dg_2$ とすると

$$(\omega_1) = (f_1) + (dg_1)$$
$$(\omega_2) = (f_2) + (dg_2)$$

となるので，

$$dg_1 = h\,dg_2$$

を満たす $C$ 上の有理関数 $h$ の存在を言えばよい．これは微分型式の理論を展開することによって自然に出てくるが，ここでは $h$ が $C$ 上の点 $P$ での局所パラメータの取り方によらないことだけを示しておこう．$s, t$ を点 $P$ での二つの局所パラメータとすると

$$s = \varphi(t)$$

と書くことができる．$s, t$ による $g_j$ の表現をそれぞれ $\alpha_j(s), \beta_j(t)$ とすると

$$\beta_j(t) = \alpha_j(\varphi(t))$$

であり，したがって

$$dg_j = \beta_j'(t)dt = \alpha_j'(\varphi(t))\varphi'(t)dt$$

より

$$\frac{\beta_1'(t)}{\beta_2'(t)} = \frac{\alpha_1'(\varphi(t))\varphi'(t)}{\alpha_2'(\varphi(t))\varphi'(t)} = \frac{\alpha_1'(s)}{\alpha_2'(s)}$$

となる．これから，点 $P$ の近傍では $h$ が一意的に定まることが分かる．$h$ が $C$ 上の有理関数になることは別途示す必要があるが，ここでは証明を割愛する．

**例 3.3** $\boldsymbol{P}^1(\boldsymbol{C})$ の斉次座標 $(x_0:x_1)$ に対して $x=x_1/x_0$ とおくと $\boldsymbol{C}(\boldsymbol{P}^1)=\boldsymbol{C}(x)$ であった（補題 2.3）．$\boldsymbol{P}^1(\boldsymbol{C})$ の点 $(1:a)$ での局所パラメータとして $t=x-a$ がとれ，点 $(0:1)$ での局所パラメータとして $s=1/x$ がとれる．したがって

$$dx = \begin{cases} dt, & \text{点 }(1:a)\text{ で} \\ -\dfrac{ds}{s^2}, & \text{点 }P_\infty=(0:1)\text{ で} \end{cases}$$

となり

$$(dx) = -2P_\infty$$

である．$\boldsymbol{C}(\boldsymbol{P}^1)$ の元 $f(x), g(x)$ に対して

$$\omega = f(x)dg(x) = f(x)g'(x)dx$$

となるので，

$$(\omega) = (f(x)g'(x)) + (dx)$$

となり，確かに

$$(\omega) \sim (dx)$$

である．また

$$\deg(\omega) = \deg(dx) = -2$$

である． □

**例 3.4** 例 3.2 で扱った楕円曲線および超楕円曲線 $\widetilde{C}$ を考えよう．$x=x_1/x_0, y=x_2/x_0$ とおくと

$$\boldsymbol{C}(\widetilde{C}) = \boldsymbol{C}(C) = \{\alpha(x)+\beta(x)y \mid \alpha(x), \beta(x) \in \boldsymbol{C}(x)\}$$
$$y^2 = f(x) = x^n + a_1 x^{n-1} + \cdots + a_{n-1}x + a_n$$

であることは例 2.15, 例 2.16 で見た通りである．$\omega=dx/y$ を考えてみよう．無限遠点の近くでは

$$x = \frac{v}{u}, \quad y = \frac{1}{u}$$

より，(3.5),(3.6) を使って $\widetilde{P}_\infty$ ($n=2g+1$ のとき), $P_\infty^{(+)}, P_\infty^{(-)}$ ($n=2g+2$ のとき) の局所パラメータ $s,t$ を使うと

$$\frac{dx}{y} = \begin{cases} 2s^{n+1}h'(s^2)ds = 2s^{n+1}\left(-\dfrac{1}{s^4}+\beta_1+\cdots\right)ds, & n=2g+1 \text{ のとき} \\ \pm t^{g+1}h'_\pm(t)dt = \pm t^{g+1}\left(-\dfrac{1}{t^2}+\beta_1+\cdots\right)dt, & n=2g+2 \text{ のとき} \end{cases}$$

となる．さらに $y=0$ となる点，すなわち $Q_j=(1:\alpha_j:0)$ での局所パラメータ $y$ を使うと (3.7) より

$$\frac{dx}{y} = (2c_2+3c_3y+\cdots)dy, \quad c_2\neq 0$$

を得，$Q_j$ では $dx/y$ は零点も極も持たない．これ以外の点 $(1:a:b)$, $b\neq 0$ では局所パラメータ $t=x-a$ を使うと (3.8) より

$$\frac{dx}{y} = \frac{dt}{b+d_1t+d_2t^2+\cdots}$$

となり，$t=0$ で $dx/y$ は零点も極も持たない．かくして

$$\left(\frac{dx}{y}\right) = \begin{cases} (2g-2)\widetilde{P}_\infty, & n=2g+1 \text{ のとき} \\ (g-1)P_\infty^{(+)}+(g-1)P_\infty^{(-)}, & n=2g+2 \text{ のとき} \end{cases}$$

となる．これより

$$\deg\left(\frac{dx}{y}\right) = 2g-2$$

であることが分かる．同様に $x^k dx/y$ を考えると，$\widetilde{P}_\infty, P_\infty^{(+)}, P_\infty^{(-)}$ では，(3.5),(3.6) より

$$\frac{x^k dx}{y} = \frac{v^k d\left(\dfrac{v}{u}\right)}{u^{k-1}} = \begin{cases} 2s^{n+1}h(s^2)^k h'(s^2)ds, & n=2g+1 \text{ のとき} \\ \pm t^{g+1}h_\pm(t)^k h'_\pm(t)dt, & n=2g+2 \text{ のとき} \end{cases}$$

となり，$s,t$ に関する展開式は

$$\frac{x^k dx}{y} = \begin{cases} 2s^{n+1}\left(\dfrac{1}{s^2}+\dfrac{a_1}{n}+\cdots\right)^k\left(-\dfrac{1}{s^4}+\cdots\right)ds, & n=2g+1 \text{ のとき} \\ \pm t^{g+1}\left(\dfrac{1}{t}\mp\dfrac{a_1}{n}+\cdots\right)^k\left(-\dfrac{1}{t^2}+\cdots\right)dt, & n=2g+2 \text{ のとき} \end{cases}$$

となる．$x^k dx/y$ はほかのところで極は持たないことは $dx/y$ のときと同様である．また $x^k dx/y$ は $\alpha_j \ne 0, j=1,2,\cdots,n$ のとき，すなわち $f(0)\ne 0$ のとき，$P_0^{(\pm)}=(1:0:\pm\sqrt{f(0)})$ で $k$ 位の零点を持ち，$\alpha_j=0$ であれば $Q_j=(1:0:0)$ の局所パラメータ $y$ を使って (3.7) より

$$\frac{x^k dx}{y} = (2c_2+3c_3 y+\cdots)(c_2 y^2+c_3 y^3+\cdots)^k dy$$

を得，$Q_j$ で $2k$ 位の零点をもつことになる．以上より $n=2g+1$ のときは

$$\left(\frac{x^k dx}{y}\right) = \begin{cases} 2(g-k-1)\widetilde{P}_\infty + kP_0^{(+)} + kP_0^{(-)}, & f(0)\ne 0 \text{ のとき} \\ 2(g-k-1)\widetilde{P}_\infty + 2kQ_j, & \alpha_j=0 \text{ のとき} \end{cases}$$

$n=2g+2$ のときは

$$\left(\frac{x^k dx}{y}\right) = \begin{cases} (g-k-1)P_\infty^{(+)} + (g-k-1)P_\infty^{(-)} + kP_0^{(+)} + kP_0^{(-)}, \\ \qquad\qquad\qquad\qquad\qquad\qquad\qquad f(0)\ne 0 \text{ のとき} \\ (g-k-1)P_\infty^{(+)} + (g-k-1)P_\infty^{(-)} + 2kQ_j, \\ \qquad\qquad\qquad\qquad\qquad\qquad\qquad \alpha_j=0 \text{ のとき} \end{cases}$$

を得る．したがって $k\leqq g-1$ であれば $x^k dx/y$ は $\widetilde{C}$ 上で極を持たず正則な微分型式となる．またどのような $k$ に対しても

$$\deg\left(\frac{x^k dx}{y}\right) = 2g-2$$

である．□

さて $K_C$ を代数曲線 $C$ の標準因子としよう．したがって $K_C=(\omega)$ となる有理微分型式 $\omega$ が存在する．ベクトル空間 $L(K_C)$ を考えてみよう．(3.9) より $f\in L(K_C)$ であれば

$$(f)+K_C = (f)+(\omega) = (f\omega) \geqq 0$$

であり，これは $f\omega$ が正則微分型式であることを意味する．逆に $\tau$ が $C$ の正則微分型式であれば，補題 3.4 によって
$$\tau = f\omega$$
と書くことができ，$f \in \boldsymbol{L}(K_C)$ である．したがって次の結果を得る．

**補題 3.5**　代数曲線 $C$ の標準因子 $K_C$ に対してベクトル空間 $\boldsymbol{L}(K_C)$ は，$C$ 上の正則微分型式全体のなすベクトル空間と同型である．　　□

**定義 3.2**　$g(C) = \dim_{\boldsymbol{C}} \boldsymbol{L}(K_C)$ を代数曲線 $C$ の**種数**(genus) と呼ぶ．　□

例 3.3 より $C = \boldsymbol{P}^1(\boldsymbol{C})$ のとき，$C$ の標準因子 $K_C$ の次数 $\deg K_C$ は $-2$ である．したがって系 3.1 より
$$\dim_{\boldsymbol{C}} \boldsymbol{L}(K_C) = 0$$
となり，射影直線の種数は 0 である．代数曲線の種数の計算法については次項および§3.3(a) で述べる．

### (c)　Riemann–Roch の定理

代数曲線 $C$ 上の因子 $D$ に対して
$$l(D) = \dim_{\boldsymbol{C}} \boldsymbol{L}(D)$$
とおく．証明を与えることはできなかったが，補題 3.1 より $l(D)$ は有限の値をとる．$l(D)$ を計算するのは一般に難しいが，$K_C$ を $C$ の標準因子とすると $l(D) - l(K_C - D)$ は計算が可能である．

**定理 3.1** (Riemann–Roch の定理)　種数 $g$ の曲線 $C$ 上の因子 $D$ に対して
$$l(D) - l(K_C - D) = \deg D - g + 1$$
が成り立つ．　　□

この定理の証明は残念ながら割愛するほかはない．$l(K_C - D) \geqq 0$ であるので次の系を得る．

**系 3.3** (Riemann の不等式)　種数 $g$ の曲線 $C$ 上の因子 $D$ に対して
$$l(D) \geqq \deg D - g + 1$$
が成り立つ．　　□

$l(D) \geqq 0$ であるので，この右辺が正のときのみ Riemann の不等式は実質的な意味を持つ．

さて，これは本節(a)で述べておくべきであったが，$\boldsymbol{L}(0)$ は $C$ 上で極を持たない有理関数 $f$ の全体であるが，$\deg(f)=0$ より $f$ は零点も持ち得ない．このような有理関数は定数しか存在しないことが知られている．（これは定理 2.6 を使って示すこともできる．また §2.4(d) の有理関数の定義から，$C\subset\boldsymbol{P}^N(\boldsymbol{C})$ のとき

$$f = \frac{G(x_0, x_1, \cdots, x_N)}{H(x_0, x_1, \cdots, x_N)}$$

を $C$ 上に制限したとき，$f$ が定数でない限り $G=0$ と $C$ との交わりから $f$ の零点が，$H=0$ と $C$ との交わりから極が出てくるのは明らかであろう．もちろん $G=0$ と $C$ とが必ず交点を持つことを示しておく必要がある．）したがって

$$\dim_{\boldsymbol{C}} \boldsymbol{L}(0) = 1$$

である．また定義より

$$\dim_{\boldsymbol{C}} \boldsymbol{L}(K_C) = g(C)$$

である．したがって Riemann–Roch の定理で $D=K_C$ とおくことによって次の結果を得る．

**系 3.4** $\qquad\qquad\qquad \deg K_C = 2g(C)-2$ ． $\qquad\qquad\qquad \square$

これを使って代数曲線 $C$ の種数を計算できる場合がある．例 3.2 で取り扱った曲線，それはアフィン曲線

$$y^2 = f(x)$$

より定まる代数曲線 $\widetilde{C}$ であったが，$f(x)$ が重根を持たないとき，$f(x)$ の次数 $n$ を $n=2g+1$ または $n=2g+2$ とすると，例 3.4 の結果によって

$$\deg K_{\widetilde{C}} = 2g-2$$

であった．したがって $\widetilde{C}$ の種数は $g$ であり，正則微分型式のベクトル空間の基底として

$$\frac{dx}{y},\ \frac{x\,dx}{y},\ \cdots,\ \frac{x^{g-1}dx}{y}$$

がとれることまで例 3.4 の計算によって分かったことになる．

系 3.4 の応用として次の結果を示しておこう．

**補題 3.6** 非特異 $n$ 次平面曲線 $C$ の種数 $g(C)$ は
$$g(C) = \frac{1}{2}(n-1)(n-2)$$
で与えられる．

［証明］ 平面曲線 $C$ の定義方程式を
$$F(x_0, x_1, x_2) = 0$$
とし，
$$x = \frac{x_1}{x_0}, \quad y = \frac{x_2}{x_0}$$
$$f(x, y) = \frac{1}{x_0^n} F(x_0, x_1, x_2)$$
とおく．$C$ の点 $(1:a:b)$ は非特異であるので，$f_x(a,b) \neq 0$ または $f_y(a,b) \neq 0$ である．$x, y$ を $C$ 上に制限したものも $x, y$ と記して $C$ 上の有理関数と見ると $f(x, y) = 0$ なので
$$0 = df(x, y) = f_x(x, y)dx + f_y(x, y)dy.$$
したがって，$C$ 上の有理微分型式として
$$\frac{dx}{f_y(x, y)} = -\frac{dy}{f_x(x, y)}$$
が成り立つ．これを $\omega$ で表わす．$f_y(a,b) \neq 0$ または $f_x(a,b) \neq 0$ なので，$\omega$ は $x_0 \neq 0$ なる $C$ の点では正則である．そこで $x_0 = 0$ なる $C$ の点 $(0:a:b)$ で考える．$a \neq 0$ のときを考えれば $(0:a:b) = (0:1:c)$ である．このとき
$$u = \frac{x_0}{x_1}, \quad v = \frac{x_2}{x_1}$$
$$g(u, v) = \frac{1}{x_1^n} F(x_0, x_1, x_2)$$
とおき，$u, v$ を $C$ に制限したものも $u, v$ と記すと
$$g(u, v) = 0$$
であり，

$$u = \frac{1}{x}, \quad v = \frac{y}{x}$$
$$f(x,y) = \frac{1}{x_0^n} F(x_0, x_1, x_2) = \frac{x_1^n}{x_0^n} \frac{1}{x_1^n} F(x_0, x_1, x_2)$$
$$= \frac{1}{u^n} g(u,v)$$

したがって，
$$f_y(x,y) = \frac{1}{u^n} g_v(u,v) \frac{1}{x} = \frac{1}{u^{n-1}} g_v(u,v)$$

となり，
$$\omega = \frac{dx}{f_y(x,y)} = \frac{d\left(\frac{1}{u}\right)}{\frac{1}{u^{n-1}} g_v(u,v)} = -\frac{u^{n-3} du}{g_v(u,v)}$$

を得る．また $g_u du + g_v dv = 0$ であるので，これは
$$\omega = \frac{u^{n-3} dv}{g_u(u,v)}$$

とも書ける．点 $(0:1:c)$ は $(u,v)=(0,c)$ に対応するので，$\omega$ は点 $(0:1:c)$ で $n-3$ 位の零点を持つことになる．同様の考察によって $C$ 上の点 $(0:d:1)$ でも $\omega$ は $n-3$ 位の零点をもつ．(以上の議論は直線 $x_0=0$ と $C$ とが接することがないと仮定している．この場合は $u$ も $v-c$ も共に $(0:1:c)$ の局所パラメータになる．$x_0=0$ が $C$ と接するときの議論は読者にまかせる．実際は，射影変換を行なうことによって $x_0=0$ と $C$ とは接しないと仮定してよい．) ところで $x_0=0$ と $C$ とは $n$ 個の点で交わる．よって
$$\deg(\omega) = n(n-3)$$

を得る．これが $2g(C)-2$ に等しいので補題が示された．∎

Riemann–Roch の定理と系 3.2，系 3.4 より次の重要な結果を得る．

**補題 3.7** $\deg D > 2g(C)-2$ であれば
$$l(D) = \deg D - g(C) + 1$$
が成り立つ． ∎

補題 3.7 には多くの応用がある．その一端は §3.2 で触れることにする．

## §3.2 代数曲線の幾何学

### (a) Hurwitz の公式

代数曲線 $C$ 上の有理関数 $f$ が与えられたとき, "写像"

(3.11)
$$\begin{array}{ccc} \varphi: C & \longrightarrow & \boldsymbol{P}^1(\boldsymbol{C}) \\ \cup & & \cup \\ P & \longmapsto & (1:f(P)) \end{array}$$

を考えることができる.点 $P$ が $f$ の極であるときは,このままでは (3.11) は意味をなさないが

$$\begin{array}{ccc} \varphi: C & \longrightarrow & \boldsymbol{P}^1(\boldsymbol{C}) \\ \cup & & \cup \\ P & \longmapsto & \left(\dfrac{1}{f(P)}:1\right) \end{array}$$

と考えることによって写像 $\varphi$ を定義することができ,$\varphi$ は代数的射になる.以下しばしば代数的射のかわりに**正則写像**という言葉を使うことにする.$C = \boldsymbol{P}^1(\boldsymbol{C})$ のときは §2.2(e) ですでに考察した.$f$ が定数関数でなければ $\varphi$ は全射,すなわち $\varphi(C) = \boldsymbol{P}^1(\boldsymbol{C})$ であることが分かっている.

逆に代数的射

$$\psi: C \longrightarrow \boldsymbol{P}^1(\boldsymbol{C})$$

が与えられていると,$\boldsymbol{P}^1(\boldsymbol{C})$ の斉次座標 $(x_0:x_1)$ より定まる $\boldsymbol{P}^1(\boldsymbol{C})$ の有理関数 $x$ を $\psi$ によって引き戻したもの

$$f(P) = x(\psi(P))$$

は $C$ 上の有理関数になる.$f$ の極は $\psi^{-1}((0:1))$ にほかならない.このようにして,$C$ 上の有理関数と $C$ から $\boldsymbol{P}^1(\boldsymbol{C})$ への正則写像とは (3.11) を通して 1 対 1 に対応していることが分かる.

次に代数曲線 $C$ から $\boldsymbol{P}^1(\boldsymbol{C})$ への写像 (3.11) をもう少し詳しく見てみよう.点 $(1:a)$ の逆像 $\varphi^{-1}((1:a))$ は

$$f(P) = a$$

となる点の全体にほかならない．このような点 $P$ の局所パラメータ $t$ をとって $f$ を表現したものを $\alpha(t)$ とおくと，写像 $\varphi$ は点 $P$ と点 $(1:a)$ の近くで

$$x = \alpha(t)$$

と表示できる．$u = x - a$ は点 $(1:a)$ の局所パラメータであるので，この式を

$$u = \beta(t), \quad \beta(t) = \alpha(t) - a$$

と書くことができる．すると $\beta(0) = 0$ であるので

$$\beta(t) = t^{e_P}\gamma(t), \quad \gamma(0) \neq 0$$

と書くことができる．$e_P$ は正整数である．$e_P \geqq 2$ のとき，正則写像 $\varphi$ は点 $P$ で**分岐している** (ramify) と言い，点 $P$ を正則写像 $\varphi$ の**分岐点** (ramification point)，$e_P$ を点 $P$ での**分岐指数** (ramification index) と呼ぶ．$e_P$ は方程式

$$(3.12) \qquad f(z) - a = 0$$

の解 $P$ の重複度を意味する．無限遠点 $(0:1)$ に対しては $f$ のかわりに $1/f$ を考えれば分岐点，分岐指数が定義できる．代数方程式の理論から容易に類推できるように，方程式 (3.12) の解の個数は $a$ を少し動かしても，重複度をこめて数えれば変わらないであろう．すなわち

$$(3.13) \qquad \sum_{\substack{P \in C \\ f(P) = a}} e_P = \sum_{\substack{Q \in C \\ f(Q) = b}} e_Q$$

が成り立つであろう．この等式は因子の言葉を使えば

$$(f-a)_0 = \sum_{\substack{P \in C \\ f(P) = a}} e_P P$$

$$(f-b)_0 = \sum_{\substack{Q \in C \\ f(Q) = b}} e_Q Q$$

であるので

$$\deg(f-a)_0 = \deg(f-b)_0$$

と書くことができ，特に

$$\deg(f)_0 = \deg(f-a)_0$$

を得る．同様の議論を $1/f$ に対して適用すれば，$a \neq 0$ のとき

$$\deg(1/f)_0 = \deg(1/f - 1/a)_0$$

を得る．
$$(1/f - 1/a)_0 = (f-a)_0$$
$$(1/f)_0 = (f)_\infty$$
であるので，結局
$$\deg(f) = \deg(f)_0 - \deg(f)_\infty = 0$$
を得る．これが補題 3.2 の幾何学的意味である．もちろん，直観的には (3.13) は明らかであっても，厳密に証明する必要がある．

(3.13) に出てくる定数
$$w = \sum_{\substack{P \in C \\ f(P) = a}} e_P$$
を正則写像 $\varphi$ の次数 (degree) と呼ぶ．一般の $a$ に対しては $f = a$ は $w$ 個の異なる点からなることも直観的には明らかであろう．実際，正則写像 $\varphi$ の分岐点は有限個しかないことを示すことができる．正則写像 $\varphi$ の分岐点での分岐指数と $\varphi$ の次数とが分かると代数曲線 $C$ の種数を計算することができる．$\omega$ を $\boldsymbol{P}^1(\boldsymbol{C})$ 上の有理微分型式とする．このとき，$\omega$ の $\varphi$ による引き戻し $\varphi^*\omega$ が定義でき，$C$ 上の有理微分型式になる．$\deg(\varphi^*\omega)$ を計算してみよう．$\boldsymbol{P}^1(\boldsymbol{C})$ の点 $Q$ の局所パラメータを $u$ として，正則写像 $\varphi$ が $C$ の点 $P$ の局所パラメータ $t$ を使って
$$u = \beta(t), \quad \beta(t) = t^{e_P}\gamma(t), \quad \gamma(0) \neq 0$$
と表示されたとすると，
$$\omega = A(u)du$$
のとき
$$\varphi^*(\omega) = A(\beta(t))\beta'(t)dt = e_P t^{e_P - 1}\left(\gamma(t) + \frac{1}{e_P}t\gamma'(t)\right)A(\beta(t))dt$$
となる．もし $A(u)$ が $u$ で $m$ 位の零点 ($m$ が負の整数 $-l$ のときは $l$ 位の極であると解釈する) を持てば，$\varphi^*\omega$ は点 $P$ で $me_P + e_P - 1$ 位の零点を持つことになる．したがって (3.13) より
$$\deg(\varphi^*\omega) = w\deg(\omega) + \sum_{Q:\text{分岐点}}(e_Q - 1)$$

となる．例 3.3 より $\deg(\omega) = -2$ であった．したがって次の結果を得る．

**定理 3.2** (Hurwitz の定理)　$\varphi: C \to \boldsymbol{P}^1(\boldsymbol{C})$ は定数でない有理関数 $f$ によって定まる正則写像 (3.11) とする．写像の次数を $w$, 分岐点を $R_1, R_2, \cdots, R_l$, その分岐指数をそれぞれ $e_1, e_2, \cdots, e_l$ とすると,

(3.14) $$2g(C) - 2 = -2w + \sum_{j=1}^{l}(e_j - 1)$$

が成り立つ．ここで $g(C)$ は $C$ の種数とする．　　　□

等式 (3.14) を Hurwitz の公式という．この定理と公式は，以下に述べるようにさらに一般化することができる．

**例 3.5**　$\boldsymbol{P}^1(\boldsymbol{C})$ から $\boldsymbol{P}^1(\boldsymbol{C})$ への正則写像

$$\varphi: \boldsymbol{P}^1(\boldsymbol{C}) \longrightarrow \boldsymbol{P}^1(\boldsymbol{C})$$
$$\cup\qquad\qquad\cup$$
$$(a_0 : a_1) \longmapsto (a_0^n : a_1^n)$$

を考えてみよう．これは $\boldsymbol{P}^1(\boldsymbol{C})$ 上の有理関数 $x^n = (x_1/x_0)^n$ より定まる正則写像である．二つの射影直線を区別するために左の $\boldsymbol{P}^1(\boldsymbol{C})$ の斉次座標を $(x_0 : x_1)$, 右の $\boldsymbol{P}^1(\boldsymbol{C})$ の斉次座標を $(y_0 : y_1)$ と記す．$(1:0)$ の局所パラメータとしてそれぞれ $x = x_1/x_0$, $y = y_1/y_0$ をとることができ，正則写像 $\varphi$ は

$$y = x^n$$

と表示される．したがって点 $(1:0)$ は分岐指数 $n$ の分岐点である．点 $(1:a)$, $a \neq 0$ では $b^n = a$ となる $b$ をとると，点 $(1:b)$ の局所パラメータ $s = x - b$ と $(1:a)$ の局所パラメータ $t = y - a$ を使って正則写像 $\varphi$ は

$$t = a + (s+b)^n$$

と表示できるので，点 $(1:b)$ は分岐点ではない．点 $(0:1)$ では $u = x_0/x_1$, $v = y_0/y_1$ とおくと，$\varphi$ は

$$v = u^n$$

と書けるので点 $(0:1)$ は分岐指数 $n$ の分岐点である．$\varphi$ の次数が $n$ であることも明らかである．このとき，Hurwitz の公式 (3.14) の右辺は

$$-2n + 2(n-1) = -2$$

となり，等式(3.14)は確かに成り立っている． □

**例 3.6**　例3.2で扱った，アフィン曲線
$$y^2 = f(x)$$
より定まる楕円曲線および超楕円曲線$\widetilde{C}$の種数をHurwitzの公式を使って計算してみよう．$f(x)$は次数$n$の多項式で重根を持たないと仮定する．$\widetilde{C}$から$\boldsymbol{P}^1(\boldsymbol{C})$への正則写像

$$\begin{array}{ccc} \pi: \widetilde{C} & \longrightarrow & \boldsymbol{P}^1(\boldsymbol{C}) \\ \cup & & \cup \\ P & \longmapsto & (1:x(P)) \end{array}$$

を考える．例3.2の計算によれば，(3.7)より$Q_j=(1:\alpha_j:0)$, $j=1,2,\cdots,n$は分岐指数2の分岐点である．さらに$n=2g+1$のときは$\widetilde{P}_\infty$が分岐指数2の分岐点であることが$(x)_\infty=2\widetilde{P}_\infty$より分かる．このほかには分岐点はない．$\varphi$の次数は2であるのでHurwitzの公式(3.14)より
$$2g(\widetilde{C})-2 = -2\times 2+2g+2 = 2g-2$$
を得る．ただし$n=2g+2$または$2g+1$とおいた．これより
$$g(\widetilde{C}) = g$$
を得る．これは系3.4を使って得た結果と一致している． □

定理3.2の証明をふりかえってみると$\boldsymbol{P}^1(\boldsymbol{C})$であることは本質的に使っていない．代数曲線$\widetilde{C}$から代数曲線$C$の上への正則写像
$$\varphi: \widetilde{C} \longrightarrow C$$
に対して，写像の次数，分岐点，分岐指数は局所パラメータを使って上と同様に定義でき，上の論法より次の結果を得る．

**定理 3.3**（Hurwitzの定理（一般型））　種数$\widetilde{g}$の代数曲線$\widetilde{C}$から種数$g$の代数曲線$C$上への正則写像
$$\varphi: \widetilde{C} \longrightarrow C$$
の次数を$w$，分岐点を$R_1,R_2,\cdots,R_l$，その分岐指数をそれぞれ$e_1,e_2,\cdots,e_l$とすると，等式

(3.15) $$2\widetilde{g}-2 = w(2g-2) + \sum_{j=1}^{l}(e_j-1)$$

が成り立つ. □

等式 (3.15) も **Hurwitz の公式**と呼ぶ.

### (b) 射影空間への埋め込み

代数曲線 $C$ 上の因子 $D$ に対して $\dim_C \boldsymbol{L}(D) = N+1 \geqq 2$ のときを考える. $\boldsymbol{L}(D)$ の $\boldsymbol{C}$ 上の基底 $\{f_0, f_1, \cdots, f_N\}$ をとると, 写像

(3.16)
$$\begin{array}{ccc} \psi_{|D|}: C & \longrightarrow & \boldsymbol{P}^N(\boldsymbol{C}) \\ \cup & & \cup \\ P & \longmapsto & (f_0(P): f_1(P): \cdots : f_N(P)) \end{array}$$

が定まる. もし点 $P$ が $f_j$ の極であれば, $f_0, f_1, \cdots, f_N$ のうち極の位数が最大のもの $f_k$ をとり $h_j = f_j/f_k$ を考えるとこれは点 $P$ では正則である. したがって, このときは
$$\psi_{|D|}(P) = (h_0(P): \cdots : h_{k-1}(P): 1 : h_{k+1}(P): \cdots : h_N(P))$$
と定義する. また $Q$ が $f_0, f_1, \cdots, f_N$ の共通零点のときは, $f_j$ の零点の位数の最小値を $m$ とし, 点 $Q$ での局所パラメータ $t$ を使って $f_j$ を表示したものを $\alpha_j(t)$ とすると, $Q$ の近傍では写像 $\psi_{|D|}$ を

$$t \longmapsto \left(\frac{\alpha_0(t)}{t^m} : \frac{\alpha_1(t)}{t^m} : \cdots : \frac{\alpha_N(t)}{t^m}\right)$$

と定義する. こう (3.16) を "解釈" すると, $\psi_{|D|}$ は正則写像になる. $\psi_{|D|}$ は $\boldsymbol{L}(D)$ の基底のとり方によるが, 違いは $\boldsymbol{P}^N(\boldsymbol{C})$ の射影変換の分だけである.

まず種数 0 の代数曲線 $C$ を考察しよう. 系 3.4 より $\deg K_C = -2$ であるので補題 3.7 より, $C$ 上の 1 点 $P$ に対して
$$l(P) = 2$$
である. $\boldsymbol{L}(P)$ には定数関数も含まれるが, $l(P) = 2$ はこれ以外に有理関数 $f$ が $\boldsymbol{L}(D)$ に含まれることを意味する. $f$ は定数関数でないので, すなわち $f \notin \boldsymbol{L}(0)$ なので点 $P$ で 1 位の極を持ち他では正則である. $\{1, f\}$ が $\boldsymbol{L}(P)$ の

基底になるので，正則写像

$$\psi_{|P|} : C \longrightarrow \boldsymbol{P}^1(\boldsymbol{C})$$
$$\cup \qquad\qquad \cup$$
$$Q \longmapsto (1 : f(Q))$$

が定まる．$f$ は 1 位の極をただ 1 点でのみ持ち，他の点では正則であることより $\psi_{|P|}$ の次数は 1 であることが分かる．次数 1 の写像では分岐点は存在せず，$\psi_{|P|}$ は同型写像であることが分かる．したがって次の結果を得る．

**命題 3.1** 種数 0 の代数曲線は射影直線 $\boldsymbol{P}^1(\boldsymbol{C})$ （と同型）である． □

さらに上の証明は次のことも示している．

**命題 3.2** 代数曲線 $C$ 上にただ 1 点でのみ 1 位の極を持ち他の点では正則な有理関数が存在すれば，$C$ は射影直線 $\boldsymbol{P}^1(\boldsymbol{C})$ （と同型）である． □

以下，同型な代数曲線は同一視することにする．以上の結果により，種数 0 の代数曲線を考察することは，$\boldsymbol{P}^1(\boldsymbol{C})$ を考察することにほかならない．そこで $\boldsymbol{P}^1(\boldsymbol{C})$ 上の点 $P = (0:1)$ をとって $\boldsymbol{L}(nP)$ を考えよう．$\boldsymbol{P}^1(\boldsymbol{C})$ の斉次座標を $(x_0 : x_1)$ として，$x = x_1/x_0$ とおくと，$x$ は $P$ で 1 位の極を持つ．したがって $x^j \in \boldsymbol{L}(nP)$, $j = 0, 1, \cdots, n$ であるが，$l(nP) = n+1$ であるので $\{1, x, x^2, \cdots, x^n\}$ を $\boldsymbol{L}(nP)$ の基底としてとれることが分かる．したがって，正則写像 $\psi_{|nP|}$ は

$$\psi_{|nP|} : \boldsymbol{P}^1(\boldsymbol{C}) \longrightarrow \boldsymbol{P}^n(\boldsymbol{C})$$
$$\cup \qquad\qquad \cup$$
$$(1 : x) \longmapsto (1 : x : x^2 : \cdots : x^n)$$

で与えられる．$n=2$ のときは例 2.2 で扱った正則写像 $\varphi$ にほかならず，$\psi_{|2P|}$ の像は非特異 2 次曲線である．$n=3$ のときは例 2.18 で扱った正則写像 $\varphi$ にほかならず，$\psi_{|3P|}$ の像は捩れ 3 次曲線である．一般の $n$ のときは，$\psi_{|nP|}$ の像は $n$ 次**正規有理曲線** (normal rational curve) と呼ばれる．

ところで，$\boldsymbol{P}^1(\boldsymbol{C})$ の次数 $n$ の因子 $D$ に対しては，補題 3.7 より

$$l(D - nP) = 1, \quad l(nP - D) = 1$$

が成り立つ．すなわち

$$(f)+D-nP \geqq 0$$
$$(h)+nP-D \geqq 0$$

なる有理関数 $f,h$ が存在する．この不等式を足すことによって
$$(fh)=(f)+(h) \geqq 0$$

を得，$fh$ は極を持たない．したがって定数関数である．$f,h$ を定数倍しても上の不等式は変わらないので

$$h=\frac{1}{f}$$

と仮定してよい．したがって
$$0 \leqq (h)+nP-D = -(f)+nP-D$$
となって
$$(f)+D-nP \leqq 0$$
を得，最初の不等式と合わせて
$$(f)+D=nP$$

を得る．以上より，次の結果が示されたことになる．

**補題 3.8** $\boldsymbol{P}^1(\boldsymbol{C})$ 上の次数 $n$ の因子 $D$ は $nP$ と線形同値である． □

この補題と補題 3.3 より，種数 0 の曲線に対しては $\psi_{|D|}$ を考えることは $\psi_{|nP|}$ を考えることと同じであることが分かる．このようにして，$\psi_{|nP|}$ を考えることによって，射影直線 $\boldsymbol{P}^1(\boldsymbol{C})$ を $\boldsymbol{P}^n(\boldsymbol{C})$ へ非特異代数曲線として埋め込むことができる．この事実は次の形に一般化することができる．

**定理 3.4** 種数 $g$ の代数曲線 $C$ 上の次数 $n$ の因子 $D$ を考える．$n \geqq 2g+1$ であれば
$$\psi_{|D|}: C \longrightarrow \boldsymbol{P}^{n-g}(\boldsymbol{C})$$
は $C$ の $n-g$ 次元射影空間への埋め込みを与える．

［証明］補題 3.7 より $l(D)=n-g+1$ である．$C$ 上の相異なる 2 点 $P,Q$ をとると，再び補題 3.7 より
$$l(D-P-Q)=n-g-1$$
$$l(D-P)=n-g$$
$$l(D-Q)=n-g$$

を得る．したがって
$$L(D-P-Q) \subsetneq L(D-P) \subsetneq L(D)$$
$$L(D-P-Q) \subsetneq L(D-Q) \subsetneq L(D)$$
が成り立ち，$P$ で零点を持ち $Q$ では零点を持たない有理関数 $f \in L(D)$，$Q$ で零点を持ち $P$ で零点を持たない有理関数 $h_1 \in L(D)$ が存在することが分かる．$L(D-P-Q)$ の基底を $\{h_2, h_3, \cdots, h_{n-g}\}$ とすると $\{f, h_1, h_2, h_3, \cdots, h_{n-g}\}$ は $L(D)$ の基底になる．この基底を使って $\psi_{|D|}$ を

$$\begin{array}{ccc} \psi_{|D|}: C & \longrightarrow & \boldsymbol{P}^{n-g}(\boldsymbol{C}) \\ \cup & & \cup \\ R & \longmapsto & (f(R):h_1(R):h_2(R):\cdots:h_{n-g}(R)) \end{array}$$

と表わすと
$$\psi_{|D|}(P) = (0:1:0:0:\cdots:0)$$
$$\psi_{|D|}(Q) = (1:0:0:0:\cdots:0)$$
となり，$\psi_{|D|}$ は中への 1 対 1 写像であることが分かる．

同様にして
$$L(D-2P) \subsetneq L(D-P) \subsetneq L(D)$$
となるので，$P$ で零点を持たない有理関数 $f \in L(D)$，$P$ で 1 位の零点を持つ有理関数 $h_1 \in L(D)$ が存在する．$L(D-2P)$ の基底 $\{h_2, \cdots, h_{n-g}\}$ をとると $\{f, h_1, h_2, \cdots, h_{n-g}\}$ は $L(D)$ の基底である．この基底を使って写像 $\psi_{|D|}$ を作ると，$h_1$ は点 $P$ でちょうど 1 位の零点を持つことから，点 $P$ での $C$ の局所パラメータとすることができるが，これは点 $\psi_{|D|}(P)$ での $\psi_{|D|}(C)$ の局所パラメータでもあるので，$C$ と $\psi_{|D|}(C)$ は $P$ と $\psi_{|D|}(P)$ の近傍で同型であることが分かる．以上によって定理 3.4 が証明できた．∎

**例 3.7** 種数 1 の曲線 $C$ 上に 1 点 $P$ をとって $\psi_{|3P|}$ を考える．
$$\psi_{|3P|}: C \longrightarrow \boldsymbol{P}^2(\boldsymbol{C})$$
による像は非特異 3 次平面曲線である．$L(3P)$ の基底として $\{1, f, h\}$，$f$ は $P$ で 2 位の極，$h$ は $P$ で 3 位の極を持つ，をとることができ，

$$\psi_{|3P|}: C \longrightarrow \boldsymbol{P}^2(\boldsymbol{C})$$
$$\cup \qquad\qquad \cup$$
$$Q \longmapsto (1: f(Q): h(Q))$$

と書ける．$\psi_{|3P|}(C)$ と直線 $x_0=0$ との交点は $1/h=0$ を解くことによって得られるが，これは $P$ でちょうど 3 位の零点を持ち，他では零点にならないことから，この平面曲線の次数が 3 であることが分かる． □

次に因子 $D$ が標準因子 $K_C$ のときを考えよう．$C$ の種数 $g$ は 2 以上と仮定する．$\boldsymbol{L}(K_C)$ の基底を $\{f_1, f_2, \cdots, f_g\}$ とすると，$K_C = (\omega)$ であれば $\{f_1\omega, f_2\omega, \cdots, f_g\omega\}$ は $C$ 上の正則微分型式の基底である．

**補題 3.9** $\omega_j = f_j\omega,\ j=1,2,\cdots,g$ は共通零点を持たない．

［証明］ 共通零点 $Q$ を持ったと仮定しよう．すると
$$\boldsymbol{L}(K_C) = \boldsymbol{L}(K_C - Q)$$
である．したがって，Riemann–Roch の定理(定理 3.1)
$$l(Q) - l(K_C - Q) = 2 - g$$
より $l(Q) = 2$ を得る．これは点 $Q$ で 1 位の極を持ち他で正則な有理関数が存在することを意味し，命題 3.2 より $C$ の種数は 0 となり仮定に反する．したがって $\omega_j$ は共通零点を持たない． ■

そこで**標準写像**(canonical map)
$$\psi_{|K_C|}: C \longrightarrow \boldsymbol{P}^{g-1}(\boldsymbol{C})$$
が埋め込みになっている条件を求めてみよう．定理 3.4 の証明から分かるように，そのためには $C$ 上の点 $P, Q$ ($P = Q$ の場合も含めて)に対して
$$l(K_C - P - Q) = g - 2$$
が言えればよい．上の補題 3.9 より
$$\boldsymbol{L}(K_C - P) \subsetneq \boldsymbol{L}(K_C), \quad \boldsymbol{L}(K_C - Q) \subsetneq \boldsymbol{L}(K_C)$$
は必ず成り立つからである．Riemann–Roch の定理より
$$l(P+Q) - l(K_C - P - Q) = 3 - g$$
が成り立つので $l(K_C - P - Q) = g - 2$ であることと $l(P+Q) = 1$ であることとは同値である．したがって，もし $l(K_C - P - Q) \neq g - 2$ であれば $l(K_C - P -$

$Q) = g-1$ でなければならないから，このときは $l(P+Q) = 2$ である．

$l(P+Q) = 2$ であれば，$P$ と $Q$ とで1位の極を持ち他で正則な有理関数 $f$ が存在し，

$$\begin{array}{ccc} \psi_{|P+Q|}: C & \longrightarrow & \boldsymbol{P}^1(\boldsymbol{C}) \\ \cup & & \cup \\ R & \longmapsto & (1:f(R)) \end{array}$$

は次数2の上への写像である．

**定義 3.3**　$\boldsymbol{P}^1(\boldsymbol{C})$ へ次数2の正則写像を持つ種数 $g \geqq 2$ の代数曲線 $C$ を**超楕円曲線**と呼ぶ．　□

**定理 3.5**　種数 $g \geqq 2$ の曲線 $C$ が超楕円曲線でなければ，標準写像 $\psi_{|K_C|}$ は埋め込み写像である．$C$ が超楕円曲線のときは，標準写像 $\psi_{|K_C|}$ の像は $g-1$ 次正規有理曲線 $C_0$ であり，$\psi_{|K_C|}: C \to C_0$ の次数は2である．　□

実は種数2の曲線 $C$ はすべて超楕円曲線である．これは $\deg K_C = 2$ より，正則微分型式 $\omega$ に対して $(\omega) = P+Q$ となり $l(P+Q) = l(K_C) = 2$ となるからである．

$$\pi: C \longrightarrow \boldsymbol{P}^1(\boldsymbol{C})$$

を次数2の写像とし，$R_1, R_2, \cdots, R_l$ を $\pi$ の分岐点とすると，それらの分岐指数はすべて2でなければならない．したがって Hurwitz の公式(3.14)により

$$2g(C) - 2 = -4 + l$$

となり

$$l = 2g(C) + 2$$

となる．必要であれば $\boldsymbol{P}^1(\boldsymbol{C})$ の射影変換を $\pi$ に合成することによって $\pi(R_j) = (1:\alpha_j)$ と仮定してよい．すると $C$ は

$$y^2 = \prod_{j=1}^{2g(C)+2} (x - \alpha_j)$$

より定まる代数曲線と同一視できることが分かる．この曲線は例3.2，例3.4 で考察した．

曲線 $C$ が超楕円曲線でないとき，標準写像による $C$ の像を**標準曲線**

(canonical curve) と呼ぶ.

**例 3.8** 超楕円曲線ではない種数 3 の曲線 $C$ の標準写像
$$\psi_{|K_C|}: C \longrightarrow \boldsymbol{P}^2(\boldsymbol{C})$$
を考える．この標準写像の像である標準曲線は非特異平面 4 次曲線である．4 次曲線になることは $\deg K_C = 4$ による．逆に非特異平面 4 次曲線は種数 3 の標準曲線であることは，補題 3.6 の証明の方法を使って，$f(x,y) = 0$ を非特異 4 次曲線のアフィン形としたとき正則微分型式の基底として
$$\frac{dx}{f_y}, \frac{xdx}{f_y}, \frac{ydx}{f_y}$$
がとれることを示すことによって証明される． □

## §3.3 楕円曲線

楕円曲線は，代数曲線の中で最も詳しく研究されているものである．しかも，素数判定法，暗号理論，符号理論にも応用があり，応用の面からも重要な曲線であるので，この節で少し詳しく論じることとする．以下，特に断わらない限り，$k$ は代数的閉体としその標数は任意とする．本章の前節までの結果は $C$ のかわりに任意の代数的閉体 $k$ 上で考えても正しいことが知られている．

### (a) 種数 1 の曲線

種数 1 の非特異射影曲線 $C$ に対して，その上の 1 点 $O$ を固定して以下考える．Riemann–Roch の定理によって，任意の自然数 $m$ に対して
$$l(mO) = m$$
が成立する．特に $l(O) = 1$ であることより
$$\boldsymbol{L}(O) = k \cdot 1$$
すなわち，$C$ 上の有理関数で点 $O$ でたかだか 1 位の極を持ち他で正則なものは定数関数しか存在しないことが分かる．$l(2O) = 2$ であり，$\boldsymbol{L}(O) \subset \boldsymbol{L}(2O)$ であるので，点 $O$ でちょうど 2 位の極を持ち他で正則な $C$ の有理関数 $x$ が

存在し
$$L(2O) = k\cdot 1 \oplus k\cdot x$$
($\oplus$ はベクトル空間としての直和)である．さらに $l(3O)=3$ であり，$L(2O)\subset L(3O)$ であるので，点 $O$ で3位の極を持ち他で正則な $C$ 上の有理関数 $y$ が存在し，
$$L(3O) = k\cdot 1 \oplus k\cdot x \oplus k\cdot y$$
である．

例3.7より，写像
$$\begin{array}{rccc}\psi = \psi_{|3O|}: & C & \longrightarrow & \mathbf{P}^2(k) \\ & \cup & & \cup \\ & P & \longmapsto & (1:x(P):y(P))\end{array}$$
は $C$ から $\mathbf{P}^2(k)$ への埋め込み写像であり，$\psi$ の像は非特異平面曲線である．この平面曲線の定義方程式を求めてみよう．そのために，$L(4O)$，$L(5O)$，$L(6O)$ を順次考察していく．$x^2 \in L(4O)$ であり，$x^2$ は点 $O$ でちょうど4位の極をもつ．$l(4O)=4$ であるので
$$L(4O) = k\cdot 1 \oplus k\cdot x \oplus k\cdot y \oplus k\cdot x^2$$
であることが分かる．同様にして $xy \in L(5O)$ であり，$xy$ は点 $O$ でちょうど5位の極を持ち $l(5O)=5$ であるので
$$L(5O) = k\cdot 1 \oplus k\cdot x \oplus k\cdot y \oplus k\cdot x^2 \oplus k\cdot xy$$
である．さらに $x^3 \in L(6O)$ であり，$x^3$ は点 $O$ でちょうど6位の極を持ち，$l(6O)=6$ であるので
$$L(6O) = k\cdot 1 \oplus k\cdot x \oplus k\cdot y \oplus k\cdot x^2 \oplus k\cdot xy \oplus k\cdot x^3$$
であることが分かる．ところが $y^2$ も点 $O$ でちょうど6位の極を持ち，$O$ 以外では正則であるので $L(6O)$ の元である．したがって
$$y^2 = a'_0 x^3 - a'_1 xy + a'_2 x^2 - a'_3 y + a'_4 x + a'_6,$$
$$a'_0, a'_1, a'_2, a'_3, a'_4, a'_6 \in k$$
なる関係があることが分かる．さらに $a'_0 = \beta^3$ なる $k$ の元 $\beta$ をとって，($x$ のかわりに) $\beta x$ を改めて $x$ と置き直すと，上の式は

(3.17) $$y^2 = x^3 - a_1xy + a_2x^2 - a_3y + a_4x + a_6,$$
$$a_1, a_2, a_3, a_4, a_6 \in k$$

と書き直すことができる．上の構成法より，多項式
$$f(x,y) = y^2 + a_1xy + a_3y - x^3 - a_2x^2 - a_4x - a_6$$
が既約であることは明らかであろう．もし既約でなければ因数分解することによって $L(5O)$ の基底の間に 1 次関係式が出てきて矛盾するからである．

以上の考察によって，$\psi$ による $C$ の像 $\psi(C)$ は $\boldsymbol{P}^2(k)$ で斉次多項式
(3.18) $$F(x_0, x_1, x_2) = x_0x_2^2 + a_1x_0x_1x_2 + a_3x_0^2x_2$$
$$-x_1^3 - a_2x_0x_1^2 - a_4x_0^2x_1 - a_6x_0^3$$

の零点集合 $V(F)$ と一致することが分かった．以上をまとめて次の命題を得る．

**命題 3.3** 種数 1 の非特異射影曲線 $C$ は，平面 3 次曲線
(3.19) $$x_0x_2^2 + a_1x_0x_1x_2 + a_3x_0^2x_2 - x_1^3 - a_2x_0x_1^2 - a_4x_0^2x_1 - a_6x_0^3 = 0$$
と同型である． □

逆に非特異平面 3 次曲線が種数 1 であることは前節で見た通りである．上の命題が主張していることは，非特異平面 3 次曲線は (3.19) の形の平面 3 次曲線と同型になるという事実である．実は射影変換によって (3.19) の形に直すことができることを直接示すことができる．

体 $k$ の標数が 2, 3 以外のときは射影変換によって (3.19) はさらに簡単な形にすることができる．そのため式 (3.17) の右辺の一部を移項して，通常使われる形
(3.20) $$y^2 + a_1xy + a_3y = x^3 + a_2x^2 + a_4x + a_6$$
にしておく．$k$ の標数が 2 でないので，(3.20) は
$$\left(y + \frac{1}{2}a_1x + \frac{a_3}{2}\right)^2 = x^3 + \left(a_2 + \frac{1}{4}a_1^2\right)x^2 + \left(a_4 + \frac{a_1}{2}a_3\right)x$$
$$+ a_6 + \frac{a_3^2}{4}$$

と変形できる．$y + \dfrac{1}{2}a_1x + \dfrac{a_3}{2}$ を改めて $y$ とおきかえて，右辺の $x^2, x$ の係数および定数項をそれぞれ改めて $a_2, a_4, a_6$ とおくと，上式は

(3.21) $$y^2 = x^3 + a_2 x^2 + a_4 x + a_6$$

と書くことができる．

$$y + \frac{1}{2}a_1 x + \frac{a_3}{2} \in \boldsymbol{L}(3O)$$

であり，この有理関数は点 $O$ でちょうど 3 位の極を持ち，他の点では正則であるので，最初の議論で $y$ としてこの元を取っておけば，(3.17) より強く (3.21) が成立することが分かったわけである．今までの議論では $k$ の標数が 2 でないことしか使っていない．したがって，このとき種数 1 の非特異射影曲線は平面 3 次曲線

(3.22) $$x_0 x_2^2 - x_1^3 - a_2 x_0 x_1^2 - a_4 x_0^2 x_1 - a_6 x_0^3 = 0$$

と同型である．(3.20) から (3.21) への移行は $y + \dfrac{1}{2}a_1 x + \dfrac{a_3}{2}$ を $y$ とおきかえただけなので，(3.19) から (3.22) への移行は射影変換によって行なわれたことも明らかである．もちろん，係数 $a_j$ は (3.19) と (3.22) とでは違ってくる．

さて $k$ の標数がさらに 3 でないとすると，(3.21) は

$$y^2 = \left(x + \frac{a_2}{3}\right)^3 + \left(a_4 - \frac{a_2^2}{3}\right)x + a_6 - \frac{a_2^3}{27}$$

と変形でき，$x + \dfrac{a_2}{3} \in \boldsymbol{L}(2O)$ を改めて $x$ と書き直すと，この式は

(3.23) $$y^2 = x^3 + a_4 x + a_6$$

の形になる．（もちろん $a_4, a_6$ は上式のそれとは違っている．）あるいは，$y$ を $y/2$ とおきかえることによって

(3.24) $$y^2 = 4x^3 - g_2 x - g_3$$

と (3.23) を書き直すこともできる．(3.24) は Weierstrass の標準形と呼ばれる．

以上の考察によって，$k$ の標数が $2, 3$ でなければ種数 1 の非特異代数曲線は，平面 3 次曲線

(3.25) $$x_0 x_2^2 - x_1^3 - a_4 x_0^2 x_1 - a_6 x_0^3 = 0$$

と同型になり，また平面 3 次曲線

(3.26) $$x_0 x_2^2 - 4x_1^3 + g_2 x_0^2 x_1 + g_3 x_0^3 = 0$$

とも同型になる．

ところで埋め込み $\psi: C \to \boldsymbol{P}^2(k)$ の像である平面 3 次曲線 (3.19), (3.22),

(3.25) あるいは (3.26) は非特異曲線である．そのために，$a_j$ あるいは $g_j$ の間に条件が出てくる．式 (3.25)
$$F(x_0, x_1, x_2) = x_0 x_2^2 - x_1^3 - a_4 x_0^2 x_1 - a_6 x_0^3 = 0$$
で定義される平面 3 次曲線の場合にこのことを確かめておこう．特異点があるとすれば，連立方程式
$$\frac{\partial F}{\partial x_0} = x_2^2 - 2a_4 x_0 x_1 - 3a_6 x_0^2 = 0$$
$$\frac{\partial F}{\partial x_1} = -3x_1^2 - a_4 x_0^2 = 0$$
$$\frac{\partial F}{\partial x_2} = 2x_0 x_2 = 0$$
は $(0,0,0)$ 以外の解を持つ．最後の式より $x_0 = 0$ または $x_2 = 0$ である．$x_0 = 0$ とすると 2 番目の式より $x_1 = 0$，1 番目の式より $x_2 = 0$ を得て，不可．そこで $x_0 \neq 0$, $x_2 = 0$ としてよい．したがって，上の連立方程式は
$$2a_4 x_1 + 3a_6 x_0 = 0$$
$$3x_1^2 + a_4 x_0^2 = 0$$
に帰着される．これより $(x_0, x_1)$ が $(0, 0)$ 以外の解を持つための必要十分条件は
$$4a_4^3 + 27a_6^2 = 0$$
であることが分かる．
$$\Delta = -16(4a_4^3 + 27a_6^2)$$
とおいて，式 (3.23) または平面 3 次曲線 (3.25) の判別式という．同様にして式 (3.24) または平面 3 次曲線 (3.26) の判別式 $\Delta$ を
$$\Delta = g_2^3 - 27 g_3^2$$
と定義する．平面 3 次曲線 (3.26) が非特異であるための必要十分条件は
$$\Delta \neq 0$$
である．

以下，平面 3 次曲線の標準形，判別式 $\Delta$，**$j$ 不変量** ($j$-invariant) $j$ および正則微分型式 $\omega$ が重要になるので，ここにまとめて記しておく．($j$ 不変量については後述する．)

[体 $k$ の標数が一般のとき]

$$y^2 + a_1xy + a_3y = x^3 + a_2x^2 + a_4x + a_6$$
$$x_0x_2^2 + a_1x_0x_1x_2 + a_3x_0^2x_2 - x_1^3 - a_2x_0x_1^2 - a_4x_0^2x_1 - a_6x_0^3 = 0$$
$$b_2 = a_1^2 + 4a_2, \quad b_4 = a_1a_3 + 2a_4, \quad b_6 = a_3^2 + 4a_6$$
$$b_8 = a_1^2a_6 - a_1a_3a_4 + 4a_2a_6 + a_2a_3^2 - a_4^2$$

(3.27)
$$c_4 = b_2^2 - 24b_4, \quad c_6 = -b_2^3 + 36b_2b_4 - 216b_6$$
$$\Delta = -b_2^2b_8 - 8b_4^3 - 27b_6^2 + 9b_2b_4b_6$$
$$j = \frac{c_4^3}{\Delta} = 12^3 \frac{c_4^3}{c_4^3 - c_6^2}$$
$$\omega = \frac{dx}{2y + a_1x + a_3} = \frac{dy}{3x^2 + 2a_2x + a_4 - a_1y}$$

[体 $k$ の標数が 2 以外のとき]

$$y^2 = x^3 + a_2x^2 + a_4x + a_6$$
$$x_0x_2^2 - x_1^3 - a_2x_0x_1^2 - a_4x_0^2x_1 - a_6x_0^3 = 0$$
$$\Delta = a_2^2a_4^2 - a_2^3a_6 - a_4^3$$
$$j = \frac{c_4^3}{\Delta}$$
$$\omega = \frac{dx}{2y} = \frac{dy}{3x^2 + 2a_2x + a_4}$$

[体 $k$ の標数が 2, 3 以外のとき]

$$y^2 = x^3 + a_4x + a_6$$
$$x_0x_2^2 - x_1^3 - a_4x_0^2x_1 - a_6x_0^3 = 0$$
$$c_4 = -48a_4, \quad c_6 = -864a_6$$
$$\Delta = -16(4a_4^3 + 27a_6^2)$$
$$j = \frac{c_4^3}{\Delta} = 12^3 \frac{c_4^3}{c_4^3 - c_6^2} = 12^3 \frac{4a_4^3}{4a_4^3 + 27a_6^2}$$
$$\omega = \frac{dx}{2y} = \frac{dy}{3x^2 + a_4}$$

この場合，次の形の標準形(Weierstrassの標準形)をとることもできる．

$$y^2 = 4x^3 - g_2 x - g_3$$
$$x_0 x_2^2 - 4x_1^3 + g_2 x_0^2 x_1 + g_3 x_0^3 = 0$$
$$\Delta = g_2^3 - 27 g_3^2$$
$$j = 12^3 \frac{g_2^3}{\Delta}$$

以上の準備のもとに，次の定理を得る．

**定理 3.6** 種数 1 の非特異代数曲線 $C$ 上の 1 点 $O$ に対して，$L(3O)$ によって $C$ より $\boldsymbol{P}^2(k)$ への写像
$$\psi = \psi_{|3O|} : C \longrightarrow \boldsymbol{P}^2(k)$$
を構成すると $\psi$ は埋め込み写像であり，$\psi$ によって $C$ は非特異平面 3 次曲線と同型になる．さらに $L(3O)$ の基底をうまくとると，$\psi$ によって $C$ は

(3.28) $\quad x_0 x_2^2 + a_1 x_0 x_1 x_2 + a_3 x_0^2 x_2 - x_1^3 - a_2 x_0 x_1^2 - a_4 x_0^2 x_1 - a_6 x_0^3 = 0$

の形の平面 3 次曲線と同型になる．このとき $\psi(O) = (0:0:1)$ であり，かつ
$$\Delta \neq 0$$
である．

体 $k$ の標数が 2 でないときは $\psi$ によって $C$ は平面 3 次曲線

(3.29) $\quad x_0 x_2^2 - x_1^3 - a_2 x_0 x_1^2 - a_4 x_0^2 x_1 - a_6 x_0^3 = 0$

と同型になる．このとき $\psi(O) = (0:0:1)$ であり，かつ
$$\Delta \neq 0$$
である．

さらに体 $k$ の標数が 2, 3 以外であれば $\psi$ によって $C$ は平面 3 次曲線

(3.30) $\quad x_0 x_2^2 - x_1^3 - a_4 x_0^2 x_1 - a_6 x_0^3 = 0$

と同型になり，$\psi(O) = (0:0:1)$，かつ
$$\Delta \neq 0$$
である．また $\psi$ によって $C$ は平面 3 次曲線

(3.31) $\quad x_0 x_2^2 - 4x_1^3 + g_2 x_0^2 x_1 + g_3 x_0^3 = 0$

とも同型になり，$\psi(O) = (0:0:1)$，かつ
$$\Delta \neq 0$$
である． □

**定義 3.4**　種数 1 の非特異代数曲線 $C$ と $C$ 上の 1 点 $O$ との対 $E=(C,O)$ を**楕円曲線**(elliptic curve)という．楕円曲線 $(C,O)$ は平面 3 次曲線 (3.28) の係数 $a_j$ がすべて $k$ の部分体 $k_0$ に属するとき，体 $k_0$ で定義されている，または $(C,O)$ の定義体(field of definition)は $k_0$ であると言う．二つの楕円曲線 $E=(C,O)$ と $E'=(C',O')$ に対して $\varphi(O)=O'$ なる同型写像 $\varphi\colon C\simeq C'$ が存在するときこの二つの楕円曲線は同型であるという． □

上の定理によって，楕円曲線を考えることは，(3.28) で定義された非特異平面 3 次曲線とその上の点(無限遠点) $(0:0:1)$ の対を考えることと同一である．さらに体 $k$ の標数が 2 でないときは (3.29) で，体 $k$ の標数が 2, 3 でないときは (3.30) または (3.31) で定まる非特異平面 3 次曲線と無限遠点 $(0:0:1)$ の対を考えることと同一である．これらの平面曲線の無限遠点は $(0:0:1)$ しかないので，

$$y^2+a_1xy+a_3y=x^3+a_2x^2+a_4x+a_6$$
$$y^2=x^3+a_2x^2+a_4x+a_6$$
$$y^2=x^3+a_4x+a_6 \quad \text{または} \quad y^2=4x^3-g_2x-g_3$$

を楕円曲線の定義方程式ということが多い．また，これらの平面 3 次曲線の $j$ 不変量を対応する楕円曲線 $E=(C,O)$ の $j$ 不変量と言い，$j(E)$ と記す．次の定理は上で定義した $j$ 不変量がその名前にふさわしいことを示している．

**定理 3.7**　二つの楕円曲線 $E, E'$ が同型であるための必要条件は，それらの $j$ 不変量が等しいこと，すなわち

$$j(E)=j(E')$$

が成り立つことである． □

$j$ 不変量はその定義から $k$ の元であるが，任意の $k$ の元 $a$ に対して $j(E)=a$ となる楕円曲線が存在する．次の命題は，直接計算することによって示すことができる．

**命題 3.4**　$a\neq 0, 12^3 (=1728)$ のとき，楕円曲線

$$E\colon y^2+xy=x^3-\frac{36}{a-1728}x-\frac{1}{a-1728}$$

の $j$ 不変量 $j(E)$ は

である．さらに楕円曲線
$$y^2+y=x^3$$
の $j$ 不変量は 0 であり，体の標数が 3 でないとき楕円曲線
$$y^2=x^3+x$$
の $j$ 不変量は 1728 である． □

**命題 3.5**（Legendre の標準形）　体 $k$ の標数は 2 でないとする．

（ⅰ）　任意の楕円曲線は
$$E_\lambda : y^2=x(x-1)(x-\lambda), \quad \lambda \in k, \quad \lambda \neq 0,1$$
と同型である．また，楕円曲線 $E_\lambda$ の $j$ 不変量は
$$j(E_\lambda)=2^8 \cdot \frac{(\lambda^2-\lambda+1)^3}{\lambda^2(\lambda-1)^2}$$
で与えられる．

（ⅱ）　写像
$$\begin{array}{ccc} j: k-\{0,1\} & \longrightarrow & k \\ \cup & & \cup \\ \lambda & \longmapsto & j(E_\lambda) \end{array}$$

は $j=0,1728$ の逆像以外のところでは 6 対 1 の写像であり，$j=0$ の逆像は 2 点，$j=1728$ の逆像は 3 点からなっている． □

### (b)　楕円曲線の群構造

　楕円曲線が種々の分野で大切な役割を果たすのは，楕円曲線が群構造を持っていることによる．この群構造は楕円関数の和公式の幾何学的表現にほかならない．

　標準形
$$y^2+a_1xy+a_3y=x^3+a_2x^2+a_4x+a_6$$
で定義される楕円曲線，換言すれば非特異平面 3 次曲線
$$C: F=x_0x_2^2+a_1x_0x_1x_2+a_3x_0^2x_2-x_1^3-a_2x_0x_1^2-a_4x_0^2x_1-a_6x_0^3=0$$

と $C$ 上の 1 点 $O=(0:0:1)$ の対を考える．射影平面 $\boldsymbol{P}^2(k)$ の中の直線 $l$ と $C$ とは重複度をこめて 3 点で交わっている．まず点 $O$ での $C$ の接線を求めておこう．

$$\frac{\partial F}{\partial x_0}(0,0,1)=1, \quad \frac{\partial F}{\partial x_1}(0,0,1)=0, \quad \frac{\partial F}{\partial x_2}(0,0,1)=0$$

より求める接線は無限遠直線

$$l_\infty : x_0 = 0$$

である．$C$ の定義式からただちに分かるように，$C$ と $l_\infty$ との交点は点 $O=(0:0:1)$ だけである．したがって $C$ と $l_\infty$ とは点 $O$ で 3 重に接していることになる．(このような点を $C$ の**変曲点**と呼ぶ．) このことを実際に確かめよう．

$$u = \frac{x_0}{x_2}, \quad v = \frac{x_1}{x_2}$$

とおくと，この座標による $C$ の定義式は

$$f(u,v) = u + a_1 uv + a_3 u^2 - v^3 - a_2 uv^2 - a_4 u^2 v - a_6 u^3 = 0$$

となる．したがって，点 $O$ での $C$ と $l_\infty$ の交わりの重複度 $I_O(C, l_\infty)$ は $f(0,v) = -v^3$ より，§2.3(b) の定義から

$$I_O(C, l_\infty) = 3$$

となって，期待された結果を与えている．

さて，$C$ 上の 2 点 $P, Q$ に対して $P$ と $Q$ とを結ぶ直線 $l$ を考える (図 3.1)．$P=Q$ のときは点 $P$ での $C$ の接線を $l$ とする．

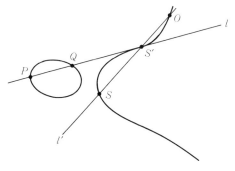

図 3.1

$l$ と $C$ との交点を $\{P,Q,S'\}$ とし，$O$ と $S'$ とを結ぶ直線を $l'$ とする．$l'$ と $C$ との交点を $\{O,S',S\}$ とするとき，
$$P+Q = S$$
によって 2 点間の算法 "$+$" を定義する．

**命題 3.6**　平面 3 次曲線 $C$ 上の点に対して，次のことが成立する．
（ⅰ）　$C$ 上の点 $P,Q,R$ が 1 直線上にあれば
$$(P+Q)+R = O$$
（ⅱ）　$P+O = P$
（ⅲ）　$P+Q = Q+P$
（ⅳ）　$C$ 上の任意の点 $P$ に対して
$$P+P' = O$$
を満たす $C$ 上の点 $P'$ が存在する．以下この $P'$ を $-P$ と記す．
（ⅴ）　$C$ 上の任意の 3 点 $P,Q,R$ に対して
$$(P+Q)+R = P+(Q+R).$$

すなわち，楕円曲線 $E = (C,O)$ の点は算法 "$+$" に関して $O$ を零元とする Abel 群をなす．

［証明］　(ⅰ) $P$ と $Q$ とを結ぶ直線を $l$ とすると $l \cap C = \{P,Q,R\}$．$O$ と $R$ とを結ぶ直線を $l'$ として $l'$ と $C$ との交点を $\{O,R,R'\}$ とおくと
$$P+Q = R'.$$
$R'$ と $R$ とを結ぶ直線は $l'$ にほかならず，$R'+R$ は $O$ での接線 $l_\infty$ と $C$ との交点で定まるが，$l_\infty$ は曲線 $C$ と点 $O$ で 3 重に接しており，したがって
$$R'+R = O$$
である (図 3.2)．

(ⅱ) $P$ と $O$ とを結ぶ直線 $l$ と $C$ との交点を $\{P,O,S'\}$ とすると $O$ と $S'$ とを結ぶ直線も $l$ なので
$$P+O = P$$
である．

(ⅲ) $P+Q$ の定義より明らか．

(ⅳ) 下の命題 3.7 で $P+Q$ を座標を使って表示するので，その表示を使っ

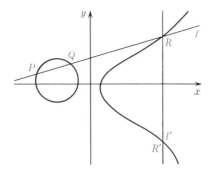

**図 3.2** $(x,y)$ 座標で表わすと $O$ は無限遠点であり，$O$ と $R'$ とを結ぶ直線は $y$ 軸に平行な直線になる．

て直接計算で示すことができる．

(v) この証明は読者の演習とする．

整数 $m$ と，楕円曲線 $E = (C, O)$ の点 $P$ に対して

$$[m]P = \underbrace{P + P + \cdots + P}_{m}, \quad m \text{ が正のとき}$$

$$[0]P = O$$

$$[m]P = [-m](-P), \quad m \text{ が負のとき}$$

と定義する．上の命題より

$$[m]O = O$$

である．

次の命題は直接の計算によって容易に示すことができるので，証明は読者にゆだねよう．

**命題 3.7** 標準形
$$y^2 + a_1 xy + a_3 y = x^3 + a_2 x^2 + a_4 x + a_6$$
で与えられる楕円曲線 $E$ を考える．

(i) $P = (x_0, y_0) \in E$ に対して
$$-P = (x_0, -y_0 - a_1 x_0 - a_3).$$

(ii) $P_i = (x_i, y_i) \in E$, $i = 1, 2$ に対して $x_1 = x_2$, $y_1 + y_2 + a_1 x_2 + a_3 = 0$ ならば
$$P_1 + P_2 = O$$

である．これ以外のとき，$x_1 \neq x_2$ ならば

$$\lambda = \frac{y_2 - y_1}{x_2 - x_1}, \quad \nu = \frac{y_1 x_2 - y_2 x_1}{x_2 - x_1}$$

また $x_1 = x_2$ ならば

$$\lambda = \frac{3x_1^2 + 2a_2 x_1 + a_4 - a_1 y_1}{2y_1 + a_1 x_1 + a_3}$$

$$\nu = \frac{-x_1^3 + a_4 x_1 + 2a_6 - a_3 y_1}{2y_1 + a_1 x_1 + a_3}$$

とおくと，$P_3 = P_1 + P_2$, $P_3 = (x_3, y_3)$ は

$$x_3 = \lambda^2 + a_1 \lambda - a_2 - x_1 - x_2$$
$$y_3 = -(\lambda + a_1) x_3 - \nu - a_3$$

である．特に $P_1 \neq \pm P_2$ のときは

$$x(P_1 + P_2) = x_3 = \left(\frac{y_2 - y_1}{x_2 - x_1}\right)^2 + a_1 \left(\frac{y_2 - y_1}{x_2 - x_1}\right) - a_2 - x_1 - x_2$$

となり[*1]，さらに $P = (x, y) \in E$ に対して

$$x([2]P) = \frac{x^4 - b_4 x^2 - 2b_6 x - b_8}{4x^3 + b_2 x^2 + 2b_4 x + b_6}$$

を得る．ここで $b_2, b_4, b_6, b_8$ は (3.27) で定義したものである． □

**例 3.9** 有理数体 **Q** 上定義された楕円曲線

$$E: y^2 = x^3 + 17$$

を考える．$E$ の **Q** 有理点（座標が有理数で表わされる点）として

$$P_1 = (-2, 3), \quad P_2 = (-1, 4), \quad P_3 = (2, 5), \quad P_4 = (4, 9), \quad P_5 = (8, -23)$$

は容易に見つけることができるが，さらに

$$P_6 = (43, 282), \quad P_7 = (52, 375), \quad P_8 = (5234, 378661)$$

などが **Q** 有理点であることが分かる．さらに

$$[2]P_1 = P_5, \quad P_4 = P_1 - P_3, \quad [3]P_1 - P_3 = P_7$$

$$[2]P_2 = \left(\frac{137}{64}, -\frac{2651}{512}\right), \quad P_2 + P_3 = \left(-\frac{8}{9}, -\frac{109}{27}\right)$$

---

[*1] $E$ の点 $Q$ に対して $x(Q)$ は $Q$ の $x$ 座標を表わす．

であることを，直接計算によって示すことができる．実は，$E$ の任意の $\boldsymbol{Q}$ 有理点 $P$ は
$$P = [m]P_1 + [n]P_2, \quad m, n \in \boldsymbol{Z}$$
と一意的に書くことができることが知られている． □

$\boldsymbol{Q}$ 上定義された楕円曲線 $E$ の $\boldsymbol{Q}$ 有理点全体を $E(\boldsymbol{Q})$ と記そう．$E(\boldsymbol{Q})$ が群になることは，$P, Q \in E(\boldsymbol{Q})$ であれば $P + Q \in E(\boldsymbol{Q})$ であることが命題 3.7 を使って示すことができる．上の例では $E(\boldsymbol{Q})$ は $P_1, P_2$ から生成される階数 2 の自由 Abel 群であった．しかし一般には，$E(\boldsymbol{Q})$ は位数有限の元を持つ．このことに関しては次の結果が知られている．

**命題 3.8** 有理数体 $\boldsymbol{Q}$ 上定義された楕円曲線
$$E: y^2 = x^3 + a_4 x + a_6$$
で，係数 $a_4, a_6$ が整数であるものを考える．$P \in E(\boldsymbol{Q})$ が位数有限(ただし $P$ は無限遠点 $O$ ではないとする)の点であるとすると，点 $P$ の $x$ 座標 $x(P)$，$y$ 座標 $y(P)$ に対して
$$x(P),\ y(P) \in \boldsymbol{Z}$$
が成立する．このとき，さらに
$$[2]P = O$$
であるか，または $y(P)^2$ は $4a_4^3 + 27a_6^2$ を割り切る． □

**例 3.10** 楕円曲線
$$E: y^2 = x^3 - 43x + 166$$
では
$$4a_4^3 + 27a_6^2 = 425984 = 2^{15} \cdot 13$$
である．$P = (3, 8) \in E(\boldsymbol{Q})$ であるが，実は $P$ は位数 7 の点であることが分かる．（命題 3.7 より
$$x(P) = 3, \quad x([2]P) = -5, \quad x([4]P) = 11, \quad x([8]P) = 3$$
であることが分かり，$[8]P = \pm P$ であることが分かるが，実は $[8]P = P$ であることを示すことができる．） □

$\boldsymbol{Q}$ 上定義された楕円曲線 $E$ の $\boldsymbol{Q}$ 有理点全体 $E(\boldsymbol{Q})$ の元のうち，位数が有限の元全体は $E(\boldsymbol{Q})$ の部分群をなす．これを $E(\boldsymbol{Q})_{\mathrm{tor}}$ と記そう．

**例 3.11** 楕円曲線
$$E: y^2 = x^3 + x^2 - x$$
の $\boldsymbol{Q}$ 有理点として $(x,y) = (0,0), (1,1), (1,-1), (-1,1), (-1,-1)$ があることはすぐ分かる．これらの 5 点と無限遠点 $O$ とで位数 6 の巡回群をなすことが分かる．しかも $E(\boldsymbol{Q})_{\mathrm{tor}}$ はこれらの 6 点からなる． □

**定理 3.8** (Mordell–Weil の定理) $\boldsymbol{Q}$ 上定義された楕円曲線 $E$ の $\boldsymbol{Q}$ 有理点の全体 $E(\boldsymbol{Q})$ は有限生成の Abel 群である． □

この定理によって
$$E(\boldsymbol{Q}) = E(\boldsymbol{Q})_{\mathrm{tor}} \oplus \boldsymbol{Z}^r$$
($\oplus$ は群としての直和) と書け，$E(\boldsymbol{Q})_{\mathrm{tor}}$ は有限 Abel 群であることが分かる．また $r$ のことを楕円曲線 $E$ の**階数**(rank) と呼ぶ．

**例 3.12** (Bremner–Cassels) 楕円曲線
$$y^2 = x^3 + 877x$$
の階数は 1 であり，その生成元 $P$ の $x$ 座標 $x(P)$ は
$$x(P) = \left( \frac{612776083187947368101}{78841535860639002\,10} \right)^2$$
で与えられる． □

楕円曲線に関しては多くの研究があるにもかかわらず未解決の問題が多数残されている．例えば，次の予想は正しいと思われながら未解決である．

**予想** 任意の自然数 $n$ に対して，その階数が $n$ 以上である $\boldsymbol{Q}$ 上定義された楕円曲線が存在する． □

さて，話を任意の代数的閉体 $k$ 上で定義された楕円曲線 $E$ に戻そう．任意の正整数 $m$ に対して
$$E[m] = \{P \in E \mid [m]P = O\}$$
とおき，$E$ の $m$ 等分点のなす群と呼ぶ．

**定理 3.9** 正整数 $m \geqq 2$ が体 $k$ の標数で割り切れなければ
$$E[m] \cong \boldsymbol{Z}/(m) \oplus \boldsymbol{Z}/(m)$$
である． □

体 $k$ の標数 $p \geqq 2$ のときは，$E[p^e]$ はすべての正整数 $e$ に対して $\boldsymbol{Z}/(p^e)$ と

同型であるか，あるいは点 $O$ のみからなることが知られている．

さて楕円曲線 $C$ の点 $P$ が 3 等分点，$P \in E[3]$ である場合を考えてみよう．$[2]P = P+P$ は，その定義より点 $P$ での接線 $l$ を考え，$l$ と $C$ との交点を重複度をこめて $\{P,P,S'\}$ と記し，$O$ と $S'$ とを結ぶ直線 $l'$ と $C$ との交点を $\{O,S',S\}$ とすると，$S$ にほかならない．$[3]P = S+P$ である．$S$ と $P$ とを結ぶ直線 $m$ と $C$ との交点を $\{S,P,T'\}$ とし，$O$ と $T'$ とを結ぶ直線 $m'$ と $C$ との交点を $\{O,T',T\}$ とすると $[3]P = T$ である．ところが仮定より $[3]P = O$ であるので，$T = O$ である．これは $m'$ が $C$ と点 $O$ で接すること，すなわち点 $O$ での接線にほかならないことを示す．ところが上で述べたように $O$ での接線は $O$ で 3 重に接する，すなわち $C$ の変曲点である．したがって $T' = O$ である．したがって $S,P,O$ は 1 直線上にある．ところが，$O,S',S$ も 1 直線 $l'$ 上にあるので $S' = P$ でなければならない．したがって点 $P$ での $C$ の接線 $l$ は点 $P$ で 3 重に接することになり，$P$ は $C$ の変曲点であることが分かった．逆に点 $P$ が $C$ の変曲点であれば $[3]P = O$ となることは，上の議論から明らかである．以上の議論と上の定理より次の系を得る．

**系 3.5** 楕円曲線 $E$ の 3 等分点は $E$ を表わす平面 3 次曲線 (3.28) の変曲点であり，逆に変曲点は 3 等分点である．体 $k$ の標数が 3 以外のとき，変曲点は 9 個存在する． □

## §3.4 代数曲線の合同ゼータ関数

この節では有限体の初等的知識を仮定する．（付録を参照のこと．）以下，元の個数が $q$ 個よりなる有限体 $k = GF(q)$ を考える．$k$ を含む代数的閉体を $\bar{k}$ と記す．有限体 $k = GF(q)$ の $n$ 次拡大体を $k_n$ と記す．$k_n = GF(q^n)$，すなわち $k_n$ は元の個数が $q^n$ 個よりなる有限体である．

さて $\boldsymbol{P}^N(\bar{k})$ 内に斉次多項式
$$F_j(x_0, x_1, \cdots, x_N), \quad j = 1, 2, \cdots, l$$
の共通零点として定義された射影多様体 $V = V((F_1, F_2, \cdots, F_l))$ を考える．$F_j$, $j = 1, 2, \cdots, l$ のすべての係数が $k$ の元にとれるとき，より正確には $\bar{k}[x_0, x_1, \cdots,$

$x_N$] のイデアル $(F_1, F_2, \cdots, F_l)$ の生成元として，$k$ 係数の斉次多項式がとれるとき，射影多様体 $V$ は**体 $k$ 上定義されている**という．（この定義では，$k$ は有限体である必要はなく，$\bar{k}$ の任意の部分体 $k$ に対して，'$k$ 上定義された射影多様体' を上のように定義できる．）

以下，簡単のために，$V$ を定義する斉次多項式はすべて有限体 $k$ を係数に持つとする．$V$ の点 $(a_0 : a_1 : \cdots : a_N)$ はすべての $a_j$ が $k_n$ の元にとれるとき，言いかえれば，$a_k \ne 0$ のとき $a_j/a_k \in k_n$ が成り立つとき，$V$ の **$k_n$ 有理点**($k_n$-rational point) と呼ぶ．$V$ の $k_n$ 有理点の全体を $V(k_n)$ と記すと，$k_n$ が有限体であることより，$V(k_n)$ の個数 $\sharp V(k_n)$ は有限である．そこで

$$N_n(V) = \sharp V(k_n)$$

とおく．

**定義 3.5** 有限体 $k$ 上定義された射影多様体 $V$ に対して $Z(V, u)$ を次のように定め，$V$ の**合同ゼータ関数**(congruence zeta function)，あるいは単にゼータ関数と呼ぶ．

（ⅰ）$Z(V, 0) = 1$
（ⅱ）$\dfrac{d}{du} \log Z(V, u) = \sum\limits_{n=1}^{\infty} N_n(V) u^{n-1}$. □

**例 3.13** 射影空間 $\boldsymbol{P}^N(\bar{k})$ は定義方程式はないというより 0 のみからなるので $k$ 上定義されていると考えることができる．

$$N_n(\boldsymbol{P}^N) = \frac{q^{n(N+1)} - 1}{q^n - 1} = \sum_{j=0}^{N} q^{nj}$$

である．($\boldsymbol{P}^N(k_n)$ は $k_n^{N+1} - \{(0, 0, \cdots, 0)\}$ の元の各成分の比をとったもの全体である．）したがって

$$\frac{d}{du} \log Z(\boldsymbol{P}^N, u) = \sum_{n=1}^{\infty} \left( \sum_{j=0}^{N} q^{nj} \right) u^{n-1}$$

$$= \sum_{j=0}^{N} \sum_{n=1}^{\infty} q^{jn} u^{n-1} = \sum_{j=0}^{N} \frac{q^j}{1 - q^j u}$$

となり，条件 (ⅰ) を考慮して

$$Z(\boldsymbol{P}^N, u) = \frac{1}{(1-u)(1-qu)(1-q^2 u) \cdots (1-q^N u)}$$

を得る. □

　さて,上の定義 3.5 の条件 (ii) からは $\log Z(V,u)$ は $u$ の形式的ベキ級数としてしか定義されていないが,$V \subset \boldsymbol{P}^N(\overline{k})$ のとき
$$N_n(V) \leqq N_n(\boldsymbol{P}^N)$$
であり,上の例より
$$\sum_{n=1}^{\infty} N_n(\boldsymbol{P}^N) u^{n-1}$$
は $u=0$ の近傍で一様絶対収束するので,
$$\sum_{n=1}^{\infty} N_n(V) u^{n-1}$$
も $u=0$ の近傍で一様絶対収束し,$Z(V,u)$ は $u=0$ の近傍で正則な関数であることが分かる.上の例で $Z(\boldsymbol{P}^N,u)$ が $u$ の有理関数になったことは偶然ではなく,実は次の結果が知られている.

**定理 3.10** (Dwork)　有限体 $k$ 上定義された射影多様体 $V$ のゼータ関数 $Z(V,u)$ は有理数を係数とする $u$ の有理関数である. □

　ゼータ関数 $Z(V,u)$ は,一番簡単と思われる場合,すなわち $V$ が超平面 $V(F)$ の場合でも,斉次方程式
$$F(x_0, x_1, \cdots, x_N) = 0$$
の有限体 $k_n$ での解の個数を考えていることから,複雑であることが予想される.しかしながら,$V$ が非特異射影多様体であるときは,$Z(V,u)$ はきわめて美しい性質を持っていることが 1940 年代に A. Weil によって予想された.この Weil 予想を解くことが,代数幾何学の発展の一つの原動力となったのである.一般の Weil 予想を述べるには準備が必要となるので,ここでは $V$ が非特異代数曲線である場合のゼータ関数に関する結果を述べよう.

**定理 3.11**　有限体 $k=GF(q)$ 上定義された種数 $g$ の非特異射影直線 $C$ のゼータ関数 $Z(C,u)$ は以下の性質を持つ.

（ⅰ）　$Z(C,u)$ は次式で表示することができる.
$$Z(C,u) = \frac{F(u)}{(1-u)(1-qu)}.$$

ここで $F(u)$ は $u$ に関して $2g$ 次の整数係数の多項式であり
$$F(u) = 1 + (N_1(C) - q - 1)u + \cdots + q^g u^{2g}$$
の形をしている．

(ii) $Z(C, u)$ は関数等式

(3.32) $$Z\left(C, \frac{1}{qu}\right) = q^{1-g} u^{2-2g} Z(C, u)$$

を満足する．

(iii) $F(u) = \prod_{j=1}^{2g}(1 - \omega_j u)$ と因数分解すると
$$|\omega_j| = \sqrt{q}, \quad j = 1, 2, \cdots, 2g$$
が成り立つ． □

定理 3.11 の (iii) の部分はゼータ関数の Riemann 予想と呼ばれる部分であり，定理の最も重要な部分である．変数 $u$ を
$$u = q^{-s}$$
と置き換えると，$H(s) = F(q^{-s})$ は $2g$ 個の零点 $s_1, s_2, \cdots, s_{2g}$ を持ち，
$$q^{-s_j} = \frac{1}{\omega_j}$$
なる関係がある．したがって $|\omega_j| = \sqrt{q}$ は
$$\mathrm{Re}(s_j) = \frac{1}{2}$$
と同値になり，Riemann のゼータ関数の零点に関する Riemann 予想と類似の形になる．このことが Riemann 予想と呼ばれる所以である．

また上の定理の (ii) と (iii) より $F(1/\omega_j) = 0$ であれば $F(\omega_j/q) = 0$ である．したがって次の系を得る．

**系 3.6** 上述の定理と同じ仮定のもとで，
$$F(u) = \prod_{j=1}^{2g}(1 - \omega_j u)$$
と因数分解するとき，
$$\omega_j \omega_{g+j} = q$$
であるように $\omega_1, \omega_2, \cdots, \omega_{2g}$ を番号づけることができる． □

ところで上の定理の(i), (ii)の証明はさして難しくない．(i)の部分は代数曲線 $C$ の $k$ 有理因子の理論を使うことによって示すことができ，(ii)の関数等式は Riemann–Roch の定理からの直接の帰結である．詳細は例えば巻末の参考書 [2] 第 II 部第 5 章を参照されたい．ここでは，$F(u)$ の $u$ の 1 次の係数が $N_1(C)-q-1$ になることだけ示しておこう．

$$F(u) = a_0 + a_1 u + a_2 u^2 + \cdots$$

とおいて $Z(C,u)$ を $u=0$ の近傍で $u$ に関するベキ級数展開を行なうと

$$\frac{F(u)}{(1-u)(1-qu)} = \left(\sum_{i=0}^{\infty} u^i\right)\left(\sum_{j=0}^{\infty} q^j u^j\right)(a_0 + a_1 u + \cdots)$$
$$= a_0 + \{a_0(1+q) + a_1\}u + \cdots$$

を得る．一方 $Z(C,u)$ の定義より

$$\log Z(C,u) = \sum_{m=1}^{\infty} \frac{N_m(C)}{m} u^m$$
$$Z(C,0) = 1$$

を得るので，

$$a_0 = 1, \quad 1 + q + a_1 = N_1(C)$$

を得る．

さらに，$a_1 = -\sum_{j=1}^{2g} \omega_j$ であるので，定理の(iii)の部分を用いることによって次の結果を得る．

**系 3.7** 有限体 $k = GF(q)$ 上定義された非特異射影曲線 $C$ の $k$ 有理点の個数 $N_1(C)$ に対しては，評価式

$$|N_1(C) - q - 1| \leqq 2g\sqrt{q}$$

が成立する． □

この評価式を $C$ の $k_m$ 有理点の個数 $N_m(C)$ の評価に拡張しよう．そのためには，次の補題を示せば十分である．

**補題 3.10** 有限体 $k = GF(q)$ 上定義された非特異射影曲線 $C$ のゼータ関数を $Z(C,u)$ とする．任意の正整数 $m$ に対して $C$ を $k_m$ 上定義された曲線と考えて定義したゼータ関数を $Z_m(C,u)$ とおく．

$$Z(C,u) = \frac{\prod_{j=1}^{2g}(1-\omega_j u)}{(1-u)(1-qu)}$$

であれば

$$Z_m(C,u) = \frac{\prod_{j=1}^{2g}(1-\omega_j^m u)}{(1-u)(1-q^m u)}$$

が成り立つ．

[証明] ゼータ関数の定義より

$$\log Z_m(C,u) = \sum_{j=1}^{\infty} \frac{N_{mj}(C)}{j} u^j$$

が成り立つ．一方，$\varepsilon = e^{2\pi i/m}$ $(i=\sqrt{-1})$ とおくと

$$x^m - 1 = \prod_{k=0}^{m-1}(x - \varepsilon^k)$$

が成り立つので，両辺の $x^{m-1}$ の係数を比較することによって $\sum_{k=0}^{m-1}\varepsilon^k = 0$ を得る．$j \not\equiv 0 \pmod{m}$ であれば，$0 \leq k \leq m-1$ に対して $lj \equiv k \pmod{m}$ である $0 \leq l \leq m-1$ がただ1つ定まるので（付録の定理 A.2）

$$\sum_{l=0}^{m-1}\varepsilon^{lj} = \begin{cases} m, & j \equiv 0 \pmod{m} \\ 0, & j \not\equiv 0 \pmod{m} \end{cases}$$

を得る．そこで，関数

$$L(u) = \prod_{l=0}^{m-1} Z(C, \varepsilon^l u)$$

を考えてみよう．

(3.33) $\quad \log L(u) = \sum_{l=0}^{m-1} \log Z(C, \varepsilon^l u) = \sum_{l=0}^{m-1}\sum_{j=1}^{\infty} \frac{N_j(C)}{j} \varepsilon^{lj} u^j$

$\qquad\qquad = \sum_{j=1}^{\infty} \frac{N_j(C)}{j}\left(\sum_{l=0}^{m-1}\varepsilon^{lj}\right) u^j = \sum_{k=1}^{\infty} \frac{N_{mk}(C)}{k} u^{mk}$

である．一方

§3.4 代数曲線の合同ゼータ関数 —— 239

$$\log Z_m(C, u^m) = \sum_{k=1}^{\infty} \frac{N_{mk}(C)}{k} u^{mk}$$

を得る．これより

$$Z_m(C, u^m) = L(u)$$

を得る．ところで $L(u)$ の定義より

$$L(u) = \prod_{l=0}^{m-1} \frac{\prod_{j=1}^{2g}(1-\omega_j\varepsilon^l u)}{(1-\varepsilon^l u)(1-q\varepsilon^l u)} = \frac{\prod_{j=1}^{2g}(1-\omega_j^m u^m)}{(1-u^m)(1-q^m u^m)}$$

を得る．したがって

$$Z_m(C, u) = \frac{\prod_{j=1}^{2g}(1-\omega_j^m u)}{(1-u)(1-q^m u)}$$

を得る． ■

**系 3.8**　有限体 $k = GF(q)$ 上定義された種数 $g$ の非特異射影曲線 $C$ の $k_m$ 有理点の個数を $N_m(C)$ と記すと，評価式

(3.34) $$|N_m(C) - q^m - 1| \leqq 2g\sqrt{q^m}$$

が成立する． □

実はこの逆も成立する．次の命題は上の定理 3.11 の Riemann 予想 (iii) を証明するのに使われる．

**命題 3.9**　有限体 $k = GF(q)$ 上定義された種数 $g$ の非特異射影曲線 $C$ のゼータ関数

$$Z(C, u) = \frac{\prod_{j=1}^{2g}(1-\omega_j u)}{(1-u)(1-qu)}$$

に対して，次の命題は同値である．

（i）　$|\omega_j| = \sqrt{q}, \quad j = 1, 2, \cdots, 2g$

（ii）　すべての自然数 $m$ に対して，評価式

$$|N_m(C) - q^m - 1| \leqq a\sqrt{q^m}$$

が成り立つような定数 $a$ が，$m$ に無関係に定まる．

[証明] (i)$\Longrightarrow$(ii)はすでに示した．定数 $a$ としては $2g$ がとれる．
(ii)$\Longrightarrow$(i) を示すため，
$$Z(C,u) = \frac{F(u)}{(1-u)(1-qu)}$$
とおく．$F(u_0)=0, |u_0|>1/\sqrt{q}$ なる $u_0$ が存在すれば，$F(u_1)=0, |u_1|<1/\sqrt{q}$ なる $u_1$ が存在することをまず示そう．これは，関数等式
$$Z\left(C, \frac{1}{qu}\right) = q^{1-g}u^{2-2g}Z(C,u)$$
より，$u_1 = 1/qu_0$ とおくと $|u_1|<1/\sqrt{q}$ かつ $Z(C,u_1)=0$ を得ることから明らかである．さて

(3.35) $$\frac{d}{du}\log F(u) = \sum_{m=1}^{\infty}(N_m(C)-q^m-1)u^{m-1}$$

であるので，(ii) の評価式より
$$\sum_{m=1}^{\infty}|N_m(C)-q^m-1|\cdot|u|^{m-1} \leqq a\sum_{m=1}^{\infty}q^{m/2}|u|^{m-1} = a\sqrt{q}\sum_{l=0}^{\infty}(\sqrt{q}u)^l$$
を得，この最後のベキ級数は $|u|<1/\sqrt{q}$ で収束する．したがって，(3.35) の右辺も $|u|<1/\sqrt{q}$ で収束し $(d/du)\log F(u)$ は $|u|<1/\sqrt{q}$ で正則関数である．もし $F(u)$ が $|u|\neq 1/\sqrt{q}$ で零点を持てば，上で示したように $|u|<1/\sqrt{q}$ で $F(u)$ は零点を持つ．すると $(d/du)\log F(u)$ は $|u|<1/\sqrt{q}$ で極を持つことになり，上の結果と矛盾する．したがって
$$|\omega_j| = \sqrt{q}$$
でなければならない． ∎

この命題によって，Riemann 予想を示すためには，命題 3.9 の (ii) の比較的弱い評価式を示せば十分である．このような評価は S. A. Stepanov によって初めて得られた．Weil による証明は Jacobi 多様体の理論を使ったまったく別の方法による．

代数曲線 $C$ の $k_m$ 有理点の個数の評価は応用上重要になることも多い．$N_m(C)-q^m-1$ は整数であるので (3.34) の評価式より
$$|N_m(C)-q^m-1| \leq [2g\sqrt{q^m}]$$

が成立する．$[x]$ は Gauss 記号であり
$$[x] = (x \text{ を超えない最大の整数})$$
として定義される．この評価式は最良のものではなく，Serre による次の評価が知られている．

**定理 3.12** 有限体 $k = GF(q)$ 上定義された種数 $g$ の非特異射影曲線 $C$ に対して
$$|N_m(C) - q^m - 1| \leqq g[2\sqrt{q^m}\,]$$
がすべての正整数 $m$ に対して成立する． □

この Serre による評価式は $g \geqq 2$ のとき，上の評価式よりよい評価を与えている．たとえば $g = 2, q = 23, m = 1$ のとき
$$[2g\sqrt{q}\,] = [4\sqrt{23}\,] = 19$$
$$g[2\sqrt{q}\,] = 2[2\sqrt{23}\,] = 18$$
となる．

以上，代数曲線 $C$ のゼータ関数 $Z(C, u)$ の一般論を述べたが，以下ゼータ関数の具体形をいくつかの例で計算しておこう．ゼータ関数の定義にはすべての自然数 $m$ に対して，$C$ の $k_m$ 有理点の個数 $N_m(C)$ を計算する必要があるが，定理 3.11 の意味するところは有限個の $m$ に対して $N_m(C)$ が分かれば実はゼータ関数 $Z(C, u)$ の形が分かるということである．たとえば $g = 1$ の場合は
$$F(u) = 1 + (N_1(C) - q - 1)u + qu^2$$
であるので，$N_1(C)$ が分かればゼータ関数の形が分かってしまう．このとき
$$F(u) = (1 - \omega u)(1 - \overline{\omega} u)$$
($\overline{\omega}$ は $\omega$ の複素共役) である．$g = 2$ の場合は
$$F(u) = \prod_{j=1}^{4}(1 - \omega_j u)$$
$$= 1 + (N_1(C) - q - 1)u + a_2 u^2 + a_3 u^3 + q^2 u^4$$
であるが，一方補題 3.10 より

242　　3　代数曲線

$$(3.36) \quad \begin{aligned} N_1(C) - q - 1 &= -\sum_{j=1}^{4} \omega_j \\ N_2(C) - q^2 - 1 &= -\sum_{j=1}^{4} \omega_j^2 \\ N_3(C) - q^3 - 1 &= -\sum_{j=1}^{4} \omega_j^3 \end{aligned}$$

であるので，$N_1(C), N_2(C), N_3(C)$ が分かれば $F(u)$ の係数 $a_2, a_3$ を決めることができ，ゼータ関数の形が分かる．（実際は，関数等式(3.32)を使うと $N_1(C), N_2(C)$ が分かれば $F(u)$ が定まることが分かる．）このようにして，ゼータ関数の形が分かれば

$$N_m(C) = q^m + 1 - \sum_{j=1}^{2g} \omega_j^m$$

として，$C$ の $k_m$ 有理点の個数を計算することができる．

**例 3.14**　平面 3 次曲線

$$C : x_0^3 - x_1^3 - x_2^3 = 0$$

を考える．この曲線は $k$ の標数が 3 以外のとき非特異であり種数は 1 である．まず $k = GF(5)$ のときを考えよう．$x_0 = 0$ のときは

$$x_1^3 + x_2^3 = 0$$

となるが，このときは $x_1 x_2 \neq 0$ でなければならないので，この式を解くには

$$X^3 + 1 = 0$$

を解けばよい．この最後の式は $GF(5)$ では解 $X = -1 = 4$ を持つ．したがって $(0:1:4)$ が $x_0 = 0$ のときの $C$ 上の $k$ 有理点である．一方，$x_0 \neq 0$ のときは

$$x = \frac{x_1}{x_0}, \quad y = \frac{x_2}{x_0}$$

とおくと，

$$x^3 + y^3 = 1$$

となり，この方程式の $k$ での解の個数が $N_1(C) - 1$ である．この方程式の解は $(1,0), (0,1), (2,2), (3,4), (4,3)$ の 5 個であり，

$$N_1(C) - q - 1 = 6 - 5 - 1 = 0$$

である．したがってゼータ関数は

である．
$$Z(C,u) = \frac{1+5u^2}{(1-u)(1-5u)}$$
である．
$$F(u) = (1-\omega u)(1-\overline{\omega}u)$$
と書くと，
$$\omega, \overline{\omega} = \pm\sqrt{-5}$$
である．このとき
$$|\omega| = |\overline{\omega}| = \sqrt{5}$$
となって，Riemann 予想を確かに満たしている．さらに，たとえば
$$N_2(C) = 5^2+1-(\sqrt{-5})^2-(-\sqrt{-5})^2 = 26+10 = 36$$
$$N_3(C) = 5^3+1-(\sqrt{-5})^3-(-\sqrt{-5})^3 = 126+0 = 126$$
が成り立つ．コンピュータを使って $GF(5^2)$, $GF(5^3)$ 有理点の個数を直接計算されることを読者にお勧めする．

ところで，$GF(2) (= \mathbf{Z}/(2) = \{0, 1\})$ のときは計算はもっと楽になる．$a \in GF(2)$ であれば $a^3 = a$ であるので，$x_0^3 - x_1^3 - x_2^3 = 0$ の $GF(2)$ での解は $x_0 - x_1 - x_2 = 0$ の解と一致する．この方程式は $(1:1:0), (1:0:1), (0:1:1)$ の3個の解を持つ．したがって
$$N_1(C) - q - 1 = 3 - 2 - 1 = 0$$
であり，ゼータ関数は
$$Z(C, u) = \frac{1+2u^2}{(1-u)(1-2u)}$$
である．

次に $k = GF(7) (= \mathbf{Z}/(7))$ の場合を考えてみよう．今度は
$$X^3 + 1 = 0$$
の解は 3, 5, 6 と $k$ 内に3個存在する．したがって $(0:1:3), (0:1:5), (0:1:6)$ の3点が $x_0 = 0$ となる $k$ 有理点である．一方
$$x^3 + y^3 = 1$$
の解は $(0,1), (0,2), (0,4), (1,0), (2,0), (4,0)$ と $k$ 内に6個あることが分かり，

$(1:0:1)$, $(1:0:2)$, $(1:0:4)$, $(1:1:0)$, $(1:2:0)$, $(1:4:0)$ が対応する $k$ 有理点である．したがって
$$N_1(C) = 9$$
であり，ゼータ関数は
$$Z(C,u) = \frac{1+u+7u^2}{(1-u)(1-7u)}$$
である．$F(u) = (1-\omega u)(1-\overline{\omega} u)$ とおくと
$$\omega, \overline{\omega} = \frac{-1 \pm 3\sqrt{-3}}{2}$$
であり，
$$|\omega| = |\overline{\omega}| = \frac{\sqrt{1+27}}{2} = \sqrt{7}$$
である．また
$$N_2(C) = 7^2 + 1 - \left(\frac{-1+3\sqrt{-3}}{2}\right)^2 - \left(\frac{-1-3\sqrt{-3}}{2}\right)^2$$
$$= 50 + 13 = 63$$
である． □

さらにいくつかの例をあげておくので，読者は直接計算を試みられたい．

**例 3.15** 平面 3 次曲線
$$x_0 x_2^2 + x_1^3 - x_0^3 = 0$$
は標数 $2, 3$ 以外では種数 1 の非特異曲線である．$GF(5)$ のときゼータ関数は
$$\frac{1+5u^2}{(1-u)(1-5u)}$$
であり，$GF(7)$ のときはゼータ関数は
$$\frac{1+4u+7u^2}{(1-u)(1-7u)}$$
である． □

**例 3.16** 平面 3 次曲線
$$x_0 x_2^2 - x_0^2 x_1 + x_1^3 = 0$$

は標数 $2, 3$ 以外では種数 $1$ の非特異代数曲線である．$GF(5)$ のときゼータ関数は

$$\frac{1+2u+5u^2}{(1-u)(1-5u)}$$

であり，$GF(7)$ のときはゼータ関数は

$$\frac{1+7u^2}{(1-u)(1-7u)}$$

である． □

**例 3.17** 平面 $3$ 次曲線

$$x_0^3 + x_1^3 + x_2^3 = 0$$

は標数 $3$ 以外で種数 $1$ の非特異代数曲線である．$GF(2)$ のときゼータ関数は

$$\frac{1+2u^2}{(1-u)(1-2u)}$$

であり，$GF(13)$ のときはゼータ関数は

$$\frac{1-5u+13u^2}{(1-u)(1-13u)}$$

である．この平面 $3$ 次曲線は射影変換

$$(x_0 : x_1 : x_2) \longrightarrow (x_0 : -x_1 : -x_2)$$

によって，例 3.14 の平面 $3$ 次曲線と同型になる． □

最後に種数 $2$ の曲線を考えよう．

**例 3.18** 標数 $2, 5$ 以外で

(3.37) $$y^2 = x^5 + 1$$

で定まる種数 $2$ の非特異射影曲線 $\widetilde{C}$ を考える．$\widetilde{C}$ は $k = GF(p)$ ($p$ は $2, 5$ 以外の素数) で定義される非特異射影曲線として実現することができ，無限遠点はただ $1$ 点だけからなり，$k$ 有理点となっている．簡単のため $k = GF(3)$ のときを考えよう．$k$ での方程式 (3.37) の解は $(x, y) = (0, 1), (0, 2), (2, 0)$ の $3$ 個であり，

$$N_1(\widetilde{C}) = 4$$

である．一方，$k_2 = k(\alpha)$, $\alpha$ は $X^2 + 1 = 0$ の解，である．$k_2$ での (3.37) の解は

$k$ 内での解以外にさらに $(x,y) = (1, \pm\alpha), (1+\alpha, \pm(1+2\alpha)), (1+2\alpha, \pm(2+\alpha))$ の 6 個の解があり
$$N_2(\widetilde{C}) = 10$$
である．$k_3 = k(\beta), \beta$ は $X^3 + X + 1 = 0$ の解，では
$$N_3(\widetilde{C}) = 28$$
である．一般に $k_m$ 有理点の個数は，5 が $3^m - 1$ の約数でないとき

(3.38) $$N_m(\widetilde{C}) = 3^m + 1$$

で与えられる．これは，写像

$$\begin{array}{ccc} k_m & \longrightarrow & k_m \\ \cup & & \cup \\ a & \longmapsto & a+1 \end{array}$$

は集合として常に上への 1 対 1 写像であること，および $k_m^*$ は位数 $3^m - 1$ の巡回群であることより，5 が $3^m - 1$ の約数でない限り

$$\begin{array}{ccc} k_m & \longrightarrow & k_m \\ \cup & & \cup \\ b & \longmapsto & b^5 \end{array}$$

は集合として上への 1 対 1 写像であることによる．このとき $k_m^* = \{1, \gamma, \gamma^2, \cdots, \gamma^{3^m-2}\}$ と書くことができるが，$y^2 = \gamma^l$ が解を持つのは $l$ が偶数のときで，解は $y = \pm\gamma^{l/2}$ である．$l \leq 3^m - 2$ であるので $\gamma^{l/2} \neq -\gamma^{l/2}$，したがって $a^5 + 1 = \gamma^{2s}$，$0 \leq s \leq \frac{1}{2}(3^m - 2)$，となる $a$ をとると（このような $a$ は上の議論によってただ一つ存在する），$(x, y) = (a, \pm\gamma^s)$ が $y^2 = x^5 + 1$ の $k_m$ での解を与える．さらに $a^5 + 1 = 0$ に対応する $y^2 = x^5 + 1$ の解 $(a, 0)$ があり，以上より $y^2 = x^5 + 1$ の $k_m$ での解の個数は $\frac{1}{2}(3^m - 1) \times 2 + 1 = 3^m$ 個あり，さらに無限遠点が $k$ 有理点であるので，(3.38) を得る．これと (3.36) よりゼータ関数は

$$\frac{1 + 9u^4}{(1-u)(1-3u)}$$

であることが分かる．この論法は一般化でき，標数が 2, 5 以外でかつ $q-1$,

$q^2-1$, $q^3-1$ が 5 で割り切れない限り，ゼータ関数は
$$\frac{1+q^2u^4}{(1-u)(1-qu)}$$
の形をしていることが分かる． □


■ 演習問題 ■

**3.1** 代数曲線 $C$ 上の因子 $D$ に対して，$D$ の定める**完備 1 次系**(complete linear system) $|D|$ を
$$|D| = \{E \mid E \geqq 0,\ E \sim D\}$$
と定める．写像
$$\begin{array}{ccc} \boldsymbol{L}(D) - \{0\} & \longrightarrow & |D| \\ \cup & & \cup \\ f & \longmapsto & D+(f) \end{array}$$
は全射(上への写像)であること，また
$$D+(f_1) = D+(f_2)$$
であれば
$$f_1 = \alpha f_2$$
をみたす定数 $\alpha$ が存在することを示せ．

**3.2** 代数曲線 $C$ 上の因子 $D$ が定める完備 1 次系 $|D|$ を考える．$C$ 上の点 $Q$ が $|D|$ の任意の元 $E$ に対して，常に
$$E \geqq Q$$
を満たすとき，$Q$ を $|D|$ の**底点**(base point)と呼ぶ．$Q$ が $|D|$ の底点であれば写像
$$\begin{array}{ccc} |D-Q| & \longrightarrow & |D| \\ \cup & & \cup \\ E' & \longmapsto & E'+Q \end{array}$$
は全単射であることを示せ．また $\boldsymbol{L}(D-Q)$ と $\boldsymbol{L}(D)$ とは $\boldsymbol{L}(D-Q) \subset \boldsymbol{L}(D)$ と考えるとき一致することを示せ．

**3.3** 補題 3.6 を Hurwitz の公式を使って証明せよ．[ヒント：非特異平面曲線
$$C:\ F(x_0, x_1, x_2) = 0, \quad \deg F = n$$

は射影変換を施すことによって
$$F(0, x_1, x_2) \not\equiv 0$$
$$F(1, 0, 0) \neq 0$$
と仮定することができる．点 $P = (1:0:0)$ と $C$ の点 $Q$ を結ぶ直線と無限遠直線 $l_\infty : x_0 = 0$ との交点を $R(Q)$ と記すと

$$\begin{array}{ccc} \psi_P : C & \longrightarrow & l_\infty \cong \boldsymbol{P}^1(\boldsymbol{C}) \\ \cup & & \cup \\ Q & \longmapsto & R(Q) \end{array}$$

が定まる．$\psi_P$ は $n$ 対 1 の代数的射であるが，分岐点がいくつかある．分岐点は直線 $\overline{PQ}$ が $Q$ で曲線 $C$ に接している場合である．一般の射影変換を施すことによって，$\overline{PQ}$ と $C$ とは $Q$ で接すれば交わりの重複度は常に 2 であるようにすることができる．このとき $\psi_P$ の $Q$ での分岐指数は 2 である．この事実を使って $\overline{PQ}$ が点 $Q$ で接するような $C$ の点の数を数えて，Hurwitz の公式を適用せよ．]

**3.4** 楕円曲線
$$y^2 = x(x - a^p)(x + b^p)$$
の判別式 $\Delta$ は
$$\Delta = 2^{-8} a^{2p} b^{2p} c^{2p}$$
で与えられることを示せ．ただし $p$ は素数，$a, b, c$ は
$$a^p + b^p = c^p$$
を満足するものとする．また $j$ 不変量は
$$j = 2^8 (a^{2p} + b^{2p} + a^p b^p)^3 / a^{2p} b^{2p} c^{2p}$$
で与えられることを示せ．(もし Fermat 予想が正しくなければ，この条件を満足する素数 $p$ と正整数 $a, b, c$ が存在する．この楕円曲線を Frey 曲線と呼ぶ．第 1 章末の囲み記事も参照のこと．)

**3.5** 例 3.10 の $\boldsymbol{Q}$ 上定義された楕円曲線
$$E : y^2 = x^3 - 43x + 166$$
を考える．$P = (3, 8) \in E(\boldsymbol{Q})$ に対して
$$[8]P = P$$
であることを示せ．

**3.6** 標数 3 以外の有限体 $GF(q)$ 上の特異 3 次曲線
$$C : x_0 x_1^2 - x_2^3 = 0$$

のゼータ関数は

$$Z(C,u) = \frac{1}{(1-qu)^2}$$

であることを示せ．

# 4

# 代数曲線の解析的理論

　これまでは代数幾何学の代数的側面を主として議論してきたが，代数幾何学はそれに限られるわけではない．代数的に定義された図形の性質を調べる学問が代数幾何学である以上，その手法として当然，幾何学的，解析学的なものも考えられる．すでに楕円曲線のところでその一端に触れたが，ここでは代数曲線を閉 Riemann 面として取り扱ってみよう．この章ではすべて複素数体 $C$ 上で考える．前章との議論の対比のため，定理 4.4 の証明のように，前章の定理 3.4 とほとんど同じ証明を再度詳しく記したところもあるが，多くの重要な結果は証明なしで述べてある．この章は特に駆け足になってしまったが，閉 Riemann 面の解析的理論の一端を示しておいた．興味を持たれた読者は成書を参照されることをお勧めする．なおこの章では添数に $i$ を使うことが多く，混乱を避けるため虚数単位には $i$ のかわりに $\sqrt{-1}$ を用いる．

## §4.1 閉 Riemann 面

§2.1 で Riemann 球面より出発して，それが代数的に射影直線としてとらえられることを示し，その一般化として $n$ 次元射影空間を定義し，それを基にして，有限個の斉次多項式の共通零点として射影的集合，射影多様体を定義した．このやり方を逆転して考えてみよう．$n$ 次元複素射影空間 $\boldsymbol{P}^n(\boldsymbol{C})$ は $n+1$ 個の $n$ 次元複素アフィン空間 $\boldsymbol{C}^n$ を貼り合わせて構成することができた．この貼り合わせは簡単な有理関数を用いたが，それは貼り合わせを行なう部分では正則関数とみなすこともできる．このような観点に立てば，$\boldsymbol{P}^n(\boldsymbol{C})$ を $n$ 次元複素多様体と見ることができる．これは $n=1$ の場合は，射影直線 $\boldsymbol{P}^1(\boldsymbol{C})$ を Riemann 球面と見ることにあたる．$n$ 次元複素多様体とは，$\boldsymbol{C}^n$ の開集合を双正則写像で貼り合わせてできる"図形"であるが，その正確な定義は成書にゆだねよう（たとえば巻末の参考書 [2] 第 II 部第 1 章, [5], [6] を参照のこと）．

さて，$\boldsymbol{P}^n(\boldsymbol{C})$ の $m$ 次元射影多様体 $V$ が非特異であれば，$\boldsymbol{P}^n(\boldsymbol{C})$ の $m$ 次元複素部分多様体と考えることができる．$V$ は有限個の斉次多項式の共通零点

$$f_i(x_0, x_1, \cdots, x_n) = 0, \quad i = 1, 2, \cdots, l$$

で定義されているとする．さらに，点 $(a_0 : a_1 : \cdots : a_n) \in V$ で $V$ が非特異であることは補題 2.14 より

$$\mathrm{rank} \begin{pmatrix} \dfrac{\partial F_1}{\partial x_0}(a) & \cdots & \dfrac{\partial F_1}{\partial x_n}(a) \\ \dfrac{\partial F_2}{\partial x_0}(a) & \cdots & \dfrac{\partial F_2}{\partial x_n}(a) \\ \cdots\cdots\cdots\cdots\cdots\cdots\cdots\cdots\cdots \\ \dfrac{\partial F_l}{\partial x_0}(a) & \cdots & \dfrac{\partial F_l}{\partial x_n}(a) \end{pmatrix} = n-m$$

であった．ここで $a = (a_0, a_1, \cdots, a_n)$ とした．簡単のため $a_0 \neq 0$ として $(a_0 : a_1 :$

$\cdots : a_n) = (1 : b_1 : b_2 : \cdots : b_n)$ と記そう．$\deg F_i = N_i$ として，

$$z_i = \frac{x_i}{x_0}$$

および

$$f_i(z_1, z_2, \cdots, z_n) = \frac{1}{x_0^{N_i}} F_i(x_0, x_1, \cdots, x_n)$$

とおくと，上の条件は

$$\mathrm{rank} \begin{pmatrix} \dfrac{\partial f_1}{\partial z_1}(b) & \cdots & \dfrac{\partial f_1}{\partial z_n}(b) \\ \cdots\cdots\cdots\cdots\cdots\cdots\cdots\cdots \\ \dfrac{\partial f_l}{\partial z_1}(b) & \cdots & \dfrac{\partial f_l}{\partial z_n}(b) \end{pmatrix} = n - m$$

と書きかえることができ，これを非特異であることの定義として採用した（定義2.6）．多項式 $f_i$ や座標 $z_j$ の順序を適当に入れかえることによって，この条件は

$$\begin{vmatrix} \dfrac{\partial f_1}{\partial z_1}(b) & \cdots & \dfrac{\partial f_1}{\partial z_{n-m}}(b) \\ \cdots\cdots\cdots\cdots\cdots\cdots\cdots\cdots \\ \dfrac{\partial f_{n-m}}{\partial z_1}(b) & \cdots & \dfrac{\partial f_{n-m}}{\partial z_{n-m}}(b) \end{vmatrix} \neq 0$$

と書きかえられる．このとき，陰関数の定理によって，$V$ は点 $(1 : b_1 : \cdots : b_n)$ の近傍で，その座標成分を

$$z_j = g_j(z_{n-m+1}, z_{n-m+2}, \cdots, z_n), \quad j = 1, 2, \cdots, n-m$$

と点 $(b_{n-m+1}, \cdots, b_n)$ の近傍で正則な関数 $g_j$ を使って表示できることが分かる．すなわち，点 $(1 : b_1 : \cdots : b_n)$ の近傍は $\boldsymbol{C}^m$ のある開集合でパラメータ表示できることが分かる．この近傍 $U$ とパラメータ $z_{n-m+1}, \cdots, z_n$ の組 $(U, z_{n-m+1}, \cdots, z_n)$ を座標近傍という．この事実が $V$ の各点で成り立つことより，$V$ は $\boldsymbol{P}^n(\boldsymbol{C})$ の $m$ 次元複素部分多様体であることが分かる．

$\boldsymbol{P}^n(\boldsymbol{C})$ は閉じた（コンパクト）複素多様体であることより，$V$ も閉じた $m$

次元複素多様体であることが分かる．特に $V$ が非特異代数曲線のときは，したがって $V$ は閉じた 1 次元複素多様体と考えることができる．1 次元複素多様体は通常 Riemann 面と呼ばれる．このようにして，非特異射影曲線は閉 Riemann 面の構造を持つことが分かる．実は逆に，閉 Riemann 面は非特異射影曲線の構造を持つことが分かっている．非特異射影多様体では解析的性質と代数的性質とが多くの面で等価であることが分かっている (Serre の GAGA)．次の定理も重要である．

**定理 4.1** (Chow (周) の定理) $n$ 次元射影空間 $\boldsymbol{P}^n(\boldsymbol{C})$ の閉部分解析的集合 $V$ は射影的集合の構造を持つ．特に $V$ が複素閉部分多様体であれば非特異射影多様体の構造を持つ． □

解析的集合とは局所的にいくつかの正則関数の共通零点として表示できるものを言う．Chow の定理の主張しているところは，$\boldsymbol{P}^n(\boldsymbol{C})$ の閉部分集合で，局所的に正則関数の共通零点になっているものは，実は斉次多項式の共通零点になっていることである．

さて，以上の議論から非特異射影曲線を閉 Riemann 面と考えることの意味がおぼろげながら推察できたと考えられるので，以下閉 Riemann 面を幾何学的，解析学的に考察してみよう．

閉 Riemann 面 $R$ は，Riemann 球面から容易に想像できるように，閉じた 2 次元面であり，しかも表と裏とが区別のつく面でもある．このような面は，位相幾何学的にはよく分かっていて，$g$ 個穴のあいた浮袋の形をしている (図 4.1)．この穴の数のことを閉 Riemann 面 $R$ の種数と言う．したがって，Riemann 球面の種数は 0 であり，これは射影直線の種数が 0 であったことと一致している．

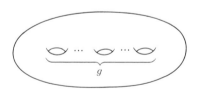

図 4.1

## 例 4.1　超楕円曲線

$$y^2 = f(x), \quad \deg f = 2g+1$$

が，閉 Riemann 面と見て種数 $g$ であることは図 4.2 より幾何学的に見てとることができる． □

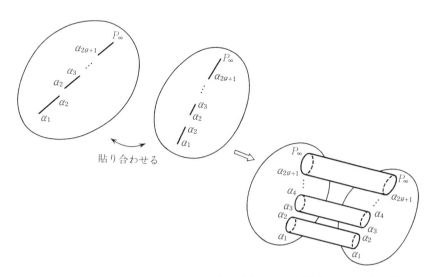

図 4.2　$x \neq \alpha_1, \alpha_2, \cdots, \alpha_{2g+1}$ のとき，$y^2 = f(x)$ は $y$ の方程式として 2 個の異なる根 $\pm\sqrt{f(x)}$ を持つ．$(x, \sqrt{f(x)}), (x, -\sqrt{f(x)})$ の全体に無限遠点をつけ加えたものが，超楕円曲線の閉 Riemann 面である．

閉 Riemann 面 $R$ 上の有理型微分型式を定義しよう．閉 Riemann 面 $R$ の局所座標近傍 $(U, z)$ ($U$ は $R$ のある点の開近傍で，$z$ は $U$ のパラメータ) 上で，有理型関数 $f(z)$ によって $f(z)dz$ と書けるものを，$U$ 上の有理型微分型式 (meromorphic differential form) という．$R$ を局所座標近傍 $\{(U_\lambda, z_\lambda)\}$ で覆ったとき，各 $(U_\lambda, z_\lambda)$ 上に有理型微分型式 $g_\lambda(z_\lambda)dz_\lambda$ が与えられ，二つの局所座標近傍 $(U_\lambda, z_\lambda), (U_\mu, z_\mu)$ が共通部分を持てば，その共通部分で

$$g_\lambda(z_\lambda)\frac{dz_\lambda}{dz_\mu} = g_\mu(z_\mu)$$

が常に成り立つとき，$\{g_\lambda(z_\lambda)dz_\lambda\}$ を $R$ 上の有理型微分型式といい，$\{g_\lambda(z_\lambda)dz_\lambda\}$

を ω としばしば略記する．$g_\lambda(z_\lambda)$ がすべて正則のとき，正則微分型式 (holomorphic differential form) という．$R$ が非特異射影曲線より定まる閉 Riemann 面のときは，$R$ 上の有理型微分型式は曲線の有理微分型式にほかならないことが，したがって特に正則微分型式はどちらで考えても一致することが，GAGA より分かっている．

**定理 4.2** 種数 $g$ の閉 Riemann 面上には，$g$ 個の 1 次独立な正則微分型式が存在する． □

これは後述する Riemann–Roch の定理の系として得られる．

**例 4.2**（1 次元複素トーラス） $\operatorname{Im}\tau > 0$ なる複素数 $\tau$ を一つ選び固定する．$\Lambda = \{m+n\tau \mid m, n \in \mathbf{Z}\}$ とおく．$\Lambda$ は複素平面 $\mathbf{C}$ 上に図示すると，格子点になっている．$\mathbf{C}$ の 2 点 $z_1, z_2$ を

$$z_1 - z_2 \in \Lambda$$

のとき同一視してできる空間 $E_\tau = \mathbf{C}/\Lambda$ を考えよう．$\mathbf{C}$ の任意の点 $z$ は図 4.3 で陰影をつけた平行四辺形の内部または境界の点と同一視できる．しかも平行四辺形の互いに平行な辺上の点は図 4.4 のように同一視される．したがって，$E_\tau$ は位相幾何学的には，浮袋（トーラス）の形をしており，種数は 1 であることが分かる（図 4.5）．一方 $E_\tau$ の各点の近傍の局所座標として $\mathbf{C}$ の座標を使うことができ，$E_\tau$ は複素多様体の構造を持っていることが分かる．$E_\tau$ は 1 次元複素トーラス (one dimensional complex torus) と呼ばれる．$E_\tau$ 上の有理型関数 $f$ は $E_\tau$ の構成法より，$\mathbf{C}$ 上の有理型関数 $\tilde{f}$ で

$$\tilde{f}(z+m+n\tau) = \tilde{f}(z), \quad m, n \in \mathbf{Z}$$

という 2 重周期性を持ったものと同一視することができる．$\tilde{f}(z)$ は基本周期 1, $\tau$ を持った**楕円関数** (elliptic function) と呼ばれる．$E_\tau$ 上の有理型微分型式 $\omega$ も同様に $\mathbf{C}$ 上の有理型微分型式

$$\tilde{g}(z)dz$$

で，変換 $z \mapsto z+m+n\tau$, $m, n \in \mathbf{Z}$ で不変なものと同一視され，結局

$$\tilde{g}(z+m+n\tau) = \tilde{g}(z), \quad m, n \in \mathbf{Z}$$

なる条件を得る．すなわち $\tilde{g}(z)$ は基本周期 1, $\tau$ を持った楕円関数である．このことより，$E_\tau$ 上の正則微分型式 $\omega$ は正則な 2 重周期関数 $\tilde{g}(z)$ より定まり，

§4.1 閉 Riemann 面 —— *257*

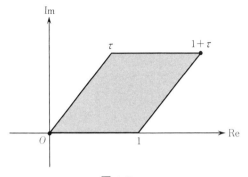

図 4.3

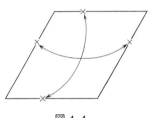

図 4.4

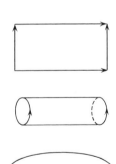

図 4.5

正則な楕円関数は定数しか存在しないことにより $\omega = c\,dz$, $c$ は定数,の形をしているうと分かる.したがって $E_\tau$ 上の正則微分型式のうち 1 次独立なものは 1 個である.すなわち,定理 4.2 が 1 次元複素トーラスの場合に確かめられたことになる. □

続いて閉 Riemann 面 $R$ 上の有理型関数を考察しよう.§3.1 と同様に,Riemann 面 $R$ 上の有限個の点 $P_1, P_2, \cdots, P_k$ の整数係数の 1 次結合 $D = \sum_{i=1}^{k} m_i P_i$ を $R$ の因子と呼ぶ.§3.1 と同様,因子の全体は Abel 群をなす.すべての $m_i \geqq 0$ のとき,$D$ を正因子と呼び $D \geqq 0$ と記す.また,$R$ 上の有理型関数 $f$ が点 $P_i$ で $n_i$ 位の極を持ち ($i = 1, 2, \cdots, t$),点 $Q_j$ で $m_j$ 位の零点を持つ ($j = 1, 2, \cdots, s$) とき,§3.1 と同様に

$$(f)_0 = \sum_{j=1}^{s} m_j Q_j$$

$$(f)_\infty = \sum_{i=1}^{t} n_i P_i$$

$$(f) = (f)_0 - (f)_\infty$$

とおいて,$(f)$ を関数 $f$ より定まる主因子と呼ぶ.二つの因子 $D_1, D_2$ は $R$ 上の有理型関数 $f$ を適当にとると

$$D_1 - D_2 = (f)$$

が成り立つとき,線形同値であると言い,$D_1 \sim D_2$ と記す.因子 $D = \sum_{i=1}^{k} m_i P_i$ に対して,$D$ の次数 $\deg D$ を

$$\deg D = \sum_{i=1}^{k} m_i$$

と定義する.主因子 $(f)$ に対して $\deg(f) = 0$ であることは §3.1 と同様に示すことができる.因子 $D$ を

$$D = \sum_{i=1}^{k} m_i P_i - \sum_{j=1}^{l} n_j Q_j, \quad m_i \geqq 1,\ n_j \geqq 1$$

と書き直して

$\boldsymbol{L}(D) = \{f \mid f = 0,\ $ または $f$ は $R$ 上の有理型関数で $P_i$ でたかだか $m_i$ 位の極,$Q_j$ で少なくとも $n_j$ 位の零点をもつ$\}$

と定義する．これは $\boldsymbol{C}$ 上のベクトル空間である．閉 Riemann 面 $R$ に対しても $\boldsymbol{L}(D)$ は有限次元ベクトル空間であることが分かる．そこで
$$l(D) = \dim_{\boldsymbol{C}} \boldsymbol{L}(D)$$
とおく．§3.1 で注意したように
$$\boldsymbol{L}(D) = \{f \mid f \text{ は } R \text{ 上の有理型関数}, f \equiv 0 \text{ または } (f)+D \geqq 0\}$$
と定義することもできる．§3.1 で示したように，因子 $D$ と $F$ とが線形同値であれば $\boldsymbol{L}(D)$ と $\boldsymbol{L}(F)$ とは $\boldsymbol{C}$ 上のベクトル空間として同型である．具体的には $D-F=(h)$ のとき，同型写像は

$$\begin{array}{ccc} \boldsymbol{L}(D) & \longrightarrow & \boldsymbol{L}(F) \\ \cup & & \cup \\ f & \longmapsto & fh \end{array}$$

で与えられる．

閉 Riemann 面 $R$ 上の有理型微分型式 $\omega$ が点 $Q_i$ で $m_i$ 位の零点を持ち $(i=1,2,\cdots,k)$，点 $P_j$ で $n_j$ 位の極を持つ $(j=1,2,\cdots,l)$ とき

$$(\omega)_0 = \sum_{i=1}^{k} m_i Q_i$$

$$(\omega)_\infty = \sum_{j=1}^{l} n_j P_j$$

$$(\omega) = (\omega)_0 - (\omega)_\infty$$

とおき，$(\omega)$ を標準因子と呼ぶ．$\tau$ を $R$ 上の他の有理型微分型式とすると，
$$\omega = f\tau$$
を満足する $R$ 上の有理型関数 $f$ が定まり，
$$(\omega) = (f)+(\tau)$$
が成り立つ．これは，$\omega,\tau$ から定まる標準因子はすべて線形同値であることを意味する．§3.1 と同様に閉 Riemann 面 $R$ の標準因子を $K_R$ または単に $K$ と記す．

以上の準備のもとで，種数 $g$ の閉 Riemann 面の Riemann–Roch の定理は，代数曲線の場合と同一の形をとる．

**定理 4.3** (Riemann–Roch の定理)　　種数 $g$ の閉 Riemann 面 $R$ の因子 $D$ に対して
$$l(D) - l(K-D) = \deg D - g + 1$$
が成り立つ．ここで $K$ は $R$ の標準因子である． □

この定理の証明には，層のコホモロジー理論を使うのが便利である．Riemann–Roch の定理は現在では一般のコンパクト複素多様体に対して証明されており，それは Atiyah–Singer の指数定理 (index theorem) の特別な場合と見ることができる．Atiyah–Singer の指数定理は位相幾何学と解析学にまたがる理論であり，20 世紀数学の大きな成果の一つである．

さて，Riemann–Roch の定理は種々の応用がある．まず定理 4.2 を示そう．零因子 0 に対して，Riemann–Roch の定理を適用すると
$$l(0) - l(K) = 1 - g$$
を得る．$\boldsymbol{L}(0)$ は閉 Riemann 面 $R$ 上の正則な関数の全体であるが，最大値の原理より，$R$ 上の正則関数は定数関数しか存在しない．したがって $l(0) = 1$ であり，
$$l(K) = g$$
を得る．一方，$R$ 上の有理型微分型式 $\omega$ によって $K = (\omega)$ と書けたとき，$\boldsymbol{L}(K)$ の任意の元 $h$ に対して $(h) + K \geqq 0$ は $h\omega$ が正則微分型式であることを意味し，逆に $\tau$ が正則微分型式であれば
$$\tau = h\omega$$
を満たす $R$ 上の有理型関数 $h$ が存在し，$(h) + K \geqq 0$ であり，$h \in \boldsymbol{L}(K)$ である．したがって，
$$\boldsymbol{L}(K) \longrightarrow \{R \text{ 上の正則微分型式}\}$$
$$\cup \qquad\qquad\qquad \cup$$
$$h \longmapsto h\omega$$
はベクトル空間の同型写像を与える．$\dim_C \boldsymbol{L}(K) = g$ より，$R$ 上には $g$ 個の正則微分型式が存在することが分かり，定理 4.2 が示された．ついでに
$$\deg K = 2g - 2$$

§4.1 閉 Riemann 面 —— 261

を示しておこう．Riemann–Roch の定理より
$$l(K)-l(0)=\deg K-g+1$$
したがって $\deg K=2g-2$ を得る．

次に Riemann–Roch の定理を使って，閉 Riemann 面は非特異射影曲線の構造を持つことを示そう．§3.2 と同様に，$R$ 上の因子で $L(D)\neq\{0\}$ のとき，$L(D)$ の $C$ ベクトル空間としての基底 $\{\varphi_0,\varphi_1,\cdots,\varphi_N\}$ をとって，$R$ から $N$ 次元射影空間 $\boldsymbol{P}^N(\boldsymbol{C})$ への "写像" $\psi_{|D|}$ を

$$\begin{array}{ccc} \psi_{|D|}: R & \longrightarrow & \boldsymbol{P}^N(\boldsymbol{C}) \\ \cup & & \cup \\ P & \longmapsto & (\varphi_0(P):\varphi_1(P):\cdots:\varphi_N(P)) \end{array}$$

と定義する．$P$ が $\varphi_0,\varphi_1,\cdots,\varphi_N$ の共通零点または共通の極のときは，$\psi_{|D|}$ はこのままでは定義できない．しかしながら，$P$ が $\varphi_0,\varphi_1,\cdots,\varphi_N$ の共通零点のときは，$\varphi_0,\varphi_1,\cdots,\varphi_N$ の中で零点の位数の一番低いものを $\varphi_j$ とするとき

$$\psi_{|D|}(P)=\left(\frac{\varphi_0}{\varphi_j}(P):\cdots:\frac{\varphi_{j-1}}{\varphi_j}(P):1:\frac{\varphi_{j+1}}{\varphi_j}(P):\cdots:\frac{\varphi_N}{\varphi_j}(P)\right)$$

と定義しなおすことによって $\psi_{|D|}$ を点 $P$ でも写像として定義できる．極のときも同様である．

**定理 4.4** $\deg D\geqq 2g+1$ のとき，$\psi_{|D|}$ は $R$ の $\boldsymbol{P}^{\deg D-g}(\boldsymbol{C})$ への埋め込みを与え，$\psi_{|D|}(R)$ は $\boldsymbol{P}^{\deg D-g}(\boldsymbol{C})$ の複素閉部分多様体である．したがって Chow の定理 (定理 4.1) より，$\psi_{|D|}(R)$ は非特異射影多様体の構造を持つ．

［証明］ 以下 $N=\deg D-g$ とおこう．まず $\psi_{|D|}$ は単射であること，すなわち $R$ の相異なる 2 点 $P,Q$ に対して $\psi_{|D|}(P)\neq\psi_{|D|}(Q)$ であることを示そう．§3.1(a) でも示したが，$R$ 上の因子 $F$ が $\deg F<0$ であれば $L(F)=\{0\}$ である．なぜならば，もし 0 でない $L(F)$ の元 $f$ があれば，
$$(f)+F\geqq 0$$
であるが，一方仮定より
$$\deg((f)+F)=\deg F<0$$
となって，$(f)+F\geqq 0$ に反するからである．このことを因子 $K-(D-P-Q)$

にあてはめると，
$$\deg(K-(D-P-Q)) = 2g-2-\deg D+2 \leqq -1$$
より，$\boldsymbol{L}(K-(D-P-Q))=\{0\}$．同様にして $\boldsymbol{L}(K-(D-P))=\{0\}$，$\boldsymbol{L}(K-(D-Q))=\{0\}$，$\boldsymbol{L}(K-D)=\{0\}$．このことより，Riemann–Roch の定理を使って

$$\begin{aligned} l(D) &= \deg D-g+1 = N+1 \\ l(D-P) &= \deg D-g = N \\ l(D-P-Q) &= \deg D-g-1 = N-1 \end{aligned}$$

を得る．定義より明らかなように $\boldsymbol{L}(D-P-Q) \subset \boldsymbol{L}(D-P) \subset \boldsymbol{L}(D)$ であり，これらは次元が 1 ずつ異なっている．したがって $\psi_0 \in \boldsymbol{L}(D)$，$\psi_0 \notin \boldsymbol{L}(D-P)$，$\psi_1 \in \boldsymbol{L}(D-P)$，$\psi_1 \notin \boldsymbol{L}(D-P-Q)$ なる $R$ 上の有理型関数が存在する．$\psi_0, \psi_1$ の選び方から $\psi_0(P)=0$，$\psi_1(P)=0$，$\psi_1(Q)\neq 0$ である．$\boldsymbol{L}(D-P-Q)$ の $\boldsymbol{C}$ ベクトル空間としての基底 $\{\psi_2, \psi_3, \cdots, \psi_N\}$ を選ぶと

(4.1)
$$\begin{aligned} (\psi_0(P):\psi_1(P):\psi_2(P):\cdots:\psi_N(P)) &= (1:0:0:\cdots:0) \\ (\psi_0(Q):\psi_1(Q):\psi_2(Q):\cdots:\psi_N(Q)) &= (a:1:0:\cdots:0) \end{aligned}$$

と書ける．$\{\psi_0, \psi_1, \psi_2, \cdots, \psi_N\}$ は $\boldsymbol{L}(D)$ の $\boldsymbol{C}$ ベクトル空間としての基底であることより $\{\varphi_0, \varphi_1, \cdots, \varphi_N\}$ は $\{\psi_0, \psi_1, \cdots, \psi_N\}$ の $\boldsymbol{C}$ 係数の 1 次結合で書けるので，この表示式 (4.1) より，$\psi_{|D|}(P) \neq \psi_{|D|}(Q)$ である．

次に，$\psi_{|D|}$ は局所的に部分多様体としての埋め込み写像であることを示そう．上と同様にして

$$\begin{aligned} l(D) &= N \\ l(D-P) &= N-1 \\ l(D-2P) &= N-2 \end{aligned}$$

を得る．そこで $\boldsymbol{L}(D-2P)$ の $\boldsymbol{C}$ ベクトル空間としての基底を $\{\psi_2, \psi_3, \cdots, \psi_N\}$，$\psi_1, \psi_0$ を $\psi_1 \in \boldsymbol{L}(D-P)$，$\psi_1 \notin \boldsymbol{L}(D-2P)$，$\psi_0 \in \boldsymbol{L}(D)$，$\psi_0 \notin \boldsymbol{L}(D-P)$ と取ると，$\{\psi_0, \psi_1, \cdots, \psi_N\}$ は $\boldsymbol{L}(D)$ の基底である．このとき，$\psi_1$ は $P$ でちょうど 1 位の

零点を持ち，$\psi_0(P) \neq 0$ であることより，$\psi_1/\psi_0$ も $P$ でちょうど 1 位の零点を持つ．一方，$\psi_i$, $i \geqq 2$ は $P$ で 2 位以上の零点を持つことより，$f_i = \psi_i/\psi_0$ も $P$ で 2 位以上の零点を持つ．したがって，$P$ の近傍 $U$ で定義された写像

$$\begin{array}{ccc} \Psi: U & \longrightarrow & \boldsymbol{C}^N \\ \cup & & \cup \\ z & \longmapsto & (f_1(z), f_2(z), \cdots, f_N(z)) \end{array}$$

を考えると，$df_1(P) \neq 0$, $df_i(P) = 0$, $i \geqq 2$ より，$d\Psi_P \neq 0$ である（ただし，$d\Psi_P$ は $\Psi$ の点 $P$ での微分を意味する）．したがって $\Psi$ は局所的に埋め込み写像であり，$\Psi(U)$ は $\Psi(P)$ のある閉近傍での 1 次元複素閉部分多様体になっている．$\{\varphi_0, \varphi_1, \cdots, \varphi_N\}$ は $\{\psi_0, \psi_1, \cdots, \psi_N\}$ の $\boldsymbol{C}$ 係数の 1 次結合として書けるので，写像 $\psi_{|D|}$ は $R$ の各点 $P$ で $d\psi_{|D|P} \neq 0$ であり，$\psi_{|D|}(R)$ は局所的に 1 次元複素部分多様体の構造をもつ．

以上二つの考察より，$\psi_{|D|}(R)$ は $\boldsymbol{P}^N(\boldsymbol{C})$ の複素閉部分多様体であることが分かり，定理は証明された．∎

**例 4.3**（1 次元複素トーラス）　例 4.2 の記号をそのまま使うことにする．複素平面 $\boldsymbol{C}$ の点 $z$ が定める 1 次元複素トーラス $E_\tau$ の点を $[z]$ と記そう．格子点（$\Lambda$ の各元の定める点）の定める $E_\tau$ の点は $[0]$ である．（すなわち $[m+n\tau] = [0]$, $m, n \in \boldsymbol{Z}$ である．）$E_\tau$ 上の正則微分型式 $dz$ は零点を持たないので，標準因子として 0 をとることができる．また $E_\tau$ の種数は 1 であった．したがって，$\deg D > 0$ の因子 $D$ に対して，Riemann–Roch の定理は

$$l(D) = \deg D$$

と書ける．特に，正整数 $n$ に対して

$$l(n[0]) = n$$

である．一方，楕円関数論より

$$\boldsymbol{L}([0]) = \boldsymbol{C} \cdot 1$$

である．（基本平行四辺形でただ一つの 1 位の極を持つ楕円関数は存在しない．）Weierstrass の $\wp$ 関数を

$$\wp(z) = \frac{1}{z^2} + \sum_{\substack{(m,n) \in \mathbb{Z}^2 \\ (m,n) \neq (0,0)}} \left\{ \frac{1}{(z+m+n\tau)^2} - \frac{1}{(m+n\tau)^2} \right\}$$

と定義すると，
$$\boldsymbol{L}(2[0]) = \boldsymbol{C} \cdot 1 + \boldsymbol{C} \cdot \wp(z)$$
$$\boldsymbol{L}(3[0]) = \boldsymbol{C} \cdot 1 + \boldsymbol{C} \cdot \wp(z) + \boldsymbol{C} \cdot \wp'(z)$$

であることが，楕円関数論より知られており，これは当然のことながら，Riemann–Roch の定理の結果と一致している．さて定理 4.4 によれば $\psi_{|3[0]|}$ は $E_\tau$ を射影空間へ埋め込んでいる．このことは，次のようにして分かる．$\boldsymbol{L}(3[0])$ の基底として，$\{1, \wp(z), \wp'(z)\}$ をとり，写像

$$\begin{array}{ccc} \varphi = \psi_{|3[0]|} : E_\tau & \longrightarrow & \boldsymbol{P}^2(\boldsymbol{C}) \\ \cup & & \cup \\ [z] & \longmapsto & (1 : \wp(z) : \wp'(z)) \end{array}$$

を考える．$[z] = [0]$ の近傍では，$\varphi$ を

$$\begin{array}{ccc} \varphi : E_\tau & \longrightarrow & \boldsymbol{P}^2(\boldsymbol{C}) \\ \cup & & \cup \\ [z] & \longmapsto & \left( \dfrac{1}{\wp'(z)} : \dfrac{\wp(z)}{\wp'(z)} : 1 \right) \end{array}$$

と定義する．$\wp'(z)$ は $z = 0$ で 3 位の極，$\wp(z)$ は $z = 0$ で 2 位の極を持つので，$\varphi$ は $[0]$ の近傍でうまく定義できており，$\varphi([0]) = (0:0:1)$ となる．さて Weierstrass の $\wp$ 関数とその微分 $\wp'(z)$ の間には

$$\wp'(z)^2 = 4\wp(z)^3 - g_2(\tau)\wp(z) - g_3(\tau)$$

なる関係がある．ここに

$$g_2(\tau) = 60 \sum_{\substack{(m,n) \in \mathbb{Z}^2 \\ (m,n) \neq (0,0)}} \frac{1}{(m+n\tau)^4}$$

$$g_3(\tau) = 140 \sum_{\substack{(m,n) \in \mathbb{Z}^2 \\ (m,n) \neq (0,0)}} \frac{1}{(m+n\tau)^6}$$

であり，
$$\Delta(\tau) = g_2(\tau)^3 - 27g_3(\tau)^2$$
とおくと，$\Delta(\tau) \neq 0$ であることも知られている．そこで
$$F_\tau = x_0 x_2^2 - 4x_1^3 + g_2(\tau) x_0^2 x_1 + g_3(\tau) x_0^3$$
とおくと，
$$\varphi(E_\tau) \subset V(F_\tau)$$
であることが分かる．実際には，$\varphi$ は $E_\tau$ から $V(F_\tau)$ への全単射を与える．それを証明するため，まず $\varphi(E_\tau) = V(F_\tau)$ であることを示そう．$(0:0:1) \in V(F_\tau)$ であるが，これは $\varphi([0]) = (0:0:1)$ より $\varphi$ による像である．$V(F_\tau)$ と $x_0 = 0$ との交点は $(0:0:1)$ しかないので，以下 $V(F_\tau) - \{(0:0:1)\}$ を考える．$x = x_1/x_0$, $y = x_2/x_0$ とおくと，$V(F_\tau) - \{(0:0:1)\}$ の点 $(1:x:y)$ は
$$y^2 = 4x^3 - g_2(\tau)x - g_3(\tau)$$
を満足する．このとき
$$x = \wp(z)$$
なる $z \in \boldsymbol{C}$ が存在する (演習問題 4.1, (i))．
$$\wp'(z)^2 = 4\wp(z)^3 - g_2(\tau)\wp(z) - g_3(\tau)$$
であるから，これより $y = \wp'(z)$ または $y = -\wp'(z)$ が成り立つ．$\wp(-z) = \wp(z)$, $\wp'(-z) = -\wp'(z)$ であるので $\varphi([z]) = (1:x:y)$ または $\varphi([-z]) = (1:x:y)$ が成り立ち，$\varphi(E_\tau) = V(F_\tau)$ が示された．次に $\varphi([z]) = \varphi([z'])$ であれば，$[z] = [z']$ であることを示そう．まず $[z] \neq [0]$ のときは
$$(1 : \wp(z) : \wp'(z)) = (1 : \wp(z') : \wp'(z'))$$
が成り立つ．$\wp(z) = \wp(z')$ より
$$z = \pm z' + m + n\tau, \quad m, n \in \boldsymbol{Z}$$
が成り立ち，$\wp'(z) = \wp'(z')$ および $\wp'(z)$ は奇関数であることより
$$z = z' + m + n\tau$$
でなければならない．したがって $[z] = [z']$ である．($\wp'(z) = \wp'(z') = 0$ となるときは，この論法は適用できないが，図 4.3 の基本平行四辺形の中で $\wp'(z) = 0$ となるのは $z = 1/2, \tau/2, (1+\tau)/2$ の 3 点であることから，やはり $[z] = [z']$ を得る．$[1/2] = [-1/2]$ などに注意．) $[z] = [0]$ のときは $\varphi([0]) = (0:0:1)$ より，

$[z'] = [0]$ であることもただちに分かる．以上によって$\varphi$は単射であることが分かる．$E_\tau$の各点$[z]$で写像$\varphi$は$d\varphi_{[z]} \neq 0$であることも同様の論法で示すことができる．かくして，$E_\tau$は$\boldsymbol{P}^2(\boldsymbol{C})$内の3次曲線$V(F_\tau)$と同一視できることが分かった．この例から分かるように，定理4.4は楕円関数の理論の一側面の一般化を与えていると見ることができる．ちなみに，3次曲線$V(F_\tau)$が非特異であることが，$\Delta(\tau) \neq 0$より出てくることは§3.3で示した通りである． □

## §4.2 周期行列

種数$g$の閉Riemann面$R$は，位相幾何学的には$g$個の穴のあいた浮袋の形をしている．さらに$R$は$g$個の1次独立な正則微分型式を持っている．このことから，Riemann面の持っている面白い性質が出てくることを示そう．

まず微分型式$\omega$の曲線$\gamma$に沿った積分$\int_\gamma \omega$を定義しよう．Riemann面$R$を局所座標近傍$\{(U_\lambda, z_\lambda)\}_{\lambda \in \Lambda}$で覆っておく．$R$の区分的に滑らかな曲線$\gamma$とは，区間$[a,b]$から$R$への連続写像$\gamma$であって以下の性質を持つものをいう．$[a,b]$を有限個の区間$[a_j, a_{j+1}]$, $j=0,1,\cdots,n-1$, $a_0 = a < a_1 < a_2 < \cdots < a_n = b$, に適当に分割すると$\gamma([a_j, a_{j+1}]) \subset U_{\lambda_j}$とでき，$\gamma$を局所座標$z_{\lambda_j}$を使って

$$z_{\lambda_j}(t) = x_{\lambda_j}(t) + i y_{\lambda_j}(t)$$

($x_{\lambda_j}(t)$, $y_{\lambda_j}(t)$は$(a_j, a_{j+1})$で任意の回数微分可能)と書くことができる．有理微分型式$\omega$は$(U_\lambda, z_\lambda)$では$f_\lambda(z_\lambda) dz_\lambda$と表示できた．このとき，$\gamma([a,b])$上に$\omega$の極がなければ，$\omega$の$\gamma$に沿っての積分$\int_\gamma \omega$を

$$(4.2) \qquad \int_\gamma \omega = \sum_{j=0}^{n-1} \int_{a_j}^{a_{j+1}} f_{\lambda_j}(z_{\lambda_j}(t)) z'_{\lambda_j}(t) dt$$

として定義する．この定義が，区間$[a,b]$の分割の仕方によらないことは，積分の変数変換の理論より分かる．

さて，以下問題にするのは閉曲線$\gamma$，すなわち$\gamma(a) = \gamma(b)$である$R$上の曲線である．Cauchyの積分定理によれば，閉曲線$\gamma$が連続的に1点に変形できると，$\gamma$の内部および$\gamma$の近くで正則な微分型式$\omega$に対して

§4.2 周期行列 —— 267

図 4.6 1点に連続的に縮めることができる．

$$\int_\gamma \omega = 0$$

が成り立つ．しかし，$\gamma$ が 1 点に連続的に変形できないときは，このことは必ずしも成り立たない．種数が 1 以上の閉曲面では，図 4.7 の閉曲線 $\alpha, \beta$ のように 1 点に連続的に縮めることができない閉曲線が現われる．（これに比して，球面上の任意の閉曲線は 1 点に連続的に縮めることができる．）

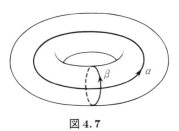

図 4.7

以下，Riemann 面 $R$ の閉曲線 $\gamma$ のみを考えるが，$\gamma$ はすべて区分的に滑らかであるとして議論する．連続な閉曲線は区分的に滑らかな曲線で常に近似することができる．閉 Riemann 面 $R$ 上の，意味のある閉曲線を取り出すためには，整数係数の 1 次元ホモロジー群 $H_1(R, \mathbb{Z})$ を導入する必要がある．その定義は位相幾何学の教科書を見ていただくこととして，種数 $g$ の Riemann 面 $R$ の場合，$H_1(R, \mathbb{Z})$ の各元は図 4.8 の閉曲線 $\alpha_1, \alpha_2, \cdots, \alpha_g, \beta_1, \beta_2, \cdots, \beta_g$ (向き

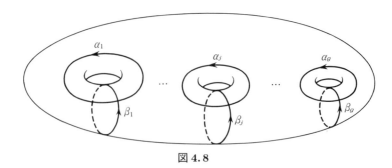

図 4.8

も考えている．$-\alpha_j, -\beta_j$ はそれぞれの曲線の向きを逆にしたものと考える）の整数係数の 1 次結合として一意的に書き表わすことができる．すなわち，
$$H_1(R, \mathbf{Z}) = \mathbf{Z}\alpha_1 \oplus \cdots \oplus \mathbf{Z}\alpha_g \oplus \mathbf{Z}\beta_1 \oplus \cdots \oplus \mathbf{Z}\beta_g$$
であり，$\{\alpha_1, \cdots, \alpha_g, \beta_1, \cdots, \beta_g\}$ は $H_1(R, \mathbf{Z})$ の $\mathbf{Z}$ 上の基底となっている．このとき，これらの閉曲線の間には交点数（交わりの数）が定義できて

(4.3)
$$\alpha_i \cdot \alpha_j = 0$$
$$\alpha_i \cdot \beta_j = \delta_{ij}$$
$$\beta_i \cdot \beta_j = 0$$

が成り立つ．ここで $\delta_{ij} = 0, i \neq j, \delta_{ii} = 1$ である．（ちなみに $\beta_j \cdot \alpha_i = -\delta_{ij}$ と符号が変わる．これは 2 曲線の交点での向きと，閉曲面の向き（表と裏の区別）が関係している．詳細は位相幾何学の教科書を参照のこと．）(4.3) を満足する $H_1(R, \mathbf{Z})$ の $\mathbf{Z}$ 基底のことをシンプレクティック基底 (symplectic basis) という．シンプレクティック基底はたくさんとり方がある．よく使われるシンプレクティック基底を図 4.9 に描いた．この基底では閉曲線 $\alpha_1, \beta_1, \alpha_2, \beta_2, \cdots, \alpha_g, \beta_g$ に沿って Riemann 面を切り開くと $4g$ 角形ができ，種々の計算に便利であることは以下に見る通りである．

さて閉 Riemann 面 $R$ 上の 1 点 $P$ から他の点 $Q$ へ向かう二つの曲線 $\gamma_1, \gamma_2$ を任意に選び，$R$ 上の正則微分型式 $\omega$ に対して積分
$$\int_{\gamma_1} \omega, \quad \int_{\gamma_2} \omega$$
を考えよう（図 4.10）．点 $P$ から $\gamma_1$ 上を $Q$ へ進み，$Q$ から $\gamma_2$ 上を逆向きに $P$

§4.2 周期行列 —— 269

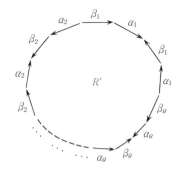

図 4.9  $\alpha_j, \beta_j$ を矢印の向きに沿って貼り合わせると種数 $g$ の閉曲面ができる．

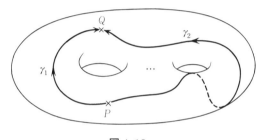

図 4.10

まで進む曲線を $\gamma_1\gamma_2^{-1}$ と記そう．$\gamma_1\gamma_2^{-1}$ は $R$ 上の閉曲線であり，1 次元ホモロジー群 $H_1(R, \mathbf{Z})$ の元を定める．これを $[\gamma_1\gamma_2^{-1}]$ と記すと

$$[\gamma_1\gamma_2^{-1}] = \sum_{j=1}^{g} m_j\alpha_j + \sum_{k=1}^{g} n_k\beta_k, \quad m_j, n_k \in \mathbf{Z}$$

と一意的に書くことができる．ここで $\{\alpha_1, \cdots, \alpha_g, \beta_1, \cdots, \beta_g\}$ は Riemann 面 $R$ の 1 次元ホモロジー群 $H_1(R, \mathbf{Z})$ の基底である．以下，しばらくは図 4.9 のシンプレクティック基底を使って議論する．$[\gamma_1\gamma_2^{-1}]$ の表示が分かると，

$$\int_{\gamma_1}\omega - \int_{\gamma_2}\omega = \sum_{j=1}^{g} m_j \int_{\alpha_j}\omega + \sum_{k=1}^{g} n_k \int_{\beta_k}\omega$$

であることが分かる．(すなわち，$P$ を始点とする閉曲線 $\gamma, \gamma'$ が $H_1(R, \mathbf{Z})$ の

同じ元を定めれば，$R$ の正則微分型式 $\omega$ に対して $\int_\gamma \omega = \int_{\gamma'} \omega$ が成り立つ．これは，Cauchy の積分定理の一つの一般化である．）大切なことは，点 $P$ から点 $Q$ へ向かう曲線 $\gamma$ を任意にとると，$\int_\gamma \omega$ は曲線 $\gamma$ によって値は変わるが，その違いは，$\int_{\alpha_j} \omega, \int_{\beta_j} \omega, j=1,2,\cdots,g$ の整数係数の 1 次結合で表わされることである．Riemann 面 $R$ の $g$ 個の 1 次独立な正則微分型式 $\omega_1, \omega_2, \cdots, \omega_g$ を選んでおこう．$R$ 上の任意の正則微分型式は $\omega_1, \omega_2, \cdots, \omega_g$ の $\boldsymbol{C}$ 係数の 1 次結合として書けるので，正則微分型式の積分には，次の $2g \times g$ 行列

$$\Omega = \begin{pmatrix} \int_{\alpha_1} \omega_1 & \cdots & \int_{\alpha_1} \omega_g \\ \vdots & & \vdots \\ \int_{\alpha_g} \omega_1 & \cdots & \int_{\alpha_g} \omega_g \\ \int_{\beta_1} \omega_1 & \cdots & \int_{\beta_1} \omega_g \\ \vdots & & \vdots \\ \int_{\beta_g} \omega_1 & \cdots & \int_{\beta_g} \omega_g \end{pmatrix}$$

が大切な役割を果たすことは容易に想像できよう．この行列 $\Omega$ を閉 Riemann 面 $R$ の**周期行列**（period matrix）と呼ぶ．この周期行列はシンプレクティック基底のとり方と，1 次独立な正則微分型式のとり方によって違ってくる．その違いを以下で調べることにする．そのために，$R$ の任意の曲線 $\gamma$ と正則微分型式 $\omega$ に対して

$$\overline{\int_\gamma \omega} = \int_\gamma \overline{\omega}$$

であることに注意する．ここで "―" は複素共役を意味し，$\int_\gamma \overline{\omega}$ は，(4.2) にならって

$$\int_\gamma \overline{\omega} = \sum_{j=0}^{n-1} \int_{a_j}^{a_{j+1}} \overline{f_{\lambda_j}(z_{\lambda_j}(t)) z'_{\lambda_j}(t)} dt$$

と定義する．周期行列 $\Omega$ の性質を記述するために，行列

$$J = \begin{pmatrix} O & I_g \\ -I_g & O \end{pmatrix}$$

を導入する．ここで $I_g$ は $g \times g$ 単位行列である．

**定理 4.5**（Riemann の関係式）　周期行列 $\Omega$ は次の性質を持つ．

（ i ）　${}^t\Omega J \Omega = O$

（ii）　$\sqrt{-1}\,{}^t\Omega J\overline{\Omega}$ は正定値 Hermite 行列である．

［証明］　証明のためには，Riemann 面 $R$ 上の面積分と Stokes の定理を使う．$\{\alpha_1, \cdots, \alpha_g, \beta_1, \cdots, \beta_g\}$ は図 4.9 の閉曲線を使う．Riemann 面 $R$ からこれらの閉曲線を除いた残り $R'$ は $4g$ 角形の内部であり，$R'$ では，点 $P$ (閉曲線 $\alpha_j$, $\beta_j$ の始点) から $R'$ の任意の点 $Q$ への $R$ の正則微分型式 $\omega$ の積分

$$h(Q) = \int_P^Q \omega$$

は，積分路を $R'$ の内部にとる限り一意的に定まり，$h$ は $R$ 上で正則な関数を

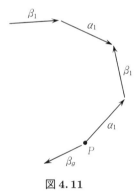

図 4.11

定義する．しかも $h$ は $R'$ の境界に連続に拡張できる．ただし，境界 $\alpha_j$, $\beta_j$ は 2 本ずつ対になって現われるが，この境界上の点 $Q$, $Q'$ ($R$ 上の点としては同じ点を表わす) では $h$ の値は異なる．始点 $P$ は $R'$ の境界の $\alpha_1$ と $\beta_g$ の始点とする．図 4.12 のように $P'_j$ などの記号をつける．これらはすべて $R$ 上の同一の点 $P$ を表わすが，閉曲線 $\alpha_j, \beta_j$, $j = 1, 2, \cdots, g$ に沿って Riemann 面 $R$ を

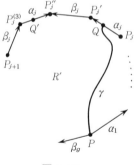

**図 4.12**

切り開いてできた $4g$ 角形では別の点になっている．図 4.12 のように $\alpha_j$ 上に $R$ 上では同一の点を表わす $Q, Q'$ をとり，$P$ と $Q$ とを結ぶ曲線 $\gamma$ を $R'$ の中にとる．このとき

$$\int_P^Q \omega = \int_\gamma \omega$$

$$\int_P^{Q'} \omega = \int_\gamma \omega + \int_Q^{P'_j} \omega + \int_{\beta_j} \omega + \int_{P''_j}^{Q'} \omega$$

であるが，$\omega$ を $\alpha_j$ 上を $Q$ から $P'_j$ へ積分することと，$\omega$ を $Q'$ から $P''_j$ へ $\alpha_j$ 上積分することは，$R$ 上での線積分と考えるとまったく同一のものである．したがって

$$\int_{P''_j}^{Q'} \omega = -\int_{Q'}^{P''_j} \omega = -\int_Q^{P'_j} \omega$$

が成り立ち，結局

$$\int_P^{Q'} \omega = \int_P^Q \omega + \int_{\beta_j} \omega$$

が成立する．同様に，$R$ 上で同一の点を表わす $S, S'$ を $\beta_j$ 上にとると（図 4.13）

$$\int_P^{S'} \omega = \int_P^S \omega - \int_{\alpha_j} \omega$$

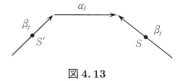

図 4.13

が成立する．

以上の準備のもとで，定理の(i)の部分を証明しよう．前述の $R$ 上の正則微分型式 $\omega_j, \omega_k$ に対して，$\omega_j \wedge \omega_k \equiv 0$（$\wedge$ は外積を表わす）なので

$$0 = \int_R \omega_j \wedge \omega_k$$

である．一方，$R'$ 上の正則関数 $h_j$ を前述のように

$$dh_j = \omega_j$$

であるように $\omega_j$ から定めることができる．したがって Stokes の定理を使って

$$\begin{aligned}
0 &= \int_R dh_j \wedge \omega_k = \int_R d(h_j \omega_k) \\
&= \sum_{i=1}^{g} \left( \int_{\alpha_i^+} h_j \omega_k + \int_{\beta_i^+} h_j \omega_k - \int_{\alpha_i^-} h_j \omega_k - \int_{\beta_i^-} h_j \omega_k \right) \\
&= \sum_{i=1}^{g} \left\{ \int_{\alpha_i^+} h_j \omega_k + \int_{\beta_i^+} h_j \omega_k - \int_{\alpha_i^+} \left( h_j + \int_{\beta_i} \omega_j \right) \omega_k - \int_{\beta_i^+} \left( h_j - \int_{\alpha_i} \omega_j \right) \omega_k \right\} \\
&= \sum_{i=1}^{g} \left\{ \int_{\alpha_i} \omega_j \int_{\beta_i} \omega_k - \int_{\beta_i} \omega_j \int_{\alpha_i} \omega_k \right\}
\end{aligned}$$

を得る．ここで図 4.12 で，$Q$ ののっている $\alpha_j$ を $\alpha_j^+$，$Q'$ ののっている $\alpha_j$ を $\alpha_j^-$ と記し，図 4.13 で $S$ ののっている $\beta_j$ を $\beta_j^+$，$S'$ ののっている $\beta_j$ を $\beta_j^-$ と記した．この最後の式は行列 $-{}^t\varOmega J\varOmega$ の $(j,k)$ 成分を表わしているので(i)が成立する．任意の $R$ 上の正則微分型式 $\omega$ に対して

$$\sqrt{-1} \int_R \omega \wedge \overline{\omega} > 0$$

が成り立つことを使えば，(ii)も上と同様に証明できる． ∎

この定理を使って，周期行列をきれいな形に書き直すことができる．

$$A = \begin{pmatrix} \int_{\alpha_1} \omega_1 & \cdots & \int_{\alpha_1} \omega_g \\ \cdots\cdots\cdots\cdots\cdots\cdots\cdots \\ \int_{\alpha_g} \omega_1 & \cdots & \int_{\alpha_g} \omega_g \end{pmatrix}, \quad B = \begin{pmatrix} \int_{\beta_1} \omega_1 & \cdots & \int_{\beta_1} \omega_g \\ \cdots\cdots\cdots\cdots\cdots\cdots\cdots \\ \int_{\beta_g} \omega_1 & \cdots & \int_{\beta_g} \omega_g \end{pmatrix}$$

とおいて，
$$\det A \neq 0$$
を示そう．もし $\det A = 0$ であれば $\boldsymbol{a} = (a_1, a_2, \cdots, a_g) \neq (0, 0, \cdots, 0)$ で
$$\boldsymbol{a}\,{}^t\!A = 0$$
なるものが存在する．一方
$$\sqrt{-1}\,{}^t\!\Omega J \overline{\Omega} = \sqrt{-1}({}^t\!A\overline{B} - {}^t\!B\overline{A})$$
であるので
$$\boldsymbol{a}\sqrt{-1}\,{}^t\!\Omega J \overline{\Omega}\,{}^t\overline{\boldsymbol{a}} = 0$$
であるが，$\sqrt{-1}\,{}^t\!\Omega J \overline{\Omega}$ は正定値 Hermite 行列であるので，これは $\boldsymbol{a} = (0, 0, \cdots, 0)$ を意味し，$\boldsymbol{a}$ のとり方に矛盾する．したがって $\det A \neq 0$ である．そこで
$$\tau = BA^{-1}$$
とおくと $\begin{pmatrix} I_g \\ \tau \end{pmatrix}$ も周期行列である．なぜならば
$$(\widetilde{\omega}_1, \widetilde{\omega}_2, \cdots, \widetilde{\omega}_g) = (\omega_1, \omega_2, \cdots, \omega_g)A^{-1}$$
によって $\widetilde{\omega}_1, \widetilde{\omega}_2, \cdots, \widetilde{\omega}_g$ を定義すると，これも $g$ 個の 1 次独立な $R$ 上の正則微分型式であり，
$$\begin{pmatrix} \int_{\alpha_1} \widetilde{\omega}_1 & \cdots & \int_{\alpha_1} \widetilde{\omega}_g \\ \vdots & & \vdots \\ \int_{\alpha_g} \widetilde{\omega}_1 & \cdots & \int_{\alpha_g} \widetilde{\omega}_g \\ \int_{\beta_1} \widetilde{\omega}_1 & \cdots & \int_{\beta_1} \widetilde{\omega}_g \\ \vdots & & \vdots \\ \int_{\beta_g} \widetilde{\omega}_1 & \cdots & \int_{\beta_g} \widetilde{\omega}_g \end{pmatrix} = \begin{pmatrix} I_g \\ \tau \end{pmatrix}$$
である．$\begin{pmatrix} I_g \\ \tau \end{pmatrix}$ を正規化された周期行列と呼ぶ．このとき，定理 4.5 の

Riemann の関係式 (i) より
$$^t\tau = \tau$$
を得，$\tau$ が対称行列であることが分かる．さらに (ii) からは $\tau$ の虚部 $\mathrm{Im}\,\tau$ が正定値実対称行列であることが分かる．以上をまとめて，次の系を得る．

**系 4.1** 閉 Riemann 面 $R$ 上の $g$ 個の 1 次独立な正則微分型式 $\omega_1, \omega_2, \cdots, \omega_g$ を

(4.4) $$\int_{\alpha_i} \omega_j = \delta_{ij}$$

なるように選び，$g \times g$ 行列 $\tau$ を

$$\tau = \begin{pmatrix} \int_{\beta_1} \omega_1 & \cdots & \int_{\beta_1} \omega_g \\ \vdots & & \vdots \\ \int_{\beta_g} \omega_1 & \cdots & \int_{\beta_g} \omega_g \end{pmatrix}$$

により定めると，$\tau$ は複素対称行列であり，その虚部 $\mathrm{Im}\,\tau$ は正定値対称行列である． □

上の系の中で用いた (4.4) を満足する $\{\omega_1, \omega_2, \cdots, \omega_g\}$ を正則微分型式の**正規化された基底**と呼ぶ．これはシンプレクティック基底を与えると一意的に定まる．また行列 $\tau$ もしばしば $R$ の周期行列と呼ばれる．$\tau$ は $R$ とシンプレクティック基底 $\{\alpha_1, \cdots, \alpha_g, \beta_1, \cdots, \beta_g\}$ のとり方にのみより，正則微分型式のとり方にはよらない．

今までの議論，特に定理 4.5 の証明には，特別なシンプレクティック基底を選んで行なったが，実際には，定理 4.5 および系 4.1 は任意のシンプレクティック基底に対して成り立つことを示しておこう．

$\{\alpha'_1, \cdots, \alpha'_g, \beta'_1, \cdots, \beta'_g\}$ を他のシンプレクティック基底とすると

$$\begin{pmatrix} \beta'_1 \\ \vdots \\ \beta'_g \\ \alpha'_1 \\ \vdots \\ \alpha'_g \end{pmatrix} = \begin{matrix} {}_g\{ \\ {}_g\{ \end{matrix} \begin{pmatrix} \overbrace{A}^{g} & \overbrace{B}^{g} \\ C & D \end{pmatrix} \begin{pmatrix} \beta_1 \\ \vdots \\ \beta_g \\ \alpha_1 \\ \vdots \\ \alpha_g \end{pmatrix}$$

を満足する $2g \times 2g$ 整数行列 $M = \begin{pmatrix} A & B \\ C & D \end{pmatrix}$ が一意に定まる．$M$ の逆行列も整数行列である必要があるので，
$$\det M = \pm 1$$
が成り立つことに注意しよう．（実は $\det M = 1$ であることが示せる．）
$$\alpha_i \cdot \alpha_j = 0, \quad \beta_i \cdot \beta_j = 0, \quad \alpha_i \cdot \beta_j = \delta_{ij}$$
$$\alpha'_i \cdot \alpha'_j = 0, \quad \beta'_i \cdot \beta'_j = 0, \quad \alpha'_i \cdot \beta'_j = \delta_{ij}$$
であるので，
$$MJ{}^tM = J$$
が成り立つ．この関係式を満足する $2g \times 2g$ 整数行列の全体を $Sp(g, \boldsymbol{Z})$ と記し，$g$ 次シンプレクティック群(symplectic group of degree $g$)と呼ぶ．すなわち，
$$Sp(g, \boldsymbol{Z}) = \{M \in GL(2g, \boldsymbol{Z}) \mid MJ{}^tM = J\}.$$
すると，
$$\Omega' = \begin{pmatrix} \int_{\alpha'_1}\omega_1 & \cdots & \int_{\alpha'_1}\omega_g \\ \vdots & & \vdots \\ \int_{\alpha'_g}\omega_1 & \cdots & \int_{\alpha'_g}\omega_g \\ \int_{\beta'_1}\omega_1 & \cdots & \int_{\beta'_1}\omega_g \\ \vdots & & \vdots \\ \int_{\beta'_g}\omega_1 & \cdots & \int_{\beta'_g}\omega_g \end{pmatrix} = \begin{pmatrix} D & C \\ B & A \end{pmatrix} \begin{pmatrix} \int_{\alpha_1}\omega_1 & \cdots & \int_{\alpha_1}\omega_g \\ \vdots & & \vdots \\ \int_{\alpha_g}\omega_1 & \cdots & \int_{\alpha_g}\omega_g \\ \int_{\beta_1}\omega_1 & \cdots & \int_{\beta_1}\omega_g \\ \vdots & & \vdots \\ \int_{\beta_g}\omega_1 & \cdots & \int_{\beta_g}\omega_g \end{pmatrix}$$
が成り立つ．このことから，$\Omega'$ も定理 4.5 を満足することを示すことができる．正規化された周期行列に直すと
$$\begin{pmatrix} I_g \\ \tau' \end{pmatrix} = \begin{pmatrix} I_g \\ (A\tau + B)(C\tau + D)^{-1} \end{pmatrix}$$
と書ける．$\tau'$ も系 4.1 を満足することにより，対称行列である．
$$\mathfrak{S}_g = \{\tau \mid \tau \text{ は } g \times g \text{ 複素対称行列}, \operatorname{Im} \tau \text{ は正定値}\}$$
とおいて，$\mathfrak{S}_g$ を $g$ 次 Siegel 上半空間(Siegel upper half space of degree $g$)と呼ぶ．$g = 1$ のときは通常の上半空間である．シンプレクティック群 $Sp(g, \boldsymbol{Z})$

の元 $M = \begin{pmatrix} A & B \\ C & D \end{pmatrix}$ と $\tau \in \mathfrak{S}_g$ に対して
$$M \cdot \tau = (A\tau + B)(C\tau + D)^{-1}$$
と定義すると，$M \cdot \tau \in \mathfrak{S}_g$ であることが分かり，$Sp(g, \mathbf{Z})$ の各元 $M$ は $\mathfrak{S}_g$ から $\mathfrak{S}_g$ への同型写像を引き起こすことが分かる．$g = 1$ のときは $Sp(1, \mathbf{Z}) = SL(2, \mathbf{Z})$ であり，これは $SL(2, \mathbf{Z})$ が上半平面に 1 次分数変換として作用することの一般化であることが分かる．

## §4.3 Jacobi 多様体

種数 $g$ の閉 Riemann 面 $R$ とその 1 次元ホモロジー群 $H_1(R, \mathbf{Z})$ のシンプレクティック基底 $\{\alpha_1, \cdots, \alpha_g, \beta_1, \cdots, \beta_g\}$ を一つ固定して考えよう．$R$ 上の正則微分型式の正規化された基底 $\{\omega_1, \omega_2, \cdots, \omega_g\}$ を使って，正規化された周期行列 $\begin{pmatrix} I_g \\ \tau \end{pmatrix}$ は

$$\tau = (\tau_{ij}), \quad \tau_{ij} = \int_{\beta_i} \omega_j, \quad 1 \leqq i, j \leqq g$$

で与えられた．$\begin{pmatrix} I_g \\ \tau \end{pmatrix}$ の各行が定める $g$ 次元複素ベクトル空間 $\mathbf{C}^g$ のベクトルを $\mathbf{e}_1, \mathbf{e}_2, \cdots, \mathbf{e}_{2g}$ と記そう．Riemann 面 $R$ 上の 1 点 $P$ を固定して，$R$ 上の他の点 $Q$ へ向う曲線 $\gamma_1, \gamma_2$ をとると

$$\left( \int_{\gamma_2} \omega_1, \int_{\gamma_2} \omega_2, \cdots, \int_{\gamma_2} \omega_g \right) = \left( \int_{\gamma_1} \omega_1, \int_{\gamma_1} \omega_2, \cdots, \int_{\gamma_1} \omega_g \right) + \sum_{j=1}^{2g} n_j \mathbf{e}_j,$$
$$n_j \in \mathbf{Z}$$

なる関係があった．$P$ から $Q$ へ向かう曲線のとり方によって積分の値は違うが，その違いは，周期行列から定まる $2g$ 個のベクトルの整数係数 1 次結合で表わされた．このことを念頭において，1 次元複素トーラス（例 4.2）にならって $g$ 次元複素トーラス (complex torus) $J(R)$ を定義しよう．

$g$ 次元複素ベクトル空間 $\mathbf{C}^g$ の二つの元 $(z_1, z_2, \cdots, z_g), (z_1', z_2', \cdots, z_g')$ は

$$(z_1', z_2', \cdots, z_g') = (z_1, z_2, \cdots, z_g) + \sum_{j=1}^{2g} n_j \mathbf{e}_j, \quad n_j \in \mathbf{Z}$$

なる関係があるときに同一視することにすると，$\boldsymbol{C}^g$ のすべての点は

(4.5) $$\sum_{j=1}^{2g} a_j \boldsymbol{e}_j, \quad 0 \leqq a_j < 1$$

の形の点と一意的に同一視できることが分かる．このように同一視してできたものに，$\boldsymbol{C}^g$ から自然に定まる複素座標を使って複素多様体の構造を入れることができる．これを $J(R)$ と書き，閉 Riemann 面 $R$ の **Jacobi 多様体** (Jacobian variety) と呼ぶ．(4.5) から分かるように，$J(R)$ は位相幾何学的には円周 $S^1$ の $2g$ 個の直積と考えられる．しかし複素多様体としての性質は閉 Riemann 面 $R$，より正確にはその正規化された周期行列 $\begin{pmatrix} I_g \\ \tau \end{pmatrix}$ によって変わってくる．

$\boldsymbol{C}^g$ の点 $(z_1, z_2, \cdots, z_g)$ が定める $J(R)$ の点を $[z_1, z_2, \cdots, z_g]$ と記そう．$J(R)$ の 2 点 $[z_1, z_2, \cdots, z_g], [w_1, w_2, \cdots, w_g]$ に対してその和を

$$[z_1, z_2, \cdots, z_g] + [w_1, w_2, \cdots, w_g] = [z_1+w_1, z_2+w_2, \cdots, z_g+w_g]$$

で定義すると $J(R)$ は群 (Abel 群) になる．零元は $[0, 0, \cdots, 0]$ であり，$-[z_1, z_2, \cdots, z_g] = [-z_1, -z_2, \cdots, -z_g]$ である．さらに閉 Riemann 面 $R$ から $J(R)$ への写像

$$\begin{array}{ccc} \varphi: R & \longrightarrow & J(R) \\ \cup & & \cup \\ Q & \longmapsto & \left[\int_P^Q \omega_1, \int_P^Q \omega_2, \cdots, \int_P^Q \omega_g\right] \end{array}$$

が定まる．積分 $\int_P^Q \omega_j$ は $P$ から $Q$ への曲線 $\gamma$ を一つ選んで $\gamma$ に沿って積分することを意味する．Jacobi 多様体の点としては，積分路のとり方によらないことは，定義から明らかである．一方，写像 $\varphi$ は積分の始点 $P$ によって変わってくる．他の点 $P'$ を始点にして，同様に $\varphi': R \to J(R)$ を定義すると，

$$\left[\int_P^Q \omega_1, \int_P^Q \omega_2, \cdots, \int_P^Q \omega_g\right]$$
$$= \left[\int_{P'}^Q \omega_1, \int_{P'}^Q \omega_2, \cdots, \int_{P'}^Q \omega_g\right] + \left[\int_P^{P'} \omega_1, \int_P^{P'} \omega_2, \cdots, \int_P^{P'} \omega_g\right]$$

より，

$$\varphi(Q) = \varphi'(Q) + \left[ \int_P^{P'} \omega_1, \int_P^{P'} \omega_2, \cdots, \int_P^{P'} \omega_g \right]$$

となり，その違いは $J(R)$ の元の和で書けるので，本質的な違いではない．

**定理 4.6** 写像 $\varphi\colon R \to J(R)$ は，複素多様体としての埋め込み写像である． □

$g=1$ の場合は $\varphi$ が同型写像であることを意味し，種数 1 の閉 Riemann 面は 1 次元複素トーラスにほかならないことが分かる．写像 $\varphi$ が単射である ($\varphi(Q) = \varphi(Q')$ であれば $Q = Q'$) ことは，次の Abel の定理からの帰着である．

**定理 4.7** (Abel の定理) 閉 Riemann 面 $R$ 上の重複を許した 2 組の $N$ 個の点の組 $\{P_1, P_2, \cdots, P_N\}$, $\{Q_1, Q_2, \cdots, Q_N\}$ に対して，因子 $\sum_{j=1}^N P_j - \sum_{j=1}^N Q_j$ が主因子となる，すなわち

$$(f) = \sum_{j=1}^N P_j - \sum_{j=1}^N Q_j$$

が成り立つような $R$ 上の有理型関数 $f$ が存在するための必要十分条件は

(4.6) $$\sum_{j=1}^N \varphi(P_j) = \sum_{j=1}^N \varphi(Q_j)$$

が成り立つことである． □

条件 (4.6) は

$$\left[ \sum_{j=1}^N \int_{P_j}^{Q_j} \omega_1, \sum_{j=1}^N \int_{P_j}^{Q_j} \omega_2, \cdots, \sum_{j=1}^N \int_{P_j}^{Q_j} \omega_g \right] = [0, 0, \cdots, 0]$$

と書き換えることができる．Abel の定理から，$\varphi$ が単射であることは §3.2 の命題 3.2 より従う．

さて，この定理の必要条件だけ証明しておこう．$\{P_1, P_2, \cdots, P_n\} \cap \{Q_1, Q_2, \cdots, Q_n\} = \emptyset$ と仮定しても一般性を失わない．したがって

$$(f)_0 = \sum_{j=1}^N P_j$$

$$(f)_\infty = \sum_{j=1}^N Q_j$$

と仮定してよい．任意の複素数 $t$ に対して $f-t$ も $R$ 上の有理型関数であり，

$$(f-t)_0 = \sum_{j=1}^N P_j(t)$$

と書くことができ，$\boldsymbol{C}$ から $J(R)$ への写像

$$\psi: \begin{array}{ccc} \boldsymbol{C} & \longrightarrow & J(R) \\ \cup & & \cup \\ t & \longmapsto & \left[\sum_{j=1}^N \int_P^{P_j(t)} \omega_1, \sum_{j=1}^N \int_P^{P_j(t)} \omega_2, \cdots, \sum_{j=1}^N \int_P^{P_j(t)} \omega_g\right] \end{array}$$

が定義できる．この写像が正則関数であることも分かる．この写像はさらに $\boldsymbol{P}^1$ から $J(R)$ の写像に拡張することができる．そのためには，新しい変数 $s$ を $s \neq 0, t \neq 0$ のとき $s=1/t$ が成り立つように導入すると，$s \neq 0, t \neq 0$ のとき

$$(f-t)_0 = \left(f - \frac{1}{s}\right)_0$$

であり，一方 $s \neq 0$ のとき

$$\left(f-\frac{1}{s}\right)_0 = (sf-1)_0 = \left(s - \frac{1}{f}\right)_0$$

が成り立つ．そこで，$s \neq 0$ のとき

$$\left(f-\frac{1}{s}\right)_0 = \sum_{j=1}^N Q_j(s)$$

とおくと，

$$\sum_{j=1}^N Q_j(s) = \sum_{j=1}^N P_j\left(\frac{1}{s}\right)$$

が成り立つ．一方 $s \neq 0$ のとき

$$\left(f-\frac{1}{s}\right)_0 = \left(s - \frac{1}{f}\right)_0$$

より，$s=0$ のときは

$$\sum_{j=1}^N Q_j(0) = \sum_{j=1}^N Q_j$$

と考えられ，写像

$$\widehat{\psi}\colon \boldsymbol{C} \longrightarrow J(R)$$
$$\cup\!\!\!\shortmid \qquad\qquad\qquad \cup\!\!\!\shortmid$$
$$s \longmapsto \left[\sum_{j=1}^{N}\int_{P}^{Q_j(s)}\omega_1,\ \sum_{j=1}^{N}\int_{P}^{Q_j(s)}\omega_2,\ \cdots,\ \sum_{j=1}^{N}\int_{P}^{Q_j(s)}\omega_g\right]$$

も正則写像となる．$s \neq 0$ のとき

$$\widehat{\psi}(s) = \psi\left(\frac{1}{s}\right)$$

なので，結局正則写像 $\widetilde{\psi}\colon \boldsymbol{P}^1(\boldsymbol{C}) \to J(R)$ を得る．ところで $J(R)$ は $g$ 次元複素トーラスなので，$dz_1, dz_2, \cdots, dz_g$ と $g$ 個の 1 次独立な正則微分型式が存在する．これらの正則微分型式の $\widetilde{\psi}$ による引き戻し $\widetilde{\psi}^*\omega_1, \widetilde{\psi}^*\omega_2, \cdots, \widetilde{\psi}^*\omega_g$ は $\boldsymbol{P}^1(\boldsymbol{C})$ 上の正則微分型式であるが，$\boldsymbol{P}^1(\boldsymbol{C})$ 上には 0 以外の正則微分型式はない．したがって $\widetilde{\psi}^*\omega_j = 0,\ j=1,2,\cdots,g$ であるが，これは $\widetilde{\psi}(\boldsymbol{P}^1(\boldsymbol{C}))$ が 1 点であることを意味する．したがって $\widetilde{\psi}(0) = \widetilde{\psi}(\infty)$ が成り立つ．

$$\widetilde{\psi}(0) = \psi(0) = \left[\sum_{j=1}^{N}\int_{P}^{P_j}\omega_1,\ \sum_{j=1}^{N}\int_{P}^{P_j}\omega_2,\ \cdots,\ \sum_{j=1}^{N}\int_{P}^{P_j}\omega_g\right]$$

$$\widetilde{\psi}(\infty) = \widehat{\psi}(0) = \left[\sum_{j=1}^{N}\int_{P}^{Q_j}\omega_1,\ \sum_{j=1}^{N}\int_{P}^{Q_j}\omega_2,\ \cdots,\ \sum_{j=1}^{N}\int_{P}^{Q_j}\omega_g\right]$$

であるので，これは

$$\sum_{j=1}^{N}\varphi(P_j) = \sum_{j=1}^{N}\varphi(Q_j)$$

を意味する．

十分条件の証明には，もう少し準備を必要とするので割愛する．

さて，$\boldsymbol{C}^g$ 上の正則関数 $\theta(\tau, z)$ を

$$\theta(\tau, z) = \sum_{n=(n_1,\cdots,n_g)\in \boldsymbol{Z}^g} e^{\pi\sqrt{-1}\,\{n\tau\,{}^t n + 2n\,{}^t z\}}$$

と定義し，**テータ関数** (theta function) と呼ぶ．

$l = (l_1, l_2, \cdots, l_g),\ m = (m_1, m_2, \cdots, m_g) \in \boldsymbol{Z}^g$ に対して

(4.7) $$\theta(\tau,\ z+l+m\tau) = e^{-\pi\sqrt{-1}\,\{m\tau\,{}^t m + 2m\,{}^t z\}}\theta(\tau, z)$$

が成り立つ．このようにテータ関数は擬周期性を持っているが，完全な周期性を持っていないので $J(R)$ 上の正則関数とは言えない．しかし
$$e^{-\pi\sqrt{-1}\{m\tau^{t}m+2m^{t}z\}}$$
は決して 0 にならないので，$\theta(\tau,z)=0$ であることと，$\theta(\tau,z+l+m\tau)=0$ であることとは同値である．そこで
$$\Theta=\{[z]\in J(R)\mid \theta(\tau,z)=0\}$$
とおいて，Jacobi 多様体の**テータ因子** (theta divisor) と呼ぶ．$e=(e_1,e_2,\cdots,e_g)$ と $\varphi:R\to J(R)$ に対して $\theta(\tau,\varphi(Q)-e)$ は (4.7) より，$R$ 上の関数としては意味を持たず ($\varphi(Q)$ を与える $\boldsymbol{C}^g$ の点を $z_0$ とすると $z_0+l+m\tau$, $l,m\in\boldsymbol{Z}^g$ も $\varphi(Q)$ を与える点である)，強いて言えば $R$ 上の多価関数ではあるが，それが 0 であるかどうかは意味を持つ．

**補題 4.1** $\theta(\tau,\varphi(Q)-e)\not\equiv 0$ であれば $\theta(\tau,\varphi(Q)-e)$ は $R$ 上で重複度をこめて $g$ 個の零点を持つ．

［証明］ 図 4.9 の閉曲線 $\alpha_1,\beta_1,\cdots,\alpha_g,\beta_g$ によって Riemann 面 $R$ を切り開いて $4g$ 角形 $R'$ を作る．$\theta$ は $R'$ 上 1 価正則関数である．さらに必要ならば $\alpha_j$, $\beta_j$, $j=1,\cdots,g$ を最初に少し変形して，$\theta$ の零点は閉曲線 $\alpha_j$, $\beta_j$, $j=1,\cdots,g$ 上にないとしてよい．すると
$$\text{零点の個数} = \frac{1}{2\pi\sqrt{-1}}\int_{\partial R'} d\log\theta$$
と，$R'$ の境界 $\partial R'$ に沿った積分で零点の個数は表わされる．右辺の積分を計算してみよう．$R$ の $\alpha_j$ 上の点 $Q$ に対して $R'$ 上の境界の対応する点を図 4.14 のように $Q_+$, $Q_-$ と記すと

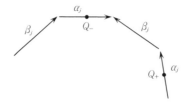

図 4.14

$$\varphi(Q_-) = \varphi(Q_+) + \left[ \int_{\beta_j} \omega_1, \int_{\beta_j} \omega_2, \cdots, \int_{\beta_j} \omega_g \right]$$
$$= \varphi(Q_+) + (\tau_{j1}, \tau_{j2}, \cdots, \tau_{jg})$$

が成り立つ．同様にして $\beta_j$ 上の点 $Q'$ に対応する $R'$ の境界の 2 点 $Q'_+$, $Q'_-$ を図 4.15 のようにとると

$$\varphi(Q'_-) = \varphi(Q'_+) + \left[ \int_{\alpha_j} \omega_1, \int_{\alpha_j} \omega_2, \cdots, \int_{\alpha_j} \omega_g \right]$$
$$= \varphi(Q'_+) - [0, \cdots, 0, \overset{j}{\check{1}}, 0, \cdots, 0]$$

が成り立つ．

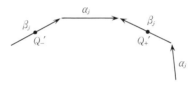

図 4.15

したがって

$$\int_{\partial R'} d\log\theta(\tau, \varphi(Q) - e)$$
$$= \frac{1}{2\pi\sqrt{-1}} \sum_{j=1}^{g} \left\{ \int_{\alpha_j} (d\log\theta(\tau, \varphi(Q_+) - e) - d\log\theta(\tau, \varphi(Q_-) - e)) \right.$$
$$\left. + \int_{\beta_j} (d\log\theta(\tau, \varphi(Q'_+) - e) - d\log\theta(\tau, \varphi(Q'_-) - e)) \right\}$$
$$= \frac{1}{2} \sum_{j=1}^{g} \int_{\alpha_j} d\left( \tau_{jj} + 2 \int_P^Q \omega_j \right)$$
$$= \sum_{j=1}^{g} \int_{\alpha_j} \omega_j = g$$

を得る．

次に，$\theta(\tau,\varphi(Q)-e)$ の $g$ 個の零点 $Q_1,Q_2,\cdots,Q_g$ と $e=(e_1,e_2,\cdots,e_g)$ の関係を調べてみよう．それには $R'$ 上の正則関数

$$h_j(Q) = \int_P^Q \omega_j$$

を使って

$$\frac{1}{2\pi\sqrt{-1}}\int_{\partial R'} h_j(Q)\, d\log\theta(\tau,\varphi(Q)-e)$$

を計算するとよい．詳細な計算は読者にまかせることにするが，計算によって次の結果を得る．

**定理 4.8** $\theta(\tau,\varphi(Q)-e)\not\equiv 0$ として，$\theta(\tau,\varphi(Q)-e)$ の零点を $Q_1,Q_2,\cdots,Q_g$ とする．このとき Jacobi 多様体上で

$$\sum_{j=1}^g \varphi(Q_j) + [k_1,k_2,\cdots,k_g] = [e_1,e_2,\cdots,e_g]$$

が成り立つ．ここで $k=(k_1,k_2,\cdots,k_g)$ は Riemann 定数と呼ばれ，シンプレクティック基底 $\{\alpha_1,\cdots,\alpha_g,\beta_1,\cdots,\beta_g\}$ のとり方にのみ依存して定まるベクトルである． □

**系 4.2** $\theta(\tau,\varphi(Q)-\sum_{j=1}^g\varphi(Q_j)-k)\not\equiv 0$ であれば，この多価関数の零点は $Q_1,Q_2,\cdots,Q_g$ である． □

テータ関数 $\theta(\tau,z)$ はその定義より $z$ に関して偶関数，すなわち

$$\theta(\tau,-z)=\theta(\tau,z)$$

である．このことを使って，次の系を得る．

**系 4.3** Riemann 面 $R$ 上の任意の $g-1$ 個の点 $P_1,\cdots,P_{g-1}$ に対して

$$\theta(\tau,\sum_{j=1}^{g-1}\varphi(P_j)+k)\equiv 0$$

が成り立つ．

[証明] Riemann 面 $R$ 上の点 $P_1,\cdots,P_{g-1},Q'$ を一般にとると，$Q$ の関数として

$$\theta(\tau,\ \varphi(Q)-\varphi(Q')-\sum_{j=1}^{g-1}\varphi(P_j)-k)\not\equiv 0$$

が成り立つ．これを $Q$ の多価関数と見ると，上の系よりこの零点は $Q'$, $P_1, \cdots,$ $P_{g-1}$ である．したがって $Q=Q'$ とおいて

$$\theta(\tau, -\sum_{j=1}^{g-1}\varphi(P_j)-k)=0$$

を得,

$$\theta(\tau, \sum_{j=1}^{g-1}\varphi(P_j)+k)=0$$

を得る．$P_1, \cdots, P_{g-1}$ は $R$ 上の一般の点であったので，この事実は $R$ 上の任意の $g-1$ 個の点に対しても成り立つ．

写像 $\varphi: R \to J(R)$ を $R$ の $l$ 個の直積 $R^l = \underbrace{R \times \cdots \times R}_{l}$ から $J(R)$ への写像 $\varphi_l$ に

$$\begin{array}{ccc}
\varphi_l: & R^l & \longrightarrow & J(R) \\
& \cup & & \cup \\
& (Q_1, Q_2, \cdots, Q_l) & \longmapsto & \left[\sum_{j=1}^{l}\int_{P}^{Q_j}\omega_1, \sum_{j=1}^{l}\int_{P}^{Q_j}\omega_2, \cdots, \sum_{j=1}^{l}\int_{P}^{Q_j}\omega_g\right]
\end{array}$$

として拡張することができる．さらに，もっと一般に任意の因子 $D=\sum_{i=1}^{N}n_i P_i$ に対して

$$\varphi(D)=\left[\sum_{i=1}^{N}n_i\int_{P}^{P_i}\omega_1, \sum_{i=1}^{N}n_i\int_{P}^{P_i}\omega_2, \cdots, \sum_{i=1}^{N}n_i\int_{P}^{P_i}\omega_g\right]$$

として，$J(R)$ の点を対応させることができる．

**定理 4.9** $W_{g-1}=\varphi_{g-1}(R^{g-1})$ とおくと，$J(R)$ のテータ因子 $\Theta$ と Riemann 定数 $k=(k_1, k_2, \cdots, k_g)$ によって

$$\Theta = W_{g-1}+[k_1, k_2, \cdots, k_g]$$

が成り立つ． □

この定理は，テータ因子と，$\varphi_{g-1}$ による $R^{g-1}$ の像とは平行移動を除いて一致することを示している．さらに Riemann 定数に対しては次の結果が成り立つことを，実は上の定理の系として示すことができる．

**系 4.4** Riemann 面 $R$ の任意の標準因子 $K$ と Riemann 定数 $(k_1, k_2, \cdots, k_g)$

に対して
$$2[k_1, k_2, \cdots, k_g] = \varphi(K)$$
が成り立つ． □

テータ関数と因子の間には，さらに密接な関係がある．

**定理 4.10** Riemann 面 $R$ 上の点 $Q_1, \cdots, Q_g, Q$ に対して
$$\theta(\tau, \varphi(Q) - \sum_{j=1}^{g} \varphi(Q_j) - k)$$
を $Q$ に関する $R$ 上の多価関数と考える．

(i) $l(K - \sum_{j=1}^{g} Q_j) = 0$ であれば $\theta(\tau, \varphi(Q) - \sum_{j=1}^{g} \varphi(Q_j) - k) \not\equiv 0$ であり，この多価関数の零点は $Q_1, Q_2, \cdots, Q_g$ である．

(ii) もし $l(K - \sum_{j=1}^{g} Q_j) = r \geq 1$ であれば，任意の $1 \leq i_1 \leq i_2 \leq \cdots \leq i_s \leq g$, $s \leq r-1$ に対して
$$\theta^{(i_1, i_2, \cdots, i_s)}(\tau, \varphi(Q) - \sum_{j=1}^{g} \varphi(Q_j) - k) \equiv 0$$
かつ，ある $1 \leq j_1 \leq j_2 \leq \cdots \leq j_r \leq g$ に対して，各 $Q = Q_j$ で
$$\theta^{(j_1, j_2, \cdots, j_r)}(\tau, \varphi(Q) - \sum_{j=1}^{g} \varphi(Q_j) - k) \neq 0$$
である．ここで
$$\theta^{(a_1, a_2, \cdots, a_l)}(\tau, z) = \frac{\partial^l}{\partial z_{a_1} \partial z_{a_2} \cdots \partial z_{a_l}} \theta(\tau, z)$$
とおいた． □

この定理より，次の重要な結果を得ることができるが，証明は割愛する．

**系 4.5** (Riemann の特異点定理)　Riemann 面 $R$ のテータ因子 $\Theta$ の点 $x$ を
$$x = \sum_{j=1}^{g-1} \varphi(Q_j) + [k_1, k_2, \cdots, k_g]$$
と書くと
$$\mathrm{mult}_x \Theta = l(\sum_{j=1}^{g-1} Q_j)$$

が成り立つ．ただし，$\mathrm{mult}_x \Theta$ は $\Theta$ の点 $x$ での重複度を表わす[*1]． □

以上の議論によって，閉 Riemann 面 $R$ とその Jacobi 多様体 $J(R)$ およびテータ関数 $\theta(\tau,z)$ の間に，不思議な深い関係があることがおぼろげながら想像いただけることと思う．実はここから，閉 Riemann 面の特殊因子の理論やモジュライの理論など興味深い理論が始まるのであるが，成書に譲ることとする．

■ **演習問題** ■

**4.1** 例 4.2 の 1 次元複素トーラス $E_\tau$ を考える．

(i) $\psi_{|2[0]|}$ は

$$\begin{array}{ccc} E_\tau & \longrightarrow & \boldsymbol{P}^1(\boldsymbol{C}) \\ \cup\!\!\!\mid & & \cup\!\!\!\mid \\ [z] & \longmapsto & (1:\wp(z)) \end{array}$$

と書け，2 対 1 の正則写像であり，分岐点は $[0],[1/2],[\tau/2],[1/2+\tau/2]$ の 4 点であることを示せ．また，この事実を使って，Hurwitz の公式から $E_\tau$ の種数は 1 であることを示せ．

(ii) $\boldsymbol{L}(4[0])$ の基底として

$$1,\ \wp(z),\ \wp'(z),\ \wp(z)^2$$

がとれることを示し，

$$\begin{array}{cccc} \psi_{|4[0]|}: & E_\tau & \longrightarrow & \boldsymbol{P}^3(\boldsymbol{C}) \\ & \cup\!\!\!\mid & & \cup\!\!\!\mid \\ & [z] & \longmapsto & (1:\wp(z):\wp'(z):\wp(z)^2) \end{array}$$

---

[*1] $\mathrm{mult}_x \Theta = m$ であることは，
$$\frac{\partial^s \theta(\tau,x)}{\partial z_1^{s_1}\cdots \partial z_g^{s_g}} = 0, \quad s_1+\cdots+s_g = s \leqq m-1$$
が常に成立し
$$\frac{\partial^m \theta(\tau,x)}{\partial z_1^{m_1}\cdots \partial z_g^{m_g}} \neq 0$$
なる $(m_1,\cdots,m_g)$, $m_1+\cdots+m_g = m$ が存在することを意味する．

の像の定義方程式を求めよ．

**4.2　不定積分**

$$\int \frac{dx}{\sqrt{1-x^3}}$$

は初等関数とその逆関数を使っては表示できないことを，$\dfrac{dx}{\sqrt{1-x^3}}$ は楕円曲線

$$y^2 = 1-x^3$$

上の正則微分型式と考えることができることを使って説明せよ．[ヒント：初等関数では三角関数や指数関数などの周期関数は1重周期関数である．一方，楕円曲線上で積分すると，閉曲線 $\alpha, \beta$ に沿って2重周期が現われる．

$$y = \int_0^x \frac{dt}{\sqrt{1-t^2}} = \arcsin x$$

は

$$x = \sin y$$

と書くことができ，$x$ は $y$ に関して基本周期 $2\pi$ の1重周期関数である．これと同様に

$$y = \int_0^x \frac{dt}{\sqrt{1-t^3}}$$

とおくと $x$ は $y$ の関数として2重周期関数になる．]

# 付録
# 可換環と体

　この付録では本書を理解するために必要となる可換環と体についての初歩を述べる．題材が抽象的であるので，できるだけ具体的な例を使って述べることにした．そのため，記述が長くなり，抽象代数学のよい面を殺してしまった感がある．この付録では，初学者が理解しにくい剰余環 $R/J$ について整数の場合から始めて詳しく述べた．そのため，可換環と体についての基本的事項について充分述べることはできなかったが，この付録を読み終えた後，代数学の参考書をひもといていただければ，代数幾何学で必要となる可換環論と体論について理解することは，さして難しくはないと信じる．

## §A.1　整数と合同式

整数の全体を以下 $\boldsymbol{Z}$ と記す．2以上の整数 $n$ を一つ固定する．整数 $a, b$ に対して $a-b$ が $n$ の倍数であるとき
$$a \equiv b \pmod{n}$$
と記し，$a$ は $n$ を法として $b$ と**合同**(congruence)であるという．このとき，$b-a$ も $n$ の倍数であるので
$$b \equiv a \pmod{n}$$
が成り立つ．さらに，
$$b \equiv c \pmod{n}$$
であれば，$a-c = (a-b)+(b-c)$ も $n$ の倍数であるので
$$a \equiv c \pmod{n}$$
が成り立つ．

さて，整数 $a_1, a_2, b_1, b_2$ に対して
$$a_1 \equiv b_1 \pmod{n}$$
$$a_2 \equiv b_2 \pmod{n}$$
が成り立てば，
$$a_1 + a_2 \equiv b_1 + b_2 \pmod{n}$$
$$a_1 - a_2 \equiv b_1 - b_2 \pmod{n}$$
$$a_1 a_2 \equiv b_1 b_2 \pmod{n}$$
が成り立つ．なぜならば，$a_1 - b_1, a_2 - b_2$ が $n$ の倍数であれば，$(a_1+a_2)-(b_1+b_2)$, $(a_1-a_2)-(b_1-b_2)$, $a_1 a_2 - b_1 b_2 = a_1(a_2-b_2) + (a_1-b_1)b_2$ も $n$ の倍数となるからである．

整数 $a$ に対して
$$\bar{a} = \{m \in \boldsymbol{Z} \mid m \equiv a \pmod{n}\}$$
と定義し，$a$ が定める $n$ を法とする**剰余類**(residue class)という．

**補題 A.1**　二つの整数 $a, b$ に対して
$$a \equiv b \pmod{n}$$

§A.1　整数と合同式ーー*291*

であれば，$a, b$ が定める $n$ を法とする剰余類は一致する．すなわち
$$\bar{a} = \bar{b}.$$

［証明］　$a \equiv b \pmod{n}$ であるので，$m \equiv a \pmod{n}$ であれば
$$m \equiv b \pmod{n}$$
である．したがって，$m \in \bar{a}$ であれば $m \in \bar{b}$ であることが分かり，
$$\bar{a} \subset \bar{b}$$
が成り立つ．逆に $m \in \bar{b}$ であれば，$m \equiv b \pmod{n}$ であり，$b \equiv a \pmod{n}$ であるので，
$$m \equiv a \pmod{n}$$
である．したがって
$$\bar{b} \subset \bar{a}$$
となり，$\bar{a} = \bar{b}$ であることが示された． ∎

**補題 A.2**　二つの整数 $a, b$ に対して，$a, b$ の定める $n$ を法とする剰余類に共通の整数が含まれる，すなわち
$$\bar{a} \cap \bar{b} \neq \emptyset$$
であれば
$$\bar{a} = \bar{b}$$
であり，このとき
$$a \equiv b \pmod{n}$$
が成立する．

［証明］
$$c \in \bar{a} \cap \bar{b}$$
とすると，
$$c \equiv a \pmod{n}$$
$$c \equiv b \pmod{n}$$
である．したがって
$$a \equiv b \pmod{n}$$
となり，補題 A.1 より

$$\overline{a} = \overline{b}$$
が成立する．

　補題 A.2 より，整数の全体を互いに共通部分を持たない $n$ を法とする剰余類に分けることができることが分かる．相異なる剰余類の全体を $\boldsymbol{Z}/(n)$ と記す．任意の整数を $n$ で割ると，その余りは $0, 1, 2, \cdots, n-1$ のいずれかであるので
$$\boldsymbol{Z}/(n) = \{\overline{0}, \overline{1}, \overline{2}, \cdots, \overline{n-1}\}$$
であることが分かる．

**定義 A.1**　$\boldsymbol{Z}/(n)$ の二つの元 $\overline{a}, \overline{b}$ に対して，和 $\overline{a}+\overline{b}$ および積 $\overline{a}\cdot\overline{b}$ を
$$\overline{a}+\overline{b} = \overline{a+b}$$
$$\overline{a}\cdot\overline{b} = \overline{ab}$$
と定義する．

　もし $\overline{a}_1 = \overline{a}_2$, $\overline{b}_1 = \overline{b}_2$ であれば，補題 A.2 より
$$a_1 \equiv a_2 \pmod{n}, \quad b_1 \equiv b_2 \pmod{n}$$
が成り立ち，したがって
$$a_1 + b_1 \equiv a_2 + b_2 \pmod{n}$$
$$a_1 b_1 \equiv a_2 b_2 \pmod{n}$$
が成り立つ．したがって
$$\overline{a_1+b_1} = \overline{a_2+b_2}$$
$$\overline{a_1 b_1} = \overline{a_2 b_2}$$
が成り立つことが分かる．これは，定義 A.1 で $\overline{a}+\overline{b}, \overline{a}\cdot\overline{b}$ は $n$ を法とする剰余類 $\overline{a}, \overline{b}$ から一意的に定まることを意味し，$\boldsymbol{Z}/(n)$ に和と積が定義できることを示している．

**例 A.1**　$n=5$ とする．$\boldsymbol{Z}/(5)$ での和と積の計算例を示そう．
$$\overline{3}+\overline{4} = \overline{7} = \overline{2}, \quad \overline{2}+\overline{3} = \overline{5} = \overline{0}$$
$$\overline{4}+\overline{4} = \overline{8} = \overline{3}, \quad \overline{6}+\overline{7} = \overline{13} = \overline{3}$$
$$\overline{3}\cdot\overline{4} = \overline{12} = \overline{2}, \quad \overline{3}\cdot\overline{2} = \overline{6} = \overline{1}$$
$$\overline{4}\cdot\overline{4} = \overline{16} = \overline{1}, \quad \overline{6}\cdot\overline{7} = \overline{42} = \overline{2}$$

定義 A.1 より，$\boldsymbol{Z}/(n)$ の任意の元 $\overline{a}$ に対して

$$\overline{a}+\overline{0}=\overline{a+0}=\overline{a}$$
$$\overline{a}\cdot\overline{1}=\overline{a\cdot 1}=\overline{a}$$

が成り立ち，$\overline{0}$ は通常の 0 のように，$\overline{1}$ は通常の 1 のように振舞うことが分かる．$\bm{Z}/(n)$ の和と積に関しては，次の性質を持つことが分かる．

**定理 A.1** 定義 A.1 で定めた $\bm{Z}/(n)$ の和と積は以下の性質を持つ．

I 加法の性質

（ⅰ）（可換性） $\bm{Z}/(n)$ の任意の 2 元 $\overline{a},\overline{b}$ に対して
$$\overline{a}+\overline{b}=\overline{b}+\overline{a}.$$

（ⅱ）（結合律） $\bm{Z}/(n)$ の任意の 3 元 $\overline{a},\overline{b},\overline{c}$ に対して
$$(\overline{a}+\overline{b})+\overline{c}=\overline{a}+(\overline{b}+\overline{c}).$$

（ⅲ）（零元の存在） $\bm{Z}/(n)$ の任意の元 $\overline{a}$ に対して
$$\overline{a}+\overline{0}=\overline{a}$$

が成り立つ．（$\overline{0}$ を $\bm{Z}/(n)$ の零元という．）

（ⅳ）（加法に関する逆元の存在） $\bm{Z}/(n)$ の任意の元 $\overline{a}$ に対して
$$\overline{a}+\overline{b}=\overline{0}$$

を満たす $\bm{Z}/(n)$ の元 $\overline{b}$ が存在する．（$\overline{b}$ を $-\overline{a}$ と記す．）

II 乗法の性質

（ⅰ）（可換性） $\bm{Z}/(n)$ の任意の 2 元 $\overline{a},\overline{b}$ に対して
$$\overline{a}\cdot\overline{b}=\overline{b}\cdot\overline{a}.$$

（ⅱ）（結合律） $\bm{Z}/(n)$ の任意の 3 元 $\overline{a},\overline{b},\overline{c}$ に対して
$$(\overline{a}\cdot\overline{b})\cdot\overline{c}=\overline{a}\cdot(\overline{b}\cdot\overline{c}).$$

（ⅲ）（単位元の存在） $\bm{Z}/(n)$ の任意の元 $\overline{a}$ に対して
$$\overline{a}\cdot\overline{1}=\overline{a}$$

が成り立つ．（$\overline{1}$ を $\bm{Z}/(n)$ の単位元という．）

III 分配律

$\bm{Z}/(n)$ の 3 元 $\overline{a},\overline{b},\overline{c}$ に対して
$$\overline{a}\cdot(\overline{b}+\overline{c})=\overline{a}\cdot\overline{b}+\overline{a}\cdot\overline{c}$$

が成り立つ． □

証明は定義 A.1 より明らかであろう．たとえば

$$\bar{a}+\bar{b} = \overline{a+b} = \overline{b+a} = \bar{b}+\bar{a}$$

より I(i) の可換性が，

$$(\bar{a}+\bar{b})+\bar{c} = \overline{a+b}+\bar{c} = \overline{(a+b)+c} = \overline{a+(b+c)}$$
$$= \bar{a}+\overline{b+c} = \bar{a}+(\bar{b}+\bar{c})$$

より I(ii) の結合律が示される．また，加法に関する逆元の存在 I(iv) は

$$-\bar{a} = \overline{-a}$$

ととればよいことが分かる．なぜならば

$$\bar{a}+\overline{-a} = \overline{a+(-a)} = \overline{a-a} = \bar{0}$$

が成り立つからである．また III の分配律は

$$\bar{a}\cdot(\bar{b}+\bar{c}) = \bar{a}\cdot\overline{b+c} = \overline{a(b+c)}$$
$$= \overline{ab+ac} = \overline{ab}+\overline{ac} = \bar{a}\cdot\bar{b}+\bar{a}\cdot\bar{c}$$

として示すことができる．

　以上の証明で本質的に使ったことは，整数の全体 $\boldsymbol{Z}$ も I(i)–(iv)，II(i)–(iii)，III の性質を持つことである．一般に，集合 $R$ に和と積が定義されていて定理 A.1 の性質 I(i)–(iv)，II(i)–(iii)，III を満足するとき**可換環** (commutative ring) という．一般の可換環のときは，零元を 0，単位元を 1 と記す．

　**例 A.2**（可換環 $\boldsymbol{Z}[x]$）　整数を係数とする多項式

$$f(x) = a_0+a_1x+a_2x^2+\cdots+a_mx^m, \quad m \geqq 0, \quad a_j \in \boldsymbol{Z}$$

の全体 $\boldsymbol{Z}[x]$ は多項式の通常の和，積に関して可換環になる．零元は 0，すなわち $a_0=a_1=a_2=\cdots=a_m=0$ である多項式，単位元は 1，すなわち $a_0=1$，$a_1=a_2=\cdots=a_m=0$ である多項式であり，$f(x)$ の逆元 $-f(x)$ は

$$-a_0+(-a_1)x+(-a_2)x^2+\cdots+(-a_m)x^m$$

で与えられる．　　　　　　　　　　　　　　　　　　　　　　　　□

　さて，可換環 $R$ の 2 元 $a,b$ に対して，差 $a-b$ を

$$a-b = a+(-b)$$

と定義する．$-b$ は $b$ の加法に関する逆元とする．これが通常の差の性質を持つことは

$$a - b = c$$
とおくと，
$$c + b = \{a + (-b)\} + b = a + \{(-b) + b\}$$
$$= a + 0 = a$$
が成り立つことから分かる．特に $R = \mathbf{Z}/(n)$ であれば，
$$\overline{a} - \overline{b} = \overline{a} + (-\overline{b}) = \overline{a} + \overline{-b} = \overline{a + (-b)}$$
$$= \overline{a - b}$$
となり，最後の式で差を定義することもできる．

さて，再び $\mathbf{Z}/(n)$ を考察することにする．$\mathbf{Z}/(n)$ の元 $\overline{a} \neq \overline{0}$ に対して
$$\overline{a} \cdot \overline{b} = \overline{1}$$
となる元 $\overline{b}$ が存在するかどうかを考えてみよう．そのためには次の補題が必要となる．

**補題 A.3** $m$ と $n$ とが互いに素，すなわち最大公約数が 1 であるような整数であれば
$$am + bn = 1$$
を満足する整数 $a, b$ が存在する．

［証明］ Euclid の互除法を使って簡単に証明できるが，ここでは後に述べるイデアルの考え方（§A.2 参照）を使った証明法を述べる．$\mathbf{Z}$ の部分集合 $(m, n)$ を
$$(m, n) = \{\alpha m + \beta n \mid \alpha, \beta \in \mathbf{Z}\}$$
と定義する．整数 $d, e$ が $(m, n)$ の元であれば
$$d + e \in (m, n)$$
であり，また任意の整数 $r$ に対して
$$rd \in (m, n)$$
が成り立つことに注意する．特に $d \in (m, n)$ であれば $-d \in (m, n)$ である．そこで，$(m, n)$ に含まれる正の数のうち最小のものを $d_0$ とする．$(m, n)$ は $d_0$ の倍数全体と一致することを示そう．任意の整数 $r$ に対して $rd_0 \in (m, n)$ であるので，$(m, n)$ は $d_0$ の倍数をすべて含んでいる．逆に，$(m, n)$ に含まれる元 $\delta$ を任意にとる．$\delta$ は $d_0$ の倍数であることを示そう．$\delta = 0$ のときは明らか

であるので $\delta \neq 0$ と仮定してよい．また $\delta < 0$ のときは $-\delta$ を考えることによって，$\delta$ は正整数であると仮定してよい．$\delta$ を $d_0$ で割った余りを $\varepsilon$ とおくと
$$\delta = ld_0 + \varepsilon, \quad 0 \leqq \varepsilon < d_0$$
と表わせる．仮定より $\delta \in (m,n)$ であり，$-ld_0 \in (m,n)$ であるので
$$\varepsilon = \delta + (-ld_0) \in (m,n)$$
である．もし $\varepsilon > 0$ であれば，$(m,n)$ に含まれる最小の正整数が $d_0$ であるという仮定に反する．したがって $\varepsilon = 0$ でなければならず，$\delta$ は $d_0$ の倍数である．以上の議論によって
$$(m,n) = \{rd_0 \mid r \in \boldsymbol{Z}\}$$
であることが分かった．$d_0$ の定義から
$$d_0 = am + bn$$
となる整数 $a,b$ が存在する．そこで，$d_0 = 1$ であることを示そう．$m,n$ は $(m,n)$ の元であるので $d_0$ の倍数である．したがって，$d_0 \geqq 2$ であれば $d_0$ は $m,n$ の公約数である．ところが，$m$ と $n$ とは互いに素であると仮定したので，このようなことは起こりえない．したがって，$d_0 = 1$ でなければならない． ■

この補題から次の大切な結果を導くことができる．

**系 A.1** 整数 $m$ が $n$ と互いに素であれば，$\boldsymbol{Z}/(n)$ の中で
$$\bar{a} \cdot \bar{m} = \bar{1}$$
を満たす剰余類 $\bar{a}$ がただ一つ存在する．

［証明］ 補題 A.3 より
$$am + bn = 1$$
を満足する整数 $a,b$ が存在する．したがって
$$am \equiv 1 \pmod{n}$$
であり，これより
$$\bar{a} \cdot \bar{m} = \bar{1}$$
が成り立つ．他に
$$\bar{b} \cdot \bar{m} = \bar{1}$$
が成り立つとすると

$$(\bar{a}-\bar{b})\cdot\bar{m}=\bar{0}$$

となる．これは
$$(a-b)m \equiv 0 \pmod{n}$$
を意味するが，$m$ と $n$ とは互いに素であるので，$a-b$ は $n$ の倍数でなければならない．これは $\bar{a}=\bar{b}$ を意味する． ∎

**定理 A.2** $\boldsymbol{Z}/(n)$ について，以下が成り立つ．

（ⅰ） $n$ が素数 $p$ のとき，$\boldsymbol{Z}/(p)$ は定理 A.1 の I(i)–(iv)，II(i)–(iii)，III の他にさらに次の性質を持つ．

II(iv) （乗法に関する逆元の存在） $\boldsymbol{Z}/(p)$ の任意の元 $\bar{a}\neq\bar{0}$ に対して，
$$\bar{a}\cdot\bar{b}=\bar{1}$$
を満足する元 $\bar{b}$ がただ一つ存在する．（この $\bar{b}$ を $\bar{a}^{-1}$ と記す．）

（ⅱ） $n$ が合成数のときは $\boldsymbol{Z}/(n)$ の中に
$$\bar{a}\neq 0, \quad \bar{b}\neq 0, \quad \bar{a}\cdot\bar{b}=\bar{0}$$
を満足する元 $\bar{a},\bar{b}$ が存在する．（このような元 $\bar{a},\bar{b}$ を $\boldsymbol{Z}/(n)$ の**零因子**という．）

［証明］ (i) $\bar{a}\neq\bar{0}$ であれば，$p$ が素数であることより，$a$ と $p$ とは互いに素である．したがって系 A.1 より $\bar{a}\cdot\bar{b}=\bar{1}$ を満たす $\bar{b}$ がただ一つ存在することが分かる．

(ii) $n$ は合成数であるので
$$n=ml, \quad m\geqq 2, \quad l\geqq 2$$
と書ける．このとき，$\boldsymbol{Z}/(n)$ では
$$\bar{m}\neq\bar{0}, \quad \bar{l}\neq\bar{0}$$
である．しかし
$$\bar{m}\cdot\bar{l}=\bar{n}=\bar{0}$$
である． ∎

定理 A.2 より $\boldsymbol{Z}/(p)$ では加減乗除ができることが分かる．$\bar{a}\neq\bar{0}$ であれば
$$\bar{c}\div\bar{a}=\bar{c}\cdot\bar{a}^{-1}$$
と定義する．このとき
$$\bar{d}=\bar{c}\cdot\bar{a}^{-1}$$

とおき，両辺に $\bar{a}$ をかけると

$$\bar{d}\cdot\bar{a} = (\bar{c}\cdot\bar{a}^{-1})\cdot\bar{a} = \bar{c}\cdot(\bar{a}^{-1}\cdot\bar{a})$$
$$= \bar{c}\cdot(\bar{a}\cdot\bar{a}^{-1}) = \bar{c}\cdot\bar{1} = \bar{c}$$

となり，$\bar{c}\div\bar{a}=\bar{d}$ を考えてよいことが分かる．定理 A.1, A.2 に現われた性質 I(i)–(iv)，II(i)–(iv)，III を満足するものを**体**(field)(正確には**可換体** (commutative field))という．体では加減乗除ができることが，上のようにして分かる．

## §A.2　多項式環 $\boldsymbol{Q}[x]$

この節では有理数を係数とする多項式の全体 $\boldsymbol{Q}[x]$ を考える．よく知られているように，多項式では因数分解を考えることができる．次数の低い定数ではない二つの多項式の積に分解できない多項式を**既約多項式**という．既約であるか否かは，係数をどこで考えるかによって違ってくる．たとえば $x^2+1$ は $\boldsymbol{Q}[x]$ の多項式の積には因数分解できないが，複素数まで係数を許せば

$$x^2+1 = (x+i)(x-i)$$

と因数分解できてしまう．この節では，すべての多項式は，特にことわらない限り，すべて有理数係数である，すなわち $\boldsymbol{Q}[x]$ の元であるとする．

有理数係数の多項式 $f(x)$ は

$$f(x) = cf_1(x)^{n_1}f_2(x)^{n_2}\cdots f_l(x)^{n_l}$$

と既約な多項式の積に因数分解できる．ここで $c$ は 0 でない有理数であり，$n_j$ は 1 以上の整数である．この因数分解は本質的に一意的である．すなわち

$$f(x) = dg_1(x)^{m_1}g_2(x)^{m_2}\cdots g_k(x)^{m_k}$$

と因数分解できたとすると，$l=k$ であり，$g_1(x), g_2(x), \cdots, g_k(x)$ の番号づけを適当に変えると

$$f_j(x) = a_jg_j(x), \quad a_j \neq 0, \quad a_j \in \boldsymbol{Q}, \quad j=1, 2, \cdots, l$$

が成り立つ．

この事実を示すためには，$\boldsymbol{Q}[x]$ で Euclid の互除法ができることを使う．そ

§A.2 多項式環 $Q[x]$ ―― *299*

の基本は次のよく知られた補題である．

**補題 A.4** $f(x), g(x) \in Q[x]$ をそれぞれ $m$ 次，$n$ 次の多項式とすると
$$f(x) = a(x)g(x) + r(x), \quad \deg r(x) < n$$
を満足する $a(x), r(x) \in Q[x]$ がただ一つ存在する．ここで $\deg r(x)$ は $r(x)$ の次数を意味する． □

多項式環 $Q[x]$ は整数環 $Z$ とよく似た性質を持っている．§A.1 と類似の議論が可能であるが，ここでは少し別の形で議論してみよう．そのために，**イデアル**の概念から出発する．

**定義 A.2** $Q[x]$ の部分集合 $I$ が次の性質を持つとき $I$ をイデアルと呼ぶ．
（ⅰ） $I$ の任意の 2 元 $f(x), g(x)$ に対して $f(x) + g(x) \in I$ が成り立つ．
（ⅱ） $Q[x]$ の任意の元 $a(x)$ と $I$ の任意の元 $f(x)$ に対して $a(x)f(x) \in I$ が成り立つ． □

上の条件(ⅰ), (ⅱ)より任意の多項式 $a(x), b(x) \in Q[x]$ と任意の $f(x), g(x) \in I$ に対して
$$a(x)f(x) + b(x)g(x) \in I$$
であることが分かる．$Q \subset Q[x]$ であるので，$\alpha, \beta \in Q$, $f(x), g(x) \in I$ に対して $\alpha f(x) + \beta g(x) \in I$ も成り立つ．実は $Q[x]$ のイデアルは簡単な形をしていることが分かる．

**補題 A.5** $Q[x]$ のイデアル $I$ はある多項式 $h(x)$ の倍数全体 $(h(x))$：
$$(h(x)) = \{a(x)h(x) \mid a(x) \in Q[x]\}$$
である．

［証明］ $I$ に含まれる 0 でない多項式のうち，最低次数の多項式の一つを $h(x)$ と記す．もし $h(x)$ の次数が 0 である，すなわち $h(x)$ が定数 $c \neq 0$ であれば，$1 = \dfrac{1}{c} \cdot c \in I$ である．このとき，任意の多項式 $f(x) \in Q[x]$ に対して
$$f(x) = f(x) \cdot 1 \in I$$
であるので $I = Q[x]$ である．一方 $(c) = Q[x]$ であるので，この場合補題 A.5 は正しい．

次に $\deg h(x) \geqq 1$ と仮定する．任意の元 $g(x) \in I$ に対して，
$$g(x) = a(x)h(x) + r(x), \quad \deg r < \deg h$$

が成り立つように $a(x), r(x) \in \boldsymbol{Q}[x]$ が定まる．このとき，$g(x) \in I$, $h(x) \in I$ であるので
$$r(x) = g(x) - a(x)h(x) = g(x) + (-a(x))h(x) \in I$$
である．ところが $h(x)$ は $I$ に含まれる 0 でない多項式のうち最小次数のものであったので $r(x) = 0$ でなければならない．したがって $g(x) = a(x)h(x)$ が成り立ち，$I$ の元はすべて $h(x)$ の倍数であることが分かる．すなわち
$$I \subset (h(x))$$
である．一方 $h(x) \in I$ であるので，イデアルの性質 (ii) より
$$(h(x)) \subset I$$
が成り立ち，$I = (h(x))$ であることが分かる． ∎

**系 A.2** $f(x)$ と $g(x)$ は互いに素な $\boldsymbol{Q}[x]$ に属する多項式とすると，
$$a(x)f(x) + b(x)g(x) = 1$$
を満足する多項式 $a(x), b(x) \in \boldsymbol{Q}[x]$ が存在する．

［証明］
$$I = (f(x), g(x)) = \{\alpha(x)f(x) + \beta(x)g(x) \mid \alpha(x), \beta(x) \in \boldsymbol{Q}[x]\}$$
とおくと，$(f(x), g(x))$ は $\boldsymbol{Q}[x]$ のイデアルであることが容易に分かる．したがって，補題 A.5 より
$$(f(x), g(x)) = (h(x))$$
となる $h(x) \in \boldsymbol{Q}[x]$ が存在する．$f(x)$, $g(x) \in I$ であるので，$f(x) \in (h(x))$, $g(x) \in (h(x))$ である．これは $f(x) = p(x)h(x)$, $g(x) = q(x)h(x)$ を意味するので $h(x)$ は $f(x)$, $g(x)$ の公約数である．しかし $f(x)$ と $g(x)$ とは互いに素と約束したので，$h(x)$ は定数 $c \neq 0$ でなければならない．したがって $I = \boldsymbol{Q}[x]$ となり，
$$a(x)f(x) + b(x)g(x) = 1$$
を満足する $a(x), b(x) \in \boldsymbol{Q}[x]$ が存在する． ∎

以上の準備のもとに，合同式の考え方を一般化して，前節の環 $\boldsymbol{Z}/(n)$ の類似物である環 $\boldsymbol{Q}[x]/I$ を構成しよう．多項式 $f(x) \in \boldsymbol{Q}[x]$ に対して $\boldsymbol{Q}[x]$ の部分集合 $\overline{f(x)}$ を
$$\overline{f(x)} = \{g(x) \in \boldsymbol{Q}[x] \mid f(x) - g(x) \in I\}$$

と定義し，$f(x)$ を含むイデアル $I$ を法とする剰余類と呼ぶ．もし
$$f(x)-h(x) \in I$$
であれば，$g(x) \in \overline{f(x)}$ のとき
$$h(x)-g(x) = (h(x)-f(x))+(f(x)-g(x)) \in I$$
であり，$g(x) \in \overline{h(x)}$ であることが分かる．逆に $g(x) \in \overline{h(x)}$ であれば
$$f(x)-g(x) = (f(x)-h(x))+(h(x)-g(x)) \in I$$
となり $g(x) \in \overline{f(x)}$ である．すなわち $f(x)-h(x) \in I$ であれば，$f(x), h(x)$ を含むイデアル $I$ を法とする剰余類は等しい，すなわち
$$\overline{f(x)} = \overline{h(x)}$$
であることが分かる．このことから，また $g(x) \in \overline{f(x)}$ であれば
$$\overline{f(x)} = \overline{g(x)}$$
であることが分かる（$\overline{f(x)}$ の定義より $f(x)-g(x) \in I$ だから）．さらに二つの剰余類 $\overline{f_1(x)}$ と $\overline{f_2(x)}$ とが共通部分を持つ，すなわち
$$\overline{f_1(x)} \cap \overline{f_2(x)} \neq \emptyset$$
であれば，実は
$$\overline{f_1(x)} = \overline{f_2(x)}$$
であることも分かり，前節の補題 A.2 に対応する事実が成立することが分かる．そこでイデアル $I$ を法とする相異なる剰余類の全体を $\bm{Q}[x]/I$ と記す．定義がいささか抽象的すぎて分かりにくいかもしれないが，これは前節の $\bm{Z}/(n)$ の対応物である．

環 $\bm{Z}/(n)$ のときは
$$a \equiv b \pmod{n}$$
であれば $\bar{a} = \bar{b}$ であった．ところで $n$ の倍数全体を $(n)$ と記すとこれは $\bm{Z}$ のイデアルになっている．（イデアルの定義 A.2 で $\bm{Q}[x]$ のかわりに $\bm{Z}$ で考えれば，$\bm{Z}$ のイデアルの定義は明らかであろう．）すると，
$$a \equiv b \pmod{n}$$
であることは
$$a-b \in (n)$$
であることと同じであり，したがって $n$ を法とする剰余類 $\bar{a}$ の定義も

$$\bar{a} = \{b \in \mathbf{Z} \mid a-b \in (n)\}$$

と書き換えることができる．このことから $\mathbf{Q}[x]/I$ と $\mathbf{Z}/(n)$ の類似は明らかであろう．

$\mathbf{Q}[x]/I$ が可換環の構造を持つことを示す前に，例をいくつか調べておこう．

**例 A.3**　$f(x) = x^2+1$ は $\mathbf{Q}[x]$ で既約な多項式である．$\mathbf{Q}[x]$ の多項式 $g(x)$ を $f(x)$ で割ると

$$g(x) = a(x)(x^2+1) + \alpha x + \beta$$

の形に書ける．したがって

$$g(x) - (\alpha x + \beta) \in (f(x))$$

であり，$\mathbf{Q}[x]/(f(x))$ では

$$\overline{g(x)} = \overline{\alpha x + \beta}$$

である．すなわち，イデアル $(x^2+1)$ を法とする剰余類は 1 次式または 0 次式（定数）が属する剰余類と一致する．また

$$\overline{\alpha x + \beta} = \overline{\alpha' x + \beta'}$$

であるための必要十分条件は

$$\alpha x + \beta - (\alpha' x + \beta') \in (x^2+1)$$

であることから，これは

$$\alpha = \alpha', \quad \beta = \beta'$$

と同値である．したがって

$$\mathbf{Q}[x]/(x^2+1) = \{\overline{\alpha x + \beta} \mid \alpha, \beta \in \mathbf{Q}\}$$

であることが分かる．　□

**例 A.4**　$f(x) = x^2-1$ は $\mathbf{Q}[x]$ で $(x-1)(x+1)$ と因数分解できる．例 A.3 と同様に，任意の多項式 $g(x)$ は

$$g(x) = b(x)(x^2-1) + \alpha x + \beta$$

と書くことができるので，例 A.3 と同様の議論によって

$$\mathbf{Q}[x]/(x^2-1) = \{\overline{\alpha x + \beta} \mid \alpha, \beta \in \mathbf{Q}\}$$

であることが分かる．　□

上の二つの例 $\mathbf{Q}[x]/(x^2+1)$ と $\mathbf{Q}[x]/(x^2-1)$ とは集合としては同じものであ

るように思われる．違いが出てくるのは，これらの剰余類のなす集合に環の構造を入れたときである．$Z/(n)$ のときと同様に，$Q[x]/I$ に対して和と積を次のように定義する．

**定義 A.3** $Q[x]$ のイデアル $I$ を法とする剰余類の全体 $Q[x]/I$ の和と積とを

$$\overline{f(x)} + \overline{g(x)} = \overline{f(x)+g(x)}$$
$$\overline{f(x)} \cdot \overline{g(x)} = \overline{f(x)g(x)}$$

と定義する． □

$Z/(n)$ のときと同様に，$\overline{f_1(x)} = \overline{f_2(x)}$, $\overline{g_1(x)} = \overline{g_2(x)}$ であれば

$$\overline{f_1(x)} + \overline{g_1(x)} = \overline{f_2(x)} + \overline{g_2(x)}$$
$$\overline{f_1(x)} \cdot \overline{g_1(x)} = \overline{f_2(x)} \cdot \overline{g_2(x)}$$

であること，したがって和，積は剰余類だけで定まることを容易に示すことができる．

**例 A.5** $R_1 = Q[x]/(x^2+1)$ と $R_2 = Q[x]/(x^2-1)$ の違い．

$R_2 = Q[x]/(x^2-1)$ では

$$\overline{x+1} \neq \overline{0}, \quad \overline{x-1} \neq \overline{0}$$

であるが，

$$\overline{x+1} \cdot \overline{x-1} = \overline{x^2-1} = \overline{0}$$

となり，$\overline{0}$ 以外のものの積が $\overline{0}$ となることがある．（このような元を**零因子** (zero divisor) と呼ぶ．)

一方 $R_1 = Q[x]/(x^2+1)$ では零因子は存在しない．もし

$$\overline{g(x)} \cdot \overline{h(x)} = \overline{0}$$

であれば，$g(x)h(x)$ は $x^2+1$ の倍数でなければならず，$x^2+1$ は $g(x)$ または $h(x)$ のいずれかを割り切らねばならないことになり $\overline{g(x)} = \overline{0}$ または $\overline{h(x)} = \overline{0}$ となるからである． □

以上の考察は一般化することができ，次の定理を示すことができる．

**定理 A.3** $Q[x]$ のイデアル $I$ について，以下が成り立つ．

(i) $\boldsymbol{Q}[x]$ のイデアル $I$ の剰余類の全体 $\boldsymbol{Q}[x]/I$ は定義 A.3 による和と積とによって可換環になる．(これを $\boldsymbol{Q}[x]$ の $I$ による**剰余環**(residue ring)という．) すなわち定理 A.1 の性質 I(i)–(iv)，II(i)–(iii)，III を持つ．

(ii) イデアル $I$ は $(f(x))$ の形をしているが，$f(x)$ が既約な多項式であれば，$\boldsymbol{Q}[x]/I$ の $\overline{0}$ 以外の任意の元 $\overline{g(x)}$ に対して
$$\overline{g(x)} \cdot \overline{h(x)} = \overline{1}$$
を満たす $\overline{h(x)} \in \boldsymbol{Q}[x]/I$ がただ一つ存在する．すなわち可換環 $\boldsymbol{Q}[x]/I$ は定理 A.2 の性質 II(iv) も持ち体である．一方 $f(x)$ が可約であれば，可換環 $\boldsymbol{Q}[x]/I$ は零因子を持つ．すなわち $\overline{g(x)} \neq \overline{0}, \overline{h(x)} \neq \overline{0}$ であるが
$$\overline{g(x)} \cdot \overline{h(x)} = \overline{0}$$
となる $\overline{g(x)}, \overline{h(x)}$ が $\boldsymbol{Q}[x]/I$ に存在する．

[証明] (i) の証明は定義 A.3 より明らかであろう．

(ii) の証明．$f(x)$ が既約多項式であれば，$\overline{g(x)} \neq \overline{0}$ なら $f(x)$ と $g(x)$ とは互いに素であり，したがって系 A.2 より
$$a(x)f(x) + h(x)g(x) = 1$$
を満足する多項式 $a(x), h(x) \in \boldsymbol{Q}[x]$ が存在する．これより
$$\overline{h(x)g(x)} = \overline{1}$$
であることが分かり，定義 A.3 より
$$\overline{h(x)} \cdot \overline{g(x)} = \overline{1}$$
が成り立つ．一方，$f(x)$ が可約であれば
$$f(x) = g(x)h(x), \quad \deg g(x) \geqq 1, \deg h(x) \geqq 1$$
と因数分解でき，
$$\overline{g(x)} \neq \overline{0}, \quad \overline{h(x)} \neq \overline{0}$$
が成り立つ．このとき
$$\overline{g(x)} \cdot \overline{h(x)} = \overline{g(x)h(x)} = \overline{f(x)} = \overline{0}$$
となり，$\boldsymbol{Q}[x]/I$ は零因子を持つことが分かる． ∎

$\boldsymbol{Q}[x]$ のイデアル $I$ は $\boldsymbol{Q}[x]/I$ が零因子を持たないとき，**素イデアル**と呼ばれる．上の定理より次の系がただちに示される．

**系 A.3** $\boldsymbol{Q}[x]$ のイデアル $I = (f(x))$ が素イデアルであるための必要十分

条件は $f(x)$ が $Q[x]$ で既約な多項式であることである．このとき，剰余環 $Q[x]/I$ は体になる． □

**例 A.6** $f(x) = x^2+1$ は $Q[x]$ で既約であり，$I = (f(x))$ は素イデアルである．したがって $Q[x]/(f(x))$ は体である．この体では
$$\overline{x}^2 = -\overline{1}$$
が成り立つ．例 A.3 より，$Q[x]/(f(x))$ の任意の元は
$$\overline{\alpha}\cdot\overline{x}+\overline{\beta}, \quad \alpha, \beta \in Q$$
と書くことができる．

一方，$i$ を虚数単位とし
$$Q(i) = \{a+bi \mid a, b \in Q\}$$
とおくと，$Q(i)$ は体であることが分かる．これは
$$(a+bi)(c+di) = (ac-bd)+(ad+bc)i$$
$$\frac{1}{a+bi} = \frac{a-bi}{a^2+b^2}$$
が成り立ち，定理 A.1，A.2 の性質 I(i)–(iv)，II(i)–(iv)，III を持つことから容易に分かる．そこで，写像 $\varphi\colon Q(i) \to Q[x]/(f(x))$ を

$$\begin{array}{ccc} \varphi\colon & Q(i) & \longrightarrow & Q[x]/(f(x)) \\ & \cup & & \cup \\ & a+bi & \longmapsto & \overline{a}+\overline{b}\cdot\overline{x} \end{array}$$

と定めると，これは上への 1 対 1 写像であることが分かり，さらに
$$\varphi((a+bi)(c+di)) = \varphi(a+bi)\cdot\varphi(c+di)$$
であることも簡単に示すことができる．このことから，$Q(i)$ と $Q[x]/(f(x))$ は加減乗除に関して同一の構造を持っていることが分かる． □

この例は，体 $Q[x]/(x^2+1)$ は $Q$ に虚数単位 $i$ をつけ加えた体 $Q(i)$ とみなせることを示している．一般に $f(x)$ が既約であれば，体 $Q[x]/(f(x))$ は $Q$ に $f(x)$ の根をつけ加えた体と見ることができることを後に示す．

**例 A.7** $f(x) = x^2-2$ は $Q[x]$ では既約である．$\sqrt{2}$ は無理数だからである．したがって，$Q[x]/(x^2-2)$ は体である．例 A.3 より，$Q[x]/(x^2-2)$ の任

意の元は
$$\overline{\alpha}+\overline{\beta}\cdot\overline{x}, \quad \alpha,\beta \in \boldsymbol{Q}$$
と書くことができる．
$$\overline{x}^2 = \overline{2}$$
が成り立つことを使うと，$\overline{\alpha}+\overline{\beta}\cdot\overline{x} \neq \overline{0}$ の逆元 $\overline{\gamma}+\overline{\delta}\cdot\overline{x}$ は

(A.1) $$(\overline{\alpha}+\overline{\beta}\cdot\overline{x})\cdot(\overline{\gamma}+\overline{\delta}\cdot\overline{x}) = \overline{1}$$

を解くことによって求めることができる．
$$(\overline{\alpha}+\overline{\beta}\cdot\overline{x})\cdot(\overline{\alpha}-\overline{\beta}\cdot\overline{x}) = \overline{\alpha}^2 - \overline{\beta}^2\cdot\overline{x}^2$$
$$= \overline{\alpha}^2 - \overline{2}\cdot\overline{\beta}^2$$
$$= \overline{\alpha^2 - 2\beta^2}$$

であることに注意して，上式(A.1)の両辺に $\overline{\alpha}-\overline{\beta}\cdot\overline{x}$ をかけると
$$\overline{\alpha^2-2\beta^2}\cdot(\overline{\gamma}+\overline{\delta}\cdot\overline{x}) = \overline{\alpha}-\overline{\beta}\cdot\overline{x}$$
となり，$\alpha^2-2\beta^2$ は $0$ でない有理数であるので
$$\overline{\gamma}+\overline{\delta}\cdot\overline{x} = \overline{\left(\frac{\alpha}{\alpha^2-2\beta^2}\right)} - \overline{\left(\frac{\beta}{\alpha^2-2\beta^2}\right)}\cdot\overline{x}$$

であることが分かる．これは，分母の有理化
$$\frac{1}{\alpha+\beta\sqrt{2}} = \frac{\alpha-\beta\sqrt{2}}{(\alpha+\beta\sqrt{2})(\alpha-\beta\sqrt{2})} = \frac{\alpha-\beta\sqrt{2}}{\alpha^2-2\beta^2}$$

と実質的に同じ操作をしたことになる．

　一方
$$\boldsymbol{Q}(\sqrt{2}) = \{a+b\sqrt{2} \mid a,b \in \boldsymbol{Q}\}$$
は体であることが容易に分かり，写像
$$\varphi: \boldsymbol{Q}(\sqrt{2}) \longrightarrow \boldsymbol{Q}[x]/(x^2-2)$$
$$\cup \qquad\qquad \cup$$
$$a+b\sqrt{2} \longmapsto \overline{a}+\overline{b}\cdot\overline{x}$$

によって，$\boldsymbol{Q}(\sqrt{2})$ と $\boldsymbol{Q}[x]/(x^2-2)$ とは体として同一の構造を持つことが分かる． □

## §A.3　可換環と体

これまでの考察で，可換環や体について大体の感じはつかめたと思われるので，この節で可換環と体についての一般論を簡単に述べておこう．

集合 $R$ の任意の 2 元の組 $(a,b)$ に対して，必ず $R$ の元 $c$ が
$$(a,b) \longmapsto c$$
と対応するとき，$R$ 上に演算が定義されたという．通常，演算は記号を使って表わされる．たとえば，$R$ 上に演算 "·" が定義されるということは，$R$ の任意の 2 元の組 $(a,b)$ に対応する $R$ の元 $c$ を $a{\cdot}b$ と記すことを意味する．このとき，一般には，$(a,b)$ に対応する元 $a{\cdot}b$ と $(b,a)$ に対応する元 $b{\cdot}a$ とは異なることに注意する．

以上の準備のもとに可換体と可換環の定義を述べよう．

**定義 A.4**　集合 $K$ に和 "+" および積 "·" と呼ばれる演算が定義され，以下の性質を持つとき，$K$ (正確には $(K, +, \cdot)$) を**可換体**と呼ぶ．

I　加法の性質

（ⅰ）（可換性）　$K$ の任意の 2 元 $a, b$ に対して
$$a+b = b+a$$
　　が成り立つ．

（ⅱ）（結合律）　$K$ の任意の 3 元 $a, b, c$ に対して
$$a+(b+c) = (a+b)+c$$
　　が成り立つ．

（ⅲ）（零元の存在）　$K$ の任意の元 $a$ に対して
$$a+0 = a$$
　　が常に成り立つような $K$ の元 0 が存在する[*1]．(0 は零元と呼ばれる．)

（ⅳ）（加法に関する逆元の存在）　$K$ の任意の元 $a$ に対して
$$a+b = 0$$

---
*1　零元 0 はただ一つ存在することを後に示す．

となる $K$ の元 $b$ が存在する[*2]．（$b$ を以下 $-a$ と記す．）

II 乗法の性質

（i）（可換性） $K$ の任意の 2 元 $a, b$ に対して
$$a \cdot b = b \cdot a$$
が成り立つ．

（ii）（結合律） $K$ の任意の 3 元 $a, b, c$ に対して
$$a \cdot (b \cdot c) = (a \cdot b) \cdot c$$
が成り立つ．

（iii）（単位元の存在） $K$ の任意の元 $a$ に対して
$$a \cdot 1 = a$$
が常に成り立つような $K$ の元 $1$ が存在する[*3]．（$1$ を単位元と呼ぶ．）

（iv）（乗法に関する逆元の存在） $K$ の $0$ 以外の任意の元 $a$ に対して
$$a \cdot c = 1$$
となる $K$ の元 $c$ が存在する[*4]．（$c$ を $a$ の逆元といい，$a^{-1}$ と記す．）

III （分配律） $K$ の任意の 3 元 $a, b, c$ に対して
$$a \cdot (b+c) = a \cdot b + a \cdot c$$
が成り立つ[*5]．

上の可換体の定義で乗法に関する逆元の存在 II(iv) を除いたものは**可換環**と呼ばれる． □

なお，上の II(i) の条件を落とすことによって，乗法が可換とは限らない（すなわち $a \cdot b \neq b \cdot a$ となることがある）体や環を定義することができる．乗法が可換でないことを強調するために非可換体，非可換環ということもある．非可換体や非可換環も数学では大切な役割を持つが，本書ではもっぱら可換体と可換環を考察の対象とする．以下，体というときはすべて可換体を意味

---

[*2] $b$ はただ一つ存在することを後に示す．

[*3] 単位元 $1$ はただ一つ存在することを後に示す．

[*4] 逆元 $c = a^{-1}$ はただ一つ存在することを後に注意する．

[*5] 通常は体の定義には $0 \neq 1$ であることを要請する．これは零元 $0$ だけからなる $\{0\}$ は体とは考えない方が便利だからである．本書でもこの習慣に従うことにする．

する．

　上の可換体，可換環の定義はできるだけ一般的な形で述べた．脚注で述べたように，この定義だけから，零元，単位元，逆元はただ一つ存在することを示すことができる．零元がただ一つ存在することを示しておこう．体(もしくは可換環) $K$ で I(iii) の性質を持つ零元が $0_1, 0_2$ と二つあったと仮定してみよう．I(iii) より，すべての $K$ の元 $a$ に対して

$$a + 0_1 = a$$
$$a + 0_2 = a$$

が成り立つ．最初の式で $a = 0_2$ とおくと

$$0_2 + 0_1 = 0_2$$

また，2番目の式で $a = 0_1$ とおくと

$$0_1 + 0_2 = 0_1$$

が成り立つ．加法の可換性 I(i) より

$$0_2 + 0_1 = 0_1 + 0_2$$

であるので，上の2式より

$$0_2 = 0_1$$

が成り立つ．これは零元がただ一つであることを意味する．

　同様に単位元もただ一つ存在することが分かる．$1$ と $1'$ とが $K$ の単位元であったとしよう．$K$ の元 $a$ に対して

$$a \cdot 1 = a$$
$$a \cdot 1' = a$$

が成り立つ．最初の式で $a = 1'$ とおくと

$$1' \cdot 1 = 1'$$

また，2番目の式で $a = 1$ とおくと

$$1 \cdot 1' = 1$$

が成り立ち，積の可換性 II(i) を使うと

$$1 = 1 \cdot 1' = 1' \cdot 1 = 1'$$

となり，単位元はただ一つであることが分かる．逆元に関しても同様である．加法に関する逆元について考えてみよう．$K$ の元 $a$ に対して

が成立したとする．最初の式の両辺に $b'$ を足すと
$$b' + (a+b) = b'$$
が成り立つ．加法に関する結合律 I(ii) と可換性 I(i) を使うと，
$$b' + (a+b) = (b'+a) + b = (a+b') + b$$
$$= a + (b'+b) = a + (b+b')$$
を得，
$$b' = a + (b+b')$$
であることが分かる．同様に2番目の式の両辺に $b$ を足すと，
$$b + (a+b') = b$$
を得，再び I(i)，(ii) を使うと
$$b = a + (b+b')$$
であることが分かり，結局
$$b = b'$$
であることが分かる．乗法に関する逆元に関しても同様の論法が成り立つが，これは読者の演習問題としよう．

**例 A.8** 有理数の全体 $Q$，実数の全体 $R$，複素数の全体 $C$ は通常の和，積によって可換体である．$n$ を平方数ではない整数とし
$$Q(\sqrt{n}) = \{a + b\sqrt{n} \mid a, b \in Q\}$$
とおく．ただし $n$ が負の数のときは，$n = -m$, $m \geq 1$ とおくとき
$$\sqrt{n} = \sqrt{m}\, i$$
と約束する．$Q(\sqrt{n}) \subset C$ であるが，$Q(\sqrt{n})$ は通常の和，積に関して閉じており，体であることが分かる．$a + b\sqrt{n}$ の逆元は
$$\frac{1}{a+b\sqrt{n}} = \frac{a - b\sqrt{n}}{a^2 - b^2 n} = \frac{a}{a^2 - b^2 n} + \frac{-b}{a^2 - b^2 n}\sqrt{n}$$
で与えられる． □

**例 A.9** 有理数係数の $n$ 次既約多項式 $f(x)$ の根の一つを $\alpha$ とする．
$$Q(\alpha) = \{a_0 + a_1\alpha + a_2\alpha^2 + \cdots + a_{n-1}\alpha^{n-1} \mid a_0, a_1, \cdots, a_{n-1} \in Q\}$$

とおく．$Q(\alpha) \subset C$ と考えることができるが，$Q(\alpha)$ は通常の和や積で閉じている．和の方は明らかであろう．
$$f(x) = b_0 + b_1 x + b_2 x^2 + \cdots + b_n x^n, \quad b_n \neq 0$$
と記すと，$f(\alpha) = 0$ より
$$\alpha^n = -\frac{1}{b_n}(b_0 + b_1 \alpha + b_2 \alpha^2 + \cdots + b_{n-1} \alpha^{n-1}) \in Q(\alpha)$$
であることが分かる．この関係式を何度も使うことによって，正整数 $m$ に対して $\alpha^m \in Q(\alpha)$ であることが分かり，これより $Q(\alpha)$ は有理数を係数とする $\alpha$ の正ベキの和
$$\sum_{j=0}^{m} c_j \alpha^j, \quad c_j \in Q$$
をすべて含むことが分かる．これより $Q(\alpha)$ は積に関して閉じていることが分かる．このことから，乗法に関する逆元の存在が言えれば $Q(\alpha)$ は体であることが分かる．$Q(\alpha)$ の元
$$\beta = c_0 + c_1 \alpha + c_2 \alpha^2 + \cdots + c_{n-1} \alpha^{n-1}, \quad c_j \in Q$$
に対して，$\beta \neq 0$ のとき逆元が存在することを示そう．
$$g(x) = c_0 + c_1 x + c_2 x^2 + \cdots + c_{n-1} x^{n-1}$$
とおくと，$f(x)$ は既約多項式であることより $f(x)$ と $g(x)$ とは互いに素である．したがって，系 A.2 より
$$a(x)f(x) + b(x)g(x) = 1$$
となる多項式 $a(x), b(x) \in Q[x]$ が存在する．この式の $x$ に $\alpha$ を代入すると，$\beta = g(\alpha)$ より
$$b(\alpha) \cdot \beta = 1$$
が成り立つ．$b(\alpha) \in Q(\alpha)$ であるので $\beta$ の逆元は $b(\alpha)$ であることが分かる．□

**例 A.10** (体 $K$ 上の多項式環)　体 $K$ の元を係数とする多項式の全体
$$\{a_0 + a_1 x + a_2 x^2 + \cdots + a_n x^n \mid n \geq 0, \ a_j \in K\}$$
を $K[x]$ と記し，$K$ 上の 1 変数多項式環という．多項式の通常の和，積によって $K[x]$ は可換環になる．$K$ の零元を 0，単位元を 1 とすると，$K[x]$ の零元は 0，単位元は 1 である．$K[x]$ は前節で考察した $Q[x]$ と類似の性質を持

つ．特に $K[x]$ では因数分解ができる．

変数をふやして体 $K$ の元を係数とする $n$ 変数の多項式の全体
$$\{\sum a_{i_1 i_2 \cdots i_n} x_1^{i_1} x_2^{i_2} \cdots x_n^{i_n} \mid i_1, i_2, \cdots, i_n \geqq 0,\ a_{i_1 i_2 \cdots i_n} \in K\}$$
を $K[x_1, x_2, \cdots, x_n]$ と記し，体 $K$ 上の $n$ 変数多項式環という．$K[x_1, x_2, \cdots, x_n]$ は零元が 0，単位元が 1 である可換環であることも容易に分かる．多項式環は可換環を考える際，基本的な役割を果たす． □

さて，体もしくは可換環 $K$ に対してその定義からただちに導かれる事実を少し述べておこう．$K$ の任意の元 $a$ に対して，III および I(iii) より
$$a \cdot 0 + a \cdot 0 = a \cdot (0+0) = a \cdot 0$$
が成り立ち，I(iv) より $-(a \cdot 0)$ をこの式の左辺と右辺に足すと
$$a \cdot 0 = 0$$
を得る．さらに単位元 1 の加法に関する逆元を $-1$ と記すと
$$1 + (-1) = 0$$
この両辺に $a$ をかけると
$$a \cdot \{1 + (-1)\} = 0$$
を得る．左辺に分配律を適用すると
$$a \cdot 1 + a \cdot (-1) = 0$$
を得る．$a \cdot 1 = a$ であるのでこれは
$$-a = a \cdot (-1) = (-1) \cdot a$$
を意味する．

さて，$K$ の任意の元 $a, b$ に対して $a-b$ を
$$a - b = a + (-b)$$
と"定義"する．すると
$$a - b = c$$
であることと
$$a = b + c$$
であることは同値であることが分かり，$a-b$ が通常の減法と類似の性質を持つことが分かる．また $K$ が体のときは，$b \neq 0$ であれば $a \div b$ あるいは $a/b$ を
$$a/b = a \cdot b^{-1}$$

と"定義"する．
$$a/b = c$$
であることと
$$a = bc$$
であることが同値であることが分かり，$a/b$ は通常の除法と類似の性質を持つことが分かる．一般の体を考えるときは，通常は $a \div b$ や $a/b$ という記号は使わず，$a \cdot b^{-1}$ と記す．さらに，可換環や体の積の記号 "$\cdot$" は省略することが多く，$a \cdot b$ のかわりに $ab$, $a \cdot b^{-1}$ のかわりに $ab^{-1}$ と記すことが多い．以下，本書でも，特に必要とならない限り積の記号は省略する．

**定義 A.5** 可換環 $R$ の部分集合 $I$ が以下の性質を持つとき $R$ の**イデアル** (ideal) という．

（i） $I$ の任意の元 $\alpha, \beta$ に対して
$$\alpha + \beta \in I$$
がつねに成り立つ．

（ii） $R$ の任意の元 $a$ と $I$ の任意の元 $\alpha$ に対して
$$a\alpha \in I$$
が成り立つ． □

前節で $\boldsymbol{Q}[x]$ のイデアルの定義をしたが，その定義と全く同一の定義であることに注意する．また，上で述べたように
$$-\beta = (-1) \cdot \beta$$
であるので，$\beta \in I$ であれば (ii) より $-\beta \in I$，したがって (i) より $\alpha - \beta = \alpha + (-\beta) \in I$ が成り立つことに注意する．

さて，可換環 $R$ の元 $\alpha_1, \alpha_2, \cdots, \alpha_l$ に対して
$$(\alpha_1, \alpha_2, \cdots, \alpha_l) = \{a_1\alpha_1 + a_2\alpha_2 + \cdots + a_l\alpha_l \mid a_j \in R\}$$
とおくと，$(\alpha_1, \alpha_2, \cdots, \alpha_l)$ は定義 A.5 の (i), (ii) の性質を持つことはただちに分かる．これを $\alpha_1, \alpha_2, \cdots, \alpha_l$ より生成されるイデアルという．特に $(0) = \{0\}$ であり，$(1) = R$ であることに注意する．

**補題 A.6** 体 $K$ のイデアルは零イデアル $(0)$ または $K = (1)$ のみである．

［証明］ 体 $K$ のイデアル $I \neq (0)$ を考える．$\alpha \neq 0$ である元が $I$ に存在する

が，$K$ が体であることにより $\alpha^{-1} \in I$ である．したがって (ii) より $1 = \alpha^{-1} \cdot \alpha \in I$ であり，再び (ii) より $K$ の任意の元 $a$ に対して $a = a \cdot 1 \in I$ となり，$I = K$ であることが分かる． ∎

**定義 A.6** 可換環 $R$ から可換環 $S$ への写像 $\varphi: R \to S$ は以下の性質を持つとき，**準同型写像** (homomorphism) という．

（i） $R$ の任意の元 $a, b$ に対して
$$\varphi(a+b) = \varphi(a) + \varphi(b)$$
$$\varphi(ab) = \varphi(a)\varphi(b)$$

が成立する．

（ii） $R$ の単位元を $1_R$，$S$ の単位元を $1_S$ と記すと
$$\varphi(1_R) = 1_S$$

が成り立つ． ∎

**補題 A.7** 可換環 $R$ から可換環 $S$ への準同型写像 $\varphi: R \to S$ に対して
$$\operatorname{Ker} \varphi = \{\alpha \in R \mid \varphi(\alpha) = 0\}$$
とおくと，$\operatorname{Ker} \varphi$ は可換環 $R$ のイデアルである．ただし $0$ は $S$ の零元とする．($\operatorname{Ker} \varphi$ は $\varphi$ の**核** (kernel) と呼ばれる．)

［証明］ $\operatorname{Ker} \varphi$ が定義 A.5 の性質 (i)，(ii) を持つことを示す．

$\alpha, \beta \in \operatorname{Ker} \varphi$ であれば，定義 A.6 により
$$\varphi(\alpha + \beta) = \varphi(\alpha) + \varphi(\beta) = 0 + 0 = 0$$
となり，$\alpha + \beta \in \operatorname{Ker} \varphi$ である．また，$R$ の任意の元 $a$ に対して，再び定義 A.6 より
$$\varphi(a\alpha) = \varphi(a)\varphi(\alpha) = \varphi(a) \cdot 0 = 0$$
となり，$a\alpha \in \operatorname{Ker} \varphi$ である．以上によって $\operatorname{Ker} \varphi$ は $R$ のイデアルであることが示された． ∎

$\operatorname{Ker} \varphi = \{0\}$ のとき $\varphi$ は中への**同型写像** (isomorphism) と呼ばれる．さらに $\varphi(R) = S$ のとき $\varphi$ は上への同型写像と呼ばれる．このとき $R$ と $S$ とは可換環として同一の構造を持つと考えることができる．特に $R$ が体のときは，$R$ のイデアルは $(0)$ か $R$ しかないので準同型写像 $\varphi: R \to S$ の核 $\operatorname{Ker} \varphi$ は $(0)$ であることが分かる．(準同型写像では $\varphi(1_R) = 1_S$ と仮定した．) したがって，

このとき $\varphi$ は中への同型写像である．

　可換環 $R$ のイデアル $I$ が与えられると，新しい可換環 $R/I$ を作ることができる．これを $R$ の $I$ による**剰余環**(residue ring)という．前節と同様に，$R$ の元 $a$ に対して，$R$ の部分集合 $\bar{a}$ を
$$\bar{a} = \{\alpha \in R \mid a - \alpha \in I\}$$
と定義する．$\bar{a}$ はイデアル $I$ を法とする $a$ を含む剰余類と呼ばれる．$\bar{a} \cap \bar{b} \neq \emptyset$ であれば $\bar{a} = \bar{b}$ であることは容易に示すことができる．$R/I$ はイデアル $I$ を法とする剰余類の全体を意味する．このとき $R/I$ の和と積を
$$\bar{a} + \bar{b} = \overline{a+b}$$
$$\bar{a} \cdot \bar{b} = \overline{ab}$$
で定義する．$\bar{0}, \bar{1}$ が $R/I$ の零元，単位元となることは容易に分かり，この定義によって $R/I$ は可換環になる．自然な写像

$$\begin{array}{ccc} \varphi: & R & \longrightarrow & R/I \\ & \cup & & \cup \\ & a & \longmapsto & \bar{a} \end{array}$$

が準同型写像であることは，$R/I$ の和と積の定義から自然に従う．

**例 A.11**　$\boldsymbol{Q}[x]$ から複素数の全体 $\boldsymbol{C}$ への写像 $\varphi$ を

$$\begin{array}{ccc} \varphi: & \boldsymbol{Q}[x] & \longrightarrow & \boldsymbol{C} \\ & \cup & & \cup \\ & f(x) & \longmapsto & f(i) \end{array}$$

で定義すると，これは準同型写像である．
$$\mathrm{Ker}\,\varphi = \{g(x) \in \boldsymbol{Q}[x] \mid g(i) = 0\}$$
であるが，$f(x) \in \boldsymbol{Q}[x]$ の係数は有理数であるので
$$\overline{f(i)} = f(-i)$$
である．ここで "—" は複素共役を表わす．（このことは係数が実数であれば成り立つ．）したがって $g(i) = 0$ であれば $g(-i) = 0$ であり，$g(x)$ は $(x-i)(x+i) = x^2 + 1$ で割り切れることになる．このことから $\mathrm{Ker}\,\varphi$ は $x^2 + 1$ で生成され

るイデアルであることが分かる．すなわち
$$\mathrm{Ker}\,\varphi = (x^2+1).$$
前節の例 A.6 で見たように $\boldsymbol{Q}[x]/\mathrm{Ker}\,\varphi = \boldsymbol{Q}[x]/(x^2+1)$ は $\boldsymbol{Q}(i)$ と同一視できる．
$$\mathrm{Im}\,\varphi = \{\varphi(a) \mid a \in \boldsymbol{Q}[x]\}$$
とおくと($\mathrm{Im}\,\varphi$ は $\varphi$ の**像**(image)と呼ばれる)，$\mathrm{Im}\,\varphi = \boldsymbol{Q}(i)$ であることを示すことができる．

$\boldsymbol{Q}[x]$ のかわりに，実数を係数とする多項式の全体のなす環 $\boldsymbol{R}[x]$ を考え，上と同様に写像 $\varphi\colon \boldsymbol{R}[x] \to \boldsymbol{C}$ を

$$\begin{array}{ccc} \varphi\colon \boldsymbol{R}[x] & \longrightarrow & \boldsymbol{C} \\ \cup & & \cup \\ f(x) & \longmapsto & f(i) \end{array}$$

と定義すると準同型写像になる．上と同様の議論によって
$$\mathrm{Ker}\,\varphi = (x^2+1)$$
であることが分かる．今度は，$\boldsymbol{R}[x]/(x^2+1)$ は $\boldsymbol{C}$ と同一視できることが分かる． □

**例 A.12** $\boldsymbol{C}$ 上の 2 変数多項式環 $\boldsymbol{C}[x,y]$ から 1 変数多項式環 $\boldsymbol{C}[t]$ への写像

$$\begin{array}{ccc} \psi\colon \boldsymbol{C}[x,y] & \longrightarrow & \boldsymbol{C}[t] \\ \cup & & \cup \\ f(x,y) & \longmapsto & f(t^2,t^3) \end{array}$$

を考える．写像 $\psi$ が準同型写像であることは容易に分かる．
$$g(x,y) = \sum a_{mn} x^m y^n$$
が $\mathrm{Ker}\,\psi$ に属するとすると

(A.2) $$g(t^2,t^3) = \sum a_{mn} t^{2m+3n} = 0$$

が成り立つ．この式で $(m,n) \neq (m',n')$ に対して $t^{2m+3n} = t^{2m'+3n'}$，すなわち
$$2m+3n = 2m'+3n'$$

が成り立ったとすると
$$2(m-m') = 3(n'-n)$$
より，$(m,n) \neq (m',n')$ と仮定したので
$$m-m' = 3l, \quad n'-n = 2l, \quad l \geqq 1$$
が成り立つ．この事実より，$g(x,y)$ は $x^3-y^2$ で割り切れることを示すことができるが，証明は読者の演習としよう．したがって
$$\operatorname{Ker} \psi = (x^3 - y^2)$$
である．では $\psi$ の像
$$\operatorname{Im} \psi = \{f(t^2, t^3) \mid f \in \boldsymbol{C}[x,y]\}$$
は何であろうか．
$$\psi(x^m y^n) = t^{2m+3n}$$
に注意すると $\psi(f(x,y)) = t$ となる多項式 $f(x,y)$ は存在しないことが分かる．一方
$$\psi(1) = 1, \quad \psi(x) = t^2, \quad \psi(y) = t^3,$$
$$\psi(x^2) = t^4, \quad \psi(xy) = t^5, \quad \psi(y^2) = t^6, \quad \cdots\cdots$$
となり，$\operatorname{Im} \psi$ は $t$ の 1 次の項を含まない多項式の全体
$$A = \left\{ a_0 + \sum_{j=2}^{m} a_j t^j \;\middle|\; m \geqq 2, \; a_j \in \boldsymbol{C} \right\}$$
であることが分かる．$A \subset \boldsymbol{C}[t]$ は $\boldsymbol{C}[t]$ の和，積に関して閉じており，可換環であることが分かる．$A \neq \boldsymbol{C}[t]$ であることは，$\boldsymbol{C}^2$ 内に $x^3 - y^2 = 0$ で定まる図形が原点 $(0,0)$ で特異点を持つことと関係している．(§2.3(a) を参照のこと.) □

可換環の準同型写像 $\varphi: R \to S$ に対して剰余環 $R/\operatorname{Ker} \varphi$ から $S$ への写像 $\overline{\varphi}$ を

$$\begin{array}{ccc} \overline{\varphi}: R/\operatorname{Ker} \varphi & \longrightarrow & S \\ \cup & & \cup \\ \overline{a} & \longmapsto & \varphi(a) \end{array}$$

と定義することができる．このとき，$\overline{\varphi}$ は中への同型写像である．このこと

の証明は読者の演習としよう．

**定義 A.7**

（i） 可換環 $R$ の 2 元 $a\neq 0, b\neq 0$ が
$$ab = 0$$
を満たすとき，$a, b$ は $R$ の**零因子**(zero divisor)であるという．零因子を持たない可換環を**整域**(integral domain)という．

（ii） 可換環 $R$ のイデアルは $R/I$ が整域のとき**素イデアル**という． □

零因子の例はすでに定理 A.2 の (ii)，例 A.5 に出てきた．体は零因子を持たないことは乗法に関する逆元の存在から簡単に示すことができる．

可換環 $R$ が整域であるということは
　"$ab=0$ であれば $a=0$ または $b=0$ である"
が成り立つことを意味する．したがって，素イデアルの定義も
　"$\bar{a}, \bar{b} \in R/I$ に対して $\bar{a}\cdot\bar{b}=\bar{0}$ であれば $\bar{a}=\bar{0}$ または $\bar{b}=\bar{0}$ である"
が成り立つことと言い直すことができる．ところで $\bar{a}, \bar{b}$ はそれぞれ $a, b$ の属するイデアル $I$ を法とする剰余類であるので，
$$\bar{a}\cdot\bar{b} = \bar{0}$$
は
$$ab \in I$$
を意味する．また $\bar{a}=\bar{0}$ は $a\in I$ を意味する．したがって，素イデアルの定義は
　"$ab\in I$ であれば $a\in I$ または $b\in I$ が成り立つ"
と言い換えることができる．これは，対偶をとって，さらに
　"$a\notin I, b\notin I$ であれば $ab\notin I$"
と言い換えることができることに注意する．§2.4(b) では素イデアルをこれらの形で定義した．

**例 A.13** 多項式環 $R = \boldsymbol{C}[x_0, x_1, x_2, x_3]$ で斉次多項式
$$F = x_0 x_3 - x_1 x_2$$
$$G = x_1^2 - x_0 x_2$$
$$H = x_2^2 - x_1 x_3$$

で生成されるイデアル $I=(F,G,H)$ は素イデアルである（例 2.18 および演習問題 2.8）．しかしながら $F$ と $G$ とで生成されるイデアル $J=(F,G)$ は素イデアルではない．$H \notin J$ であることは，
$$H = AF + BG$$
と書けたとして，右辺と左辺の係数を比較することによって矛盾が生じることにより容易に示すことができる．したがって $R/J$ で
$$\overline{H} \neq \overline{0}$$
また
$$\overline{x_0} \neq \overline{0}$$
である．一方
$$x_0(x_2^2 - x_1 x_3) = -x_1 F - x_2 G$$
より
$$\overline{x_0} \cdot \overline{H} = \overline{0}$$
である．したがって $\overline{x_0}, \overline{H}$ は零因子であり，$J$ は素イデアルでない．（なお例 2.19 では $J$ が素イデアルではない幾何学的理由を示している．） □

可換環 $R$ のイデアル $I$ は $I \neq R$ かつ
$$I \subsetneq J \subsetneq R$$
を満足するイデアル $J$ が存在しないとき，$R$ の**極大イデアル**（maximal ideal）と呼ばれる．

**定理 A.4** 可換環 $R$ のイデアル $I$ が極大イデアルであるための必要十分条件は $R/I$ が体であることである．したがって，極大イデアルは素イデアルである．

［証明］ $I$ は極大イデアルであるとする．$a \notin I$ である $R$ の元をとって
$$J = \{\alpha a + b \mid \alpha \in R,\ b \in I\}$$
とおくと，$J$ は $R$ のイデアルである．なぜならば $\alpha a + b,\ \beta a + c \in J$ であれば
$$(\alpha a + b) + (\beta a + c) = (\alpha + \beta)a + (b+c) \in J$$
であり，$R$ の任意の元 $r$ に対して，$b \in I$ であれば $rb \in I$ であるので
$$r(\alpha a + b) = (r\alpha)a + rb \in J$$
であるからである．$a \notin I$ と仮定したので

$$I \subsetneq J$$

であるが，$I$ は極大イデアルであったので $J=R$ でなければならない．したがって，特に $1 \in J$ であり，これは

$$1 = \alpha a + b$$

を満たす $\alpha \in R$, $b \in I$ が存在することを意味する．この等式を $R/I$ で考えれば

$$\overline{1} = \overline{\alpha} \cdot \overline{a}$$

が成り立つことが分かる．すなわち $\overline{a} \neq \overline{0}$ である $R/I$ の元は乗法に関する逆元を持ち，したがって $R/I$ は体である．

逆に $R/I$ は体であるとしよう．$I \subsetneq J$ である $R$ のイデアル $J$ を考える．$a \notin I$ である $J$ の元 $a$ をとると，$R/I$ では $\overline{a} \neq \overline{0}$ である．したがって

$$\overline{a} \cdot \overline{b} = \overline{1}$$

となる $R/I$ の元 $\overline{b}$ が存在する．これは

$$ab - 1 \in I$$

を意味するので $c = ab - 1$ とおくと，

$$1 = ab - c, \quad c \in I$$

であり，$a, c \in J$ であるので $1 \in J$ である．これは $J = R$ を意味し，$I$ は極大イデアルである． ∎

**例 A.14** 整数を係数とする多項式の全体 $\boldsymbol{Z}[x]$ は通常の和と積に関して可換環である．素数 $p$ より生成される $\boldsymbol{Z}[x]$ のイデアル $(p)$ は $\boldsymbol{Z}[x]$ の素イデアルである．$\boldsymbol{Z}[x]/(p)$ は体 $\boldsymbol{Z}/(p)$ を係数とする多項式の全体，すなわち体 $\boldsymbol{Z}/(p)$ 上の多項式環 $\boldsymbol{Z}/(p)[x]$ と可換環として同じ構造を持っている．$\boldsymbol{Z}/(p)[x]$ は整域であるので $(p)$ は素イデアルである．次に，定数ではない多項式 $f(x) \in \boldsymbol{Z}[x]$ を考えて $p$ と $f(x)$ で生成されるイデアル $(p, f(x))$ を考える．

$$f(x) = \sum_{j=0}^{n} a_j x^j, \quad a_j \in \boldsymbol{Z}$$

と書いて，$a_j$ の定める $\boldsymbol{Z}/(p)$ の元を $\overline{a_j}$ と記し

$$\overline{f}(x) = \sum_{j=0}^{n} \overline{a}_j x^j$$

と記す．$\overline{f}(x) \in \mathbf{Z}/(p)[x]$ である．$\overline{f}(x)$ が $\mathbf{Z}/(p)[x]$ で可約である，すなわち
$$\overline{f}(x) = \overline{g}(x)\overline{h}(x), \quad \deg \overline{g}(x) \geqq 1, \ \deg \overline{h}(x) \geqq 1$$
と仮定する．$g(x), h(x) \in \mathbf{Z}[x]$ の係数を $\mathbf{Z}/(p)$ で考えたものが $\overline{g}(x), \overline{h}(x)$ であるとすると $f(x) - g(x)h(x)$ の係数はすべて $p$ で割り切れる．したがって
$$g(x)h(x) \in (p, f(x))$$
である．一方，$g(x) \notin (p, f(x))$, $h(x) \notin (p, f(x))$ であるので，これは $(p, f(x))$ は素イデアルでないことを意味する．

もし $\overline{f}(x)$ が $\mathbf{Z}/(p)[x]$ で既約であれば，前節の補題 A.5, 系 A.2 と同様の議論によって $\mathbf{Z}/(p)[x]/(\overline{f}(x))$ は体であることが分かる．一方 $\mathbf{Z}[x]/(p, f(x))$ と $\mathbf{Z}/(p)[x]/(\overline{f}(x))$ とは可換環として同一の構造を持つ（同型である）ことが示されるので，$(p, f(x))$ は $\mathbf{Z}[x]$ の極大イデアルである． □

次の定理は複素数体 $\mathbf{C}$ のときの Hilbert の零点定理の基本になるものである．証明は準備がさらに必要になるので，ここでは割愛する．

**定理 A.5** $\mathbf{C}$ 上の多項式環 $\mathbf{C}[x_1, x_2, \cdots, x_n]$ の極大イデアルはすべて $(x_1 - a_1, x_2 - a_2, \cdots, x_n - a_n), a_j \in \mathbf{C}$ の形をしている． □

イデアル $(x_1 - a_1, x_2 - a_2, \cdots, x_n - a_n)$ は，準同型写像
$$\begin{array}{ccc} \varphi: \mathbf{C}[x_1, x_2, \cdots, x_n] & \longrightarrow & \mathbf{C} \\ \cup & & \cup \\ f(x_1, x_2, \cdots, x_n) & \longmapsto & f(a_1, a_2, \cdots, a_n) \end{array}$$
の核 $\operatorname{Ker}\varphi$ と一致している．この定理は複素数係数の 1 変数多項式は必ず $\mathbf{C}$ 内に根を持つという事実に基づいていることに注意する．たとえば $\mathbf{R}[x_1, x_2]$ では $(x_1 - a, x_2^2 + 1), a \in \mathbf{R}$ は極大イデアルである．

体 $K$ の元を係数とする任意の多項式 $f(x)$ が $K$ に根を持つとき，$K$ を**代数的閉体**(algebraically closed field) という．複素数体 $\mathbf{C}$ は代数的閉体の例である（代数学の基本定理）．定理 A.5 は $\mathbf{C}$ のかわりに代数的閉体 $K$ 上の多項式環 $K[x_1, x_2, \cdots, x_m]$ に対しても成立する．ところで，任意の体 $k$ に対して，$k$ を含む代数的閉体 $\overline{k}$ が存在することが知られている．

## §A.4　有限体

前節で体の一般的定義を与えた．体 $K$ の単位元 1 を $n$ 回足したもの

$$\underbrace{1+1+\cdots+1}_{n}$$

を考えよう．どのような正整数 $n$ に対しても 1 を $n$ 回足したものが 0 にならないとき，体 $K$ の**標数**(characteristic)は 0 であるという．$\boldsymbol{Q}, \boldsymbol{R}, \boldsymbol{C}$ などがその例である．一方，体 $K$ によってはこれが 0 になることがある．たとえば，§A.1 で考えた体 $\boldsymbol{Z}/(p)$ では単位元 $\bar{1}$ を $p$ 回足すと

$$\underbrace{\bar{1}+\bar{1}+\cdots+\bar{1}}_{p} = \underbrace{\overline{1+1+\cdots+1}}_{p} = \bar{p} = \bar{0}$$

となって零元になってしまう．体 $K$ の標数が 0 でないとき，$n$ 回足して零元になる最小の $n$ を体 $K$ の**標数**という．$\boldsymbol{Z}/(p)$ の標数は $p$ である．

**補題 A.8**　体の標数は 0 または素数である．

[証明]　体 $K$ の標数は $n > 0$ であるとする．

$$n = ml, \quad m \geqq 2, \, l \geqq 2$$

と因数分解できたと仮定する．

$$a = \underbrace{1+1+\cdots+1}_{m}$$

$$b = \underbrace{1+1+\cdots+1}_{l}$$

とおくと，標数の定義より $a \neq 0, b \neq 0$ である．一方分配律を使うと

$$ab = a(\underbrace{1+1+\cdots+1}_{l})$$

$$= \underbrace{a+a+\cdots+a}_{l}$$

$$= \underbrace{\underbrace{1+\cdots+1}_{m}+\underbrace{1+\cdots+1}_{m}+\cdots+\underbrace{1+\cdots+1}_{m}}_{l}$$

$$= \underbrace{1+1+\cdots+1}_{n} = 0$$

となる．これは零因子が存在することを意味し，$K$ が体であることに反する．したがって $n$ は素数でなければならない．∎

そこで，標数 $p \geqq 2$ の体 $K$ を考えよう．$1 \leqq m < p$ なる整数 $m$ に対して単位元 1 を $m$ 回足したもの

$$\underbrace{1+1+\cdots+1}_{m}$$

も $\overline{m}$ と記すことにし，$K$ の部分集合

$$F_p = \{0, 1, \overline{2}, \cdots, \overline{p-1}\}$$

を考える．このとき $F_p$ は $K$ の和と積によって体になることが分かる．

$$\overline{m} + \overline{n} = \overline{m+n}$$
$$\overline{m} \cdot \overline{n} = \overline{mn}$$

であることが容易に分かるからである．逆元の存在は §A.1 の定理 A.2, (i) の証明と同様にできるので読者の演習とする．実は，単に記号が似ているだけでなく，$F_p$ は $\mathbf{Z}/(p)$ と同一の構造を持っていることも簡単に示すことができる．以下 $F_p$ と $\mathbf{Z}/(p)$ を同一視する．$F_p = \mathbf{Z}/(p)$ は標数 $p$ の**素体** (prime field) と呼ばれる．標数 $p$ の体 $K$ はすべて素体 $F_p$ を含んでいる．すべての標数 $p$ の体は素体 $F_p$ をもとにして構成することができる．

さて，$F_p$ は $p$ 個の元からなっている．このように，有限個の元よりなる体を**有限体** (finite field または Galois field) という．有限体 $K$ では単位元を何度も足していくと，それらはすべて異なることはない．すべて異なっていれば，体 $K$ は無限個の元を含むからである．したがって，$m > l \geqq 1$ で

$$\underbrace{1+1+\cdots+1}_{m} = \underbrace{1+1+\cdots+1}_{l}$$

となることがある．これは

$$\underbrace{1+1+\cdots+1}_{m-l} = 0$$

を意味するから，有限体 $K$ の標数はある素数 $p \geqq 2$ でなければならない．

素体以外の有限体はどのように構成できるであろうか．例を見てみよう．

**例 A.15** 標数 2 の素体 $F_2$ は零元 0 と単位元 1 とからなる最も簡単な有限体である．$F_2 = \{0, 1\}$．$F_2$ を係数とする多項式のなす多項式環 $F_2[x]$ を考える．$F_2[x]$ では多項式 $x^2+1$ は可約である．$F_2$ では $2=0$（正確には上の記法を使って $\overline{2}=0$ と書くべきだが，わずらわしいので以下すべて "―" は省略する）であるので
$$(x+1)^2 = x^2 + 2x + 1 = x^2 + 1$$
が成り立つからである．一方 $F_2[x]$ の 1 次式は $x, x+1$ しかないので $x^2+x+1$ は $F_2[x]$ の 1 次式の積では書くことができず，既約であることが分かる．すると可換環 $K = F_2[x]/(x^2+x+1)$ は体であることが，定理 A.3(ii) と類似の方法で証明できる．$x$ の属する剰余類 $\overline{x}$ を $\alpha$ と記すと
$$\alpha^2 + \alpha + 1 = 0$$
が成り立ち，$K$ の元は
$$a\alpha + b, \quad a, b \in F_2$$
と表わすことができる．$K$ の元の個数は 4 であり，$K$ の元は
$$0, \quad 1, \quad \alpha, \quad \alpha+1$$
で与えられる．標数 2 の体では $1+1=0$ であるので，$-1=1$ である．したがって
$$\alpha^2 = -\alpha - 1 = \alpha + 1$$
が成り立つ．このことより
$$\alpha^3 = \alpha \cdot \alpha^2 = \alpha(\alpha+1)$$
$$= \alpha^2 + \alpha = -1 = 1$$
となる．したがって
$$K = \{0, \alpha, \alpha^2, \alpha^3\}$$
と表示することもできる．また $\alpha^3 = 1$ より $\alpha$ の逆元 $\alpha^{-1}$ は $\alpha^2 = \alpha+1$ であることも分かる． □

**例 A.16** $x^3+x+1$ は $F_2[x]$ で既約な多項式であり，したがって
$$K = F_2[x]/(x^3+x+1)$$
は標数 2 の体である．$x$ の属する剰余類 $\overline{x}$ を $\beta$ と記すと

$$\beta^3+\beta+1=0$$

が成り立つ. $K$ の元は $\boldsymbol{F}_2[x]$ のたかだか 2 次の多項式が定める剰余類の全体であるので

$$a+b\beta+c\beta^2, \quad a,b,c \in \boldsymbol{F}_2$$

と表わされ, $K$ の元の個数は $2^3=8$ 個であることが分かる. さて, $\beta^3+\beta+1=0$ であることを使うと

$$\begin{aligned}
\beta^3 &= -\beta-1 = \beta+1 \\
\beta^4 &= \beta \cdot \beta^3 = \beta(\beta+1) = \beta^2+\beta \\
\beta^5 &= \beta(\beta^2+\beta) = \beta^3+\beta^2 = 1+\beta+\beta^2 \\
\beta^6 &= \beta(1+\beta+\beta^2) = \beta+\beta^2+\beta^3 = \beta+\beta^2+\beta+1 = 1+\beta^2 \\
\beta^7 &= \beta(1+\beta^2) = \beta+\beta^3 = \beta+\beta+1 = 1
\end{aligned}$$

であることが分かり

$$K = \{0, \beta, \beta^2, \beta^3, \cdots, \beta^7\}$$

と表わすことができる. □

**例 A.17** 標数 3 の素体 $\boldsymbol{F}_3 = \{0,1,2\}$ 上の多項式環 $\boldsymbol{F}_3[x]$ で多項式 $x^2+x+2$ は既約であることが分かる. ($\boldsymbol{F}_3[x]$ の 1 次式は $\pm x+1$, $\pm x-1$, $\pm x$ の 6 個しかない. $2=-1$ に注意.) 体

$$K = \boldsymbol{F}_3[x]/(x^2+x+2)$$

は標数 3 の体である. $x$ の属する剰余類 $\overline{x}$ を $\gamma$ と記すと

$$\gamma^2+\gamma+2=0$$

が成り立つ. $K$ の元は

$$a+b\gamma, \quad a,b \in \boldsymbol{F}_3$$

と書くことができるので, $K$ の元の個数は $3^2=9$ 個であることが分かる.

$$K = \{0, \gamma, \gamma^2, \gamma^3, \cdots, \gamma^8\}$$

であることは読者の演習とする. □

上の例は, 次の定理の特別な場合であることが分かる.

**定理 A.6** 体 $F$ 上の多項式環 $F[x]$ での既約な $n$ 次多項式 $f(x)$ を考える.
$$K = F[x]/(f(x))$$

は体である．$x$ の属する剰余類 $\bar{x}$ を $\alpha$ と記すと
$$K = \{a_0 + a_1\alpha + a_2\alpha^2 + \cdots + a_{n-1}\alpha^{n-1} \mid a_j \in F\}$$
となり，$K$ は $F$ 上のベクトル空間として $n$ 次元である．$F$ が元の個数 $q$ の有限体であれば $K$ の元の個数は $q^n$ である．

[証明] この定理のために，§A.1 から長い説明を続けてきたが，今や証明は明らかであろう．まず $F[x]$ では因数分解ができること，§A.2 の補題 A.5 や系 A.2 の類似が成り立つことに注意する．したがって定理 A.3 の証明がそのまま使えることになる．$F[x]$ に属する多項式 $f(x)$ で割れば剰余は $n-1$ 次以下の $F[x]$ の多項式になること，$F$ の元 $a$ は自然に $K$ の元とみなせることに注意すれば $K$ の元は
$$a_0 + a_1\alpha + a_2\alpha^2 + \cdots + a_{n-1}\alpha^{n-1}$$
と表わすことができることも明らかであろう．∎

上の定理 A.6 から $\alpha$ は $f(x)$ の根である，$f(\alpha) = 0$ であると見ることもできる．複素数の場合と違って $f(x) = 0$ を解くべき体が分からないので，$K = F[x]/(f(x))$ によって $f(x) = 0$ の根を含む体を作ったと考えることもできる．もし $f(x) = 0$ の根 $\alpha$ が何らかの形で与えられ，$f(x)$ が $F[x]$ で既約多項式であれば
$$F(\alpha) = \{a_0 + a_1\alpha + a_2\alpha^2 + \cdots + a_{n-1}\alpha^{n-1} \mid a_j \in F\}$$
は体であることが例 A.9 と同様にして示すことができる．写像
$$\varphi: K = F[x]/(f(x)) \longrightarrow F(\alpha)$$
$$\cup \qquad\qquad\qquad \cup$$
$$\overline{g(x)} \qquad \longmapsto \quad g(\alpha)$$
によって，$K$ と $F(\alpha)$ とは体として同型であることが示される．体 $F(\alpha)$ は体 $F$ に $\alpha$ を付加してできた体といわれる．$\alpha$ が既約 $n$ 次多項式 $f(x)$ の根であるとき，$F(\alpha)$ は $F$ の $n$ 次**拡大体**(extension field)であると言われる．我々は写像 $\varphi$ によって $K = F[x]/(f(x))$ と $F(\alpha)$ とを同一視する．定理 A.6 によって，標数 $p$ の素体 $\boldsymbol{F}_p$ 上の多項式環 $\boldsymbol{F}_p[x]$ に既約 $n$ 次多項式 $f(x)$ が存在すれば $\boldsymbol{F}_p$ の $n$ 次拡大体 $K$ を構成できることが分かる．このとき $K$ の元の個数

は $p^n$ である．有限体 $L$ を係数とする $m$ 次以下の多項式は有限個しかないことを使うと，$L[x]$ 内には既約な $n$ 次多項式が必ず存在することが分かり，$L$ の $n$ 次拡大体 $L_n$ が必ず存在することが分かる．

有限体に関する基本的な性質を以下にまとめておこう．

**定理 A.7**
(ⅰ) 標数 $p$ の有限体の元の個数は $p^m$, $m \geq 1$ である．
(ⅱ) 標数 $p$ の有限体 $K$ の元の個数を $q = p^m$ とすると，$K^* = K - \{0\}$ の任意の元 $a$ に対して
$$a^{q-1} = 1$$
が成り立つ．さらに $K^*$ の元 $\alpha$ を適当にとると
$$K^* = \{\alpha, \alpha^2, \alpha^3, \cdots, \alpha^{q-1}\}$$
となる．（群論の言葉を使えば $K^*$ は位数 $q-1$ の巡回群である．$\alpha$ を $K$ の **原始元** と呼ぶ．）
(ⅲ) 元の個数が等しい有限体 $K_1, K_2$ は体として同型である．言い換えると，元の個数が $q$ である有限体は本質的に一つしかない．これを $GF(q)$ と記す． □

定理 A.7 の証明は(ⅰ)を除いて割愛せざるを得ない．(ⅰ)は標数 $p$ の有限体 $K$ は素体 $\boldsymbol{F}_p$ を含み $\boldsymbol{F}_p$ 上のベクトル空間と考えることができることからただちに分かる．(ⅱ)に関しては例 A.15, A.16, A.17 で納得していただきたい．

最後に標数 $p$ の体特有の現象を述べておこう．

**補題 A.9** 標数 $p$ の体 $K$ 上の多項式と考えると
$$(x+y)^{p^\nu} = x^{p^\nu} + y^{p^\nu}, \quad \nu = 1, 2, 3, \cdots$$
が成り立つ．

［証明］ $\nu$ に関する帰納法で示す．$\nu = 1$ のとき，二項定理により
$$(x+y)^p = \sum_{j=0}^{p} \binom{p}{j} x^{n-j} y^j$$
であるが，$j \neq 0, p$ のとき $\binom{p}{j}$ は $p$ の倍数であり，したがって標数 $p$ の体では 0 である．よって
$$(x+y)^p = x^p + y^p$$

である.

次に $\nu$ まで補題が正しいとすると

$$(x+y)^{p^{\nu+1}} = \{(x+y)^{p^\nu}\}^p = (x^{p^\nu} + y^{p^\nu})^p$$
$$= (x^{p^\nu})^p + (y^{p^\nu})^p = x^{p^{\nu+1}} + y^{p^{\nu+1}}$$

が成り立ち, $\nu+1$ でも補題が正しいことが分かる. ∎

**系 A.4** 標数 $p$ の有限体 $K$ を係数とする多項式 $f(x)$ の根を $\alpha$ とする. $K$ の元の個数を $q = p^m$ とすると, $\alpha^q$ も $f(x)$ の根である.

［証明］
$$f(x) = a_0 + a_1 x + a_2 x^2 + \cdots + a_n x^n, \quad a_j \in K$$

とすると, 上の補題より

$$f(x)^q = a_0^q + a_1^q x^q + a_2^q x^{2q} + \cdots + a_n^q x^{nq}$$

である. ところが定理 A.7, (ii) より

$$a_j^q = a_j$$

が成り立ち,

$$f(x)^q = a_0 + a_1 x^q + a_2 (x^q)^2 + \cdots + a_n (x^q)^n = f(x^q)$$

となる. したがって

$$0 = f(\alpha)^q = a_0 + a_1 \alpha^q + a_2 (\alpha^q)^2 + \cdots + a_n (\alpha^q)^n = f(\alpha^q)$$

が成り立ち, $\alpha^q$ も $f(x)$ の根である. ∎

## §A.5 局所化と局所環

可換環 $R$ が極大イデアルをただ一つしか持たないとき, $R$ を **局所環**(local ring)という. 局所環は代数幾何学では大切な役割をするので可換環から局所化によって局所環を定める方法を簡単に述べておこう. 以下簡単のため $R$ は整域と仮定する.

可換環 $R$ の部分集合 $S$ が次の条件を満たすとき, **乗法的に閉じた集合**であるという.

（i） $a, b \in S$ であれば $ab \in S$

(ii) $0 \notin S$, $1 \in S$.

可換環 $R$ と乗法的に閉じた $R$ の部分集合 $S$ が与えられたとき，新しい可換環 $S^{-1}R$ を次のようにして定める．(以下の定義は分数の一般化と考えることができる．)

$S^{-1}R$ の元は $\dfrac{a}{s}, a \in R, s \in S$ の形の全体であるが，

(A.3) $$\frac{a}{s} = \frac{a'}{s'} \iff as' = a's$$

と定める[*6]．(これは二つの分数が等しい場合の類似である．) $S^{-1}R$ の元の和と積とを

$$\frac{a}{s} + \frac{b}{t} = \frac{at+bs}{st}$$

$$\frac{a}{s} \cdot \frac{b}{t} = \frac{ab}{st}$$

で定義する．$S$ の元 $s, t$ に対して

$$\frac{a}{s} = \frac{at}{st}, \quad \frac{b}{t} = \frac{bs}{st}$$

であることは(A.3)より明らかであるので，和の定義が意味を持つことは明らかであろう．この定義によって $S^{-1}R$ は $\dfrac{0}{1}$ を零元とし，$\dfrac{1}{1}$ を単位元とする可換環になることが分かる．また写像

$$\begin{array}{ccc} \psi: & R & \longrightarrow & S^{-1}R \\ & \cup & & \cup \\ & a & \longmapsto & \dfrac{a}{1} \end{array}$$

は中への同型写像であるので[*7]，(分数のときと同様に) $a$ と $\dfrac{a}{1}$ とは同一視す

---

[*6] $R$ が整域でないときは，この右辺の条件は
$$s''(as' - a's) = 0$$
を満足する $s'' \in S$ が存在する，という条件に変更する必要がある．

[*7] $R$ が整域でないときは
$$\mathrm{Ker}\,\psi = \{a \in R \mid sa = 0 \text{ となる } s \in S \text{ が存在する}\}$$
となり，$\psi$ は必ずしも同型写像ではない．

る．したがって $S^{-1}R$ の零元，単位元も $0, 1$ と記す．

**例 A.18** $S = R - \{0\}$ とおくと $R$ は整域であるので，$S$ は乗法的に閉じた集合である．このとき $S^{-1}R$ は体である．$S^{-1}R$ の元は $\dfrac{b}{a}$, $a, b \in R$, $a \neq 0$ の形をしており，$\dfrac{b}{a} = 0$ であるのは (A.3) より $b = 0$ のときのみである．したがって $\dfrac{b}{a} \neq 0$ であれば $\dfrac{a}{b} \in S^{-1}R$ であり積の定義より

$$\frac{b}{a} \cdot \frac{a}{b} = 1$$

が成り立つ．これは $S^{-1}R$ が体であることを意味する．$S^{-1}R$ は整域 $R$ の**商体** (field of quotients) と呼ばれる．上に述べたように $a$ と $\dfrac{a}{1}$ とを同一視することによって $R \subset S^{-1}R$ と考えることができる．$R = \mathbf{Z}$ のときその商体は $\mathbf{Q}$ であり，$\mathbf{Z}$ から $\mathbf{Q}$ を作る操作は分数を作ることにほかならない．$R$ が体 $K$ 上の 1 変数多項式環 $K[x]$ のときは，商体は 1 変数有理関数体 $K(x)$：

$$K(x) = \left\{ \frac{g(x)}{f(x)} \,\middle|\, f(x), g(x) \in K[x],\ f(x) \neq 0 \right\}$$

にほかならない．$n$ 変数多項式環 $K[x_1, x_2, \cdots, x_n]$ のときも，商体は $n$ 変数有理関数体 $K(x_1, x_2, \cdots, x_n)$：

$$K(x_1, x_2, \cdots, x_n) = \left\{ \frac{g(x_1, x_2, \cdots, x_n)}{f(x_1, x_2, \cdots, x_n)} \,\middle|\, f \neq 0,\ f, g \in K[x_1, x_2, \cdots, x_n] \right\}$$

にほかならない． □

**例 A.19** 整域 $R$ の素イデアル $\mathfrak{p}$ に対して

$$S = R - \mathfrak{p} = \{a \in R \mid a \notin \mathfrak{p}\}$$

とおく．$0 \in \mathfrak{p}$ であるので，$0 \notin S$，かつ $1 \notin \mathfrak{p}$ であるので $1 \in S$ である．また $a \in S, b \in S$ であれば，$a \notin \mathfrak{p}, b \notin \mathfrak{p}$ であり，$\mathfrak{p}$ が素イデアルであるので $ab \notin \mathfrak{p}$ である．したがって

$$ab \in S$$

となり，$S$ は乗法的に閉じた集合になる．$S^{-1}R$ を $R_\mathfrak{p}$ と記す．$R \subset R_\mathfrak{p}$ と考える．$\mathfrak{p}$ の元から生成される $R_\mathfrak{p}$ のイデアルを $\mathfrak{p}R_\mathfrak{p}$ と記すと

$$\mathfrak{p}R_\mathfrak{p} = \left\{ \frac{s}{a} \,\middle|\, s \in \mathfrak{p},\ a \notin \mathfrak{p} \right\}$$

であることが分かる．また

$$\mathfrak{p}R_\mathfrak{p} \cap R = \mathfrak{p}$$

であることも容易に分かる．このことから，$a \in R$ の属する $\mathfrak{p}$ を法とする剰余類を $a$ の属する $\mathfrak{p}R_\mathfrak{p}$ を法とする剰余類に対応させることによって，自然な写像

$$\varphi : R/\mathfrak{p} \longrightarrow R_\mathfrak{p}/\mathfrak{p}R_\mathfrak{p}$$

が定義できる．$\bar{a} \in R/\mathfrak{p}$ が零元でなければ $a \notin \mathfrak{p}$ であり，したがって $\frac{1}{a} \in R_\mathfrak{p}$ であり，$a \notin \mathfrak{p}R_\mathfrak{p}$, $\frac{1}{a} \notin \mathfrak{p}R_\mathfrak{p}$ であることが分かる．これから，$a$ の属する $\mathfrak{p}R_\mathfrak{p}$ を法とする剰余類を $\bar{a}$, $\frac{1}{a}$ の属する $\mathfrak{p}R_\mathfrak{p}$ を法とする剰余類を $\overline{\left(\frac{1}{a}\right)}$ と記すと，$R_\mathfrak{p}/\mathfrak{p}R_\mathfrak{p}$ では

$$\bar{a} \cdot \overline{\left(\frac{1}{a}\right)} = \bar{1}$$

であることが分かる．さらに一般に $\frac{b}{a} \in R_\mathfrak{p}$, $\frac{b}{a} \notin \mathfrak{p}R_\mathfrak{p}$ であれば，$a \notin \mathfrak{p}, b \notin \mathfrak{p}$ であり，$\frac{a}{b} \in R_\mathfrak{p}$ であることが分かる．したがって $R_\mathfrak{p}/\mathfrak{p}R_\mathfrak{p}$ では

$$\overline{\left(\frac{b}{a}\right)} \cdot \overline{\left(\frac{a}{b}\right)} = \bar{1}$$

であり，$\mathfrak{p}R_\mathfrak{p}$ は $R_\mathfrak{p}$ での極大イデアルであることが分かる．また

$$\overline{\left(\frac{b}{a}\right)} = \bar{b} \cdot \overline{\left(\frac{1}{a}\right)}$$

と考えられるので $R_\mathfrak{p}/\mathfrak{p}R_\mathfrak{p}$ は整域 $R/\mathfrak{p}$ の商体であることも分かる．

$R_\mathfrak{p}$ の極大イデアルは $\mathfrak{p}R_\mathfrak{p}$ のみであり，したがって $R_\mathfrak{p}$ は局所環であることが分かる．$R_\mathfrak{p}$ のイデアル $J \neq R_\mathfrak{p}$ を考える．もし $J$ が $\mathfrak{p}R_\mathfrak{p}$ に含まれなければ，

$$\frac{b}{a} \in J, \quad \frac{b}{a} \notin \mathfrak{p}R_\mathfrak{p}$$

である元 $\frac{b}{a}$ が存在する．$\frac{b}{a} \notin \mathfrak{p}R_\mathfrak{p}$ より

$$a \notin \mathfrak{p}, \quad b \notin \mathfrak{p}$$

であり，したがって

$$\frac{a}{b} \in R_{\mathfrak{p}}$$

であることが分かる．$J$ は $R_{\mathfrak{p}}$ のイデアルであるので

$$\frac{a}{b} \cdot \frac{b}{a} = 1 \in J$$

となり $J = R_{\mathfrak{p}}$ となって仮定に反する．したがって $J \subset \mathfrak{p}R_{\mathfrak{p}}$ であり，これより $\mathfrak{p}R_{\mathfrak{p}}$ は $R_{\mathfrak{p}}$ のただ一つの極大イデアルであることが分かる．

$R = K[x]$, $\mathfrak{p} = (x-a)$ のときは

$$R_{\mathfrak{p}} = \left\{ \left. \frac{g(x)}{f(x)} \right| f(a) \neq 0, \ f(x), g(x) \in K[x] \right\}$$

であり，

$$\mathfrak{p}R_{\mathfrak{p}} = \left\{ \left. \frac{(x-a)h(x)}{f(x)} \right| f(a) \neq 0, \ f(x), h(x) \in K[x] \right\}$$

であることが分かる．

$R = K[x,y]$, $\mathfrak{p} = (y^2 - x^3)$ のときは

$$R_{\mathfrak{p}} = \left\{ \left. \frac{g(x,y)}{f(x,y)} \right| f(x,y) \text{ は } y^2 - x^3 \text{ で割り切れない}, \ f, g \in K[x,y] \right\}$$

である．$R_{\mathfrak{p}}$ から $K(t)$ への写像 $\varphi$ を

$$\begin{array}{ccc} \varphi: & R_{\mathfrak{p}} & \longrightarrow & K(t) \\ & \cup & & \cup \\ & \dfrac{g(x,y)}{f(x,y)} & \longmapsto & \dfrac{g(t^2,t^3)}{f(t^2,t^3)} \end{array}$$

と定義すると，これは準同型写像であり

$$\operatorname{Ker}\varphi = \mathfrak{p}R_{\mathfrak{p}}$$

であることを示すことができる．これより $R_{\mathfrak{p}}/\mathfrak{p}R_{\mathfrak{p}}$ は体として $K(t)$ と同型であることが分かる． □

最後に他の大切な局所環を挙げておこう．

**例 A.20**（形式的ベキ級数環）　体 $K$ を係数とする形式的ベキ級数(formal

power series）

$$f(x) = \sum_{j=0}^{\infty} a_j x^j, \quad a_j \in K$$

の全体を $K[[x]]$ と記す．形式的ベキ級数の和と積とは多項式の場合の自然な拡張として定義することができ，$K[[x]]$ は可換環になる．形式的ベキ級数 $f(x)$ で $a_0 \neq 0$ であれば

$$f(x)g(x) = 1$$

を満たす形式的ベキ級数 $g(x)$ が存在する．

$$g(x) = \sum_{j=0}^{\infty} b_j x^j$$

とおくと，$f(x)g(x)=1$ は，条件式

$$a_0 b_0 = 1$$
$$a_0 b_1 + a_1 b_0 = 0$$
$$a_0 b_2 + a_1 b_1 + a_2 b_0 = 0$$
$$\cdots\cdots\cdots\cdots$$
$$a_0 b_k + a_1 b_{k-1} + a_2 b_{k-2} + \cdots + a_k b_0 = 0$$
$$\cdots\cdots\cdots\cdots$$

で書き表わされる．$a_0 \neq 0$ であるので $b_0 = 1/a_0$，$b_1 = -a_1/a_0^2$，$\cdots$ と $b_k$ を $a_0, a_1, \cdots, a_k$ を使って表示することができ，$g(x)$ が一意的に定まることが分かる．このことを使うと $K[[x]]$ の極大イデアルは $x$ より生成されるイデアル $(x)$ に他ならないことが分かる．あるいは

$$(x) = \left\{ \sum_{j=1}^{\infty} a_j x^j \in K[[x]] \right\}$$

と書き表わすこともできる．すべての形式的ベキ級数 $h(x)$ は

$$h(x) = x^m \sum_{j=0}^{\infty} c_j x^j, \quad c_0 \neq 0$$

の形に書くことができ，$\sum_{j=0}^{\infty} c_j x^j$ は $K[[x]]$ 内に逆元を持つ．すると $K[[x]]$ の商体では

$$\frac{1}{h(x)} = \frac{1}{x^m}\left(\frac{1}{c_0} - \frac{c_1}{c_0^2}x + \cdots\right)$$

と書くことができる．このことから $K[[x]]$ の商体は有限個の負ベキの項を含んだ形式的ベキ級数の全体

$$K((x)) = \left\{\sum_{j=-m}^{\infty} a_j x^j \,\middle|\, a_j \in K\right\}$$

に他ならないことが分かる．$K((x))$ の各元は形式的 Laurent 級数と呼ばれる．

同様に多変数の形式的ベキ級数環 $K[[x_1, x_2, \cdots, x_n]]$ も局所環であることが分かる． □

# 参考書

本書を読まれたあとさらに代数幾何学を学ぶためには次の参考書をお勧めする．

[1] 河井壯一，代数幾何学，現代数学レクチャーズ B-5，培風館，1979

[2] 飯高茂，上野健爾，浪川幸彦，デカルトの精神と代数幾何（増補版），日本評論社．1993

[1]は複素数体上の代数曲線論および閉 Riemann 面の理論が体系的に記述されており，本書の第3章の続きとして一読をお勧めする．[2]は本書と相補うものであり，特に本書で述べることのできなかった代数曲面論のモジュライの理論にも触れられている．最初から通読されずに第Ⅱ部から読み始められることをお勧めする．また，有限体上の代数曲線論のゼータ関数に関しては[2]第Ⅱ部第5章を参照されたい．参考書[14]にはさらに詳しい解説がある．

以上は主として複素多様体の観点から代数幾何学を論じたものであるが，代数的観点から代数幾何学を論じた入門書としては次の本がある．

[3] リード(M. Reid)，若林功訳，初等代数幾何講義，岩波書店，1991

本書を読まれた読者には好適な入門書である．また，代数曲線は代数関数論的観点から代数的解析的に論じることができる．代数関数論の名著として

[4] 岩澤健吉，代数函数論（増補版），岩波書店，2019

がまず第一に挙げられる．数学上の名著であり，付値論を使った代数関数論の代数的取扱いと，閉 Riemann 面の解析的取扱いの両方が述べられている．どのような数学の分野を勉強される方にも一読をお勧めする．

本書の第4章を本格的に論じた名著として，邦訳はないが

[5] C. L. Siegel, *Topics in complex function theory*, I, II, III, Wiley-Interscience, 1969, 1971, 1973

を挙げておく．楕円積分から始めて Jacobi 多様体の理論まで Siegel の明晰な説明は見事である．

さらに代数幾何学を勉強したい読者にはいくつかの選択肢がある．複素多様体の観点からの良書として

[6] 堀川穎二，複素代数幾何学入門，岩波書店，1990

を挙げておく．また，複素多様体の理論そのものは

[7] 小平邦彦，複素多様体論，岩波書店，1992

がある．代数的な代数幾何学としてはスキーム理論を勉強する必要がある．その

ためには可換環論とホモロジー代数の知識が要求される．可換環に関しては

　[8]　H. Matsumura(松村英之)，*Commutative algebra*, 2nd ed., Benjamin, 1980

が読みやすい名著である．スキーム理論の入門書としては

　[9]　D. マンフォード(Mumford)，前田博信訳，代数幾何学講義，丸善出版，2012

が名著である．ただ[9]では層のコホモロジー論が記されていないので他書で勉強する必要がある．コホモロジー論は一般論を勉強するよりは実際に自分で使ってみて納得するのが学習の早道である．そのような意味では，たとえば[7]で複素体上の直線束に値を取るコホモロジー論を学んだ後で

　[10]　桂利行，楕円曲線，岩波書店，2022

の第1章，第2章を読むことをお勧めする．[10]では代数曲線論がスキーム理論の観点からコホモロジーを使って簡明に展開されており，得られることが多いであろう．

　また楕円曲線に関しては

　[11]　J. W. S. キャッセルズ(Cassels)，徳永浩雄訳，楕円曲線入門，岩波書店，1996

が特色ある入門書である．

　さらに楕円曲線について本格的に勉強したい読者には

　[12]　Joseph H. Silverman，鈴木治郎訳，楕円曲線の数論：基礎概念からアルゴリズムまで[原著第2版]，共立出版，2023

をお勧めする．楕円曲線の理論はコンピュータを使った実験科学という側面も強い．

　ところで，最近のコンピュータの発達により数学上の種々の定理を構成的に証明することが大切になってきた．19世紀後半，不変式論に関連してHilbertが基底定理を証明したとき，Gordanが「これは数学ではなく神学である」と叫んだと伝えられているが，今日では多項式環のイデアル論はGröbner基底の考え方によってかなりの部分を構成的に取り扱うことが可能になっている．こうした観点から，多項式環のイデアル論と代数多様体を取り扱った良書に

　[13]　D. A. Cox, J. Little and D. O'Shea, *Ideals, varieties, and algorithms: An introduction to computational algebraic geometry and commutative algebra*, Springer, 2015

がある．Maple, Mathematicaといった数式処理ソフトを使いながら読まれると，得るところが多いであろう．

　代数幾何学の符号理論への応用に関しては，代数幾何学的観点から記されている

[14]　C. Moreno, *Algebraic curves over finite fields*, Cambridge Univ. Press, 1991

[15]　J. H. van Lint and G. van der Geer, *Introduction to coding theory and algebraic geometry*, Birkhäuser, 1989

[16]　H. Stichtenoth, *Algebraic function fields and codes*, Springer, 2008

がある．さらに符号理論だけでなく代数曲線と暗号理論との関係も記した本として

[17]　H. Niederreiter and Chaoping Xing, *Algebraic geometry in coding theory and cryptography*, Princeton Univ. Press, 2009

を挙げておく．楕円曲線の素数判定法への応用は[11]にも記されているが，

[18]　D. M. Bressoud, *Factorization and primality testing*, Springer, 1989

の最後の章に詳しく述べられている．

ソリトン理論と閉 Riemann 面の理論との関係に関しては

[19]　田中俊一，伊達悦朗，KdV 方程式，紀伊國屋数学叢書 16，紀伊國屋書店，1979

が詳しい．ただ，その後の佐藤幹夫による普通 Grassmann 多様体を使ったソリトン理論の新展開に関してはほとんど成書がない．

[20]　佐藤幹夫述，野海正俊記，ソリトン方程式と普遍グラスマン多様体，上智大学数学講究録(18)，1984

および

[21]　三輪哲二，神保道夫，伊達悦朗，ソリトンの数理，岩波書店，2016

を読んだ後，その本の巻末に挙げられている論文を読む必要がある．

代数幾何学の弦理論への応用に関しては少し高度ではあるが

[22]　S. カッツ(Katz)，清水勇二訳，数え上げ幾何と弦理論，日本評論社，2011

を挙げておく．また代数曲線と共形場理論との関係は

[23]　上野健爾，清水勇二，複素構造の変形と周期，岩波書店，2008

で論じられている．

最後に，数論と代数幾何学の関わり合いを通して数学の研究とは何であるかを知りたい読者に

[24]　杉浦光夫編，谷山豊全集(増補版)，日本評論社，1994

を挙げておく．第二部以降の和文の部分から，数学の勉強法を含めて多くの示唆が得られるであろう．

## 欧文索引

Abel 関数論　*61*
Abel の定理　*279*
Atiyah–Singer の指数定理　*260*
Bézout の定理　*48, 122*
Chow（周）の定理　*254*
Cremona 変換　*100*
Euclid 運動群　*9*
Euclid 変換　*8*
Euler の恒等式　*65, 104*
Fermat 予想　*66*
Frey 曲線　*66, 248*
Hilbert の基底定理　*138*
Hilbert の零点定理　*123, 139, 321*
Hurwitz の公式　*210, 212*
Hurwitz の定理　*210, 211*
Im $\varphi$　*316*
$j$ 不変量　*222, 225*
Jacobi 多様体　*278*
Ker $\varphi$　*314*
Legendre の標準形　*226*

$m$ 等分点のなす群　*232*
Mordell–Weil の定理　*232*
$n$ 重点　*46*
Plücker の公式　*59*
Riemann 球面　*31, 68*
Riemann 定数　*284*
Riemann の関係式　*271*
Riemann の特異点定理　*286*
Riemann の不等式　*203*
Riemann 面　*62, 118, 254*
Riemann 予想
　ゼータ関数の――　*236*
Riemann–Roch の定理　*203, 260*
Serre の GAGA　*79, 254*
Siegel 上半空間　*276*
Spec $Z$　*66*
Weierstrass の $\wp$ 関数　*263*
Weierstrass の標準形　*221*
Weil 予想　*235*
Zariski 位相　*141*

## 和文索引

### ア 行

アフィン平面曲線　*92*
アフィン変換　*12*
アフィン変換群　*12*
1 次元複素トーラス　*256*
1 次射影変換群　*76*
1 次分数変換　*73*
イデアル　*137, 299, 313*

イデアルの生成元　*137*
因子　*190, 258*

### カ 行

階数
　楕円曲線の――　*232*
可換環　*294, 308*
可換体　*298, 307*
核　*314*

拡大体　326
可約　136
可約平面曲線　33, 90
関数体　78, 123, 145
完備1次系　247
既約　136, 298
逆元　297
既約平面曲線　33, 90
級数　54
狭義引き戻し　171
極　78, 191
　微分型式の——　198
局所環　328
局所交点数　48
局所パラメータ　117, 152
極線　58
極大イデアル　319
曲面
　$m$次——　130
形式的 Laurent 級数　334
形式的ベキ級数　332
形式的ベキ級数環　332
原始元　327
交点理論　118
合同　290
合同ゼータ関数　234
合同変換　8
合同変換群　9
孤立特異点　182
根基　139

### サ 行

座標近傍　253
次元　142
次数　190, 258
　正則写像の——　209

射影　144
射影幾何学　89
射影空間への埋め込み　214
射影多様体　136
射影直線　35
　$k$ 上の——　72
射影的集合　132
射影部分多様体　161
射影平面　17, 20, 80
射影変換　21, 33, 75, 86, 129
射影変換群　76
主因子　192, 258
周期行列　270
種数　203, 254
準同型写像　314
商体　330
乗法的に閉じた集合　328
剰余環　304, 315
剰余類　315
　$n$ を法とする——　290
　イデアル $I$ を法とする——　301
シンプレクティック基底　268
シンプレクティック群　276
スキーム理論　66
整域　318
正因子　197
正規有理曲線　213
斉次イデアル　137
斉次座標　19, 77, 82, 128
斉次多項式　77
正則　191
正則写像　97, 207
正則点　104
正則微分型式　199, 256
ゼータ関数　234
接錐　46, 109

接線　　25
接線の式　　104
接超平面　　154
線形同値　　197, 258
全射　　79
全単射　　32, 69
尖点
　　(2, 3) 型の——　　111
　　(2, 5) 型の——　　177
　　(p, q) 型の——　　177
全引き戻し　　171
素イデアル　　142, 304, 318
像　　316
双対曲線　　54
双対原理　　53, 86
双対射影平面　　53
双対複素射影平面　　85
双有理幾何学　　62
双有理写像　　101
双有理同値　　149
双有理変換　　89
束　　51
素体　　323

### タ 行

体　　298
　　$\alpha$ を付加してできた——　　326
代数幾何学　　89
代数曲線　　190
代数的射　　42, 97, 207
代数的閉体　　321
楕円関数　　226, 256
楕円関数体　　127
楕円曲線　　196, 225
楕円曲線の群構造　　226
楕円曲線の定義方程式　　225

多項式環　　137
単位元　　308
単射　　99
超越次数　　147
超曲面
　　2 次——　　130
　　$m$ 次——　　130
　　$(d, e)$ 次——　　160
超楕円関数体　　127
超楕円曲線　　196, 217, 255
重複点　　45
重複度　　46, 110
直線　　84
直交行列　　8
直交群　　8
通常尖点　　47, 111
通常 2 重点　　46, 110
定義式　　132
定義体　　225
定義方程式　　90
底点　　51, 247
テータ因子　　282
テータ関数　　281
同型写像
　　上への——　　314
　　中への——　　314
特異点　　27, 45, 104, 150
特異点の解消　　163
　　曲面の——　　179
　　平面曲線の——　　169, 178
特異点の解消定理　　178
特異点の除去　　→特異点の解消

### ナ 行

2 次曲線　　93
2 次変換　　100

2重斉次多項式　160
捩れ3次曲線　134

## ハ行

判別式
　平面3次曲線の――　222
非斉次座標　19, 129
非特異点　104, 150
非特異平面曲線　104
被覆面　62
微分型式　198
被約イデアル　140
標準因子　199, 259
標準曲線　217
標準写像　216
標数　322
不確定点　97
複接線　59
複素アフィン平面　81
複素射影空間　127
複素射影直線　69
複素射影平面　31, 80
複素多様体　118, 252
複素トーラス　277
複素平面曲線　33
ブローアップ　161, 164
分岐　208
分岐指数　208
分岐点　208
分枝　113

平面曲線　25, 33
　$d$次――　90
平面曲線の特異点の解消　169, 178
平面2次曲線　4
変曲点　59, 227
ホモロジー群　269

## マ行

交わりの重複度　48, 119
無限遠超平面　128
無限遠直線　17, 81
無限遠点　15, 68

## ヤ行

有限体　323
有理関数　78
有理型関数　79
有理型微分型式　255
有理写像　55, 97
有理点
　$k_n$――　234
有理微分型式　198

## ラ行

零因子　297, 303, 318
例外曲線　161, 164
例外曲面　180
零元　307
零点　78, 191
　微分型式の――　198

本書にあらわれる定義，定理などの参照頁一覧．( )内に頁を示した．

## 定　義
1.1 ( *19*)　2.1 ( *75*)　2.2 ( *86*)　2.3 (*104*)　2.4 (*135*)　2.5 (*137*)　2.6 (*150*)
3.1 (*197*)　3.2 (*203*)　3.3 (*217*)　3.4 (*224*)　3.5 (*234*)　A.1 (*292*)　A.2 (*299*)
A.3 (*303*)　A.4 (*307*)　A.5 (*313*)　A.6 (*314*)　A.7 (*318*)

## 定　理
1.1 ( *48*)　1.2 ( *59*)　1.3 ( *59*)　2.1 ( *86*)　2.2 (*123*)　2.3 (*138*)　2.4 (*139*)
2.5 (*140*)　2.6 (*147*)　2.7 (*159*)　2.8 (*178*)　3.1 (*203*)　3.2 (*210*)　3.3 (*211*)
3.4 (*214*)　3.5 (*217*)　3.6 (*224*)　3.7 (*225*)　3.8 (*232*)　3.9 (*232*)　3.10 (*235*)
3.11 (*235*)　3.12 (*241*)　4.1 (*254*)　4.2 (*256*)　4.3 (*259*)　4.4 (*261*)　4.5 (*271*)
4.6 (*279*)　4.7 (*279*)　4.8 (*284*)　4.9 (*285*)　4.10 (*286*)　A.1 (*293*)　A.2 (*297*)
A.3 (*303*)　A.4 (*319*)　A.5 (*321*)　A.6 (*325*)　A.7 (*327*)

## 命　題
3.1 (*213*)　3.2 (*213*)　3.3 (*220*)　3.4 (*225*)　3.5 (*226*)　3.6 (*228*)　3.7 (*229*)
3.8 (*231*)　3.9 (*239*)

## 補　題
2.1 ( *75*)　2.2 ( *76*)　2.3 ( *78*)　2.4 ( *84*)　2.5 ( *85*)　2.6 ( *87*)　2.7 ( *88*)
2.8 ( *89*)　2.9 ( *89*)　2.10 (*104*)　2.11 (*137*)　2.12 (*140*)　2.13 (*141*)　2.14 (*151*)
2.15 (*167*)　3.1 (*192*)　3.2 (*192*)　3.3 (*197*)　3.4 (*199*)　3.5 (*203*)　3.6 (*204*)
3.7 (*206*)　3.8 (*214*)　3.9 (*216*)　3.10 (*237*)　4.1 (*282*)　A.1 (*290*)　A.2 (*291*)
A.3 (*295*)　A.4 (*299*)　A.5 (*299*)　A.6 (*313*)　A.7 (*314*)　A.8 (*322*)　A.9 (*327*)

## 系
2.1 ( *85*)　3.1 (*197*)　3.2 (*197*)　3.3 (*203*)　3.4 (*204*)　3.5 (*233*)　3.6 (*236*)
3.7 (*237*)　3.8 (*239*)　4.1 (*275*)　4.2 (*284*)　4.3 (*284*)　4.4 (*285*)　4.5 (*286*)
A.1 (*296*)　A.2 (*300*)　A.3 (*304*)　A.4 (*328*)

## 例
1.1 ( *46*)　1.2 ( *46*)　1.3 ( *54*)　1.4 ( *55*)　1.5 ( *57*)　2.1 ( *93*)　2.2 ( *98*)
2.3 (*100*)　2.4 (*105*)　2.5 (*107*)　2.6 (*110*)　2.7 (*112*)　2.8 (*115*)　2.9 (*115*)
2.10 (*116*)　2.11 (*120*)　2.12 (*121*)　2.13 (*124*)　2.14 (*125*)　2.15 (*126*)　2.16 (*127*)
2.17 (*130*)　2.18 (*132*)　2.19 (*134*)　2.20 (*142*)　2.21 (*144*)　2.22 (*146*)　2.23 (*147*)
2.24 (*151*)　2.25 (*152*)　2.26 (*153*)　2.27 (*153*)　2.28 (*161*)　2.29 (*172*)　2.30 (*173*)
2.31 (*175*)　2.32 (*177*)　3.1 (*191*)　3.2 (*192*)　3.3 (*200*)　3.4 (*200*)　3.5 (*210*)
3.6 (*211*)　3.7 (*215*)　3.8 (*218*)　3.9 (*230*)　3.10 (*231*)　3.11 (*231*)　3.12 (*232*)
3.13 (*234*)　3.14 (*242*)　3.15 (*244*)　3.16 (*244*)　3.17 (*245*)　3.18 (*245*)　4.1 (*254*)
4.2 (*256*)　4.3 (*263*)　A.1 (*292*)　A.2 (*294*)　A.3 (*302*)　A.4 (*302*)　A.5 (*303*)
A.6 (*305*)　A.7 (*305*)　A.8 (*310*)　A.9 (*310*)　A.10 (*311*)　A.11 (*315*)　A.12 (*316*)
A.13 (*318*)　A.14 (*320*)　A.15 (*324*)　A.16 (*324*)　A.17 (*325*)　A.18 (*330*)　A.19 (*330*)
A.20 (*332*)

代数幾何入門 新装版

1995 年 1 月 30 日　第 1 刷発行
2016 年 6 月 9 日　第 13 刷発行
2025 年 2 月 18 日　新装版第 1 刷発行

著　者　上野健爾

発行者　坂本政謙

発行所　株式会社 岩波書店
〒101-8002　東京都千代田区一ツ橋 2-5-5
電話案内　03-5210-4000
https://www.iwanami.co.jp/

印刷・理想社　表紙・法令印刷　製本・中永製本

© Kenji Ueno 2025
ISBN 978-4-00-006347-0　Printed in Japan

## 現代数学への入門 (全16冊〈新装版=14冊〉)

高校程度の入門から説き起こし，大学2～3年生までの数学を体系的に説明します．理論の方法や意味だけでなく，それが生まれた背景や必然性についても述べることで，生きた数学の面白さが存分に味わえるように工夫しました．

| | | | |
|---|---|---|---|
| 微分と積分1——初等関数を中心に | 青本和彦 | 新装版 214頁 | 定価 2640円 |
| 微分と積分2——多変数への広がり | 高橋陽一郎 | 新装版 206頁 | 定価 2640円 |
| 現代解析学への誘い | 俣野 博 | 新装版 218頁 | 定価 2860円 |
| 複素関数入門 | 神保道夫 | 新装版 184頁 | 定価 2750円 |
| 力学と微分方程式 | 高橋陽一郎 | 新装版 222頁 | 定価 3080円 |
| 熱・波動と微分方程式 | 俣野博・神保道夫 | 新装版 260頁 | 定価 3300円 |
| 代数入門 | 上野健爾 | 新装版 384頁 | 定価 5720円 |
| 数論入門 | 山本芳彦 | 新装版 386頁 | 定価 4840円 |
| 行列と行列式 | 砂田利一 | 新装版 354頁 | 定価 4400円 |
| 幾何入門 | 砂田利一 | 新装版 370頁 | 定価 4620円 |
| 曲面の幾何 | 砂田利一 | 新装版 218頁 | 定価 3080円 |
| 双曲幾何 | 深谷賢治 | 新装版 180頁 | 定価 3520円 |
| 電磁場とベクトル解析 | 深谷賢治 | 新装版 204頁 | 定価 3080円 |
| 解析力学と微分形式 | 深谷賢治 | 新装版 196頁 | 定価 3850円 |
| 現代数学の流れ1 | 上野・砂田・深谷・神保 | 品 切 | |
| 現代数学の流れ2 | 青本・加藤・上野 高橋・神保・難波 | 岩波オンデマンドブックス 192頁 | 定価 2970円 |

——— 岩波書店刊 ———

定価は消費税10%込です
2025年2月現在

# 松坂和夫
# 数学入門シリーズ（全6巻）

松坂和夫著　菊判並製

高校数学を学んでいれば，このシリーズで大学数学の基礎が体系的に自習できる．わかりやすい解説で定評あるロングセラーの新装版．

| | | | |
|---|---|---|---|
| 1 | 集合・位相入門<br>現代数学の言語というべき集合を初歩から | 340頁 | 定価2860円 |
| 2 | 線型代数入門<br>純粋・応用数学の基盤をなす線型代数を初歩から | 458頁 | 定価3850円 |
| 3 | 代数系入門<br>群・環・体・ベクトル空間を初歩から | 386頁 | 定価3740円 |
| 4 | 解析入門 上 | 416頁 | 定価3850円 |
| 5 | 解析入門 中 | 402頁 | 本体3850円 |
| 6 | 解析入門 下<br>微積分入門からルベーグ積分まで自習できる | 444頁 | 定価3850円 |

―――― 岩波書店刊 ――――

定価は消費税10%込です
2025年2月現在

## 新装版 数学読本 (全6巻)

松坂和夫著　菊判並製

中学・高校の全範囲をあつかいながら，大学数学の入り口まで独習できるように構成．深く豊かな内容を一貫した流れで解説する．

1　自然数・整数・有理数や無理数・実数などの諸性質，式の計算，方程式の解き方などを解説．　226頁　定価2310円

2　簡単な関数から始め，座標を用いた基本的図形を調べたあと，指数関数・対数関数・三角関数に入る．　238頁　定価2640円

3　ベクトル，複素数を学んでから，空間図形の性質，2次式で表される図形へと進み，数列に入る．　236頁　定価2750円

4　数列，級数の諸性質など中等数学の足がためをしたのち，順列と組合せ，確率の初歩，微分法へと進む．　280頁　定価2970円

5　前巻にひきつづき微積分法の計算と理論の初歩を解説するが，学校の教科書には見られない豊富な内容をあつかう．　292頁　定価2970円

6　行列と1次変換など，線形代数の初歩をあつかい，さらに数論の初歩，集合・論理などの現代数学の基礎概念へ．　228頁　定価2530円

岩波書店刊

定価は消費税10%込です
2025年2月現在